影响你一生的关键10年

20～30岁

邱文莉◎编著

中国宇航出版社
·北京·

图书在版编目(CIP)数据

20～30岁,影响你一生的关键十年 / 邱文莉编著.
--北京:中国宇航出版社,2014.1(2015.9重印)
ISBN 978-7-5159-0500-6

Ⅰ.①2… Ⅱ.①邱… Ⅲ.①成功心理—青年读物
Ⅳ.①B848.4—49

中国版本图书馆CIP数据核字(2013)第237769号

策划编辑	田方卿	责任校对	方　妍
责任编辑	刘　唯　卢　珊	装帧设计	文道思

出版 发行	中国宇航出版社		
社址	北京市阜成路8号 (010)68768548	邮编	100830
网址	www.caphbook.com		
经销	新华书店		
发行部	(010)68371900 (010)68768541		(010)88530478(传真) (010)68767294(传真)
零售店	读者服务部 (010)68371105		北京宇航文苑 (010)62529336
承印	三河市君旺印装厂		
版次	2014年1月第1版		2015年9月第3次印刷
规格	787×960	开本	1/16
印张	15	字数	268千字
书号	ISBN 978-7-5159-0500-6		
定价	28.00元		

前言 Preface

人的一生中，前20年可以依靠父母，过着无忧无虑的生活，不必担心每日生活的来源，不用考虑明天的前途在哪里。而20岁后，压力开始悄悄上身。昔有贤者云："人无远虑，必有近忧。"如果你想让自己能够达到真正意义上的"三十而立"，就不能再懵懵懂懂活着了。

从现在开始，你应该想一想：我想做什么，我能怎么做，我还缺什么，我要做些什么准备，我需要怎样寻找机会，如何结识那些对我很有帮助的人？如果你缺乏这样的心理准备，即便现在活得很安逸，感觉不到有什么风险，那么在将来的某一天，你一定会为自己现在安于舒适的生活而懊恼。

除了出生带来的巨大差别，大多数人真正拉开距离的年龄是30岁以后。造成这些差距的根源，就在于你在20～30岁这十年里做了什么。

20岁时贪图玩乐，30岁后必疲于奔命；

20岁还不跑起来，30岁后必落后于人；

20岁不积累人脉，30岁后只能还靠自己；

……

二十几岁不准备，三十岁后没地位。常常听到这样一句话，"二十几岁决定人的一生"，虽然有些绝对，但也不是完全没有道理。20～30岁这十年，一方面它决定着我们人生的雏形；另一方面，在这十年里，我们还可能会遇到很多困惑。差别在于，有的人懂得如何走出困惑，找到人生的方向；有的人却一直在迷雾中不停地绕弯弯。同样是十年的青春岁月，有的人活得充实、清楚，有的人却过得浑浑噩噩、一无所获。于是，人生的差距就在这里悄然拉开了。如果你不想成为后者，就不要让自己迷失在困惑里。

不成熟不要紧，只要你在成长就好了。就像一条弱小的毛毛虫，梦想着来到绿树红花环绕的彼岸，却被面前那条宽广湍急的河流所阻隔。成功，在最初看来总是那么遥不可及。可是，只要你在成长，不停地成长；总有一天，会从量变到质变，毛毛虫破茧而出，变成一只轻舞双翅自由飞翔的美丽蝴蝶，轻松飞跃面前的大河。

20～30岁这十年，是人生中艰苦的一段岁月——我们面临着很多挑战，也可能遭遇失败和打击……但你要撑下去，上天只会给我们能过得去的坎。正如孟子所言，“故天将降大任于是人也，必先苦其心志，劳其筋骨，饿其体肤，空乏其身，行拂乱其所为，所以动心忍性，曾益其所不能”，我们也要把这些挑战、失败、打击看做是上天为了成就我们所给我们的考验。我们在20几岁多经历一些磨难，那么在以后的人生里必然可以少遭遇些灾难！

青春的号角已经吹响，人生的竞赛拉开了帷幕。编者在此祝所有读者早日实现人生理想。

最后，在本书编写过程中，得到了程霞、黄清泉等老师的鼎力协助，在此向他们衷心致谢！

邱文莉

2013年4月

目录 Contents

第1章 人生明白要趁早

20～30岁，是一个人走向社会的初始期，是人生中最适合奋斗的“黄金十年”。这十年中付出的多少，选择的对错，往往决定着人的一生。本章告诉你应如何优化组合手中的牌，如何迈出这关键性的第一步。

第2章 从现在开始改变吧

20～30岁，有多少人尚还懵懂，有多少人为未来的道路迷茫。本章告诉你要怎样利用好这十年，与平庸拉开差距，从现在开始发力，从自身开始改变。

第3章 成功之前先成长

社会不是学校，更不是家庭。社会不会等待你长大，也不会给你提供安逸、舒适的环境。本章告诉你怎样适应这个社会，怎样学会摆脱幼稚和依赖，学会长大。

第4章 为成功做准备

准备是一切工作的前提，更是成功的基础。当成功的机会到来时，你是否做好了迎接它的准备呢？俗话说："不打无准备之仗"。本章告诉你如何从打基础开始，每天进步一点点，离成功越来越近。

第5章 培养自己的好习惯

成功不是一场偶然的邂逅，它必定源自一些周而复始的好习惯。20～30岁这十年间培养起来的行为习惯，将决定一个人一生最终能够抵达的高度。本章告诉你如何在关键十年中培养起获益一生的良好习惯。

第6章 时间，你已浪费不起

20～30岁的你，不要以为自己还很年轻。多少人等到时光飞逝而去，才回头追悔当初。本章告诉你怎样节约时间，善用时间，从而拥有比别人多倍的机会与收获。

第7章　走好事业的第一步很重要

20～30岁是事业的起步期，是职业生涯的开端。人生旅途中的第一份工作，能为我们带来怎样的历练和经验，对于我们的发展起着相当大的作用。本章告诉你要如何走好事业的第一步，如何从第一份工作中学会挖掘有价值的内容。

第8章　想创业不能不知道这些

对于抱有鸿鹄之志的年轻人来说，如果不想一辈子受雇于人，20～30岁也是创业的积累期。然而，创业绝不是轻松简单的事情。你是否适合创业，应如何走好创业初始期的每一步，本章将为你解惑。

第9章　走近财富从理财开始

俗话说“你不理财，财不理你”，理财也是20～30岁年轻人的一门必修课。本章告诉你如何善用手里的每一分钱，投资自己，投注未来。

第10章　20岁积累人脉，30岁依靠人脉

30岁之后的你，必须拥有一张庞大的关系网络，这是驶向成功的帆，是不可或缺的财富。本章将告诉你如何在30岁之前积累人脉，为未来打下坚实的基础。

第11章　活到老，学到老

不要以为学习只是校园中的事情。人的一生都需要不断的学习和成长，从来没有不会过时的知识。本章告诉你在20～30岁的十年之中，应当如何正视并培养自己的学习能力。

第1章
人生明白要趁早

张爱玲说过：“出名要趁早。”在人生的起跑线上，先出发的人自然能够跑在前面。

20～30岁，是一个人走向社会的初始期。这个时期的人精力最旺盛，家庭负担最轻，可谓人生中最适合奋斗的“黄金十年”，但是很多人却在这个时期过着懵懵懂懂的日子。而立之年才发现，过去的十年里错过了很多东西，很多应该做的事却没有做。遗憾的是，等到明白这些的时候，已经有些迟了，最适合奋斗的十年已经过去。如果我们能够早些知道这十年应该做什么，应该怎么做，是不是就可以少一份遗憾，人生是不是也会有所不同？

2.人生需要自己去经历

纸上得来终觉浅，绝知此事要躬行。

——陆游

人生一世，花开一季，谁都想让自己此生了无遗憾，谁都想让自己所做的每一件事都正确，都能达到预期的效果。我们都害怕在人生的道路上留下遗憾，害怕走弯路，于是极力避免出错，宁愿选择长辈设计的道路一直走下去。

但是我们要知道，年轻人难免要犯一些错误，难免要走一些弯路。有些错误，有些弯路，是每个人在人生中都必须要经历的，甚至有些错误对我们来说是必不可少的财富。而年轻时失误付出的代价最小，因为这时还有很多的时间去调整和改正。

有些年轻人为寻找人生目标而苦苦思索，为此做了很多试错、排错的尝试。可是尝试一段时间后，没有明显效果，就会着急、焦虑甚至恐慌，担心自己会虚度光阴，担心自己所做的努力会白费。其实严格说来，人生的每一步都是有意义的，在正确方向上努力当然最好，因为效率最高。但是在错误方向（非原则问题）上的努力，也同样有意义，因为这些经历可以为成长提供有益的教训。

做了错事，走了弯路之后，谴责自己是很正常的，这也是一种自我反省，是改正的前奏。正因为有了这种“积极的谴责”，我们才会在以后的人生道路上走得更好，走得更稳。不摔几个跟头，不碰个头破血流，怎么能炼出钢筋铁骨，怎么能长大呢？

有时候，人们喜欢按照着别人的经验走路，以为这样自己就可以不出错。这是一个好习惯，同时也是导致年轻人迷茫的根源。为了不出错，我们阅览群书，结果却陷入了似乎什么都懂又似乎什么都不懂的迷茫境地。缺少了实践的基础，一切都好像在虚无缥缈中。看书的时候以为自己无所不能，可到了现实中却不知道该迈哪只脚。

经验可以给我们很大的帮助，但事物是不断变化的，这就要求我们具体问题具体分析，根据自己的实际情况去判断。如果一味地相信经验，有时反倒会影响自己的判断，无法作出正确和果断的决策。

小马过河的故事我们每个人都听过。就像故事中描述的那样，同一条河流，老牛觉得它是没不过膝盖的小溪，松鼠觉得它是深不可测的天险，小马却觉得它不深不浅刚刚好。很多东西，别人说的也许有道理，但是不一定适合自己。非要自己亲自尝试过了，才会知道河水的深浅。同样，对年轻人来说，很多东西非要亲身体验了，摔跟头了，才会刻骨铭心地记得，才会变得更聪明。

有个渔人拥有一流的捕鱼技术，被人们尊为“渔王”。然而“渔王”年老的时候非常苦恼，因为他的三个儿子捕鱼技术都很平庸。

他实在想不出问题到底出在哪里，于是只好向别人诉说心中的苦恼。

“我真不明白，我捕鱼的技术这么好，儿子们的技术为什么这么差？从他们刚懂事起，我就开始给他们传授捕鱼技术，从最基本的技术开始，教授他们怎样织网最容易捕到鱼，怎样划船不会惊动鱼群，怎样下网最容易网到大鱼。他们长大了，我又教他们怎样识潮汐，辨鱼汛……这么多年来辛辛苦苦总结出来的经验，我都毫无保留地传授给了他们，可他们的捕鱼技术竟然赶不上技术比我差的渔民的儿子！”

一位路人听了他的话后，问他：“你一直手把手地教他们捕鱼吗？”

“是的，为了让他们学到一流的捕鱼技术，我教得很仔细，很耐心。”

“他们一直跟着你捕鱼吗？”

“是的，为了让他们少走弯路，我一直让他们跟着我学习。”

路人说：“这样说来，你的错误就很明显了。你只传授给了他们技术，却没有传授他们教训，没有让他们多实践。就学习才能来说，没有教训与没有经验一样，都不能成大器。”

人生，其实就是一个不断犯错、不断改正的过程。一个人非要经历痛苦，经历挫折，才能慢慢长大。别人的经验再好，如果不经过实践，只能是贮存在大脑里的一些概念和知识。没有脚踏实地亲身体验和验证过的经验，等于没有经验。人生中的一些错误是必需的，因为它会不断地使你在亲身体验中获得进步的力量。

3.想清楚你要的是什么

如果你不知道你要到哪儿去，那么你哪儿也去不了。

——西方谚语

从小学开始，就被人反复不断地问起，我们的人生理想是什么。那时我们会不假思索地回答：科学家、医生、律师……

等到长大以后，想起这样的回答，自己都会觉得好笑。因为这些所谓的理想，只不过是一些不切实际的概念，那时的我们根本不了解这些职业，当一个科学家，从何说起呢？

今天，对于“我想要什么样的人生”这个问题，很多年轻人仍然难以给出明确的答案。面对很大的生存压力，大家每天都在忙忙碌碌，真的很难有时间和心情去思考人生的意义、价值和目的。大家唯一的愿望就是——想要一份工作，想要一份不错的薪水。

对于没有明确人生目标的人来说，忽略这个问题是最好的安慰。因为在他们看来，几乎所有的人都不知道自己想要什么样的人生。他们习惯这样安慰自己：找不到生活的方向，大家还不是照样活得很好！

仔细回想一下，在学生阶段，每个人好像都有明确的学习目标，比如要考100分，要拿第一名，要进当地最好的中学，要读某所知名大学……可是随着年龄的增长，阅历的增加，工作以后，人们往往对努力的目标变得迷茫起来，很少有人能够脱口说出自己的目标是什么。当一个人失去目标的时候，做的很多事情都是盲目的，结果自然不如人意。

如果不想过得浑浑噩噩，我们应该扪心自问：“我想要的是什么？”

目标决定一个人的人生方向。在人生道路上，努力的目标指引着我们走向成功之路。可见，设立清晰、正确的人生目标，对我们走好人生之路是多么重要。

有的人知道自己的目标，但是目标过于模糊，只有一个大致的方向，但无法具体到某一阶段或某一领域。例如想做金融类的工作，但无法确定是银行、证券还是风险投资方面；想做职业经理人，但却无法确定是市场研究、销售、财务还是人力资源。当遇到类似情况的时候，请你静下心来，理清自己想要做什么，然后再进一步详细分解，确定人生奋斗的方向。例如你可以将物质报酬、权力、稳定性、自主、多样性、创意休闲、奉献、冒险等要素按照自身需求排出次序，从中决定取舍，由此确定未来十年的发展方向，以及适合从事的职业。目标可以帮助人做出正确的选择，即使眼前利益受损，时间也将证明此时的选择是明智和正确的。

幼儿会模仿大人走路、讲话；孩子会羡慕别人读书、骑车，然后自己也下定决心去学习……这些就是我们为自己树立的最初目标。也许达到这些目标并不容易，但我们乐于为取得成功而付出汗水，我们享受学习、挑战的过程和达到目标的成就感。正是因为有目标，我们掌握了这些现在看来很简单的本领，也正是因为有这些阶段性目标，我们才能够不断前进。

目标甚至还可以使我们保持青春活力和幸福感。美国一项统计数字显示，男人的平均死亡年龄是退休后两年。这表明，当一个人抱有追求并为之努力奋斗，这份动力就会成为生活中重要的组成部分；如果突然抽离奋斗的目标，人们就会感觉到自己似乎丧失了生命的意义和价值，在这种心理暗示之下，身体对疾病的抵抗力甚至也会受到重大影响。

每一个人在30岁以前，都应该在心中为自己确立一个合理的目标，并把它作为自己努力的中心，通过不断的前进，一步一步地去实现它。这个目标将成为你终生追求的方向，你生活中的事情都是围绕着它而存在的。这一目标可能是一种精神理想，也可能是一种世俗的追求，但无论是哪一种目标，你都应将自己的思想和力量全部集中于此。

如果你现在还是漫无目标地在人生旅途上徘徊，那么请仔细想一想，自己想要得到的究竟是什么？到底要达到一个什么样的目标？这对于你接下来的人生是非常重要的。

4.对自己要有正确的认知

你能让大象学会爬树，但它永远爬得没有猫快。

——西方谚语

成功的因素有很多，但最重要的是要清醒地认识自我。人不可能十全十美，有优势就难免有劣势。人生道路上有机遇也有困难，只有正确认识自己，根据自己的实际情况制订对策，才能克服困难，走出一片新的天地。

对于二十几岁的年轻人来说，初入社会之时，就应该对自己的优势有一个清楚的判断。只有真正地认识了自己，才能知道自身的不足以及情感上的缺陷，才有办法克服那些不足，更好地自我定位，也更容易干出一番事业。纠结于如何弥补劣势，只能使我们避免失败。全面认识自己，善于发现自己的优势，才是真正使人出类拔萃的原因。

拿破仑·希尔认为：随着科学技术的日益发展，我们不断地了解未知世界，可我们对自身的探索却始终停滞不前。正确地认识自己，才能认识整个世界，才能接受世间的一切。人们应当是自己最好的知己。一个连自己都不了解，怎么可能去认识别人，了解别人，又怎么可能去把握自己的人生呢?

有这样一则寓言故事：

早晨，一只山羊在栅栏外徘徊，想吃栅栏内的白菜，可是进不去。

早晨的阳光是斜照的，所以山羊看到自己的影子很长很长。“我如此高大，一定能吃到树上的果子，不吃这里的白菜又有什么关系呢？”它对自己说。

于是山羊奔向很远的一片果园。还没到达果园，时间已是正午，太阳直射在头顶上，这时山羊的影子变成了很小的一团。

“唉，我这么矮小，是吃不到树上的果子的，还是回去吃白菜吧。”它对自己说，“凭我这身材，钻进栅栏是没有问题的。”

于是，山羊又往回奔跑。跑到栅栏外时，太阳已经偏西，它的影子重新变得很长很长。

这时山羊很惊讶：“我为什么要从果园走回来呢？凭我这么高大的个子，吃到树上的果子简直是太容易了！”

山羊又返了回去，就这样直到黑夜来临，山羊仍旧饿着肚子。

这则寓言故事看似可笑，却给我们揭示了一个深刻的道理：不能正确认识自我，是很多人失败和痛苦的原因。

胡适先生是我国著名的文学家。他曾就正确自我定位的问题打过一个比方：譬如一个有作诗天赋的人，不进中文系学作诗，偏要去医学院学外科，那么文学院便失去了一个一流的诗人，医疗界却添了一个三四流甚至五流的外科医生。这是国家的损失，也是他自己的损失。

这是一个很恰当的比喻。显然，一个人如果不能客观地评估自己，就不能准确地找到适合自己的位置，也就埋没了自己的才能。只有对自己有正确的认知，才能够准确地为自己定位。

每个人都觉得很了解自己，但要真正认清自己却是最难的。那么如何才能正确地认识自己呢？其中最重要的一点，就是认清自己的能力，知道自己适合做什么，不适合做什么，长处是什么，短处是什么。有自知之明，才能在社会中找到适合自己的恰当位置。尺有所短，寸有所长。只有找准自己的位置，充分发挥自己的聪明才智，最大限度地挖掘自己的潜能，才能最大限度地实现自己的人生价值。

30 岁以前，你一定要对自己有一个正确的认识。如果 30 岁你还不能客观地评价自己，那么你不但以前过着浑浑噩噩的日子，以后仍然会在茫然中渡过，不明白自己活着的意义，甚至失败了也不知道错在哪里。

30 岁之前，每一个人都应该认识到自己的弱点和局限性。如果想让自己接下来的路走得更好，就请好好地认识自己！

5.给自己准确定位

宝贝放错了地方便是废物。人生的诀窍就是找准人生定位，定位准确才能发挥你的特长。经营自己的长处，能给你的人生增值，而经营自己的短处，会使你的人生贬值。

——富兰克林

一个人能否成功，除了取决于自我认知，在某种程度上还取决于自己的人生定位。人生定位往往能决定一个人的人生。丑小鸭变成白天鹅，只要一双翅膀；灰姑娘变成美丽的公主，只要一双水晶鞋。你给自己的人生定位是什么，那么你这一生就是什么。

在通向成功的道路上，自我定位这一步走得如何，步伐迈得是否坚实，直接影响着接下来要走的每一步。在不同的人生阶段，会有不同的定位。只有找到最适合自己当下的人生定位，才会有比别人更出色的表现，也才会过得快乐和舒心。

怎么给自己定位？首先需要搞清楚两个问题：一是你的需求，二是你目前的自身条件。

人的需求直接决定动机，这也是人们为之奋斗、努力的目标和方向。按照马斯洛著名的需求层次理论，人类共有五大类需求，分别是生理需求、安全需求、社交需求、尊重需求和自我实现需求。马斯洛将这五种需求按照从低级到高级的顺序排列，认为人在较低层次的需求得不到满足时，不会关心任何更高层次的需求，只有一个需求层次满足后，才会上升到更高一层。我们可以根据马斯洛的需求层次理论，分析自身目前的需求层次，并结合自己的现状，对自身性格、经历、能力等做出正确的评估。

每个人都是一个个性体，都有自己的特点。如果脱离这个现实条件，那么自我定位就会变成空中楼阁。

1929年，乔·吉拉德出生在美国的一个贫民家庭。从懂事起，他就开始擦皮鞋、做报童，之后又做过洗碗工、送货员、电炉装配工和住宅建筑承包商，等等。

虽然有如此丰富的经历，但是35岁以前，乔·吉拉德是个全盘的失败者。他患有相当严重的口吃，换过40个工作仍然一事无成，甚至曾经当过小偷。35岁那年，乔·吉拉德破产了，负债高达6万美元。欠了一身的外债，连妻子、孩子的吃喝都成了问题，朋友也都弃他而去。为了养家糊口，他进入一家汽车经销店开始卖汽车，步入汽车推销生涯。

刚刚接触推销时，乔·吉拉德反复多次对自己说："你认为自己行，就一定能行。"他相信自己一定能做得到。

乔·吉拉德以极大的专注和热情投入到汽车推销工作中，只要一碰到别人，他就把名片递过去，不管是在街上还是在商店里。他抓住一切机会推销产品，同时也推销他自己。3年之后，乔·吉拉德以年销售1425辆汽车的好成绩，打破了汽车销售的吉尼斯世界纪录。在15年的汽车推销生涯中，他总共卖出了13001辆汽车，平均每天销售6辆，而且全部是一对一地销售给个人。他也因此创造了吉尼斯汽车销售的世界纪录，同时获得了"世界上最伟大的推销员"称号，被欧美商界称为"能向任何人推销出任何商品"的传奇人物。

谁能想到，这样一个不被人看好，背负了一身债务，几乎走投无路的人，竟然能够在短短的3年内打破吉尼斯世界纪录，被称为"世界上最伟大的推销员"。

乔·吉拉德曾做过很多种工作，屡遭失败。最后，他把自己定位为一名销售员，才发现原来这项工作才是最适合自己的。

也许你才华横溢，能力出众，平时也勤勤恳恳地卖力工作，却总是与成功擦肩而过。如果是这种情况，那么请重新审视一下你对自己的定位——如果你无法在人生过程中给自己准确地定位，不知道自己的努力方向是什么，那么一切的努力都会是徒劳无功的。

成功的人生不在于一个人现在做到了什么职位，有个什么样的好起点，而在于自己想成为什么。我们想如何定位自己，在很大的范围内，选择权都掌握在自己的手里。

有些人之所以能够获得成功，就是因为自始至终都能够给自己一个准确的定位，在不同的阶段找到自己的位置，看到自己身上的缺点和不足，然后付诸行动，不断改进和完善自己，使自己更加积极向上，充满活力。

每天我们都在做各种各样的选择，选择有大有小。所有的选择积累起来，就决定了我们以后过什么样的生活。要知道，我们的人生只有三天：昨天、今天和明天。我们的今天是由昨天决定的，我们的明天又是由今天决定。可以说，你把自己定位成什么，未来你就会是什么。20～30岁，我们要尽可能地接触一些新的信息，了解社会发展新的趋势，从而更好地创造自己的未来。

20～30岁这十年，我们的生活、感情、职业等存在很多不确定的因素，未来也充满了各种可能。不管你是怎样的一个人，都不要对自己丧失信心，更不要自我贬低。你现在要做的，就是给自己一个正确的评估，找到适合自己的定位，然后努力去做好每一件事，相信30岁以后，你一定会在自己的领域中发出光芒。

6.没伞的孩子必须努力奔跑

人多不足以依赖，要生存只有靠自己。

——拿破仑

我们不得不承认，从降生的一刹那开始，我们的起点就大不相同。如果你出身卑微，家境窘迫，以后还会有追求成功的机会和快乐么？

让我们来看看下面这个真实的故事。

21岁那年，郭德纲从外地来到北京，开始拜师学艺，却四处碰壁。不久之后，他和几个朋友成立了一个小俱乐部，靠在街头卖艺混口饭吃。因为经济状况差，他只好租住在北京郊区的一栋居民楼里。从住处到市中心，足足有一个小时的车程。为了省钱，他连公交车也舍不得坐，每天都骑着自行车奔波穿梭，来回都要四五个小时。尽管如此，他从来没耽误过一次学艺或是演出的机会。

每当夜幕降临的时候，别人都早早回到温暖的家里，可他仍旧站在空荡荡的舞台上，反复练习新学的段子，直到练得嗓子嘶哑，舌头不住地打颤，才不得不停下来。朋友们看不下去了，私底下劝他："不就是为了混口饭吃么，至于这么拼命吗？真把自己累垮了，那不是更亏！"

朋友们的好意他心领了，但他仍旧拼命地练习、背诵、记录各种各样的传统相声段子。大家都摇着脑袋说，"这小子疯了，见过拼命的，可从来没见过这样不要命的"。

整整1年时间，他没看过一场电影，没逛过一次街，甚至没好好睡过一觉。当别人花前月下，举杯换盏的时候，他却默默地挥洒着汗水，紧咬牙关努力坚持着。

付出的汗水终究获得了回报。在短短的1年时间里，他竟然能将600多个传统相声段子收放自如地表演出来，从此开始在朋友圈里小有名气。

可是命运似乎总爱和那些坚强、努力的人开玩笑。失败一次次降临，成功成了遥不可及的目标。对于一个艺人来说，默默耕耘，无人喝彩的日子过得异常苦闷。

有一次，他仍像平时一样练习到深夜，然后才骑着自行车回家。可刚骑出去没多远，他突然发现自行车的链子掉了下来。午夜的街道上，公交车已经停运，他也没钱坐车，可是第二天下午还有一场重要的演出，怎么办？他脚一跺，牙一咬，把自行车扔在路边，硬着头皮向郊外的出租屋走去。

时值秋雨绵绵，天色微微发亮的时候，他才回到住处，浑身上下已是湿透。头晕目眩的他一头栽倒在床上，开始发高烧。他心里清楚，这样下去非出事儿不可。于是，他勉强支撑起身体，翻箱倒柜地找出一个破旧的传呼机，拿到街上卖了 10 多块钱，买了两个馒头和几包感冒药，硬是挺了过去。

下午，当他面色蜡黄地赶到演出地点的时候，他的搭档吓了一跳，连忙问他出了什么事。郭德纲笑着说了昨晚的遭遇。看着他憔悴的面庞，他的搭档眼泪在眼眶里直打转。搭档在他肩上轻轻拍了拍，什么也没说，小心搀扶着他走上了前台。

一无所有的他硬是靠着这股倔劲，在竞争激烈的北京站稳了脚跟。几年之后，在一次比赛里，他自信从容、诙谐幽默的表演引起了相声大家侯耀文的注意。侯耀文通过别人，婉转地表达了自己想收他为徒的意思。听到这个消息的时候，不敢相信自己的他让搭档打自己两下。他的搭档扇了他两耳光，他的眼泪忽地一下落了下来，两个大男人紧紧抱在一起，像孩子一样放声大哭。

如今，郭德纲已经红透了大江南北。有记者把他当年的这些故事挖掘出来，问他为什么能坚持到现在。他微笑着回答：

“我小的时候家里很穷，上学的时候，一下雨，别的孩子就站在教室里，等家里人来送伞。可我家没伞啊，所以我就顶着雨往家跑。没伞的孩子你就得拼命奔跑！像我这样没背景、没家境、没关系、没金钱的一无所有的人，你还不拼命工作，拼命奔跑，那活着还有什么意思！”

说这话的时候，郭德纲和他面前的记者眼圈儿都红了。没伞的孩子，就必须努力奔跑。

的确，我们无法选择家境的贫富，但是我们有理由相信：我的人生我做主！也许你没有金钱，没有权力，没有背景，但你却可以通过奔跑，去追逐，去争取，去拼搏。

有报道说，李嘉诚和他儿子在一家餐厅用餐完毕时，李嘉诚给了服务员 20 元小费，他儿子给了 200 元小费。有人问李嘉诚："你儿子都给了 200 元的小费，你才给 20 元，对此你有什么想法？"李嘉诚回答道："我没有想法，因为我没有一个有钱的老爸。"

"没有一个有钱的老爸"，这是许多人努力推着自己一步步往前走的重要原因。其实，90% 以上的人都没有有钱的老爸，所有的一切都要靠自己去打拼，靠自己的努力让心智得到成长，让心灵变得成熟。

在人生的道路上，每一个人都有自己的生活方式。如果你有伞，当然可以在生活的风雨中悠然前行；如果你没有伞，那么你就必须发动每一个细胞，集中全部精力，努力奔跑，直到见到人生的彩虹。

7.人生离不开规划

那些出类拔萃的人，正是在生活的早期，就清楚地辨明了自己的人生方向，并且始终如一地把他们的能力对准这一目标。

——布尔沃·利顿

20世纪，哈佛大学的一位社会学教授做了一个著名的调查。这位教授就人生规划的课题，对本校1000名即将毕业的学生进行调查，发现只有不到4%的学生清晰地勾画出了自己的人生蓝图；不到16%的人对未来虽有规划，但规划模糊不清；超过80%的人都对人生没有规划。

30年后，这位教授回访了当时参加调查的学生。除了35位学生由于过世或其他原因未能接受回访以外，其他965名学生都取得了联系。通过对他们的健康、家庭、事业、情感、财富等多项指标的统计，教授发现了一个很有趣也很惊人的结果。

数据表明，那些拥有清晰人生规划的人，以上各项指标得分都很高，他们不仅拥有健康的身体，美满的家庭，成功的事业，还拥有平和的心态和令人羡慕的财务自由；那些有人生规划但规划较为模糊的人，成了各行各业中的专业人士，虽然其中不少人薪水较高，但健康、家庭与心态等诸多方面不甚理想，身心疲惫成为他们的一致特征；而当年没有任何规划的人，一般是工作几年之后，一旦衣食无忧，就不再继续努力了，所以他们中大多数人只能长期做平凡的职员、技术人员或销售人员，甚至还有不少人靠政府的失业救济勉强度日。

成功不是命运的安排，也不是上帝造化的结果，而是诸多元素共同作用的结晶。人生规划起到的作用，就是让我们在每个阶段能做自己应该做的事。

现在，有不少毕业几年的年轻人，即将“奔三”，却还在社会上游荡。

调换了五六家公司，每份工作做一两年就没了耐性。由于没有经验积累，换了新工作，只能一切从零开始，和刚刚毕业的年轻人一样，拿着最初级的薪水，没有前途可言。毕业后那几年过得如此糟糕，究其原因，就是缺少一个有效的人生规划。

在广告营销中，一个好的创意就等于成功了一半。同样，一个合理的人生规划，也等于我们的人生成功了一半。在生存竞争激烈的时代，一个人有无人生规划，规划正确与否，直接关系到未来一生的成败。

张涛是中国传媒大学2003届的一名毕业生，而今已是北京一家知名电视台的著名节目主持人。回首4年大学经历，张涛感慨万千，并对自己的人生规划深有体会。

大一的时候，天性活泼的张涛加入了学生会、爱心社、舞蹈团等学校社团组织，积极参与辩论会、校园艺术大赛等活动，想方设法锻炼自己，开阔眼界，提高社交能力。

大二下学期，张涛选修了"生涯发展辅导课"。通过一个学期的学习，她学会了深思熟虑和冷静分析后再进行人生规划的方法。之后，她开始根据自己的性格、特长、兴趣爱好、个人经历、家庭背景等具体情况，细致规划自己的职业生涯，最终决定将目光锁定在电视节目主持职业。

随后的一年里，她将更多的精力投入到主持活动中，利用课余时间向学校的广播主持专业老师求教，加入学校广播站。又过了半年之后，她开始在一家电台实习。

2003年，大家都开始为找工作四处奔波，张涛也参加了北京市春季招聘会。经过层层筛选，她终于以出色的主持风格脱颖而出，被北京一家知名电视台录取。如今，张涛已经是一名深受大家欢迎的主持人，对于自己目前的状况，她也非常满意。

由此可见，有一个明确的人生规划是多么重要！没有人生规划，做事就会没有轻重缓急，没有先后主次之分。随心所欲，率性而为，不去想自己要达到什么样的目标，也就没有做事的动力，面对突发事件，常常会不知所措。

合理的人生规划，会明确你的人生目标，丰满你的理想，从而使你有更明确的努力方向。有了合理的人生规划，你将发现自己每时每刻都有要做的事，生活得很充实，也更有信心。

知道自己努力的方向和想要达到的目标，生活也会变得更有规律，心情会越来越开朗，状态会越来越好，觉得自己每天都精力充沛，充满干劲儿。

人生规划是现代人的一项重要课题，是新时代的新趋向、新潮流。人生规划进行得越早，就越容易走上人生的正轨。每个人都希望有个完美的人生，为了今后不悲伤，不遗憾，那么就应该提前勾勒出自己的人生蓝图，规划好自己的未来。

第2章 从现在开始改变吧

二十几岁，是一生中最美好的年华，但是大多数人却在这段时期过得懵懂、迷茫。年轻的我们不懂，也不会去想得太远，常常觉得“船到桥头自然直”，现在想那么多干嘛呢？

事实上，一个人在二十几岁所做的事往往能够影响以后几年，甚至几十年。所以，不要再懵懂下去了，从现在开始做些改变吧。

TIPS：在大学里要做的几件事

大学生活对于每个人的发展来说都非常重要，这4年可以说是在为20～30岁这十年奠定基础。在这一时期，我们要做好哪几件事情，才能够使大学生活变得更加有意义呢？

俞敏洪在四川农业大学做演讲的时候，曾总结出以下“四大要素”。

一、追求知识

所谓追求知识，主要分为两个领域，即专业知识和普遍知识。

对待专业，一种态度是“我喜欢，所以我学习”。不管是研究水稻还是研究小麦，你一看到就喜欢得疯狂，就要研究，你都不用去问这个专业在这个世界上是否需要。既然大学设置了这个专业，表明这个世界必然需要这个专业。

如果说你不太喜欢，但是你觉得学这个专业未来能找到一份好工作，可能会成为你生存的工具，照样可以学。当我们登山的时候，我们可以不喜欢手中的拐棍，但是不能扔掉它。离了那根拐棍，就登不上山了。

选专业不是儿戏，这是一个终身的选择。你要知道，一旦选定了，即使不喜欢，也得继续下去。为什么？因为即使你没有任何事业，但是有专业，人家就会录用你，你就会有饭吃了。

另外，专业课的水平尽可能要考得好一点。为什么呢？两个原因：一是你专业课水平好，未来找工作相对要容易一点儿；二是未来15年，全世界所有的大学都会全面向中国开放，每一个人都有可能到国外去留学，那个时候，如果你的专业成绩非常差，留学就没有希望了。

选定了专业，一定要把专业领域的前3本书读得滚瓜烂熟，把3本书任何一个思想观点都转化成你自己的思想观点，最后你就有可能变成这个专业的顶级人士。奠定了专业的理论知识和理论框架基础，未来你想要在这个领域中纵深发展，就会有无穷无尽的潜力。

在大学，除了读专业书籍，还要广泛地读书。文科的读理科，理科的读文科。哲学史、科学史、文学史、生物史，然后是社会学、地理学、心理学、政治学、经济学，还有更多的随笔、散文、诗歌，大家都得去读。

读书其实很简单，一个星期读两本书是轻轻松松的事情，毕竟要你精读的书很少。大学要读多少书才算大学毕业生呢？至少要读400本以上。被誉为清华大学“终身校长”的梅贻琦曾经说过一句话：“所谓大学者，非谓有大楼之谓也，有大师之谓也。”一个大学如果有伟大的老师，这个大学的学生必然伟大。

大学非为有大楼之谓也，而是读书变成大学问之大雅。好像一张纸上写满了字，不管写多少字，也只是一张纸，薄薄的。但是，如果你读了大量的书，你就会变成一本厚厚的书，让人一看就很厚重，让人一看就有学识，让人一看就觉得你是值得交往的人。

凡是读书多的人，发展潜力一定是大的，因为你有厚度，你的事业就有高度。新东方有一句话：底蕴的厚度决定事业的高度。什么叫底蕴？底蕴就是你读了多少书，走了多少路，这就是底蕴。书都没读过，怎么会有思想？书都没读过，怎么能从多个视角来考虑问题？书都没读过，怎么能有创新意识？书都没读过，怎么知道仰望星空？

二、追求友谊

在大学要做的第二件事情是什么呢？就是要多交朋友。在大学除了读书以外，最重要是要交朋友。只有在大学能交上你一辈子的朋友，高中的时候也有可能。为什么？高中、大学这7年，同学之间没有任何利益冲突，而且7年大家在一起，或者4年大家在一起，彼此知根知底，人品怎么样，个性怎么样，胸怀怎么样，才能怎么样，你完全清楚。

要知道，走进社会工作以后，要不就是同事工作关系，常会争权夺利；要不就是上下级工作汇报关系；要不就是跟外面的人工作交往关系，相互有求，通常很难再出现真正完全心灵相通的朋友，很难出现事业上互相帮助的朋友。

交到好朋友有两个最重要的前提条件：第一，自己本身是一个好人；第二，追随比你更加厉害的人。

首先是自己做个好人。谁也不愿意跟一个不好的人交朋友。不好不是说你杀了人，做了违法的事。不好体现在比较自私，比如分享别人的东西可以，别人分享你的东西就不行；不好表现为心地阴暗，比如背后老说别人的坏话。

同时，还要主动地去交朋友。你要主动对别人微笑，别人才会对你微笑。人是一种反应动物，你给我一个什么动作，我就可能会回报你一个什么动作。

第二就是要追随比你更加厉害的人。张良追随刘邦，他才能成功。要追随心胸比你博大，志向比你高远，胸怀比你开阔，在某个领域又比你更加厉害的人，这样你就能学到很多东西。

三、追求爱情

如果有可能的话，在大学谈一场恋爱也是不错的。

谈恋爱有一个前提条件，就是你真正爱上一个人。真爱上一个人以后，接下来的一件事，就是一定要真诚地告诉她你爱她，千万不要胆怯。你爱上了一个人，又不去告诉他，自己一个人非常痛苦，有什么必要呢？你去告诉她，真诚地追求她，直到最后没有希望了，你也心死了，对自己也有一个交代。

如果两个人相爱了怎么办？非常简单，要一心一意地爱！什么叫一心一意？不是说大学只能谈一次恋爱，而是一次只能谈一个。真正的恋爱要爱到什么地步呢？要爱到这种地步，就是“为什么我的眼中充满泪水，是因为我爱你爱得深沉”。如果没有这种感觉，表明你们的爱情没有到位。

但是，即便爱到这种深沉的地步，也会出问题。如果对方离开你，你怎么办？所以谈恋爱要谈得大度。什么叫大度？爱情是一种缘分，朋友之间要永远忠诚，但是爱情是没有忠诚的，爱情只有爱。如果我爱你，必然对你忠诚；如果我已经失去了爱，对你没有感觉了，我离开你也是很正常的。所以爱情有分有合。离开你，你只有一种方式，就是祝福她一路走好，你的幸福就是我的幸福。

在大学谈恋爱，其实不一定会有结果。它美就美在过程。在校园中留下你美好的足迹，有一份青春的美好回忆，这是最重要的。

四、为将来工作做好准备

毕业以后，大家就要开始工作。工作是我们走向未来必不可少的一部分。

先找一份工作养活自己，紧接着给自己足够的时间，如果热爱这份工作（或者换一份你热爱的工作），把它做成你一辈子想做的工作。然后，用你在这个工作中学习的经验，慢慢地开创自己的事业，这是最正确的方法。

统计数据表明，大学生没有工作经验，创业99.9%会失败。成功率太低了！为什么？因为创业需要几个基础：第一，你需要知道如何处理人和事的关系，这个你必须工作一段时间才有这个本领；第二，你需要熟悉一个行业的经验和运作模式。比如说，未来你要想办培训学校，你不到像新东方这样的机构来干两年，你不一定能干成。总而言之，创业不一定会成功，成功了也不一定会长久。生命总是会有机会的，抱着一种良好的工作心态，先从最基础的做起，锻炼自己的能力、心胸，最后你总能成长起来。

作为一名大学生，“做一天和尚撞一天钟”的生活态度，只会让我们变得更加庸碌无为。一个得过且过的人，永远都不可能实现心中的梦想。这样的人也许根本就没想过未来，没想过梦想。如果你希望在大学4年里有所学，能在毕业后顺利找到一份好的工作，甚至在工作后有好的发展，那么从现在起，为以后的发展做准备吧。

1.选对方向比努力更重要

没有比漫无目的地徘徊更令人无法忍受的了。

——荷马史诗《奥德赛》

撒哈拉沙漠中有一小块绿洲，比赛尔村的人世世代代生活在这里。并非村民不想走出沙漠，而是根本走不出去。因为在沙漠中凭感觉直行，一定会走出大小不一的圆圈，从起点再回到起点。许多年来，一直没有人能走出去。

后来，英国皇家科学院院士肯莱文来到了这里，教会村民认识北斗七星。结果人们按照北斗七星的指引，只用三天就走出了沙漠。

从这个故事可以看出方向的重要性。方向就是你奋斗的指路灯，只有确定了自己朝哪个方各努力，最终才能到达那里。

有位心理学家曾经做过一个实验，说明没有方向、找不到出路的后果：他把一只小白鼠放到一个放满水的水池中心，水岸在小白鼠能力可及的范围内。小白鼠落水后，转着圈子发出吱吱的叫声，用鼠须测定方向。它的叫声传到水池边沿，声波又反射回去，小白鼠借此判断水池的大小与自己所处的位置。它尖叫着转了几圈以后，不慌不忙地朝着一个选定的方向游去，很快就游到了岸边。

心理学家又将另一只剪掉了鼠须的小白鼠放到水池中心。小白鼠同样在水中转着圈子，发出吱吱的叫声，但由于鼠须没了，它探测不到反射回来的声波……几分钟后，筋疲力尽的小白鼠沉到水底死了。

心理学家这样解释：鼠须被剪的小白鼠无法准确测定方位，自认为无论如何也游不出去，因此停止了努力，自行结束了生命。最后得出结论：在求生彻底无望时，动物往往选择结束生命，这叫意念自杀。

二十几岁是人生的关键阶段。在这“黄金十年”里，有很多不确定的事情等着我们，我们也要做出很多决定。没有钱，没有经验，没有阅历，没有社会关系，这些都不可怕。没有欲望，没有方向，不肯寻找出路，逃避现实，这才是最可怕的，会让人感到恐惧。越恐惧，人就越想逃避；越逃避，就会越恐惧和迷茫，最终使人丧失仅有的一点斗志。

没有方向，就不知道自己该走向哪里；没有方向，所有的努力就缺乏一个衡量标准，每时每刻的行动都处在混沌与盲目之中——没有对错，没有进退，没有成败得失。没有方向，我们很难判断哪些事情对未来有意义的，更别说掌控自己的命运。

就像剪去鼠须的小白鼠，因为不知道水池的大小，从而选择了意念自杀。找不到人生方向的人，也会对处境感到绝望，容易放弃最后一搏的斗志，让满腔的理想、抱负、雄心，全部淹死在原本很窄很浅的水池里。这样的人生，就如同一场噩梦。

没有方向是可怕的，走错方向同样给人带来灾难。

李斌和王峰是大学同学。在校时他们关系不错，成绩也不相上下。可是毕业后这几年，两个人的社会地位和个人财富却高低有别。

李斌家境比较富裕。毕业后，父母帮他找了一份工作，单位是个效益不错的公司，各方面待遇都很好。可面对未来人生，李斌总是一脸迷惘：自己应该去创业呢，还是在公司打工？是去应聘一个与所学专业相关联的工作呢，还是去做自己感兴趣的事情？是应该到大公司谋求发展呢，还是在这个公司终老一生？

不仅自己有这种困惑，他发现身边不少工作多年的同事，在面对这个问题时也是无所适从。几年下来，李斌发现自己耽误了不少时间，工作上没有多大成就，青春却转眼过去了近半。

王峰却不同，他凭借自己的能力考进某政府机关当秘书。在大多数人眼里，这无疑是一份好工作。因为这份工作不仅稳定，单单由职位带来的各种利益，都是人们艳羡至极的。但两年后，王峰却辞职下海了。

许多人为他扼腕叹息，认为他这是自毁前程。可王峰非常清楚自己的选择。首先，他了解自己书生气比较浓，性格又太耿直，不擅揣摩领导心理，不喜欢交际应酬，注定他难以在官场上走得长远。

辞职后，有一位在媒体公司工作的朋友立即邀王峰加盟。之位朋友从王峰此前发表的一些作品，看到了王峰良好的文字功底，希望他过去做编辑，但王峰婉言谢绝了。因为经过了解，王峰发现这家公司效益一般，即使经营再好，编辑的收入也不会太高。王峰希望有一份比较满意的收入，他的方向是进入实体企业，做管理工作。

几经辗转，王峰终于如愿以偿，成为一家跨国公司的职业经理人。这个职位不仅给他带来了丰厚的收入，而且让他学有所用，内心非常充实。

人必须有一个正确的方向。无论你多么聪明睿智，多么才华横溢，如果没有一个明确的人生方向，就会过得很茫然，一不小心走上弯路甚至不归路，枉费了自己的聪明才智，耽误了自己的青春年华。

就像故事里的李斌一样，有时候，不是我们不够努力，而是因为我们在向错误的方向前进。一个人如果想要取得好的发展，找到正确的方向，永远比努力奋斗更重要。也许目前的工作并不理想，但我们必须清楚努力的方向在哪里。只要方向正确，即使步子慢一点，也是在向目标靠近，也就值得我们坚持下去。

走过岁月，回首往事，很多人为当初的选择备感惋惜。这个时候，他们总是拍着头发渐疏的脑袋慨叹，“如果当时我那样做就好了”。人生一辈子只有一次二十几岁，岁月从不给人再来一次的机会。人生短短几十年，也容不下太多的遗憾。只有尽早找到努力的方向，我们才能不迷惘，不盲目，少走冤路。

有人费了九牛二虎之力，终于翻越一面高墙。翻过去之后，却发现梯子放错了地方。但愿我们将来不会因为把梯子放错了地方而追悔莫及。

2.倾听自己内心的声音

人生的真正欢乐是致力于一个自己认为是伟大的目标。

——萧伯纳

现在很多年轻人因为无法为自己的青春做主而苦恼。现实社会中确实存在这样的情况，很多父母总是将自己的理想寄托在孩子身上，希望孩子长大以后不要重蹈自己的覆辙，吃自己年轻时曾经吃过的亏，受自己年轻时曾经吃过的苦。在父母的干预下，有些年轻人其实就是在走一条父母设定好的人生道路，完全没有自己的主见。

不可否认，父母比我们见多识广，比我们经验丰富，考虑问题也比我们长远。父母怕我们在生活中走弯路，所以时时处处对我们提出各种各样的意见和建议。事实上，父母只是按他们的生活经验来规划子女的人生道路，他们总是忽略子女的个性和爱好，忽视这个社会的巨大变迁。父母选择的并不一定是最适合孩子发展的道路，在父母的设定和安排下，很多年轻人甚至找不到真正的自我。

有一个男孩在他的博客里这样写道："我是一个刚毕业的大学生，现在经济形势不太好，工作很难找。在县工商局工作的爸爸为我找了一份工作，在城管中心。我不喜欢这个工作，不想听他的安排，谁能给我一些建议吗？"

这种现象经常出现在年轻人身上：父母的安排与自己的内心相抵触，不知道如何取舍。遇到这种情况，你就应该问问自己：我的人生目标是什么？

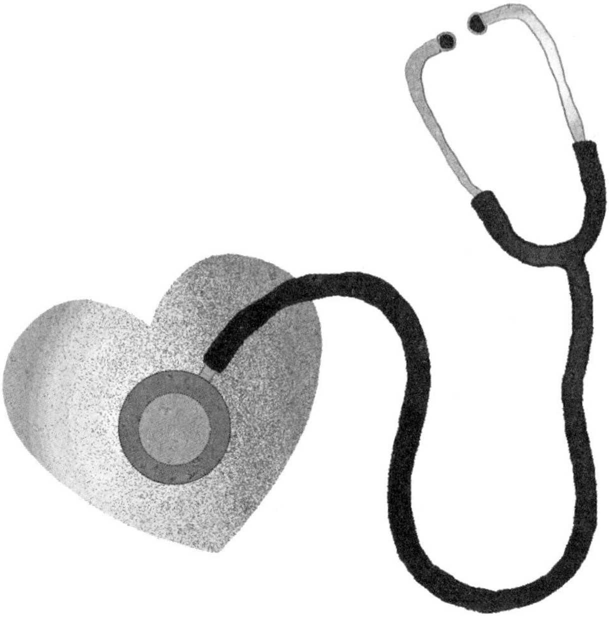

抛开他人的安排和期待，你首先需要考虑自己的人生目标。你从小到大的理想是什么？具体到你目前的情况，这个理想是否是空想？你是否坚持自己的理想？若选择放弃，你的理由是什么？

如果是因为单纯的厌倦或目前工作遇到了困难，想要逃避的话，那么你应该做的是承担而非放弃，因为逃避永远不能解决问题，只会浪费你的时间。如果是因为自己有了更好的目标，为追求崭新的生活而行动，你需要确认：你追求的东西真的是你内心向往的吗？如果答案是肯定的，那么就大胆地、义无反顾地去追求。

走在父母强迫选择的道路上，你会有不满的情绪，无法心情舒畅地前行，这样不但达不到预期的效果，还会影响与父母之间的和睦关系，造成更多的消极后果。只有选择自己喜欢的道路，你才会认真、快乐地往前走。即使路途中遇到荆棘和坎坷，你也会义无反顾地坚持下去，不叫苦，不埋怨，因为这条道路是你自己选择的。

刘洁的父亲是一个房地产开发商，家产丰厚。在刘洁报考大学专业的时候，父母都希望她能够报考与房地产有关的专业，比如土木工程、园林设计等。这样毕业以后，既可以学以致用，又可以继承和做大家业。

可是刘洁对房地产相关的专业不以为然，倒是对服装设计有着浓厚的兴趣。在中学时，她就曾经把几条旧裤子，改成全校独一无二的个性短裙，同学们都认为穿上去很漂亮，问她是从哪里买的。这件事当时让她着实满足了好一阵子。

思索再三后，刘洁做出了学习服装设计的决定。她没有听从父母的安排，而是选择了自己喜爱的专业。由于是自己感兴趣的专业，刘洁在学校学习起来很用心。之后，她又自己做主去国外留学，钻研各国不同的服装设计风格，并用自己的创意，设计出多款服装，得到学校的一致好评。

研究生毕业后，刘洁凭借着自己扎实的功力和对服装设计独到的领悟能力，很快就在服装设计界站稳了脚跟，开办了一家服装设计公司，生意越做越红火。她的特色就是独一无二的原创服装。后来，刘洁的好几款服装已经跻身国际服装节，开始引领全球服装的走向了。

刘洁的成功得益于与她当初的坚持。

当父母的规划、安排与自己的人生理想冲突的时候，我们可以根据具体的情况，做出不同于父母的选择。我们还年轻，各方面的经验尚浅，有些事情可能考虑不周，不妨参考一下父母的意见，这样也可以弥补自己经验和考虑方面的不足，看哪条道路更适合自己。

需要注意的是，人生的道路要靠自己走，最后拿主意的还是我们自己。只要是自己选择的道路，再苦再难，都不要后悔，而是坚定勇敢地走下去。就像著名主持人杨澜说的那样：不管是得意还是悲观的时候，都要了解自己最需要什么，抓住自己的兴趣，做自己喜欢做的事。

3.适合自己的目标才是最好的

如果一个人不知道他要驶向哪个码头，那么任何风都不会是顺风。

——塞涅卡

一位年轻人，大学毕业之初，他曾怀远大抱负，立下了很多人生目标。但是几年下来，却一事无成。这位年轻人很烦恼，于是找到一位智者请教。

智者要他把一壶水烧开，但屋里没有柴火。年轻人跑到屋外的树林里，拾了些干树枝来生火，可是树枝烧光了，水仍未烧开。年轻人又跑到树林里拾干树枝，等到回来时，发现水变凉了。年轻人这次没有急着点火，而是又拾了充足的干树枝回来，之后终于把一壶水烧开了。

智者问他："如果没有充足的柴火，你能把水烧开吗？"年轻人摇了摇头。智者说："柴火不够的时候，可以把壶里的水倒掉一些！"

智者告诉年轻人："你一开始踌躇满志，树立了太多的目标，就像这个水壶装了太多的水一样。你没有足够的柴火，要想把水烧开，要么倒掉一些水，要么再准备些柴。"

年轻人听后恍然大悟。回去后，他重新调整人生目标，将多数目标抛掉了，只留下最适合自己的目标。经过几年的学习和努力，他的目标终于实现了。

当一个人的知识和能力有限时，就应该根据自身能力的大小，设定符合实际情况的目标。

选择方向，实际上就是选择前进的道路。天生我材必有用，各个行业都有人获得成功。但人生是有限的，不同的人条件是有差别的，社会对人才的需求也有多种层次。社会既需要工程师、科学家，也需要售票员和清洁工。我们需要选择既适合自己，又适应社会的道路。三百六十行，行行出状元，每个人都应该在社会中找到适合自己的位置。

每个行业都有自己的特点，对人才的素质与才能，要求也有所不同。

如果不了解这些，没有把自己的特长发挥出来，即便拥有才华，也会在岗位上被埋没。反之，如果你善于设计自己，能够从事自己最擅长的工作，就容易获得成功。

达尔文学数学和医学时总是呆头呆脑，涉及到动植物知识却灵光焕发。

阿西莫夫是一个自然科学家。一天上午，他坐在打字机前打字，突然意识到自己也许成不了一个第一流的科学家，却能够成为第一流的科普作家。于是，他几乎把全部精力都放在科普创作上，终于成了当代世界最著名的科普作家。

赵薇因饰演《还珠格格》中的小燕子而一夜成名，于是许多女学生都渴望去影视学校学习，梦想做下一个赵薇。虽然学影视表现专业者众，但绝大多数都是无功而返。

如果哪个行业热门就往哪个行业挤，哪个领域红火就往哪个领域跑，注定是要失败的。选择前进的方向时，首先要仔细评估自己的能力，以寻找到奔向成功的突破口。比如你接受了什么水平的教育？你的办事能力怎么样？你的特长是什么？你的爱好是什么？各人有各人的优势和弱点，只有扬长避短，才有可能取得成就。

在《泾野子・内篇》一书中，记载了一位名叫西邻的人。此人有五个儿子，并且五子各有特点：长子质朴，次子聪慧，三子目盲，四子背驼，五子足跛。按照常理看，这家的父母应该很难过。可是西邻治家有方，日子过得还蛮不错。细一打听，原来他对自己的儿子都按照其特点做了恰当的安排：老大质朴，正好让他务农；老二聪慧，正好让他经商；老三目盲，正好让他按摩；老四驼背，正好让他搓绳；老五足跛，正好让他纺线。这一家人，各展其长，“不患于食焉”。三个残疾儿子，都能扬长避短，自食其力。这说明每个人都有获得成功的本领，关键在于是否在朝着适合自己的目标前行。

有一位女作家说道：“只要嫁对了男人，每个女人都可以是贤妻良母。”年轻人也是一样，要实现人生价值，就需要找到适合自己的位置，这样才能将自身的能量最大限度地释放出来。在这种时候，人们会发现原来自己也是独一无二的宝石。在属于自己的位置上，谁都可以大放异彩。但是如果没有找到适合自己的领地，每个人都是“失败的国王”。

找准自己最擅长的事，最大限度地发挥自己的潜力，调动自己身上一切可以调动的积极因素，把自己的优势发挥得淋漓尽致，就能取得成就和突破。

4.不能事事“船到桥头自然直”

不要坐等未来，否则将会失去自我发展的良好时机。

——比尔·盖茨

世界上有这样一类人，他们似乎没有什么烦恼、忧愁，一生都在等待和期盼，无数次机遇从他们的手指间滑落，他们并不在意。因为他们相信这样一句话：“船到桥头自然直”。

事实上，这只不过是一种自我安慰的说法。当你遇到困难时，朋友家人可以这么安慰你，但是如果你自己不行动，那么“桥头永远不会直”，问题永远都得不到解决。

刘浩是一名即将毕业的大四学生，这个阶段，每个人考虑最多的问题，就是“下一步应该怎么办”。其实，有很多的路摆在刘浩面前。

大学四年，刘浩对自己所学的专业并不满意，他打算从事一个新的行业。可是他对这个行业的知识了解得并不多，用人单位又怎么会轻易地录用一个“门外汉”呢？他没有信心，于是给自己制订了3套方案。

第一，考研，继续学习自己的专业，拿到硕士学位，提高自身价值；第二，找一份自己所学专业的工作，放弃所有好高骛远的想法，老老实实地工作；第三，随便找份工作，半工半读，等到有一定经验之后再考虑转行。

虽然这些方案都不错，他却犹豫了，不知道到底选择哪条路好，甚至没有为选择做什么准备。时间一天天地过去，刘浩总是对自己说，“不怕，船到桥头自然直，到时候问题自然就解决了”。

别的同学有的认真地为考研备战，有的已经和企业签约，但刘浩还是一天一天地等待着……刘浩不知道的是，他将为自己的消极等待付出惨痛的代价。

“船到桥头自然直”，是很多人为自己的懒惰寻找的借口。在这个借口下，本应今天办的事情推到明天，本应当机立断作的决定一拖再拖。有些人甚至终日枕着它沉溺于缥缈的幻想，光阴也一寸一寸地消耗在这种自以为逍遥无忧的日子中。我们习惯等待奇迹发生，而意志也在这种日复一日的等待中消磨殆尽了。

“船到桥头自然直”，这句话代表了一种处变不惊的态度，但是我们绝不可以抱着如此态度被动地对待人生。机会永远不会降临在无准备的人头上，机遇和成功不可能靠等待获得。那些最终得到好机会的人，都是积极主动地为抓住机会努力准备的人，他们一步一个脚印地走在通向目标的路上，这才是解决问题的办法。

对于人生来说，主动争取是非常重要的。一个人的态度若消极被动，那么，与之对应的就是平庸的人生。如果你有满腔的抱负，就必须主动出击，督促自己努力去实现它。消极地等下去，就算等到白发苍苍，步履蹒跚，也不可能等到“船到桥头自然直”。

不要总是被动地等着上天把机遇和好运降临到你头上。要知道，在你无所事事地守株待兔的时候，比你主动的人早已把这些机遇和好运拿走了。

5. 要有长远的眼光

做第一等人，干第一等事，说第一等话，抱第一等识

——吕坤

从前，某地有两座南北相望的大山——南山和北山。一条小河从两山之间蜿蜒穿过。每天清晨，两座山上都会有一个和尚下山挑水。

时间长了，两个人就成了朋友。

他们每天都下山挑水，从不例外。不知不觉中，两年过去了。

突然有一天，南山的和尚发现北山的和尚没有下来挑水。莫不是病了吧？他心里想。

又过了半个多月，北山和尚还是不见踪影。

南山和尚终于坐不住了，他担心朋友遇到了什么不测。对面山上有不少和尚，怎么可能半个月也不派一个人下来挑水呢？他决定去看个究竟。

刚爬上北山，他就看见朋友正在那里练拳。看他脸色不像是半个月没喝水的样子。他吃惊地问："你已经半个月没有下山挑水了，难道不渴吗？"

北山和尚笑着说："来，我带你去看一样东西。"

他们来到寺院的后边，那里竟然有一口井！

"两年前，方丈给了我挑水的活儿。从那时起，我就开始挖这口井了。每天练完功，我就抽出一些时间来挖井。有时，我的师兄师弟也帮我挖，因为这不是我一个人的事。就在半月前，我终于挖出了水，再也不用费时费力下山挑水了。以后，我就可以把更多的时间用在练功上了。"北山和尚慢慢地说道。

看到这个故事，你有何感想？我们应该扪心自问，自己究竟是南山和尚还是北山和尚？

做事一定要有长远的眼光，特别是对于二十几岁的年轻人来说，这一

点至关重要。

我们都知道陈胜、吴广的故事。他们原是一介布衣，躬耕于农田，后来被点去当兵，他们不愿安于现状，面对压迫，奋起反抗。经过不懈努力，陈胜自立为王，吴广也成为将军。虽然他们最终没有建立一个新的朝代，但两人的名字却流传千古。凡常之人能够成就如此伟大的事业，他们内在的动力是什么？就是他们的鸿鹄之志。

二十几岁时，我们实力尚弱，不得不暂时放下心中的梦想，努力去赚让自己生存下来的口粮。但我们必须清楚，摆在我们眼前的许多事情只是暂时的，谁也不愿意做一辈子的打工仔，总是工作在基层。当我们不再年轻，当我们解决了基本的生存问题，那么怎样创造更好的未来，就成了我们必须尽早考虑的问题。从吃青春饭、力气饭，努力转变到吃资本饭、创意饭、事业饭，这才是真正有眼光的做法。

一位青年很有理想。有一天，他去拜访一位德高望重的长者。当时，长者正在自己的果树园里采摘苹果，没有给他什么建议，而是让他帮自己将挂在树梢上的一只又大又红的苹果摘下来。

这位青年的个子并不算低，尽管他很努力，但还是无法摘到那只苹果，他有些失望。

长者看到这一切，对青年说："年轻人，你为什么不跳起来试一试呢？"青年听了长者的话，跳了一次，没有摘到，跳了第二次，依然没有摘到苹果。第三次，他稍微休息了一下，并调整了自己的情绪，然后他奋力一跳，那只苹果就握在他的手中了。

在摘到苹果的一刹那，青年的心中同时一亮，他忽然悟到，长者这是在告诉他：一个人要想成功，就必须学会跳起来，采摘那些看起来高不可取的"苹果"。只有这样，才有可能品尝到成功的滋味。

有句话说得好："你能看多远，便能走多远。"

一个人的目光要放得长远一些，否则永远都是一个平庸的失败者。不甘于平庸的人，必须拥有一个长远的目标，就像那些需要奋力跳起来才能够得着的"苹果"。跳起来摘苹果，就是为自己设置一个又一个更高的目标，以便督促自己不断地超越，永不满足，永不懈怠，永不疲倦，永不怯懦，始终保持坚定的意志和饱满的精神状态，执著地向更高的目标攀登。

设置更高的目标，并不意味着好高骛远，沉湎于盲目和不切实际的空想中。恰恰相反，跳起来摘苹果，需要脚踏实地，持之以恒。很多时候，远大的目标并不是能够轻易达成的。我们不光要有长远的眼光，更要有追逐长远目标的勇气和毅力。

如果你的生活环境优越，不要满足于现在的安乐中；如果你现在的生活环境不尽如人意，也不要被眼前的困难打倒。不满足于暂时的安逸环境，不困在暂时的迷惘中，沿着自己选择的路勇敢地走下去，就一定能使自己的人生更加精彩。

你的起点可以平凡，但志向不应平凡。树立远大的志向并坚决付诸行动，是人走向成功的不二法则。二十几岁的你，正值青春年华，没有什么不可以尝试，你的脚步总是能够到达你看到的地方。沧海可填山可移，男儿志气当如斯，让自己看得更高远一些，跳起来去摘下那只又红又大的苹果吧。

6.懂得放弃才能更好地选择

在人生的大风浪中，我们常常学着船长的样子，在狂风暴雨之下把笨重的货物扔掉，以减轻船的重量。

——巴尔扎克

“鱼，我所欲也；熊掌，亦我所欲也。二者不可得兼。”

当我们面临选择时，必须学会放弃。放弃，并不意味着会失去一切。像下围棋一样，放弃小的利益，得到的却有可能是更大的利益。如果想“鱼和熊掌”兼得，恐怕连鱼也得不到了。

让我们先来看下面几则小故事。

一位父亲给他的孩子带来一则消息，某知名跨国公司正在招聘计算机网络员，录用后薪水自然会很丰厚。这家公司很有发展潜力，近些年新推出的产品在市场上十分走俏，所以很多人都想进入这家公司工作。

孩子当然很想应聘。可是他在职业学校的培训已经接近尾声，要真的给聘用了，一年的培训就算夭折了，白白浪费学费不说，恐怕连张结业证书都拿不到。孩子犹豫了。

面对孩子的犹豫和彷徨，父亲笑了笑，说要和孩子做个游戏。他把刚买的两个大西瓜一一放在孩子面前，让他先抱起一个，然后让他再抱起另一个。孩子瞪圆了眼，一筹莫展。抱一个已经够沉的了，两个是没法抱起来的。

“那你怎么把第二个抱住呢？”父亲问道。孩子愣神了，还是想不出招来。父亲叹了口气：“唉，你不能把手上的那个放下来吗？”孩子这时才似乎缓过神来。

是呀，放下一个，不就能抱起另一个了吗！孩子这么做了。父亲提醒道：总得放弃一个，才能获得另一个，就看你自己怎么选择了。

孩子顿悟，最终选择了应聘，放弃了培训。后来如愿以偿，成了这家跨国公司的职员。

在一场同学聚会中，久未见面的几个同学聊得热火朝天。说到现在下海经商的人愈来愈多，一位同学在某事业单位任职的同学直抒胸臆：自己也想下海，这样可以多赚点儿钱，可又舍不得离开这家事业单位。毕竟旱涝保收，工作也是蛮稳当的，因此总是犹豫不决。

他的一位同事倒是辞职下海了，还如鱼得水，干得不错，让人羡慕。那同事对他说，你不愿放弃，却又想再获得，未免太天真了吧。他觉得同事说得有理，可仍举棋不定。

席间，大家又提及一位女生。她本是班上最漂亮、最有气质的女孩，但至今仍孑然一身。知情者说，她的追求者众多，令她眼花缭乱。她的心眼也活，今天见这个好，明天见那个也不错，总想选一个各方面都称心如意的。这想法并不错，可男人也是人啊，最终爱情从她身边飘然而过。

其实，这位女生倒是碰上过一个真正爱她、呵护她，甚至愿意为她做出牺牲的男孩，这种男孩现在已不多见了。男孩比较传统，心眼实在，挺有男子汉味道的。女孩也曾经视他为第一候选人，相处蛮长时间了。但女孩同时还在约会其他男孩，虽然没有做什么出格的事，就是想再多一点机会，再好好地选择一番。

令她想不到的是，男孩虽然爱她，最后也难以忍受这般折磨。等到女孩醒悟时，男孩已经出国并且成家了。女孩很后悔，也许上天给予她太多，反而让她不知道如何选择了。

有一个聪明的年轻人，很想在一切方面超过他身边的人，尤其想成为一名大学问家。可是许多年过去了，他的学业没有明显的长进。他很苦恼，就去向一个大师求教。

大师说："我们去登山吧，到山顶你就会明白是怎么回事了。"

山上有许多晶莹的小石头，煞是迷人。每次见到他喜欢的石头，大师就让他装进袋子里背着。很快，他就吃不消了。

"大师，再装下去，别说山顶了，恐怕连半山腰都去不去了。"他疑惑地望着大师。

"是呀，那该怎么办呢？"大师微微一笑，"该放下的不放下，背着这么重的石头，怎么能往前走呢？"大师笑了。

年轻人一愣，忽觉心中一亮，向大师道谢之后离开了。下山之后，年轻人就一心做学问，最终成为了一名大学问家。

有时候，我们只有先放弃手里抓着的，才能有机会选择到更好的。放弃，也是一门学问，经济学上称其为机会成本。在作出某个选择的同时，你投入了机会成本，它带来的则是更大的收益。

人要想选择更好的，就必须有所放弃。只有学会放弃，才有可能登上人生的高峰。

二十几岁的你，不要再为那些不知道该如何取舍的选择苦恼了，要敢于放弃，勇于舍弃，这样你才能为自己选择更好的路，才会有更好的发展。

7.有了想法就要行动

如果你已经制定了一个远大的计划，那么在你的生命中，就用最大的努力实现这个目标吧！

——比尔·盖茨

演讲大师杰克·坎菲尔德曾经作过一次现场演示，生动地诠释了想到和做到的差距。

他拿出一张100美元的美钞，然后问在座的听众："谁想得到这100美元？"

屋子里所有的人都举起了手，他们都想得到这100美元，但没人采取行动。

于是杰克·坎菲尔德又问："哪位真的想得到这100美元？"

过了一会儿，有人从座位上站了起来，走到杰克·坎菲尔德面前，等待杰克·坎菲尔德把那100美元交到他的手上。但是杰克·坎菲尔德并没有交给他，于是那人就傻乎乎地站在那里。

这个时候，一个人从最后一排径直走了过来，伸手从杰克·坎菲尔德手中拿走了100美元。

之后，杰克·坎菲尔德转身对大家说："这个人的所作所为同其他人有什么不同吗？他唯一的区别就是——离开了座位，采取了行动。"

一万个空洞的想法，比不上一个实际的行动。想改变自己的现状，想做得更好，想闯出一番事业，这样的想法很多人都会有。可是有些人有了想法，落实起来却往往瞻前顾后，犹豫不决，这样的想法再多再好，最终都胎死腹中，到头来一事无成。

为什么想法没有变为行动呢？因为这样的人缺少判断力、决策力、行动力以及成事必不可少的恒久毅力。一个人能否成功，不仅要看他有多么伟大的想法，更要看他有多大的力量与信心把构想付诸实践。

在行动中产生的想法更有价值，更有指导意义。敢于实践就是能力，只有实践，才能提高能力。看一个人有没有能力，也要看他敢不敢实践，能不能实践。

王波是一所理工大学的大四学生，被学校推荐到一家科研机构实习。刚去时人生地不熟，没人理他，也没人管他，王波就天天坐着。有一次，单位开会让大家对一个新项目提出看法和实施方略，王波立刻想到了一个点子。之后，他就稳稳地坐着，等着领导提问。结果，直到会议结束也没人问他。半个多月过去了，王波实在坐不住了，开始参与大家的讨论，并把自己的想法讲给大家听。

恰好这个时候，机构正在开发一个金融数据库。王波就积极地参加了进来，出谋划策，颇有激情。在大家的共同努力下，程序很快就做出来了。王波的表现得到了同事们的认可和赞许，也得到了领导的表扬。

不久之后，单位又要开发新程序。王波不等领导“下战书”，就自告奋勇地拿出了开发思路。很自然，这次任务就分给了他。结果原本需要三个月才能完成的任务，王波只用了一个星期就完成了。这次，领导对他刮目相看。

实习结束后，领导直接来到学校，点名要他。有人对此不解：“来实习的学生有好几名都很优秀，有些甚至还是研究生，为什么不要他们，单单选一个普通的大学生呢？”

领导说：“因为他是一个不仅敢想，而且更敢做的大学生。”

想法本身不能让你走向成功，行动才是改变一切的钥匙。无论对待什么事情，有思想还要有行动。如果有想法不立即执行，再好的构思也会沦为空想；相反，再普通的想法，只要你切实执行，总比那些看起来很美却缺乏实践支持的精彩计划要好得多。

千里之行，始于足下。不要抱怨自己的命运不好，行动就是力量，唯有行动，才可以改变自己的命运。评价人生的终极标准不在于你的想法好不好，而在于你做的多不多。

社会上不缺乏踌躇满志的人，却缺少能把想法付诸行动的实践者。既然渴望成功，你就必须做行动上的巨人，而非只做思想上的巨人。在这个世界上，没有人能替你思考，更没有人能替你行动。记住一点，唯有行动才有可能让你成功！

第3章

成功之前先成长

在父母的眼中，你无论多少岁都只是个孩子。但是在社会中，二十几岁的你已经是一个成年人了。也许你还没有意识到自己已不再是个孩子，但从现在开始，你必须清醒地认识到，责任正悄悄地落到你的肩头。

社会不是学校，更不是一个家庭。社会不会等待你长大，也不会给你提供安逸、舒适的环境。如果你想要成功，就得经历坎坷、曲折、磨难，必须让自己成长起来，让自己有足够的能力去面对社会的挑战。

1.社会不会等待你成长

幼稚的眼睛常常看不清楚。小鸟怀着热烈的希望展翅飞向天空，但一下子就碰到铁丝网掉落下来。

——巴金

20 岁之前，我们在父母的庇佑下成长，可以不用考虑自己承担什么责任，社会竞争有多激烈，生活该怎么继续下去……然而，人一辈子总要长大的，要对自己和家人负责，对未来负责。人总要经历一些美好和困苦，体会一些人生的酸甜苦辣，这样的生活才完整。

现在有很多年轻人不想长大，不想离开父母的羽翼，想就这样一辈子在父母的庇佑下无忧无虑地生活。他们不愿承担责任，经济无法独立，始终像个幼稚的孩子。但是，社会不会因为你的幼稚而永远照顾你，相反，幼稚会使你在社会中会遇到更多的困难。严酷的现实社会迟早需要我们勇敢地去面对。

在我们的每一个年龄段，都有相应的事情需要完成，有相应的责任需要承担。人不能总是停留在懵懂的少年时代，自立自强的美好未来，才是值得我们孜孜不倦地去追求的。成长的过程其实是一种无上的享受，是一笔他人无法掠夺的财富。

那么，对于不想长大，还没有玩够的年轻人，该如何调整自己的心态呢？

第一、学会为自己的行为承担后果，时刻提醒自己已经成年。

很多年轻人想自主和独立，总觉得父母不信任自己，仔细检讨自己的一些想法和做法，很多地方确实显得幼稚，让人无法放心。要改变这种状况，需要建立起责任心。要记住，他人没有义务承担你应担负的责任。例如，你不去营业厅交手机费，没有谁应该帮你交；你睡过了起床时间，没有谁应该叫醒你。你现在可以依赖家人，但他们不可能陪着你走完整个人生。人生的道路，最终需要靠自己去走。

第二、改变浮躁心态，为自己减少压力。

很多时候，我们之所以表现得浮躁和不成熟，是因为我们面对了太多的压力，不由自主地想逃避。受到压力后，如果找到减压的方法，轻松地面对生活，也就不会那么浮躁了。旅游、读书、听音乐等，都是不错的减压方法。一个人发呆或胡思乱想，只能使压力越来越大。参加一些集体活动，或者找人娱乐一番，哪怕只是看看电视，都可以分散注意力，起到缓解压力的作用。

第三、尽快让自己进入“社会角色”。

这一点非常重要。既然你已经步入社会，就成了一个“社会人”。社会上的很多事情，不是按我们的想象去发展的。有人抱怨自己的能力总是得不到用人单位的认可；也有人抱怨自己运气不佳，总是找不到理想的工作；更有一些年轻人终日愤愤不平——为什么和自己同时走出校园的同学很快得到了提升，自己却还在原地踏步。

要知道，一天到晚只会抱怨的人，必定是不成熟的人。当你知道自己应该如何适应社会后，你会把大量的时间用来学习、工作和拓展人际网络，这样也就没有时间去抱怨了。

2.安逸的环境怎能让人坚强

生于忧患，死于安乐。

——孟子·告子下

在非洲尼日尔特内雷地区沙漠中，生长着一棵有1800年树龄的金合欢。虽然大树主干已经弯曲，树身伤痕累累，绿叶也不多，但生命力依然很旺盛，年年都会生枝发芽。金合欢是那里唯一生存下来的一棵树，尼日尔人视其为“神树”。

科学家曾对它进行研究，发现那里的气候条件绝不适合金合欢树的生长。沙漠终年干旱，日夜温差极大，天气几乎难以预测。几分钟前这里还骄阳似火，几分后却忽然转为狂风暴雨，有时还夹带着冰雹。在这样的恶劣气候下，“神树”能存活千年，的确是一个奇迹。

自从“神树”成名后，经过的车队与骆驼队都会自动自发地维护它，主动为它修剪残枝败叶，在它根部堆土，并拿出珍贵的饮用水为它灌溉，甚至还竖立屏障，为它遮挡风沙和冰雹。

可是随着生存条件转好，这棵大树却枯死了。

1800年来，这棵树已经习惯了恶劣的生存环境，但是由于人们近年来的善意呵护和溺爱，它不必再与环境抗争，结果反而丧命。其实这棵大树不是死于风沙、干旱、高温、严寒、冰雹的摧残，而是死于人们的精心照顾，死于安逸的环境中。

就像安逸中死去的“神树”一样，二十几岁的你如果过得太安逸，没有经历过风吹雨打，就好比温室里的花朵，只会越来越娇气，一经风雨就会凋零。安逸的生活会让你丧失适应外界恶劣环境的能力，会让你变得懒惰，失去向前发展的动力。

我们要知道，懒惰是成就事业的最大敌人！什么都不做，等待着天上掉馅饼，这样的人成功的几率几乎为零。

在阿拉斯加半岛，生活着一种体大骠肥的野鹿。半岛是一个人烟稀少的荒岛，水肥草丰，野鹿没有天敌，所以过着无忧无虑的生活，吃饱喝足了，就很悠闲地在阳光下跳来跳去或打盹，提不起半点精神。

这几年，人们发现，野鹿的数量正在逐渐地减少，原因是它们生活得太安逸了。安逸环境中的野鹿虽然长得肥美，但体质极差，经常生病，对病害没有一点抵抗力，也奔跑不起来，普通的人都能追杀它，使它成为盘中之物。

为了给野鹿一点压力和危机感，当地土著人把野狼引进了半岛。狼进来后，野鹿的安逸生活被打破了，它们开始紧张起来，奔跑逃命的速度不断加快，体质也逐渐地强健起来——野鹿怕成为狼的猎物。

看了野鹿的故事，你是否受到了一些启发？是的，你现在需要做的，就是从安逸的环境里走出来，去接受外界的风吹雨打，要像水手那样勇敢地面对风暴，在惊涛骇浪中扬帆前进。也就是说，从现在就要开始积极进取，找到你人生的动力，为迎接即将到来的风雨做好准备。

骆驼是一种生命力很顽强的动物，它生长在恶劣的环境中，却从不怨天尤人，也不会坐等天降大雨，将沙漠变成绿洲。骆驼知道，要在艰难的环境中存活下去，只能靠自己。于是，它渐渐长出了适合在沙漠中行走的脚掌，和可以储存水分和能量的驼峰，凭借自身对环境的强大适应能力，在千里大沙漠中一步一步前行。

人也是如此。没有人天生就拥有成功的素质，但每个人都具有成功的潜质。要想成功，就需要练就适应环境的能力和敢于吃苦的意志。就像顽强的骆驼一样，成功的创业者，都有一种骆驼般坚韧的劲头。这种劲头，正是人生 30 岁之后源源不绝的发展动力。

人都有失意的时候。经济窘迫，错失爱情，事业不顺等，都会让人感到沮丧，而这些挫折都能够锻炼一颗坚强的心。反是安逸，会使你失去危机感和掌握方向的迫切感，使你在歌舞升平的幻象中停下脚步，停止成长，失去对自己的真实判断，最终被社会远远抛离。如果想让自己变得更强，就让自己去勇敢地接受风吹雨打吧，这样你才能在成功的路上走得更稳。

3.把苦难当做成长的机会

人生不是一种享乐，而是一桩十分沉重的工作。

——列夫·托尔斯泰

山上的庙里有一尊雕刻精美的佛像，前来拜佛的人络绎不绝。

铺在山路上的石阶于是抱怨："大家同是石头，凭什么我被人蹬来踩去，你却被人供在殿堂接受膜拜？"

佛像笑了笑说："当年，您只挨六刀，成为一方阶石，而我经历了千刀万凿之后，才有了现在的形状！"

"苦难是一所学校，真理在这里面总是变得强有力。"诚然，每一个渴望成功的人，都需要到这所学校中接受教育。伟人在成功之前，大都遭遇了许多苦难。经历风雨的洗礼，生命才能常驻常新。

人人都希望在一个平和顺利的环境中成长，但上帝并不喜爱安逸的人，他要挑选出最杰出的人物，让这部分人经历磨难，经过千锤百炼，最终成为发光的金子。成功不像我们想象得那么容易，这个世界上，很少有人能一路凯歌。不顺是人生中时时刻刻都会遇到的，在踏上人生路途的时候，我们就该明白前路的坎坷。苦难是人生必须经历的一课，佛说：人生有七苦。生、老、病、死是苦，爱别离、怨憎会、求不得也是苦。活着是所有苦难的基础，活着就是受苦。所以佛典中有"人生皆苦"的说法。

当你毕业后找不到满意的工作时，你抱怨自己"生不逢时"，没赶上当年父子接班、分配工作的年代；当你想买房却无法支付高昂的首付款时，你抱怨自己"生不逢地"，没有一个可以让自己衣食无忧的富爸爸；当你找不到赏识自己的上司时，你抱怨自己"生不逢人"，千里马常有，而伯乐不常有。你过于浮躁，受不得累，吃不了苦，耐不住寂寞，挡不住诱惑，埋怨工资低，嗟叹待遇差，羡慕别人有福利，眼红人家不加班，抱怨、牢骚连连，频繁跳槽于是成为家常便饭孟子说，“天将降大任于斯人也，必先苦其心志，劳其筋骨，饿其体肤，空乏其身，行拂乱其所为，所以动心忍性，曾益其所不能”。如果你能通过这个考验期，那么，最终迎接你的必然是一路鸟语花香。反之，如果你想在这个考验期结束前少经一些磨难，多得一份安逸，你就会在今后迎来更多的磨难，甚至可能永远都通不过社会的考验。

精神分析学家荣格说：人类需要逆境，逆境是迈向身心健康的必要条件。他认为遭遇困境，能帮助我们获得完整的人格与健全的心灵。的确，困境让我们更能经得起考验，培养我们遇事冷静、坦然的态度。正像杯中的茶叶一样，坦然面对沉浮，生命才会散发芳香。

“经营大师”松下幸之助9岁时，因为家境贫困，他不得不外出赚取生活费。

远赴大阪谋职时，母亲为他准备好行囊，并送他到车站。临行前，母亲向同行的人诚恳地拜托：“这个孩子要单独去大阪，请各位在旅途中多多关照。”母亲的背影给他留下了深刻的印象。

不久，松下幸之助只身来到大阪，在船场火盆店当学徒，开始了艰苦的谋生。小小年纪，远离亲人，他感到孤单无助，甚至丧失了生活的信心。

有一天，店主叫住他，递给他一个五钱的白铜货币，说是他这一段的薪水，他吃惊极了。他从来没有见过五钱的白铜货币，这对穷人家的孩子来说，是一个相当可观的数目。

报酬激起了他工作的热情，也扬起了他奋斗的风帆。靠着不可思议的欲望的支持，他变得更加坚强。他不辞辛苦地打杂，磨火盆。有时，一双手磨得皮破血流，连提水、打扫的活儿都干不了，但他咬牙挺了过来。

渐渐地，松下幸之助掌控了自己的命运。

人生如同一段翻山越岭的旅行，不可能永远一帆风顺，时而风吹雨打，困顿难行，时而峰回路转，雨过天晴。当苦难来临时，有的人自怨自艾，意志消沉，一蹶不振；有的人则不屈不挠，与苦难抗争，成为生活的强者。在不屈的人面前，苦难会化为一种礼物。顺境和享乐无法锻炼人格，唯逆境可以。一旦征服了人生的难关，遇到再糟的情况也不会惊慌。

人生有甘甜也有苦难，重要的是我们对环境采取何种反应。接受好花不常开的事实，日子会悠哉很多；把苦难当做成长的机会，成功的大门自会为你敞开。

4.不要太在意别人的眼光

走自己的路，让别人说去吧。

——但丁

18岁那年，齐瓦布经人介绍来到钢铁大王卡内基属下的一个建筑工地打工。从踏进工地的那天起，齐瓦布就下定决心，要成为这里最有出息的工人。

工地的条件很艰苦，工作又脏又累。工人们天不亮就起床，一直干到太阳落山。连续10多个小时的繁重劳动，使人们疲惫不堪。大家都抱怨工作太累了，工作时间太长了，薪水太低了……许多人干脆消极怠工，一有偷懒的机会就歇一会儿。

齐瓦布从不吭声，从不抱怨，因为他知道自己别无选择。每天他除了按时按量完成自己负责的工作之外，就是默默地坐在一边，总结自己当天的工作心得。他还设法找来建筑方面的书籍和杂志，一有时间就坐下来学习。休息时，别人都闹哄哄地凑到一起打牌，他却躲在角落里看书。

一天晚上，工人们正聚在一起打牌。公司一位经理到工地进行例行检查，一眼就看见了正在看书的齐瓦布。经理立刻走上去，看了看齐瓦布手中的书，又翻了翻他的笔记本，惊异地看了他一眼，一句话没说就走了。

第二天一大早，齐瓦布就叫到经理办公室。

“你为什么要看那些东西，有用吗？”经理问他。

“当然，在我看来，我们公司并不缺少只会干力气活儿的工人，但缺少一些既有工作经验又有专业知识的技术管理人员，你说对吗？”齐瓦布认真地回答道。

经理点了点头，不由得在心里暗自叹服——眼前这个年轻人貌不惊人，但绝非等闲之辈。

很快，齐瓦布就被提升为技师。从此，他工作起来更加努力，更加积极了。齐瓦布的升职引起了工友们的不满，他们背地里称齐瓦布是“蠢货”，有的人甚至叫他“叛徒”。对于这些冷嘲热讽，齐瓦布不以为然。

“我不只是在为老板打工，更不单纯是为了赚钱，我是在为自己的理想、自己的前途打工。现在，我只能在业绩中提升自己。我必须使自己工作所产生的效能，远远超过自己所得的薪水。只有这样，我才能得到重用，才有机会得到提升。”他这样解释道。

凭借不懈的努力，齐瓦布在公司平步青云，获得了连续的提升。他先是被任命为公司的总工程师，后来则直接被卡内基提拔为公司的总经理，承担起建设公司最大的波拉达钢铁厂的重任。这一年，他才刚刚 25 岁！

从一个普通的工人到总经理，齐瓦布只用了 7 年时间。他并没有什么过硬的背景，所有这些成就，都是他顶着来自各方的非议，通过长期辛苦付出和忘我工作获得的结果。

后来，齐瓦布创建了自己的博瑞亨钢铁公司。经过不懈的努力，这家公司一度成为美国第三大钢铁公司，齐瓦布也因此成为美国钢铁行业声名显赫的亿万富豪。

生活在一个大环境中，我们的言谈举止难免受到他人的评判，我们往往也会以别人的标准来要求自己。想做一件事情，首先想到的不是如何能够成功，而是“如果失败了别人会怎么看”，这是一种普遍而且极具破坏力的心理状态。这种心态是一种强大的精神枷锁，它不仅会束缚一个人的创造力和人格，还有可能把你原有的实力破坏殆尽，使你永远停留在原地。

我们无法避免被他人议论，但是我们可以选择不去在意和关注。不要在意别人的看法，才能坚持按自己的初衷做自己应该做的事。如果别人的议论和看法影响甚至伤害我们的心灵，阻碍我们前进，那么过多地在意别人的看法，不是自寻烦恼吗？

如果你下定决心要做一件事，而且坚信这件事情是正确的，那么无论周围的人怎么议论，你都要坚持下去。坚持下去，你的努力和付出终会得到回报。

5.有压力才会有动力

居逆境中，周身皆针砭药石，砥节砺行而不觉；处顺境时，眼前尽兵刃戈矛，销膏靡骨而不知。

——《菜根谭》

有句话说得好，“人都是逼出来的”。穷则思变，时世造英雄。梁山一百单八将，哪一个不是被逼出来的好汉。压力就是动力，动力可以转化为能力。一个人的成长，必须不断地经受磨炼。有时候，不对自己狠一点儿，可能永远也不知道自己有多大的能力和潜力。在巨大的压力下，一个普通人可能会变成一个能力超群的人。

当面对压力的时候，不要焦躁，也许这只是生活对你的一点小考验。30岁之前你适应了压力，30岁之后，你的能力将会大大提升。

一位音乐系的学生走进练习室，钢琴上摆着一份全新的乐谱。这个学生翻着乐谱，喃喃地说，这乐谱太难了，简直是超高难度。他感觉自己对弹奏钢琴的信心似乎跌到谷底，丧失殆尽。

这个学生自从跟了这位新的指导教授之后，不知道为什么教授要以这种方式整人。他勉强打起精神，开始用自己的十指练习、练习、再练习，琴音盖住了教室外面教授走来的脚步声。

指导教授是个极其有名的音乐大师。授课的第一天，他给自己的新学生一份乐谱，说：“试试看吧！”乐谱的难度颇高，学生弹得生涩僵滞，错误百出。

“还不成熟，回去好好练习！”下课时，教授如此叮嘱学生。

学生练习了一个星期，第二周上课时，正准备让教授验收，没想到教授又给了一份难度更高的乐谱，“试试看吧”！上星期布置的作业，教授这次提也没提。

学生再次挣扎于更高难度的技巧挑战。

这样的情形持续着。每次在课堂上，学生都被一份新的乐谱所困扰，然后把它带回去练习。接着再回到课堂上，重新面临两倍难度的乐谱，却怎么样都追不上进度，一点也没有因为上周练习而有驾轻就熟的感觉。学生越来越感到不安、沮丧和气馁。

教授走进练习室。学生再也忍不住了，他必须向钢琴大师提出这三个月来何以不断受到折磨的疑问。

教授没开口，他抽出最早的那份乐谱，交给学生说，“你弹奏吧！”他以坚定的目光望着学生。

不可思议的事情发生了，连学生自己都惊讶万分：他居然可以将这首曲子弹奏得如此美妙，如此精湛！

教授又让学生试了第二堂课练习的乐谱，学生依然呈现出超高水准的表现。

演奏结束后，学生怔怔地望着老师，说不出话来。

“如果我任由你表现最擅长的部分，可能你还在练习最早的那份乐谱，你就不会有现在这样的演奏水平。”钢琴大师缓缓地说。

如今不少年轻人总是抱怨生活压力太大了。的确，房租涨了，生活成本提高了，老板每个月规定的任务指标达到了我们的能力极限，稍一松懈就会完不成任务，轻则扣奖金，重则丢掉工作……这些都是现实，不过我们何不把这种压力当做动力，当做生活给我们出的一道命题？其实，看似紧锣密鼓的工作挑战永无歇止，环境压力不断加大，但这些也在不知不觉间造就了我们今时今日的诸般能力！其实，和许多人面对的压力相比，我们这点儿压力根本算不了什么。

吉米·道南如今已是世界著名的成功学大师。有谁知道，他年轻时曾面临过怎样的生活压力，那压力当时几乎令他崩溃。而今天，他是怀着如此甜美的心境去回忆那段艰苦的岁月。

那年，他的儿子埃立克出生了。此后数年间，全家的生活几乎一团糟。埃立克患有先天性的脊柱裂，这是一种很难治愈的先天性疾病。更糟糕的不止这些，因为在埃立克出生时，医生没有注意到这种情况，孩子开放性的脊柱和脊髓发生了感染，引发了脑膜炎。

接下来，埃立克开始接受一次又一次的手术。在来到世间的第一年，他一共接受了 11 次脑部手术。整整 1 年时间，吉米·道南几乎一直待在医院里。那时女儿海德已经 4 岁多了，他的生意才刚刚开始，家庭收入很不稳定。从埃立克住院 1 周后，他就不得不面临巨额的医院账单。

在重压的漩涡之下，他感觉自己的生活被扯向四面八方。他比任何时候都需要金钱，但比以往任何时候都缺少挣钱的时间。他和妻子南茜必须很好地平衡时间，一方面要赶紧挣钱，另一方面还要照顾住院的埃立克，还有家里的女儿海德。

夫妇俩面临许多选择，首要一条就是绝不能让自己未来的生活为医院的巨债所控制。他知道，他必须迅速作出一系列重大调整，以便为孩子们提供最好的健康保障和高质量的生活。

他变得比以往任何时候都坚强和理智。他努力强迫自己，保证每一个决定都是正确的。在这个过程中，他学会了如何精确地安排时间，如何使每笔资金都发挥最大的效能，如何在短时间内把生意做到最好。

如今，他的孩子都已长大成人，他的事业也已遍布全球各地。回首往事，他觉得真正让自己感悟最多，成长最快的，正是当初那段最艰难的时光。

就如吉米·道南一样，每个成功者的背后都有一个辛酸的故事，都有一番痛苦的磨难和经历。但是，久处顺境，人们容易滋生骄奢淫逸和惰性；身陷逆境时，资源匮乏，精神压抑，成功欲望迫切，成才动机强烈，往往能够取得在顺境中难以取得的巨大成功。

有压力并非完全是坏事，关键在于我们对待压力的态度。解决问题的过程，就是进步与收获的过程。谁能跟上变化的潮流，谁才会有未来。如果我们能学会适应，学会忍耐，多一点恒心和耐心，就说明我们比别人领先了一步。

生过豆芽的人都明白，越是压在下面的豆子，长出来的豆芽越大。压力固然会让我们不好受，却是我们成长的最好养分。压力不仅让我们站得更直，走得更稳，更能激发我们灵魂深处源源不断的力量，激励我们冲向人生的巅峰。

生活给了我们选择的机会，给了我们改变人生的机会，面对压力，你是选择倒在地上一蹶不振，还是选择咬牙站起来，挺过去？

6.学会适应社会

明白事理的人使自己适应世界，不明事理的人想使世界适应自己。

——萧伯纳

当今社会既是充满希望的社会，也是充满失望的社会。一个人在这个社会里生存，就无法回避社会，关键是如何去适应。适应社会的人，能在困境中寻找到出路，而无法适应社会的人，便会处处碰壁，充满失望。

有的下岗人员，刚下岗时心中充满失望，甚至怨恨社会。但失望过后静心想想，社会正处于转型期，失业是正常的，生活还要继续，与其自怨自艾，不如另谋出路。于是有的人去经商，有的人重学技术，走出了新的希望之路。正因为这些人主动选择去适应社会，人生才处处充满希望。同样，刚进入社会的大学毕业生，也需要学会转变身份，主动适应社会，这样才能够找到一条充满希望的路。千万不要埋怨社会对自己不公平，社会就是如此，只有你去适应它，社会绝不会去适应你。

刚刚从象牙塔中走出来，进入社会的我们，总觉得仿佛与周围的一切都格格不入。在学校，老师和同学都会帮助你学习，进入社会后，知识只能靠自己去挖掘。在学校，你可以依赖老师与父母，进入社会后，你只能依赖自己。学校是个可以张扬个性的天堂，我们可以大叫大笑，不用顾忌得罪什么人，不用顾忌种种事非和评价，可以交知心朋友，可以享受自由，做自己想做的事……进入社会后，做任何事都需要三思而后行。

如果按照各自的性格、生活方式、追求目标或欣赏水平去评价这个社会，你会发现太多人和事都难以习惯。这其实是很正常的事，我们不必为此烦恼。随着时间的推移，我们会由不习惯渐渐变得习惯起来。

一个能够在社会中如鱼得水的人，一定是一个适应能力很强的人，而不是企图改变环境和他人的人。

如何适应这个社会，我们不妨尝试学习以下几种方式。

第一、学会沉默。有时候，你被人误解，你不想争辩，就可以选择沉默。我们本来就无法要求每个人都了解自己，理解自己，因此你不必对全世界喊话。“生命中往往有连舒伯特都无言以对的时刻”，毕竟不是所有的是非都能条列清楚，有时甚至根本没有分明的是与非。这种情况下，不想说话就不说吧，在多说无益的时候，也许沉默就是最好的应对。

第二、保持平静。当你跌入人生谷底的时候，身旁所有的人都会告诉你：要坚强，而且要快乐。坚强是绝对需要的，但在这种情形下感到快乐，恐怕有些强人所难。任何人都很难在跌得头破血流的时候还笑得出来，但是至少可以做到平静。平静地看待挫折，平静地把其他该做的事做好。平静，就是没有快乐，也没有不快乐。

第三、学会弯腰。和某些人发生了意见上的分歧，甚至造成言语上的冲突，于是你闷闷不乐，觉得世界充满了恶意。别再耿耿于怀了，回家去擦地板吧。拎一块抹布，弯下腰，双膝着地，把你面前这张地板的每个角落来回擦拭干净。然后重新省思自己在那场冲突中说过的每一句话。现在，你发现其实没有什么大不了，是不是？你渐渐心平气和了，是不是？有时候，人必须学会弯腰。过刚易折，对一些事情的妥协并不是放弃，那是一种迂回，一种成熟的表现。

第四、不要想“如果当初”。人生是一条有无限多岔口的长路，永远在不停地要求你做选择。读什么专业，做什么工作，要不要结婚，要不要孩子，每一个选择都影响深远，不同的选择，甚至造就完全不一样的人生。生命中不可承受之轻，就在于人生没有重来的机会。“如果当初如何如何，现在就不会怎样怎样”，这种充满怅然的喃喃自语，还是别再多说了吧。选择其实无所谓好与坏，把人生看成是你独一无二的创作，就不会频频埋怨当初的选择了。

第五、尽量保持单纯。因为思虑过多，所以人们常常把简单的问题复杂化。明明活在现在，有些人却总是念念不忘过去，同时又对未来忧心忡忡，人生道路走得拖泥带水。单纯是一种态度。单纯地以皮肤感知天气的变化，单纯地以鼻子分辨那雨后的青草香，单纯地以双眼勾勒如画风景，单纯地活在当下，无须计较太多是非真假，你会发现这个社会虽然不简单，但也绝没有想象中那么复杂。

第六、控制情绪。有人言语间刺伤了你。或者你离开了伤害你的人，却离不开受伤的情绪。你愈想愈生气，愈生气就愈无力去理会别的事情，许多更应该集中精力应对的事件，就在你的心烦意乱之中被忽视了。在情绪的控制下，大把的时间就这样浪费掉了。所以，聪明的你，以后不要再被情绪左右了，当你生气之前，不妨轻声地提醒自己一句:“别浪费自己的时间了。”

7.年轻不怕失败

失败不是最可怕的，应从中不断发现自我，超越自我。

——亚里士多德

上学的时候长辈总是激励我们说，“年轻人没有失败”。面对失败别气馁，别沮丧，在哪儿跌倒，就在哪儿爬起来，一往无前，笑对人生。现在想想，年轻时我们不是没有经历过失败，尝试与失败是人一生中必须体验的经历。年轻的时候我们不怕失败，是因为我们有的是机会从头再来。

当我们挣脱妈妈的双手，尝试着蹒跚走路，我们就开始跌跟头；上学了，因为考试成绩不理想被训斥；踏入社会，因为不谙世事被同事嘲笑，被领导为难。我们总是一败再败，但也在一次次失败中学会了坚强。

每失败一次，我们就吸取一次教训，积攒一点经验，也就向成功靠近了一步。世上有哪一种成功是不需要付出代价的呢？古语说，“知耻而后勇”。不要沉溺于失败之后的失落和耻辱感而停步不前，总结完失败的教训，我们就要甩下思想包袱，轻装上路，勇往直前。明天，太阳还会照样升起。

开创了一代王朝的汉高祖刘邦，自楚汉之争一来就屡吃败仗。彭城一战，汉军几乎全军覆没，但是刘邦并不气馁，屡战屡败，屡败屡战，最后终于在垓下一战击溃楚军，逼得“力拔山兮气盖世”的项羽乌江自刎，最终建立了西汉王朝。

我们在中学时学过一篇古文《周处》，周处年少时曾经与南山猛虎、北海蛟龙并称为宜兴当地“三害”。当他知道自己的名声如此恶劣时，也曾灰心丧气，一蹶不振。后经高人点拨，他毅然孤身杀虎斩蛟，悔过自新，终成一代名将。

人们从磨难中获得的教益，总是比顺境中获得的感受更多更深。年轻时多经历些磨难坎坷，多积攒些失败的经验，是幸事，也是财富。相反，过于顺利和安逸的年轻时代，则会让人不谙世事之难，人心之险。若中年乃至老年才猝逢变故，此时再去品尝失败之苦，去晓悟人生之道，岂不太晚？

岳飞在《满江红》中写道，“莫等闲，白了少年头，空悲切”。少壮须努力，可免白发恨。年轻的时候要敢拼敢闯，这时失败不可怕。可怕的是不能从失败中发现自己的不足，不能从失败中挣脱困境，甚至连尝试的勇气都没有。

我们年轻，自当不怕失败，不怕挫折与磨难。我们不能年纪轻轻就找个安乐窝虚度光阴，不能等老了以后回忆自己这一生，只有耽于安逸的苍白历史。我们要像《钢铁是怎样炼成的》里面保尔说的那样，“人的一生应当这样度过，当他回忆往事的时候，不因虚度年华而悔恨，也不因碌碌无为而羞耻”。

8.要想进步，就要吸取教训

成功者与失败者之间的区别，在于成功者能从错误中获益，并以不同的方式再尝试。

——卡耐基

对于任何一个在成功路上艰难跋涉的人来说，都不可避免地要遇到失败。成功者之所以成功，就在于他们失败了以后，不是哭泣和放弃，而是正确对待失败的打击，并且把失败当做成功的垫脚石。

跌倒了不要急着爬起来，先找找跌倒的原因，这样站起来才可以避免再次跌倒。若一个人没有在失败中总结经验，吸取教训，那么失败便无法成为进步的阶梯。有志气、有作为的人，都不会在失败面前唉声叹气，而是将每一次失败都看做通向成功不得不跨越的台阶，并从中学到新的东西。

只要失败之后能将自己的经验升华，使它在你生命中具有新的价值，失败就不可怕。生活往往借失败之手，迫使你不断地进行探索和调整，使你长久不偏离正确的人生方向。

失败与错误可以启发人们关注更多的细节。假如你的工作不需要很高的创新性，你犯的错误可能就会很少；但是如果你需要经常尝试，那么发生错误的几率就高。发明家不仅不会被错误和失败击倒，还会从中得到新的创意。在创意萌芽阶段，错误和失败是创造性思考的必要副产品。

事实上，在人类发明史上，有很多利用错误假设和失败经验来促生新创意的人。哥伦布以为他发现了一条航行到印度的捷径，结果却发现了美洲新大陆；开普勒偶然间因错误的理由得到行星间引力的概念；爱迪生也是做了无数次失败的试验后，才最终找到了钨丝。

年轻人要记住，要想进步，就只有不断地吸取失败的教训，不仅要从自己的失败中吸取教训，还要从别人的失败中吸取教训，学习他人成功的经验，取长补短，才能逐步完善自己。

第4章 为成功做准备

提起准备，每个人都懂得“有备无患”的道理，几乎人人都有因准备充分而获得成就，或因缺乏准备而错失机会的经历。

准备是一切工作的前提，更是成功的基础。只有打好基础，做好准备工作，才能稳健地走向成功。一位成功学家说过，一个善于准备的人，是离成功最近的人；一个缺乏准备的人，一定是一个差错不断的人。“不打无准备之仗”，哪怕是每件事提前一点点，也会让我们离成功越来越近。

1.有准备的人离成功更近

当准备的习惯成为你身体的一部分时，它就会永远在那里，并帮助你取得令人惊讶的胜利。

——莫里尼奥

准备是一切工作的前提，更是成功的基础。只有做好准备工作，才能更容易走向成功。善于准备的人，总是离成功更近一些。不善于准备的人，纵然有超凡的能力和千载难逢的机会，也不能保证次次都获得成功。缺乏准备会让一切行动陷入无序，最终面临失败的局面。

“凡事预则立，不预则废。”对所有渴望成功的人来说，这是亘古不变的法则。

在1997年那场吸引了全世界眼球的拳坛世纪之战中，当时正如日中天的泰森，根本没有把已年近40岁的霍利菲尔德放在眼里，他自负地认为自己可以毫不费力地击败对手。同时，几乎所有的媒体也都认为泰森是最后的胜利者。美国博彩公司开出了22：1悬殊赔率，人们都将大把的赌注压在了泰森身上。

在这种情况下，认为已经稳操胜券的泰森对赛前所有的准备工作——观看对手的录像，预测可能出现的情况及应对措施，保证自己充足的睡眠和科学的饮食等——都敷衍了事。

比赛开始后，泰森惊讶地发现，自己竟然找不到对手的一点儿破绽，而对方的攻击却总是能突破自己的防线。于是，气急败坏的泰森做出了一个令全世界人都感到震惊的举动：一口咬掉了霍利菲尔德的半只耳朵！

世纪大战的最后结局：泰森当然成了一位可耻的输家，还被内华达州体育委员会罚款600万美元。

泰森正是输在准备工作不足上。当霍利菲尔德认真地研究比赛录像，分析泰森的技术特点和漏洞时，他却将教练准备的资料扔在一边；当对手在比赛前拼命热身，以便提前进入搏击状态时，他却和朋友在一起狂欢。虽然泰森的实力确实比对手高出一筹，在年龄上也占尽了优势，但最后他却一败涂地。

无论是霍利菲尔德的成功，还是泰森的失败，都在向我们昭示着准备工作的重要性。在这种高端的较量中，比拼的并不是谁的实力最强，而是谁犯的错误最少。只有真正重视准备工作，扎实地把准备工作做到位，才能从根本上保证不犯或少犯错误。

奇怪的是，虽然准备工作如此攸关成败，人们却普遍忽视它。即使有人认识到它的重要性，也很难对它保持长久的热情。但就是这不起眼的环节，却能造就出神奇的成功。若总是凭着自己的判断去做事，将准备工作置之度外，那么，随之而来的频繁差错就会轻而易举地在人身上贴上失败的标签。

没有人愿意面对失败。当技术人员辛苦开发的软件被证明漏洞百出时，当销售人员费尽唇舌依然没有签到合同时，当管理者发现自己的团队是一盘散沙时，沮丧、失落之余，会如何为失败做总结？也许他们可以用无数的理由来为自己开脱，运气不好、一时疏忽、配合不力……但事实告诉我们，隐藏在这些失败背后的真正原因通常是准备不足。所以，你如果想找到成功的钥匙，首先应该做好最充分的准备。

2.等待机会不是坐等机会

机遇，对每个人来说都是平等的，但为什么有人捕捉不到，有人捕捉得到呢？关键在于你是不是积累了捕捉机遇的本领。

——刘延林

我们常说，“万事俱备，只欠东风”。也许成功需要一个机会，但是等待机会绝不是叫你消极地坐等机会，你首先要做到“万事俱备”。有一种积极的等待方式，就是“时刻准备着”——时刻为抓住机会而充实自己！积极地准备，将会使你在机会来临时有力地抓住它。

国外有一个著名的成功学家，叫拿破仑·希尔。他用了20年的时间，深入调查了全美504名知名的成功人士，得出的结论之一是：那些看似一夜成名的人，背后凝聚的是他们长时间默默的努力与坚守。这就好比战士一样，在上战场之前，从不放松严格的训练；一旦战争来临，他们就能迅速冲进战场，并取得良好的战绩。

机会只偏爱那些准备充分的人。换句话说，只有在“万事俱备”的情况下，机会才显得珍贵和富有价值。

中国观众开始认识游本昌，是从电视连续剧《济公》的播出开始的。从此，他的名字连同“济公”这一形象，就深深地印在亿万观众的脑海中。

游本昌出演“济公”角色时，已是57岁的人了。在他一举成名之前，是30多年默默无闻的演艺生涯。

少年时的游本昌就精于模仿，热爱表演，济公和卓别林的形象，曾对他产生巨大的影响。凭着良好的表演天资，他被保送到上海戏剧学院深造，并在大学毕业后幸运地进入中央实验话剧院。然而他未料到，跨入当时一流的中央实验话剧院这一天，也是平淡人生的开始，等待他的，将是之后30年的默默无闻。

在漫长的演艺生涯中，游本昌扮演的几乎都是小角色、小人物。对于一个演员来说，这不能不说是一种遗憾。然而游本昌却从不气馁，通过默默地努力和辛劳，用心对每个小角色进行精雕细琢，力求演好每一场戏。

他的信条是："没有小角色，只有小演员"；"热爱心中的艺术，不是艺术中的自己"。靠着对艺术的执著追求，他在被冷落的孤独中苦练演艺，静静等待着机会来临。

游本昌跟随大牌明星一起到各个城市巡演，每次演出时，他在节目中都不过是串场的小角色。所以每到一地，当"明星"们被热情的观念包围着时，他都会却被冷落在一旁。对于这种巨大的落差，游本昌的回答是："我不会感到凄凉，那是可以理解的。"

靠出演《济公》一举成名后，有人问游本昌："一项事业总要有人去做它才能成功，有的人抓住机会出名了，而有的人失败了，悲观了。这里涉及的问题就是机会，你是过来人，你对机会如何理解呢？"

游本昌这样回答："是玫瑰总会开花。我在上海戏剧学院工作时，曾有一位艺术家结合自己30岁成才的经历说，'一个人的成功，最大的问题就是机会'。他还谈到一个和他一样很有才华的人艺演员，却久不得志，直到42岁拍完一部电影才崭露头角。我很喜欢鲁迅的著作，更赞赏鲁迅先生'韧'的战斗精神。我相信事在人为，如果说人有运气和机会上的差别，我绝不能因时运不济而削弱志气。倘若削弱了志气，连原有的才气也完了，运气自然不会敲你的门。为什么导演会让我游本昌出演济公？因为我演过话剧，演过哑剧，电视剧导演听了熟悉我的人介绍我有喜剧表演才能，我才幸运地饰演了济公。"

"因此我觉得，如果有人遇到怀才不遇的问题时，请不要泯灭自己的志气和追求，相反，更要激发你的韧性和耐心。凡事只能往前闯，否则没有出路。奥斯卡电影金像奖，有人七八次提名也未中奖，也有一次提名就获大奖的幸运儿。我们要从未获奖的人身上学韧性和志气，不要羡慕幸运儿的运气。卓别林80岁才去领奖，亨利·方达年近七旬才捧上小金人。历史证明，生活决不会辜负一个辛勤的耕耘者。我们不要等别人发光，等别人抛彩球，幻想自己能沾点儿光；我们要自己发光，要高速运转，这样才能不断地产生光和热。我运转的动力是什么？就是千方百计地追求上乘演技。"

曾经的无名小卒游本昌，靠着从未丧失战斗的勇气，从未放弃对理想的追求，以及从未丧失对机会的渴望，终于在机会来临时，将机会紧紧抓在自己的手里，使机会最终变成了成功。

现在你不妨想一想：你在等待一个什么样的机会？或者说你希望出现一个什么样的机会？当这个机会出现时，你想要稳稳地把握住，还需要提高哪些能力，增加哪些资源？

你可以为你梦想中的机会所需要的支持条件列一个明细单，一项一项地去努力完善与提高。要想抓住机会并取得成功，你要做到万事俱备，只欠“东风”！

3.做事之前先学会做人

你要记住，永远要开心地多给别人，少从别人那里拿取。

——高尔基

一个人不管多么聪明，多么能干，背景条件有多么好，如果不懂得如何做人，那么他也很难做好事。很多人之所以一生碌碌无为，就是因为他活了一辈子，都没有学会如何做人。

做人是一门很难掌握的学问，如今社会上的许多问题，如果抛开表层现象，发掘其中的症结，就会发现，问题的根源最终都离不开做人。现实中，有的人成功了，有的人却失败了，究其原因，除了专业知识、工作态度之外，很重要的一点就是，成功的人更懂得为人处世之道。

成大事者，多是方圆通达，把做人之道运用得淋漓尽致的人。李嘉诚就是很典型的例子。李嘉诚的高明之处在于，他以商家之眼看到了为人处世的“方”与“圆”。不管在什么场合，什么环境，他都紧紧抓住“做事要方，做人要圆”这条法则，从而成就了自己的财富人生。

成功者做人最根本的一条法则，就是千万不能投机取巧，趋炎附势，甚至不惜为了利益，抛弃自己的人品道德。人品高低对事业的成败影响很大，因为谁也不愿意与一个人品欠佳的人合作共事。

一个人的内心决定了他的外在行为，内心光明正大，行为就正直果敢；内心阴暗肮脏，行为就猥琐小气。注重自身的品德，会赢得他人的爱戴和尊重，就能得到更多的机会和更多人的帮助。

拿经商来举例。在商界，人们极为看重为人之道，认为做生意本质上就是做人，因而人品最为重要。很多商业实践都证明：商业成功与高尚的品德密不可分。拥有好的人品，得到别人的信任，是商人的一个成功秘诀，也是生意成败的关键所在。作为一个商人，只有具备高尚的品德，才能享受真正的成功和永久的快乐。为了达到目的不择手段，把权钱和利益摆在首位，这种人是愚蠢和浅薄的。没有人品，纵有亿万财富，也会遭人鄙夷。

当代著名投资家索罗斯极为重视人品问题，他认为一个人仅仅才华出众是不够的，还要有好的人品。他喜欢诚实的人，对那些做事自私，不够诚实的人，尽管他们十分聪明，也会被请走。正如他的朋友沙卡洛夫评价索罗斯时所说的，“他是我所见过的最诚实的人，他根本不能容忍谎言。”

一次，垃圾债券大王麦克·米尔被起诉后，垃圾债券业务出现真空，索罗斯很想进入这一黄金领域。因此他约谈了好多位曾在米尔手下做过事的人，想请他们做合伙人。但是索罗斯发现这些人持有某种忽视道德的态度，最后他放弃了这些人。索罗斯认为，如果自己的团队有这些人参与的话，他会感到很不舒服，尽管他们积极进取又聪明能干，同时也很有投资天分。

索罗斯认为，如果一个人不值得信任，即使这个人拿世界上所有的担保品来作保，他也不会借钱给他。索罗斯之所以如此看重合伙人的人品，是因为他认为金融投资需要冒很大的风险，而不道德的人是不会愿意承担风险的，这样的人不适合从事负责、进取、高风险的投资事业。

索罗斯的团队里，曾经有一个人私自在一种债券上投资了1000万美元，虽然投资最终盈利了。但索罗斯认为这个人对自己的行为不负责任，随后便解雇了这个人。他认为，投资作风完全不同的人，完全可以在他的团队里发挥作用，但人品一定要可靠。

天下最聪明的生意经，是“做人重于经商”。也就是说，要经商必须先做人。眼睛里只看到金钱，甚至靠坑蒙拐骗做生意的人，永远都不可能把生意做大，更不可能得到别人的尊重。

品行端正，懂得把做人的原则放在第一位，能够以诚待人的人，则会树立起自己的人格品牌，把人品转化为无形资产，最后大多都能成就一番大的事业。

4.接受批评是进步的方式

谦虚使人进步，骄傲使人落后。

——毛泽东

大多数人都不善于接受批评。特别是二十几岁的年轻人，大都受过良好的教育，心高气傲，不愿意被否定。然而没有哪个人是不犯错的，只有被否定，我们才能看到自己身上存在的不足，才有完善自我的机会。

事实上，批评一个人是需要很大勇气，冒很大风险的。谁都知道“多栽花，少栽刺”的道理。人们都喜欢听好听话，不愿意听批评意见，有些人还会错误地对待批评，甚至怨恨向他提意见的人。殊不知，批评也是一种认可，智者只批评值得批评的人。

春秋战国时期墨子和他的弟子耕柱之间的一则故事，就很值得一读。

耕柱是一代宗师墨子的得意门生，不过他老是挨墨子的责骂。有一次墨子责备耕柱，耕柱觉得自己非常委屈。在墨子的许多门生之中，耕柱公认是最优秀的，但他却偏偏常遭到墨子的批评，这让他觉得很没有面子。

一天，耕柱愤愤不平地问墨子：“老师，难道在这么多门生中，我竟是如此差劲，以至于要时常遭受您老人家的责骂吗？”

墨子听后反问道：“假设我现在要去太行山，依你之见，应该要用良马来拉车，还是用老牛来拖车？”

耕柱回答说：“再笨的人也知道要用良马来拉车。”

墨子又问：“那么为什么不用老牛呢？”

耕柱回答说：“理由非常简单，因为良马足以担负重任，值得驱驰。”

墨子说：“你回答得一点也没有错。我之所以时常责骂你，也是因为你能够担负重任，值得我一再教导与匡正。”

听了墨子这番话，耕柱立刻明白了老师的良苦用心，从此再也不以遭受批评为耻，而是更加发奋努力，终于成为墨子的继承人。

我们要学会坦然地面对批评，并且从中找到有价值和值得借鉴的成分，进而学习和改变，如此你将获得意想不到的成功。

乔治是一名厨师，他曾在纽约郊外一家著名的度假村工作。每到周末，许多有钱人会到这里度假、游玩。有一次，当乔治正在厨房里忙碌不停时，服务生端着一个盘子走进来，对乔治说："有位客人点了这道油炸马铃薯，他抱怨马铃薯片切得太厚了。"

乔治看了一眼盘子，同以往的油炸马铃薯并没有什么不同，况且从来没有客人抱怨切得太厚。尽管如此，他还是将马铃薯切得更薄一些，重新做了一份让服务生送去。

几分钟后，服务生气呼呼地回到厨房，对乔治说道："我想那位挑剔的客人一定是生意上遇到麻烦了，就把气发泄到我们身上，他对我大发牢骚，还是嫌切得太厚了。"

乔治在忙碌中忍住不发脾气，静下心来，耐着性子将马铃薯切成更薄的薄片，然后放入油中炸成诱人的金黄色，捞起来盛在盘子里，撒上香葱，第三次让服务生送过去。

没过多长时间，服务生端着空盘子找到乔治，高兴地说："客人满意极了，他说这是他一辈子吃过的最好吃的油炸马铃薯片，同桌的其他客人也都赞不绝口，他们还要再来一份！"

这道薄薄的炸马铃薯片，从此成为乔治的招牌菜，许多人慕名前去品尝，这就是我们现在吃的薯片的前身。

如果我们将批评比喻为一桶沙子，当它无情地撒向我们时，不妨静下心来，在看似不合理的要求中，找到让自己进步的"金沙"——从批评中寻找改进的机会。为负面批评恼羞成怒或过度自责，都是错误的应对方式，心平气地处理批评，才有益于自我进步。作为一个理智的人，既不可在赞扬面前沾沾自喜，忘乎所以，也不能被批评击垮，一蹶不振。

当你受到批评时，最好的对待方式是以此为戒，有则改之，无则加勉。最糟糕的做法是拒绝批评，与批评你的人争论高低。在成功者的眼中，任何批评都是防止错误的良药！

有一次，爱德华·史丹顿称林肯是一个"笨蛋"。史丹顿之所以生气，是因为林肯干涉了史丹顿的职务。

为了取悦一个很自私的政客，林肯签发了一项命令，调动了某些军队。史丹顿不仅拒绝执行林肯的命令，而且大骂林肯签发这种命令是笨蛋行为。

结果怎么样呢？当林肯听到史丹顿说的话之后，他很平静地回答说："如果史丹顿说我是个笨蛋，那我一定就是个笨蛋，因为他几乎从来没有出过错。我得亲自过去看一看。"

林肯果然去见史丹顿。见了史丹顿之后，他知道自己签发的文件越权，于是收回了该命令。

假如有人骂你是"一个笨蛋"，你应该怎么办呢？生气吗？觉得受到了侮辱吗？美国著名的人际关系学大师卡耐基认为，我们应该欢迎这一类的批评，因为我们无法避免犯错误。爱因斯坦是世界上最有名的科学家之一，他也承认他的结论99%的时候都是错误的。

很多时候，我们都知道对方的意见是对的，可是每当我们受到批评的时候，只要稍不注意，就会本能地为自己辩护和开脱，甚至根本不去思考批评者的意见是否正确。

当然，正如赞美并不全都发自内心，批评也不一定全都公平公正。那么，当我们受到不公正的批评时，应该怎么办呢？

卡耐基告诉我们一个办法："当你因为觉得自己受到不公正的批评而生气的时候，先停下来说，'等一等'……我离所谓完美的距离还差多远呢？如果爱因斯坦承认99%的时候他自己都是错的，也许我们至少有80%的时候是错误的，也许我们该受到这样的批评。如果确实是这样的话，我们倒应该表示感谢，并想办法从批评里得到益处。"

不管怎样，对于善意的批评，你都应该虚心接受。一个人有勇气承认自己的错误，不但有助于解决问题，还可以给别人一种虚心负责的印象。这样，别人也乐于帮助你指正错误，减少失误。对于恶意的中伤，你只需一笑置之。只要你相信自己是对的，一心一意尽力做好自己的事情，就没有必要在意别人恶意的中伤。

5.成功要耐得住寂寞

对于我们的工作来说，必须具备两个条件：孜孜不倦的坚持力和准备永远抛弃你已花费了相当多时间和劳动所做的那个项目。

——爱因斯坦

对于二十几岁的人来说，急躁似乎是通病。年轻人总是迫不及待地想要取得成功，不愿意沉下心来好好做一件事，更不愿为一份普通的工作付出时间和心血。他们一边感叹“怀才不遇”，一边又鄙视自己所从事的工作，总梦想有一天幸运的光环一下子罩在自己头上。

事实上，成功就像盖楼一样，只有基础打牢了，高楼才能拔地而起。古往今来，凡是成大事的人，都要耐得住寂寞。

人世间没有一蹴而就的事，成功最大的忌讳就是急功近利。任何人都要通过不断的努力，才能凝聚起改变自身命运的巨大爆发力。

有句名言说得好："如果你想出人头地，就要耐得住寂寞，因为成功的辉煌就隐藏在寂寞的背后。"很多时候，那些看似光彩照人的景象，背后都隐藏着无尽的寂寞。欲成大事者，耐得住寂寞是其基本功。

做事不容易，做大事更不容易，做成大事尤其不容易。对于年轻人来说，谁不想"三十而立"，早早地拥有自己的事业呢？但在创业的道路上，有几个人能耐得住寂寞？只有那些勇敢地承担起寂寞的人，才有力量使自己的天赋和才智不被寂寞吞噬，反而因磨炼变得愈发强大。

奇虎公司董事长周鸿祎，以一个软件高手的身份离开方正，独自创业。先是创办3721网站获得成功，继而投身雅虎，任中国区总裁，离职后拥有资产约5千万美元；在从事风险投资不久，"变色龙"又回到起点，投资、创业两不误。

一路走来，周鸿祎可以说是阅人无数，加入和管理的团队无数。他曾说：女人生第一个孩子需要10个月，难道生第二个孩子只用3个月就可以了吗？

创业其实同生孩子一样，都需要时间，每次创业皆是如此。从来就没有轻松的创业历程，创业者要有"耐得住寂寞，经得起诱惑"的良好心态才行。

那些后来取得了成就的人，最开始也和普通人一样，是从小事做起的，只不过他们更能忍受平凡岗位上的寂寞。当然，忍耐并不是逆来顺受，也不是消极颓废，而是把难熬的寂寞、忧忿、艰辛强压在心底，不让它倾斜自身的理智，在寂寞中始终保持积极向上的心态，努力进取，发奋图强。忍耐只是一种形式，重要的是学会在忍耐中思考，在忍耐中坚持对事业的执著，这样的忍耐才有实际意义。

很多名人都经历过寂寞的煎熬。周文王是寂寞的，当他被纣王拘押后，即使终年孤独一人，依然反复推演自己的理论，最终将先祖留下的两仪四象发展成八卦和《易经》；鲁迅先生是寂寞的，面对麻木不仁的芸芸大众，他弃医从文，笔耕不辍，用文章唤醒了人民群众的爱国意识；司马迁是寂寞的，他孑然一身，饱受屈辱，在狱中写成了流传至今的巨著——《史记》；居里夫妇是寂寞的，他们埋头实验数十年，才从几十吨矿石残渣中提炼出 0.1 克的镭盐，证实了镭元素的存在。

这些成功者的例子深刻地告诉我们，寂寞并不可怕，寂寞反而会为你的生命增添燃料，让它燃烧得更加热烈。

今天的成功者，都是从寂寞中走来的。在这个过程中，没有人为你拭去失败的泪水，也没有人与你品尝过关斩将的喜悦，你必须甘于寂寞，学会享受孤独，并在孤独中成长起来。孤独寂寞的过程，正是你积蓄力量，在开花前奋力汲取营养的过程。如果耐不住寂寞，成功永远不会降临在你身上。用一位哲人的话来说，“冠军永远跑在掌声之前”。这就是社会的规律——寂寞能促进一个人成长，寂寞是成功的另一种境界。

面对寂寞，依然能够坚持信念，这表明你拥有坚强的意志，经得起寂寞的考验。耐得住寂寞，才经得起挫折的打击。当经历过无数风雨，最终都归于平静，你才发现原来成功就在它们的身后。

6.每天进步一点点

如果我们多设定一些明确的目标，多一分耐心，多一点谦恭，那么，我们能够进步得更快且事半功倍；如果我们自以为是地坚信我们这一代人具有超越一切的智能及洞察力，并以此为傲，那么我们就会反其道而行，事倍功半。

——冯·哈耶克

1983年，伯森·汉姆徒手攀壁，登上纽约高448.7米的帝国大厦，创造了吉尼斯世界纪录的同时，也赢得了“蜘蛛人”的称号。美国恐高症康复联合会得知这一消息，致电“蜘蛛人”汉姆，打算聘请他做康复协会的心理顾问，因为在美国有8万多人患有恐高症。

康复联合会中心的负责人打电话给恐高症联合会主席诺曼斯，让他查一查第1024号会员。这位会员很快被查了出来，他的名字叫伯森·汉姆。原来他们要聘做顾问的这位“蜘蛛人”，本身就是一位恐高症患者。

诺曼斯对此大为惊讶。一个站在一楼阳台上都心跳加速的人，竟然能徒手攀上400多米高的大楼，这确实是件令人费解的事。他决定亲自拜访一下伯森·汉姆。

诺曼斯来到费城郊外的汉姆住所。这儿正在举行一个庆祝会，十几名记者围着一位老太太拍照采访。原来伯森·汉姆94岁的曾祖母听说汉姆创造了吉尼斯世界纪录，特意从100公里外的葛拉斯堡罗徒步赶来。她想以这一行动，为汉姆的纪录添彩。谁知这一异想天开的想法，无意间创造了一个耄耋老人徒步百里的另一项吉尼斯世界纪录。

纽约时报的一位记者问汉姆的曾祖母，当你打算徒步过来的时候，你是否因为年龄关系动摇过？老太太笑着说，小伙子，打算一口气跑100公里也许需要勇气，但是走一步路是不需要勇气的。只要你走一步，接着再走一步，然后一步再一步，100公里也就走完了。

恐高症康复联席会议主席诺曼斯站在一旁，一下明白了伯森·汉姆登上帝国大厦的奥秘，原来他只需要一步一步地往上爬就可以了。

在这个世界上，创造奇迹的人，正是那些一步一步往上爬的人。

成功与失败之间的距离，并不像大多数人想象得那样遥远。那不是一道难以逾越的鸿沟，差的只是一小步：每天多花10分钟阅读，多打一个电话，给人多一些微笑，或在实验室中多做一次实验。不用一次进步得太多太快，一点点就够了。不要小看这一点点，每天一点小小的改变，日积月累，就会有质的飞跃；只要每天持续不断地向上爬，就一定有攀登到顶峰的那一天。

纽约一家公司被一家法国公司兼并了。在签订兼并合同的当天，公司新的总裁宣布："我们不会随意裁员，但如果你的法语太差，导致无法和其他员工交流，那么我们不得不请你离开。这个周末我们将进行一次法语考试，只有考试及格的人，才能继续在这里工作。"

散会后，几乎所有人都拥向图书馆，他们这时才意识到要赶快补习法语。只有威尔森像平常一样直接回家了，同事们都认为他已经准备放弃这份工作。令所有人都意想不到的是，当考试结果出来后，这个在大家眼中肯定没有希望的人，却考了最高分。

原来，威尔森大学刚毕业来到这家公司之后，就已经认识到自己身上有许多不足。从那时起，他就有意识地开始储备自身的能力。虽然平时工作很繁忙，但他坚持每天提高自己。

作为一名销售部的普通员工，他看到公司的法国客户很多，但自己不会法语，每次与客户的往来邮件与合同文本，都要公司的翻译帮忙。翻译不在或顾不上的时候，自己的工作就要被迫停顿，因此他早早就开始自学法语了。

为了在和客户沟通时能把公司产品的技术特点介绍得更详细，他还向技术部和产品开发部的同事们学习相关的技术知识。这些准备都是需要时间的，他是如何解决学习与工作之间的矛盾的呢？

就像他自己所说的那样："只要每天记住10个法语单词，一年下来，我就会3600多个单词了。同样，我只要每天学会一个技术方面的小问题，用不了多长时间，我就能掌握大量的技术了。"

威尔森之所以能够应对突变的形势，就在于他每天学习一点点、每天进步一点点的良好习惯。成功的秘诀就这样简单。

普通的事情重复去做，每天进步一点点，哪怕是1%，都是在无限接近顶点。怕就怕止步不前，这样你永远都成功不了。成功与失败往往相差就这么一点点，每天多做一点点，慢慢地，你会发现自己离成功已经不远了。

7.成大事者不能安于现状

如果我们有了一点成就便觉得了不得，这是很不好的。假如在我们为自己的一点儿小成就自鸣得意时，有一个人能够过来教训我们一番，那我们就很幸运了。

——比尔·盖茨

世界上很多人一辈子一事无成，原因就是他们太容易满足了！找到一份稳定的工作，拥有一份可以满足温饱的薪水，以为人的一生所能获得的东西也就只有这么多了。这样的人每天总是做着同样的事情，终其一生也迈不出他们为自己画下的圈子。

那些做出大事的人，不喜欢听别人的奉承，他们更乐于以批判的态度来审视自己，把自己现在的地位和他期待的目标进行比较，并以此激励自己不断努力。

“现在的自己永远是有待完善的”，格斯特的这句话说的就是这个意思。格斯特经常在报纸上发表诗作，是一位深受读者喜爱的诗人。他之所以能够取得成功，很大一部分原因就是他常常向上仰望着他的理想，从不满足于现实中的自我表现。

格斯特曾经说：“在去年的暑假里，我便是如此，我发觉我希望的那个自我比现在的自我要聪明一些。在那间远离城市喧嚣的乡间茅舍里，我列出了一个表，一方面写出我想要的东西，一方面写出我不想要的东西……这个表使我的人生变得更丰富、更快乐。”

追求上进的第一步，是要让自己不满足于停留在现有的位置上。不满足于现状，才会对生活有所追求，才能使我们热血沸腾，干劲冲天，才会使我们加倍努力。

被誉为“中国阿信”的何永智，是个永远不知满足的人，永远处于不懈追求之中的人。她靠三口锅开火锅店起家，后来越做越大，成为中国的“火锅皇后”。

何永智原来在一个儿童鞋厂任设计师，丈夫是电工。靠工资过日子显得很紧巴。何永智不满足于现状，下班后就去做些小买卖，以改变窘迫的生活现状。

1982年，何永智把房子卖了凑钱做生意。房子是600元买的，卖了3000元。何永智用卖房的3000元钱买了八一路一间临街房，开始卖服装，卖皮鞋。有了自己的店铺后，生意规模迅速扩大。

后来，八一路改成火锅特色一条街，何永智也跟着开了一间“小天鹅火锅店”。店面太小，只能摆下三张桌，设三口锅。开业第一个月没有经验，出现了亏损。第二个月，何永智把心思用在两个方面：一，口味；二，服务。由于用心经营，火锅店的生意一天天好起来。

有一天小店赚了70元，这相当于何永智一个月的工资。她一宿没有睡着，盼望着什么时候能赚够一万元，也当个万元户。20世纪80年代初，万元户就已经了不得了。她心里一直藏着这个目标。

看着生意一天一天变好，何永智干脆辞掉了工作，专心经营火锅店。她在口味、服务、诚信上大做文章，生意越来越火。6年后，她成了这条街上的“火锅皇后”，经营面积扩大到100多平方米。这时，何永智有了更大的梦想。

1990年，她在成都租下2000平方米的房屋，开设了第一家分店。她按照在八一路经营火锅店取得的经验来管理分店，分店生意也迅速火了起来。随后她继续扩大规模，在成都附近的绵阳、双流、温江等地陆续开了五六家分店，生意好得令人眼红。

1994年6月8日，天津加盟连锁店正式开业，结果如预期一样一炮走红，8个月就收回了投资。开办天津火锅店的想法是这样来的：1992年，到绵阳办事的天津人景文汉看到小天鹅火锅那么红火，于是开始寻找何永智。足足找了3个月，他才找到在武汉开店的何永智，并提出合作。何永智被对方的诚意所感动，同意合作，而且条件优惠。她说：“我出人员、技术、品牌，你投入资金，共同办店。收回投资前，三七分成，你七我三；收回投资后，五五平分。”

何永智体会到开连锁店的好处，之后她继续以平均每月一家的速度开办加盟连锁店，向全国各大城市推进。很快，上海、北京、南宁、广州、西安、沈阳、哈尔滨等地都开起了加盟连锁店。1995年，小天鹅火锅还开到了美国西雅图等地，成为国际型企业，何永智也一举跨入了亿万富豪的行列。

目前何永智已是集团公司总裁，曾当选为第八届全国妇联代表，她开办的企业也跻身“中国私营企业500强”行列，成为“中国最具前景的50家特许经营企业”。

如果何永智见好就收，激流勇退，仅满足于在成都的经营，就不会成为后来的亿万富姐。

在人生奋斗的过程中，不管你目前的职位有多高，都不要满足于现状，应该不时地告诉自己：“今天要比昨天做得更好，以后要比现在做的更好。”

8.成功从小事做起

巨大的建筑，总是由一木一石叠起来的，我们何妨做这样的一木一石呢？我时常做些零碎事，就是为此。

——鲁迅

西方有这样一首民谣："丢失一个钉子，坏了一只蹄铁；坏了一只蹄铁，折了一匹战马；折了一匹战马，伤了一位骑士；伤了一位骑士，输了一场战斗；输了一场战斗，亡了一个帝国。"一个小小的钉子，本来微乎其微，但它却决定了一个帝国的生死存亡。

工作中的一些细节，往往能够决定事情最终的成败。从微小处就注意精心打磨，才能交出最完美的人生作品。

在小事上认真的人，做大事才能达到卓越。有位智者说："不关注小事或者不屑于做小事的人，很难让人相信他会做出什么大事。做大事的成就感和自信心，是由做小事的成就感积累起来的。"可惜的是，许多人在生活中忽视了它，不经意间与那些能够改变其人生的小事情擦肩而过。

查理从一家名牌大学毕业后，进入一家跨国公司工作。他外表气宇轩昂，工作业务方面的技能也很优秀，更可贵的是，他工作起来特别努力，所以很受老板的器重。老板认为他是一个可塑的人才，于是决定把他送到美国培训一年，回来后委以重任。

在出发的前一天，老板很偶然地发现查理将掉在办公室地上的废纸踢向一边，而不是捡起来扔进垃圾筒内。这可是举手之劳啊！于是，老板便在这一天特别留意他的一举一动。通过细心观察，老板发现他用完餐后，不但不擦桌子，还把餐具随便乱放，不摆放在指定地点，甚至还随地吐痰……

老板对他的表现感到十分失望，这样一个连最基本的工作细节都不注意的员工，怎么能成为一名优秀的管理者，怎么能对企业高度负责呢？于是，老板临时改派另一名员工去参加培训，而他则留在了平凡的岗位上。后来，查理被公司辞退了。

不要讨厌做小事情，也不要小看小事情。

有些一心想做大事的人，常常对小事嗤之以鼻，不屑一顾。其实，细微之处见真章，连小事情都做不好的人，做大事是很难成功的。有认真做小事的精神，就能培养做大事的气魄。生活中任何一件小事，都能体现一个人的智慧和美德。

我们常说的细节，就是日常生活中的小事情。关注细节，就是留意身边的小事情。

美国伟大的黑人教育家华盛顿·卜克年轻的时候，到一所大学请求入学，同他会见的是一位学校中的女职员。因为看到他衣衫褴褛，这位女职员不肯收留他。

卜克只好独自坐在那里，一呆就是几个小时之久。那位女职员看了感觉很奇怪，便告诉他学校有一间屋子需要人收拾，问他能否做这件事。卜克欢喜极了，他殷勤地擦洗地板，擦拭桌椅，把那间屋子收拾得没有一尘不染。

过了一会儿，那位职员来到这间屋子里，拿出雪白的手帕擦拭桌椅，白手帕上竟没有一点灰尘，便允许卜克入校读书。卜克把这件事看作他一生中的快事。女职员就是要借这件微小的工作，试探一下华盛顿·卜克的人品，看看他是否谦卑，是否殷勤，是否忠心于小事。

如果他以“能否被收留还没有把握，谁甘心做这种义务的苦工”为由不肯打扫这间屋子，或是虽然勉强打扫一下，却是草草了事，打扫得不干净，那么女职员能否收留他呢?

这个在小事上忠心的青年人，后来果真成就了大事，他大力兴办黑人教育事业，受到了人们的广泛爱戴和尊敬。

许多白手起家而事业有成的人，在当小学徒或小职员的时代，就能以高度的热忱和耐心去对待工作中的每一件小事。他们在教育子女时，也会不厌其烦地说：一个人要建功立业，需要从一件件平常、实在的小事做起，眼高手低，不愿在细节上花功夫的人，很难有所成就。

听了王先生的讲解，同学们都认识到“缓急的分别”，不仅表现在“文句的构造上”，“更与文字所含的感情有关”，“含有庄重、畏敬、谨慎、沉郁、悲哀、仁慈、疑惑等感情的文句，全体须缓，含有快活、确信、愤怒、惊愕、恐怖、怨恨等感情的文句，全体须急。缓急的法则应用时须顾虑到文句的构造与感情两方面才好”；“高低与强弱的法则”，应用时也“须顾虑到文句的构造与感情两方面才好”。王先生对阅读的要求是：“读文言文时声调铿锵，足以传出原文的情趣。读语体文时就同话剧的演员在舞台上念诵剧词一般，贴合于语言之自然，表情说理，都能使听者不但了然，而且深深地印在心坎里。”①

“足以传出原文的情趣”，让“原文”的“表情说理”能“深深地印在心坎里”，这就需要对于文章要真的能“虚心涵咏”。“虚心涵咏”也就是《文心》第三十篇《鉴赏座谈会》中所说真能“鉴赏”。夏丏尊和叶圣陶是这样阐释的：

> “鉴赏”二字，粗略地解释起来只是一个“看”字。真的，所谓鉴赏除音乐外，离不掉“看”的动作。看文章，看绘画，看风景，都是“看”。鉴赏的“鉴”字，就是“看”字的同义语。不过同是一个看的动作，有种种不同的程度，和“看”字相似的字，从来有“见”“视”“观”三个，这三个字，如果查起字典来，都是“看”的意思，其实程度各各不同。“见”只是见到，看见，并无别的复杂的心理作用可言，“视”就比较复杂了，“视”不但见到，看见，还含有查察的分子，医生看病叫“诊视”，调查某地方的情形叫“视察”，凡是与“视”字合成的词，差不多都有查察的意义。“观”字更复杂，与“观”字合成的词，意义都不简单，如“观念”“观感”“人生观”“宇宙观”之类，都是难下简括的注解的。同是一个看，有“见”“视”“观”三个阶段，我们看到别人的一篇文章或是一幅画是“见”，这时只知道某人曾作过这么一篇文章或一幅画，其中曾写着什么而已。对于这一篇文章或一幅画去辨别它的结构、主旨等等是“视”，比“见”进了一步了。再进一步，身入其境地用了整个心去和它相对，是“观”。“见”只是感觉器官上的事，“视”是知识思辨上的事，“观”是整个的心理活动。不论看文章或看绘画，要到了“观”的境界，才够得上称鉴赏。“观”是真实的受用，文章

①《文心》第十五篇《读古书的小风波》。

或绘画真滋味，要“观”了才能亲切领略，用吃东西来做譬喻，“观”是咀嚼细尝，“见”和“视”只是食物初入口的状态而已。①

“阅读”就是要进入这种“观”的境界。怎样才能到达这种“观”的境界呢，叶圣陶在《语文教学二十韵》中是这样叙说的：“作者思有路，遵路识斯真；作者胸有境，入境始与亲。一字未宜忽，语语悟其神，唯文通彼此，譬如梁与津。学子由是进，智瞻德日新；文理亦畅晓，习焉术渐纯。”“观”就是“潜心会本文”，是遵循作者的思路，知道文章的本意；进入作者的意境，与作者亲近。一个字也不该疏忽，每一句都要领会其精神；作者与读者就靠文字来沟通思想感情，文字就像桥梁和渡口。潜心领会文本，“像蜂嘴的深入花心一样，于是第一口的蜜就尝到了。一次的尝到往往引起难舍的蜜恋，因而更益去寻觅，更益去吸取。譬诸蜂儿，好花遍野，蜜亦无穷，就永远以蜜为生了。”②“永远以蜜为生”，说的就是欣赏力的重要，欣赏力的必须养成。《文心》第十三篇《触发》中就说到乐华学会阅读和欣赏后，无论是读有字的书还是读“社会这部活书”，“什么都新鲜，什么都有意义”。他“从蝉声悟到抑扬的韵律，从日影悟到明暗的对照，从雷阵雨感到暴力的难以持久，从雨后的清凉悟到革命的功用，从盆栽的裁剪悟到文字繁简的布置，从影戏的场面悟到叙事文的结构，从照片悟到记事文的法式”。

这种种“触发”，使得他的智慧、见识、品德，就会一天比一天进步。

这些说的都是“精读”，与“精读”对应的还有“略读”。叶圣陶和朱自清合写过两本书，一是《精读指导举隅》(四川省教育厅 1941 年 2 月出版)，二是《略读指导举隅》(重庆商务印书馆 1943 年 1 月出版)。“精读”是逐字逐句求甚解，“语语悟其神”；“略读”是指“快速阅读”，以了解其内容大意为主，不钻牛角尖。而对于初中低年级学生说来最重要的还是要学会“精读”。

七、国文教师的写作指导

与“阅读”相对应的是“写作”。夏丏尊和叶圣陶都认为“写作”就是“写话”。“作文与说话本是同一源头的，所差者说话用声音，作文用文字而

① 叶至善、叶至诚、叶至美编：《叶圣陶集》(第 13 卷)，江苏教育出版社 2004 年版，第 442—443 页。

② 叶圣陶：《第一口蜜》，叶至善、叶至诚、叶至美编：《叶圣陶集》(第 10 卷)，江苏教育出版社 2004 年，第 3 页。

已；而且作文应该比说话更简洁。如果把自己没有懂或似懂非懂的词汇，搬到纸上来，胡乱堆砌一下，使人家看了莫名其妙，那就等于说了一大套语无伦次的话，谁都不懂。”强调“学习作文，应该跟学习讲演一样，有层次，有条理，说出来人家都听得懂，明白他所说的是什么”①，强调“思想”和“遣词造句”的重要性。他们还说到“能写文章算不得什么可以夸耀的事儿，不能写文章却是一件缺陷，这种缺陷跟瞎了眼睛聋了耳朵差不多，在生活上有相当大的不利影响”②。

“写作”最基本的两个议题，一是写什么，二是怎么写。《文心》里作文的题目来自五个方面，一是写季节的转换和旅行的经验，如《新秋景色》和《游记》；二是写日常的应用文，如《写给母校教师的信》和《难中日记》（“一·二八”亲身经历）；三是围绕班级展开的活动写作，如为班级创办的《抗战周刊》和《壁报》写“抗日感言”和对于迷恋“古书”和“古文”的批判稿；四是结合学习的课文，有针对性地练笔，如学了“新诗”试着写新诗，学了“戏剧”集体创作以“一·二八”为题材的三幕剧；五是提倡多写“读书笔记”。

“怎么写”的经验和指导分散在各篇中，细心研读《文心》，会有应接不暇之感，美不胜收。《文心》第四篇《一封信》中写到“作文和说话是一样的，在承接和转折的地方要留心。一句里边有几个词儿不得当，还不过是一句的毛病；承接和转折的地方弄错了，那就把一段的意思搅糊涂了。这须得在平日养成习惯，每逢开口说话绝不乱用一个承接的、转折的词儿，一定要辨别了前面后面的意思，拣那适当的词儿来用：这样，作文的时候自然不会用错了”。在谈到如何表达感情时说“特意求深切，结果往往平平；有时无意中说几句、写几句，重行回味，却便是深切不过的了。关于表达情感，常有这等情形。将来你们写作的经验多了，也就会知道”。

《文心》第九篇《文章病院》谈“文章”犯的毛病不外乎三种：一是“用词、用语不适当”，“该用这个词的，却用了那个词；该这样说的，却那样说了”；二是“意义的欠缺和累赘”，“一句话里，意义没有说完足，就不成一句话。反过来，说得太噜苏了，把不相干的东西都装了进去，也同样地不成一句话。这种毛病的原因在于不曾把意义想得周全，就提起笔来写；如果作者的言语习惯不良，平时惯说那些支离的、累赘的话语，写起文字来也就会有这样的病象”。三是“意义不连贯，欠照应”，“一句话里，前后不相连

① 编者：《答李平先生》，《国文杂志》第2卷3期，1943年9月15日。

② 叶圣陶：《〈文章例话〉序》，《叶圣陶集》（第10卷），江苏教育出版社2004年，第219页。

贯，一串话里，彼此不相照应，这也是重大的毛病”，“我们写作文字，如果能够避免这三种毛病，用词、用语处处适当，每一句话意义都完足，也并不累赘，而且一直到底，互相连贯，彼此照应”，这样，我们的文字就通顺了。

《文心》第十篇《印象》介绍“游记本来有两种写法”，一是“记叙”，“依了自己的感觉，把接触到的景物从笔端表现出来，犹如用画笔作画一般”；另一种是“印象的描写”，就是专写“深印在我们脑里的”外界事物的“感觉形象”。“作文如果能把印象写出，就不仅是‘记叙’，而是‘描写’了。我们可以用比喻来分别它们。单就游记说，仅仅‘记叙’，结果犹如画一张路程图；如果能把印象写出，却同画一幅风景画一样，这就是‘描写’了。……所以，‘描写’比较‘记叙’具有远胜的感染力”。“不懂得印象的描写，总是‘美丽呀’‘悲痛呀’‘有趣呀’‘可恨呀’接二连三地写着”，“这些词语写上一百回也不相干的，因为它们都是空洞的形容，对于别人没有什么感染力。必须把怎样美丽、怎样悲痛、怎样有趣、怎样可恨用真实的印象描写出来，人家才会感到美丽、悲痛、有趣和可恨”。“少用‘美丽呀’……那些词语，注重随时随地观察，收得真实的印象，用作描写的材料”，“文字就比较可观了”。

《文心》第十七篇《语汇与语感》由学生杜振宇介绍作文进步的经验，说“文章的好坏，可从三方面来观察，一是文法上有无毛病，二是用辞适当与否，三是思想的新鲜、正确、丰富与否”。强调语汇要达意，用得合适，而且要丰富。王先生对“语汇要求其丰富”作了补充。他说：“语汇是因了地方及阶级的不同的，某地方人有某地方的语汇，某种阶级的人有某种阶级的语汇，使用时要各得其所，才亲切有味。譬如说，‘白相’是苏州人的用语，如果写入广东话或北平话中，即使意思不错，就不相入了。学生口中常说的‘婚姻问题’，如果出诸不识字的乡间农妇之口，也就不对了。‘作弊’与‘揩油’，‘白相’与‘玩耍’，‘结婚’与‘成亲’，彼此意义虽同，情趣很有区别，这是值得注意的。我有一位朋友，他选择配偶，第一个条件是要同乡女子。别人问他为什么，他说如果不是同乡人，彼此之间谈话起来趣味很少。这话很妙。近来的白话文，在语汇上是非常贫乏的，因为它把各地方言的辞类完全淘汰了，古文中所用的辞类也大半被除去了，结果所留存的只是彼此通用的若干辞类。于是写入小说中，一不小心，农妇也喊‘革命’，婢女也谈‘恋爱’了。”至于怎样才能做到“语汇丰富”，王先生教导说：

> 我们真要语汇丰富，只留意普通用语是不够的，须普遍地留意各地各种人的用语才好。此外，还有一种功夫应该做，就是对于辞类的感觉力的磨炼。方才振宇说，他每遇一辞，要连同相近的辞作

成一个系串，编入胸中的语汇去。用辞的时候，要在同一系串中辨别其语气的强弱与范围的广狭，择最相当的一个来使用。这话很对。要做这步功夫，非对于辞类有锐敏的感觉力不可。两个辞的意义即使相同，情味常有区别。譬如说："他逃走了"，"他溜走了"，"逃"与"溜"虽都是走掉的意思，但情味很不一样。"老屋"与"旧屋"，"书简"与"信札"，有雅俗之分。"似乎俨然"没有"像煞有介事"的轻松，"快乐"较"欢喜"，来得透露显出。振宇方才用衣服来比辞类。讲究着衣的人，不但注意到材料品质，并且注意到花纹与颜色。讲究用辞的于辞的意义以外，还须留心到辞的情味上。辞的情味可从好几方面辨认，有的应从字面上去推敲，有的应从声音上去吟味。"书简"与"信札"的不同，似出于字面。"萧瑟"与"萧条"的不同，似由于声音。每遇一辞，于确认其意义以外，再从各方面去领略其情味，这是很要紧的功夫。振宇只就辞的意义说，似乎忽略了这方面，所以我再来补充。

作文和说话都离不开修辞。有人总以为修辞"就是雕琢粉饰一类的玩意儿"，"是所谓'雕虫小技'"。夏丏尊和叶圣陶不这么看。《文心》第二十六课《修辞一席话》，就是为了纠正这个"严重的错误"而设置的。修辞学家赵景贤先生应邀前来给三年级学生作关于修辞学的演讲。衣着朴素、神情和蔼、为人谦恭的赵先生一看就是位好老师，他的演讲一开始就直奔主题：

修就是调整，辞就是语言，修辞就是调整语言，使它恰好传达出我们的意思。事情极平常，可以说是日常茶饭事，同时，亦极切要，和吃饭喝茶一样，是我们大家早晚不能缺少的。

所谓调整语言，乃是依照了我们的意思去调整。我们所想发表的意思如有不同，被调整的语言便该有所不同，假如世间有千千万万的意思，照理便该有千千万万的调整方式。我们只好随机应变，不能笼统固执。不过许多小异之中，又尽有大同的成分存在，倘若除去小异抽出大同，也未始没有若干条理可讲。所谓修辞学，便是在依照意思调整语言这一件事情上面，把那千千万万具体的说话与文章中的千千万万小异抽去，将一些大同抽出来详加研讨的学问。简略地说，就是说述依照意思调整语言的一般现象的一种学问。

平实而生动的演说很快就把学生的兴趣调动起来了。看到同学们喜形于色，赵先生就由浅入深，层层推进。他说“作文或说话，普通总不外两件事：一是‘说什么’，二是‘怎样说’。‘说什么’就是内容，‘怎样说’就是形式或方法”。“调整语言”就是紧随着“说什么”而来的“怎么说”。这“说”所达到的境界又可以分为两种，一是“但求意义上没有毛病”，这是“消极修辞”；二是“不但要把意思说得很明白，还要把情景说得很活现”，利用“意思的感觉要素”，“把语言、文字的声音与形体，运用得适当”，“使所说所写的语言增加力量”，这是“积极修辞”。在阐释“消极修辞与积极修辞的区别”时，赵先生举例说：

> 同是一个字，在只可用消极手段的如算学之类的文语中，只能呆板用，而在可用积极手段的如诗歌及其他的文语中，却可灵活用。例如一个“千”字，在算学中一定是比九百九十九多了一，比一千零一少了一，绝不是九百九十九，也不是一千零一。而在诗歌中说“千山万水”的时候，则并不能像这样一般看。我们平时说“千不该万不该”的时候，也如此。这所谓“千”，只是表示多的意思而已。因为“千”比“多”较具体，所以就用“千”来代“多”了。这种方式在说具体的、情绪的东西的时候，只要不妨碍意思的明白，是不妨用的，可是在以明确为主的如算学之类的文语中，却绝对不能用。这是修辞学上的大条理，非首先遵守不可的。

随后又讲起修辞的各种方式，即“辞格”，如“拟人格”“层递格”“讳饰格”“铺张格”“明喻格”“隐喻格”“借喻格”和“映衬格”。列举的例句如“讳饰格”的“更衣室”；“铺张格”的“白发三千丈”；“映衬格”的“君子喻于义，小人喻于利”等等，常常引得同学们哄笑起来。赵先生最后又由“文字”的松快、诚挚、幽默、冷酷等等不同的“风格”，“讲话”的态度、姿态、口气等等的不同的“风度”，讲到这些“风格”和“风度”与“作者”和“说话者”的“生活”和“品格”上的渊源，希望同学们“能致力于生活上的修养，从生活的根源立脚来做修辞功夫，切勿误信说话与写作可以雕琢粉饰取胜的。”

八、各科任课教师的写作指导

“第一中学校”文化气息特别浓厚，各科的老师都通晓文章理法，个个“敬业爱生”，在所承担的课程中都很热心地与写作教学联系起来。算学是锻炼思考力的学科。教算学课的沈先生要学生“着眼于问题的要点，注意于推理的步骤”。他在讲解题目的要旨（所求证的答案）时打比喻说“题目的要旨”，就好比文章里的中心思想，题目所摆出的条件就好比作文可使用的材料。扣住“中心思想”，“仔细布置”，“将材料从正面、反面、旁面多方运用”而“不专固执”某一方面，就能求得正确的答案。让学生知道解析算学的方法也可以应用于作论说文，“算学书上说文字虽说干燥无味，但正确细密，实为他科书籍所不及，科学的文字应以此为模范才好”。

教授图画课的李先生用精美的诗文来讲解“图画的法理”。在说明“绘画的背景”的功用时援引《易水歌》，说“风萧萧兮易水寒”是“壮士一去兮不复还”的背景。在“风萧萧兮易水寒”的情景之中与一个壮士长别，一种悲壮苍凉的情味就现出来了。讲构图方法的时候，李先生援引文章的结构来图解，论及主宾、正干、旁枝等等的法则。最妙的是他用文章的远近法来解释画作“月上柳梢头”的构思；用“接天莲叶无穷碧”“水天相接”等“应用远近法”的诗句来印证“描写景物的文章本身就是写生画”，“所不同的只是绘画用形象色彩写，文章用文字写而已”。①

与此同时，李先生还把作画与作文对应起来。文章可分为“应用之作”“习作”“创作”三个项目。李先生说他在教室中作写生范画，替朋友画扇子，是应用之作；自己练习石膏模型或文体写生，是习作；费去一年多工夫画大幅油画《母亲》，画出一个中国式母亲的慈爱与辛苦，是创作。再说文章，写书信，是应用之作；作文，是习作；择定了题材自由地无拘束地去写出文艺作品来，便是创作。在论及“文章与绘画的共通之点”时李先生说：“习作只是法则与手腕的练习，应用之作只是对付他人和事务的东西，创作才是发挥自己天分的真成绩。……因为创作自是自己的事，忠于创作，就是忠于自己。真正的创作决不该有丝毫随便的不认真的态度，古来的山水名画家有‘五日成一山，十日成一水’的话，左太冲为作一篇赋竟至费去了十年的光阴。创作贵精不贵多，时间和劳力是不能计较的。”在论及什么样的作品才配称为“创作”时说：

> 创作是一种创造，其生命就在乎有新鲜的意味。无论文章或绘画，凡是摹仿套袭的东西，决不配称为创作。创作第一步的工夫是发见题材，题材须是有新鲜意味的才值得选择认定。……题材选定了以后，第二步还要使它成熟，无论在读书的时候、看报的时候、

①《文心》第十八篇《左右逢源》。

听别人谈话的时候、独自散步的时候，都要到处留心，遇有和这题材有关系的事项，一一搜集拢来，使内容丰富，打成一片。这情形正和做母亲的用了自己的血液养分去培养胎儿一样。……题材成熟了，这才可以写出。用文章来写，或用绘画来写，都是创作。仅有题材是无用的，要写成作品，就非有熟练的手腕不可。如果一个画画的人有了某个很好的题材，而手腕不够，画起来脸不像脸，手不像手，成什么话？文章的创作亦如此，题材虽已整备得很成熟很好了，如果他基本功夫没有打实在，文句未通顺，用辞多错误，那么即使写了出来也是糟糕。……发现题材并非难事，一般人只要能留心，随时随地都可发现的，可是一般人却不能像文学家、画家似的写出像样的作品来，这就是因为一般人未曾预备好创作上所需要的手腕的缘故。他们尽会有很可贵的题材，但可惜无法写出，任其葬送完事。唉！自古以来，不知有多少的好绘画好文章被埋没在人的肚子啊！（《文心》第廿九篇《习作创作与应用》）

李先生把作品分为创作、习作与应用之作三种。他认为“三者”之中，“最基本最重要的是习作，习作是练习手腕的基本功夫，要习作有了相当的程度，才能谈得到应用，才能谈得到创作。如果想创作，非先忠实地在习作上做功夫不可。学绘画的先在形象及色彩上用功，学文章的先求文从字顺，熟悉种种文章上的普通法则。习作是一切的基础，应用之作和创作都由习作出发。应用之作的目的在于对付当前的事务，就大体说，原用不着过于苛求，只要在习作上用功至相当的程度，也许就够了。至于创作是无程限的，所需要的习作根底也无程限，习作的根底越深越好。越是想从事创作的人越应该重视习作。至少该一壁创作，一壁习作。真正的画家，终生在写生上用功，真正的文学家，虽至头白亦手不释卷，寻求文章的秘奥”。进而说到“中学原是整个的习作时代，创作虽不妨试试，所当努力的还应该是习作”，希望中学生要在“习作”上狠下功夫。

教英文的张先生是带着一副温和笑容，在注重英文的发音讲解以外，总会顾及英文与国语的比较。他解释英文时，习惯于把英文改成中国人日常所说的话，用来辨析“英文和国语的构造与习惯不同”，并要求同学们也把英文读本的每一课都翻译成中文，“借翻译来练习作文”，用来作为提高写作能力“最切实的方法”。因为深受“异域文学”的滋养，张先生对文学的见解格外深刻。在和同学们探讨“小说与叙事文”的“分别”时，张先生从小说的“发端”和“跋尾”生发开来，启发学生领悟到“叙事文”是根据“实事”

写成的，“记叙了实事便完事”；而“小说的本质”是作者从“事实中看出来的和一般人生有重大关系的意义”，“没有这种意义的便不成其为小说”，“把这种意义含在故事中间的才是小说”。至于“什么叫作‘含’”，张先生是这么解释的：

> 一碗盐汤，看不出一颗盐来，呷一口尝尝，却是咸的，于是我们说盐味含在这碗汤里。小说的故事含着作者所看出的意义就像这样一碗汤。如果在故事之外，另行把意义说明，那就不是“含”了。

在谈到写小说不能“照抄事实”，必须认真“选择”和精心“布置”时说：

> 你若说他凭空虚构，那是错误的。他的材料全是社会的实相、人生的经验，何尝凭空？若问他：“真个有这件事情吗？”他将笑而不答，因为你问得太幼稚了。小说该是世间最真实的故事，然而不是某一件事情的实录。

张先生还在课后与同学们一起讨论茅盾的《子夜》。在他的启发下，同学们把“小说与叙事文”之间的“分别”解析得很透彻：“叙事文的本质是事情，叙事便是它的目的：小说的本质却是作者从人生中间看出来的意义，叙事只是他的手段。”“叙事文好比照相，只须把景物照在上面就完事了；小说却是绘画，画面上的一切全由画家的意识、情感支配着的。”（《文心》第廿篇《小说与叙事文》）师生间的这场“互动”，将一个较为抽象的文艺理论问题解析得非常新颖透彻，好懂好记。

谈到“写什么”，《文心》第廿五篇《读书笔记》值得认真关注。王先生“把作文的时间分出一半叫学生试写读书笔记”，这是针对初中三年级学生说的，旨在促使他们多读书，多练笔、自由发挥、各抒己见。王先生在讲授“笔记”时说：

> 古今人所作的笔记，真是数也数不清，仅就我们图书室所备的说，已有一二百种了。书名有的就叫什么“笔记”，有的叫什么“随笔”，有的叫什么“录”，有的叫什么“钞”，此外还有别的名目。这些笔记，普通都是作者有所见到，随时写录，有的记述见闻，有的记述自己的感想，有的记述读书心得，内容非常复杂。这里有两部极普通的随笔，一部是清人梁绍壬的《两般秋雨庵随笔》，一部是

清人姚元之的《竹叶亭杂记》，你们看，其中就是什么都有的。我折着的几页，都是以书本为对象的，可以说是读书笔记了。

在论及“读书笔记”的作用时，王先生语重情长地说：“读书不是浮光掠影的，必能随时有所见到，把见到的写出来，就是你们的读书笔记了。”又说“读书要精细，才能写得出读书笔记，反过来说，试写读书笔记，也就是使读书不苟且的一种方法”。在谈到“什么材料是值得写笔记”时，王先生说笔记的材料可大可小，小的只着眼于字或辞；大的或着眼于文章的风格、写法、好的语句乃至疑点，“读书笔记的材料随处都是，大家仅可随意选取”；说别人说过的话也不要紧，“只要你的见解不是抄袭别人，完全出于自己思索的，那与人家说过不说过毫无关系。写笔记的本意，原为了自己记述读书的心得与研究结果，以备将来查考与运用，并非像书简或传单似的预备给人看的。自古以来，读书笔记当作书籍刊行的原很多很多，可是写作者当时的目的决不在乎刊行。你们是中学生，写笔记只是一种学习，当然不必以发明发见自期。你们不是在学习代数与几何吗？我告诉你们，那里面无论任何一个公式、一个定理、一个问题，都是数千年的陈套，都是人家早已知道了的东西啊。”激励同学们勤于思索，脑勤手勤。最后说到“读书笔记是读书时的一种判断”，“应该用作议论文的态度去写”；“议论文照例是须有证据的，不能凭空瞎说”。又说“读书笔记虽是议论文，全体却须简洁，和普通的议论文不同。读书笔记不需辞藻修饰，以简短朴实为宜。除了论断、理由、例证以外，不必多说无谓的话”；养成写“读书笔记”的好习惯，决不愁没有可写的材料。

九、“因才施教”　激发潜能

从《文心》可以看出，这“H市第一中学校”老师和学生关系比较密切。

老师用心教，学生认真学，老师热爱每一个学生，尊重每一个学生，相信每一个学生，“因才施教”，激发潜能，既面对面指导，也在课后写信策励，指定阅读篇目，引导学生通过自学培养独立思考的能力。

《文心》第三十一篇《风格的研究》，写大文依从王先生的指点，阅读“研究文章的风格”的著作，他读的第一部书是司空图的《诗品》。唐末诗人司空图的《诗品》，是我国古代文学史上具有独特风貌的诗歌理论著作。《诗品》又称为《二十四诗品》，“二十四品”即二十四首小诗，词句清丽，韵味悠长，是创作经验和诗意的美感的集大成之作。《诗品》独创的艺术形式，对诗歌风格细致的分类阐释和绘声绘影的描摹，尤其是它所阐明的美学观点，在我国诗歌理论史上产生过深远广泛的影响。无论是探索诗歌创作的技巧和提高艺术鉴赏的水平，还是追寻我国古代诗歌发展史及其艺术规律，《诗品》都是最精湛的教材。

初中三年级学生读《诗品》会有一定的难度。大文读第一品“雄浑”和第二品“冲淡”时，觉得书中“那些语句在可解不可解之间，好像障着一重雾翳似的”。可读到第三品“纤秾”时，他眼前就仿佛展开了一幅色彩鲜明的图画，绚丽极了，明媚极了，浑成极了，生动极了。接着读“沉著”“高古”，读到第六品“典雅”时，大文觉得又是另一种境界：与高雅的名士载酒游春、在翠竹簇拥着的茅屋赏雨，唯有白云、修竹、幽鸟、落花、飞瀑为伴，简直可以忘掉一切。因为已经读出兴趣来了，接着读“洗练”“劲健”“绮丽”“自然”“含蓄”“豪放”“精神”“缜密”“疏野”“清奇”“委曲”“实境”“悲慨”“形容”“超诣”“飘逸”“旷达”“流动”各品，“都能深深地领会”，仿佛“好似神游于文艺的展览会”，“不得不惊叹于文艺界的博大和繁富”。

《诗品》令大文眼界大开。他想到诗歌的风格不止司空图说的这二十四品，王先生就曾提起过袁枚的《续诗品》和顾翰的《补诗品》。袁枚是清朝乾嘉时期著名的诗人、散文家、文学评论家。与《诗品》论述诗歌创作风格的论题不同，袁枚的《续诗品》从论述诗歌创作过程的角度切入，取题名为崇意、精思、博习、相题、选材、用笔、理气、布格、择韵、尚识、振采、结响、取径、知难、葆真、安雅、空行、固存、辨微、澄滓、斋心、矜严、藏拙、神悟、即景、勇改、著我、戒偏、割忍、求友、拔萃和灭迹，共三十二则，用三十二首小诗来描述诗人创作时的苦心经营。清嘉庆年间的举人顾翰将司空图的《诗品》誉为“圣作”，又觉得还可以补写，取题名为古淡、蕴藉、雄浑、清丽、哀怨、激烈、奥折、华贵、疏散、超逸、闲适、奇艳、凄婉、飞动、感慨、隽雅、高洁、精练、峭拔、悲壮、明秀、豪迈、真挚和浑脱，共二十四则，用二十四首小诗论述诗歌内容与形式的特点、诗人进行创作构思的规律与艺术表现的途径，以及诗人应具备的主观条件等方面的美学理论，具有不同于《续诗品》的续补价值，为后世仿《诗品》著作中最为规范的一部。

“诗”有“诗品”，“文”当然也有“文品”。研究“文品”，王先生推荐的是散文大家姚鼐的《复鲁絜非书》和“晚清中兴四大名臣”之一的曾国藩的《求阙斋日记》，以及我国现代著名教育家、修辞学家、语言学家陈望道的《修辞学发凡》。

姚鼐是清代著名散文家，与方苞、刘大櫆并称为“桐城三祖”。姚鼐认为天地的大道理就是阴阳刚柔。文章是天地的精英，是阴阳刚柔生发而来的。那些得到阳刚之美的，他们的文章如雷霆，如闪电，如山谷中的强风，如高山峻岭，如决堤的江河，如奔腾的骏马；他们的光芒如耀眼的太阳，如熊熊的烈火，如黄金镂嵌的铁器；富有阳刚之美的人，如登高望远，如帝王接见万众，如激励万千名勇士去鏖战。那些得到阴柔之美的，他们的文章如旭日初升，如清风、如云霞、如轻烟，如幽林琮琤的溪流，如绿水荡漾的微波，如珠玉闪耀的光辉，如鸣叫的鸿雁飞入无垠的天际；富有阴柔之美的人，深沉得像是在叹息，高远得像是有所思考，热情得像是心怀喜悦，严肃得像是哀伤无比。从他们的文章和行为中，可看到“阳刚”与“阴柔”这两类人的性格气质及外在表现是完全不相同的。

曾国藩的《求阙斋日记》对“阳刚”“阴柔”作了简洁而清晰的阐释。他说“阳刚之美曰雄、直、怪、丽，阴柔之美曰茹、远、洁、适”，合在一起叫“八言”，“各作十六字赞之”，例如赞“雄”的十六字是“划然轩昂，尽弃故常；跌宕顿挫，扪之有芒”；赞“洁”的十六字是“冗意陈言，類字尽删；慎尔褒贬，神人共鉴”。类似赞“雄”和“洁”这各十六个字，虽说文采飞扬，令人神往，但看得多了反倒觉得似曾相识。在大文看来，“八言”与《诗品》《续诗品》《补诗品》乃至《复鲁絜非书》的“说法没有什么两样”；“都是凭着主观的观感，见到文章风格有怎样的几种，便选用一些字眼来作标题”，这些“字眼”虽说典雅、简洁、内蕴丰富，但却也存有以偏概全、“包举一切”的弊端，有的让人感到很含糊，理解起来摸不着边际。

大文评论经典名著这些独到的见解，是从他的阅读经验中总结出来的。他的阅读经验概括起来有三点。一是勤读书，同一种类的书读得多了，经过思考和比较，眼界自然开阔。就《诗品》而论，虽说《续诗品》《补诗品》《复鲁絜非书》《求阙斋日记》对“风格论”都有所推进和补充，但把这些名作的递进关系和各自的阐释梳理清楚之后，就能看到它们却有“相似之处”。二是把名著中的论述放到现实生活中来检验，就能看到有明显的局限性，大文的这个感悟是受到“H 市郊外新建筑的一座宫殿式教堂”的启发。与这座宫殿式的教堂对比，水榭、回廊、花院、草舍当属“阴柔之美”；而与美国的摩天楼对比，这座宫殿式的教堂就是“阴柔之美”了。和谁比、依据怎样的标准立论，是鉴赏者必须遵循的一个原则。大文由此推定同一篇文章、同一件艺术乃至同一个人物，鉴赏的角度不同、评定的标准不一，是可以得出类似“阳刚之美”或“阴柔之美”这样截然不同的评价的，人们常说的见仁见智指的就是这种现象。三是既“以古鉴今”，又“以今度古”，借助“风格研究”的“理论”读解“古今”的名家名作，提升鉴赏的水准。大文读了《诗品》，在惊叹《诗品》的博大和繁富的同时，对现代和古代名家名作的风格进行比较，得出如下的结论：

> 朱自清的称得起“缜密”，丰子恺的可以说“自然”，茅盾的不愧为“洗练”，鲁迅的应号作“劲健”。他又想起古昔文学家的作品：同样是词，而苏（东坡）、辛（弃疾）的与温飞卿的不同，苏、辛的“豪放”，而温飞卿的“绮丽”；同样是散文，而司马迁的与陶渊明的不同，司马迁的“浑雄”与陶渊明的“冲淡”。如果把读过的一些散文、诗、词，逐一给它们比拟，这近于什么风格，那近于什么风格，倒也是有味的事情呢。

可当他接着读了《续诗品》《补诗品》《复鲁絜非书》《求阙斋日记》这一系列名作之后，理论素养提升了，对已经评过的“古今”名家名作又有了全新的发现，作出了颠覆性的阐释：

> 教几个人去衡量同一篇文章，判定的结果更不会完全相同。各人体会那些品目先就不能一致，鉴赏一篇文章又各本各的素养，各依各的心思，判定的结果不会完全相同是当然的。他才知道，朱自清“缜密”哩，丰子恺“自然”哩，茅盾“洗练”哩，鲁迅“劲健”哩，苏、辛“豪放”哩，温飞卿“绮丽”哩，司马迁“浑雄”哩，陶渊明“冲淡”哩，这些只是他一个人的主观罢了；如果教另一个人去品评这些作家作品的风格，说不定会全不相同，可是也言之成理呢。

可见名家名作具有多重阐释的空间。鉴赏者的素养不齐、评判的标准不一、立论的依据有别，“判定的结果”自然不会“完全相同”，这也就是人们常说的“诗无达诂”“文无达诠”。至于怎样才能避免“主观的评判”、得出令人信服的“理解”而不至于含糊而不着边际，大文从王先生指定的参考书陈望道的《修辞学发凡》中得到启迪。

《修辞学发凡》是我国第一部系统的修辞学巨著，由大江书铺于 1932 年分上下两册正式出版。全书共十二篇，创立了我国第一个科学的修辞学体系，被学界奉为中国现代修辞学的奠基之作。王先生指定重点阅读的是第十一篇《语文的体类》，所谓“体类”，含义和“风格”相似。陈望道将文章的“风格”分为“四组八种”，第一组，就文章的“内容和形式”分为“简约、繁丰”；第二组，就文章的“气象”分为的“刚健、柔婉”；第三组，就文章的“辞藻”分为“平淡、绚烂”；第四组，就写作的“态度”，分为“谨严、疏放”，每一种（体）推举一篇文章为例，作简要的说明。大文读后认识到这“四组八种”的立论是“各有各的条件的”，“这些条件都是客观的”，“都是谁也可以指说出来的”；即便是看似很笼统的“气象的刚强与柔和”也是有“客观的条件”的。熟读《语文的体类》，评说文章的风格就有了“客观的标准”，也就不再会把风格看得那么神秘而玄奥。

随后，大文又从陈望道界定的这“八种风格”推想开来，谈到“取材的范围不同（或议论时事，或摹写山水，或叙往古的史迹，或记叙身边的琐事），文章的风格也从而各异了”，并将“作者的品性”（温和、急躁；宽大、褊狭）、“作者的语言习惯”（语调的差异和词汇的不同）、“写作习惯”（谨严、疏放）作为评判风格的“客观的条件”，来推求“风格的真际”，对微妙难言的“风格的研究”有了比较真切的了解。“取材的范围”“作者的品性”“作者的语言习惯”“写作习惯”这四个方面汇集起来，就是鲁迅在《“题未定”草之七》中所说的“倘要论文，最好是顾及全篇，并且要顾及作者全人，以及他所处的社会状态，这才较为确凿。要不然，是很容易近乎说梦的”。①

《风格的研究》和《文心》中的各篇一样，从各个不同的侧面告诉我们，中学生是可以做到“能说会写”的，关键在于老师要敬业，老师要“能说会写”。同时也告诉我们学语文没什么捷径可走，首先是要有兴趣，然后就是多读书、肯思考、勤写作，这样，语文就一定能学好。夏丏尊和叶圣陶都有丰富的语文教学经验，如鱼饮水，冷暖自知，说来新颖隽妙，循循善诱。历经将近九十个春秋，我国的中等教育事业发生了天翻地覆的变化，但《文心》的魅力不减，依然是一部切实有用的语文课课外读物，是“青年阅读和写作的宝典”，真可谓“经典永传承”。

2022 年 6 月 15 日

---

①《鲁迅全集》(第 6 卷)，人民文学出版社 2005 年版，第 444 页。

爷爷和儿童文学

■ 叶小沫

人们都说我的爷爷叶圣陶是一位作家、教育家、出版家，他却一直说自己的职业是编辑和教师。正是这两种职业，让他和孩子们结缘，一辈子都关心孩子，一辈子为孩子们编书写作。爷爷离开我们已经三十四年了，可是如今的孩子依然熟悉他，读他写的儿歌《小小的船》、散文《爬山虎的脚》，读他写的童话《稻草人》，读他写的语文知识故事《文心》。在孩子们的心里，叶圣陶永远是一个就在他们身边的和蔼可亲的老人。爷爷是给中国童话开了个头的那个人，爷爷为孩子写过儿歌、散文、小说，可是他并非全身心地投入创作，因为有很多编辑工作等着他去做。编辑的职责要成全的是作者和读者，而不是自己，爷爷也是像鲁迅那样，把生命割碎在了给人看稿子、改稿子、编书、校对这些事情上，为了编辑出版事业，他奉献了自己的一生。也正是因为有过当教师的经历，在做编辑的同时，爷爷更加关注那些年轻幼小的生命的成长，愿意把他们当成最亲密不过的小朋友，愿意为他们写东西，愿意为他们编书，一句话，全心全意地为他们着想，于是就有了叶圣陶的儿童文学作品。

给孩子编的课本

爷爷在 1980 年写过一篇文章，题目是“我和儿童文学”。文章的前一部分写的大多是他的童话创作，后面有一段文字说：“在儿童文学方面，我还做过一件比较大的工作。1932 年，我花了整整一年时间，编写了一部《开明小学国语课本》初小八册，高小四册，一共十二册，四百来篇课文。这四百来篇课文。形式和内容都很庞杂，大约有一半儿可以说是创作。……小学生既是儿童，他们的语文课本必得是儿童文学，才能引起他们的兴趣，使他们乐于阅读，从而发展他们多方面的智慧。当时我编写这一部国文课本，就是这样想的。”看了爷爷的这段话，我想，把语文课本中的每一篇课文，都当作儿童文学来创作，真的是很独特又很有道理，不知道现在为孩子们编写教材的同志们，头脑里有没有这样的认识。十多年前，社会上出现了一股老课本热，人们怀念老课本，怀念的正是它那儿童文学般的课文吧，孩子们读着的不仅是熟悉亲切的内容，文字也句句优美流畅。看来爷爷所提倡和坚持的编写课文的原则是对的，所以直到今天都受到人们的怀念和追捧。

2003 年，中国少年儿童出版社要编辑出版《叶圣陶儿童文学全集》。爸爸特意把爷爷的这篇《我和儿童文学》拿给我看。爸爸说，要出爷爷的儿童文学全集，就要把爷爷在《开明小学国语课本》里的一些课文收进去，那样才能算是爷爷比较完整的儿童文学集。七十年前的《开明小学国语课本》已经很难见到了，出版社的同志几经周折，才从人民教育出版社找来了这套课本。他们复印之后交到我手里，我才第一次看到了它的全貌，看到了把课文当作儿童文学来创作的语文课本。为了引起孩子们阅读的兴趣，爷爷编写的内容是孩子们熟悉的生活，形式是孩子乐于接受的儿歌、散文、故事、童话。后来我们根据爸爸的提议，经过反复筛选和整理，选定了九十二篇课文，放进了这次编写的《叶圣陶儿童文学全集》里，几乎占了国语课本四百多篇课文中的四分之一，其中包括诗歌、散文、童话和小说。

其实在编写《开明小学国语课本》之前，爷爷就已经为孩子们编写过语文课本了。1917 年，在他二十三岁的时候，应好友吴宾若之邀，到苏州甪直吴县县立第五高等小学当教员。那时候他们这些年轻教师，对当时的国文教材感到不满意，就自己动手编国文教材，可惜这些一百多年前的老课本，如今已经无处寻觅。1923 年，爷爷到商务印书馆做了编辑，他被安排在国文部，和顾颉刚先生一起编了一套初中国语教科书，共六册。这六册课本，现在也还可以找得到。除此之外，爷爷还为孩子们编过好几套国文课本，其中影响比较大的，还是 1932 年的那套《开明国语课本》，这不光是因为爷爷的课文写得好，丰子恺先生生动的插图，也为它平添了许多活力。

爷爷当过老师，了解和熟悉孩子，因此课本里写的全是孩子的生活，课文中说的都是孩子们自己的事情：上课、开班会、做游戏、秋游、给妈妈过生日、帮生病的同学补功课……孩子们读着会觉得非常亲切。课文的形式多种多样，孩子们读着不会觉着累，像是在读轻松有趣的课外书。

《开明小学国语课本》的课文，从教孩子们识字开始，随着课程的进展和学生年龄的增长，让孩子们循序渐进地学会用词、造句、作文；学会写借条、收条、启事、告示；学会写信、写日记；学会写演讲稿、写考察报告……所有这些在日常生活和工作中会碰到和用到的基本的文字功夫，在这套课本中都能学到。在那个年代，不少孩子读了小学六年就要走向社会了，这些基本的文字技能，可以帮助他们处理日常生活中最基本的需要。爷爷还精心编写了课后练习，帮孩子们更好地阅读和理解课文，教孩子们学会怎样提出问题和思考问题，还可以带着那些热爱文学的孩子，迈入文学的大门。

爷爷是新中国教材建设的奠基人和开拓者。早在1949年4月，他就受命担任华北人民政府教科书编审委员会主任。1949年10月1日新中国成立，爷爷主持编辑的新中国第一套大、中、小学教科书同时诞生，他带领着为数不多的编辑，在很短的时间里，完成如此艰巨的任务，让我们现在的编辑工作者难以想象，但是爷爷和同志们硬是赶在开学之前，把需要的教科书编辑妥帖，送到了孩子们的手中，其中就包括《初级小学国语课本》和《高级小学国语课本》。1950年12月1日，人民教育出版社正式成立，爷爷被任命为社长和总编辑，为新中国的教育事业呕心沥血，矢志不渝。

从编辑新中国的第一套语文教科书，到1966年“文革”前的十六年里，爷爷几乎天天都在和课本打交道，从不停歇。爷爷仍然坚持用儿童文学的标准编语文教材，和编辑们一起，把每一篇课文读了又读，改了又改，要求每一句话，每一个词，每一个字，每一个标点符号都准确无误。爷爷一向认为，学习语文不只是学习有关语文的基本知识，还要学会感受一切事物的真善美，学会怎样做人和做事。他的这些想法、这些主张、这些感情的实现，靠的不是说教，而是融入了他和大家编写的每一篇课文中，潜移默化地渗透到了孩子们的心里。那些年的语文课本，饱含了爷爷和一代教材编辑人的心血，是我们应该铭刻在心的。

给孩子写的童话

1921年11月15日，爷爷开始了自己的童话创作，那一年他二十七岁。他的第一篇童话写的是《小白船》，接下来写了《傻子》《燕子》和《一粒种子》。从1921年冬到1922年夏，爷爷一共写了二十三篇童话。

爷爷说，他写童话是受了西方文学的影响，“五四”前后格林、安徒生、王尔德的童话，陆续介绍到中国来了。他是小学教员，对这种适合儿童阅读的文学形式当然会注意，于是就有了自己来试一试的想头。还有一个促成爷爷要试一试的人，那就是他的好朋友郑振铎先生，那时候郑先生在主编《儿童世界》，要爷爷给他提供稿子。《儿童世界》每星期出一期，爷爷也就写得勤了。

爷爷在一篇文章中说，他曾在不到一个星期的时间里写了四篇童话，连自己也不敢相信了。又说，那时候他和朱自清先生同在杭州浙江第一师范教书。两个人朝夕相处，在一间卧室里休息，在一间休憩室里备课、闲谈、改本子、写东西。可能是因为兴致高，下笔就快些。朱自清先生在一篇散文里，记下了那些值得怀念的日子："那时他（指叶圣陶）小说的材料是旧日的储积，童话的材料有时却是片刻的感兴。如《稻草人》中的《大喉咙》一篇便是。那天早上，我们都醒在床上，听见工厂的汽笛；他便说：'今天又有一篇了，我已经想好了。来得真快啊！'那篇的艺术很巧，谁想他只是片刻的构思呢！他写文字时，往往拈笔伸纸，便手不停挥地写下去；开始及中间，停笔踌躇时绝少。他的稿子极清楚，每页至多只有三五个涂改的字。他说他从来是这样的。每篇写毕，我自然先睹为快；他往往称述结尾的适宜，他说对于结尾是有些把握的。"

朱先生这段话绘声绘色，把爷爷写活了。1923 年，爷爷出版了他的第一本童话集，书名用的就是《稻草人》。这是中国的第一本童话集，因此有人说，爷爷是中国童话的拓荒者。鲁迅先生也曾说：叶圣陶的《稻草人》是给中国的童话开了一条自己创作的路。在以后的那些年里，爷爷又写过几篇童话。他说自己写得少的原因，大约是当了许多年的编辑工作，养成了不敢随便下笔的习惯。八年后的 1931 年，爷爷出版了他的第二本童话集，一共收了在那些年里写的九篇童话，其中最著名的一篇是《古代英雄的石像》，爷爷用它做了这本童话集的书名。

爷爷年轻时候写给孩子们的童话，一直到 1956 年才重新和孩子们见面。当时的中国少年儿童出版社，请爷爷自己选一些他写的童话编一本集子，说是好让现在的孩子知道一些旧社会的情形。爷爷同意了，选了十篇，编成了《叶圣陶童话选》。在这本书出版前，爷爷对每一篇童话都进行了整理。他说：因为是给孩子们阅读，不敢怠慢，总想做得通畅明白，念起来顺口，听起来顺耳。

1987 年，在爸爸为爷爷编辑的二十五卷本《叶圣陶集》的第四卷儿童文学卷里，一共编入了爷爷的童话三十九篇，这些应该都是爷爷和爸爸整理和修改过的。

1996 年，在爷爷过世八年以后，爸爸编了一本《叶圣陶童话故事集》，选了爷爷的二十四篇童话。集子编成以后，爸爸的心里不踏实。他想，爷爷的童话都是六十年以前的旧作，有许多是揭露和批判当时的那个社会的。六十年过去了，咱们中国发生了翻天覆地的变化，生长在新社会里的孩子，读这些写旧时代的童话，隔膜恐怕是难免的。于是他把这些童话从头读了一遍，在每一篇的后面附上了几句话，有的说他所知道的爷爷在写作当时的想法，有的说他自己的读后感。爸爸这么做，是希望可以帮助孩子们，更好地读懂和理解爷爷每一篇童话所要表达的意思。

2006 年，人民教育出版社出版了由商金林教授编辑的《叶圣陶童话全集》四卷本，共收入了爷爷的童话四十三篇。对于新加进去的《阿秋的中秋夜》《菁儿的故事》《牛奶》和《甜》这四篇，商教授特意做了说明。他说我爸爸觉得这四篇童话比较幼稚，与爷爷其他的作品不那么和谐，当年在编《叶圣陶集》儿童文学卷的时候就舍去了。商教授以为，让读者看看这四篇童话也有好处，至少可以看到爷爷童话创作的全貌。他还特意说明，爷爷的童话在编入集子的时候，都要认真地推敲和修改，而这四篇童话是他后来直接从杂志上抄下来的，保留了作品的原汁原味，对照那些已经改过的童话，可以看出爷爷是怎么修改语言的。我想商教授的话不无道理。

爷爷的童话文字简洁、通畅、优美，故事简单却有着深刻的内涵，能够启迪人们对社会产生更多的思考。他的童话献给孩子，也献给成年人。如今，教育部门把爷爷的童话作为优秀的少儿读物，推荐给全国的中小学生，这就使《稻草人》成了这一代孩子人人尽知的童话集。

给孩子写的儿歌

从爷爷奶奶，爸爸妈妈，到现在的每一位小学生，大家几乎都会背诵爷爷写的那首《小小的船》：弯弯的月儿小小的船，小小的船儿两头尖，我在小小的船里坐，只看见闪闪的星星蓝蓝的天。这首儿歌是爷爷在 1955 年 5 月 9 日的夜里写成的。他在日记里记着："多用叠字，多用 an 韵字，意极浅显，而情景不枯燥，适于儿童之幻想。"还说："二十年前在开明编小学生课本，即涉想及此，直至今日乃完成。"我爸爸在后来写的文章里说"儿歌仅四句，三十七个字，却在日记里自批自夸，写下了五十多字的跋，可以想见父亲那天夜里反复吟哦的喜悦。"在我的印象里，爷爷对自己的要求一向严格，很少肯定过自己的什么作品，像这样的自批自夸的事情实在是少之又少。更让人惊讶的是，令他自己满意的作品，竟然是一首只有三十七个字的儿歌。可见爷爷对于儿歌的创作，有着怎样一种难以割舍的情怀。后来这首儿歌编进了小学生低年级的语文课本，一直沿用至今，这使每个人读起它，都会引起对童年时代的美好回忆。

爷爷的这篇日记写在 1955 年的 5 月，后面那句"二十年前在开明编小学生课本，即涉想及此，直至今日乃完成"的话，道出了他完成了夙愿的喜悦之情。爷爷这里说的二十年前，是指 20 世纪的 30 年代，那个时候他正在开明书店编写《开明小学国语课本》。爷爷说，小学生是儿童，他们的课本必须是儿童文学，这样才能引起他们的兴趣。低年级的孩子喜欢读儿歌，为编这套课本，爷爷写了大量的儿歌，收集起来有一百多首。有写大自然的《月亮》

《星》《天上的云》《好大的风》《雪花》《瀑布》；有写动物的《萤火虫》《蜗牛看花》《青蛙》《燕子》；有写植物的《蒲公英》《菊花开了》《向日葵》；有写孩子们的生活的《十个好朋友》《可爱的泥人》《新年》；有写校园生活的《我们的学校》《团体操》《踢毽子》《远足歌》；有写社会的《公路》《集市》《打铁》。爷爷的儿歌有他的独到之处，他用儿歌引导孩子从小就学会观察，从小就对周围的事物感兴趣。孩子生活在自然里，生活在家庭、学校和社会里，和自然相比，孩子们的校园生活更加丰富多彩，校园生活的儿歌在爷爷写的儿歌里占了很大的部分。

1949 年 10 月 1 日新中国成立。新中国的语文课本要有新面貌，要歌颂祖国和人民。为了语文课本的新面貌，作为人民教育出版社的社长和总编辑，爷爷亲自上阵。各年级的小朋友，在翻开他们的新课本的时候，看到的是爷爷为新课本写的儿歌。

看！我们的国旗/高高升在旗杆顶，/它代表中华人民共和国，/我们诚心诚意向它致敬。

看！我们的国旗/高高升在旗杆顶，/它那么好看又那么庄严，/显出我们新中国光景。

看！我们的国旗/高高升在旗杆顶，/四颗星星齐向一颗大星，/万众一心齐向人民革命。

看！我们的国旗/高高升在旗杆顶，/中国人民从此站起来了，/这旗帜就是胜利的凭证。

这是《高小语文课本》的第一课：国旗歌

20 世纪 50 年代，作家协会曾号召作家们为孩子创作儿童文学作品。已经六十多岁的爷爷响应号召，再一次为孩子们创作了儿歌和散文。1958 年的 4 月到 5 月，他的儿歌创作出现了一个小高潮，一口气写了十几首，动物和植物的居多，有《金鱼》《夹竹桃》《几种树》，而其中《祖国绿化多可爱》《我们也来修水库》这两首，反映了当时孩子们参加的社会活动。爷爷这个时期的儿歌，依然放低了自己的身量，用孩子的眼光来看这个世界。首首充满了童心和童趣，首首朗朗上口充满诗意。从那以后，爷爷好像就再也没有写过儿歌了。

给孩子写的散文

爷爷是什么时候开始给孩子们写散文的，我想最早也是在 1932 年吧。那一年他为孩子们编写《开明小学国语课本》，在十二册书的四百多篇课文中，散文就占了二十二篇。从二年级开始，每个年级都有四五篇，给低年级的孩子读的比较短，只有一二百字，给高年级孩子读的比较长，有七八百字。《燕子，住下吧!》《霜的工作》《海上的朝阳》《机器的工作》《不用文字的书和信》《各种声音》《蚕》《孔庙和孔林》，光看这些题目就可以看出，爷爷是在用散文这种形式，向孩子们介绍各种各样的知识，教他们学会观察，学会发现，学会欣赏。

20 世纪 50 年代，还是在那次作家协会号召作家们为孩子创作儿童文学作品的活动中，爷爷为孩子们创作了四篇散文《爬山虎的脚》《诗的材料》《三棵老银杏》和《“你们幸福了”》。其中《诗的材料》《爬山虎的脚》后来也被选进了小学语文教材，现在小学三年级下学期的课文《荷花》，就是《诗的材料》中节选的。在现在中小学的语文课本中，至今保留了爷爷的两篇散文《记金华的两个岩洞》和《景泰蓝的制作》。

2014 年，安徽少年儿童出版社出版了一套《叶圣陶青少年文库》，在编散文卷的时候，编辑们把爷爷写的散文都找了来，一篇一篇地看，把那些适合青少年读的，可以读懂的，都选了进去，编成了《没有秋虫的地方》《我坐了木船》和《一个少年的笔记》三卷，我数了数一共有七十七篇之多。其中写景的有《黄山三天》《林区二日记》《登雁塔》；记事的有《五月卅一日在急雨中》《乐山被炸》《我坐了木船》；写人的有《两法师》《书桌》《胡愈之先生的长处》；纪念好友的有《好友宾若君》《夏丏尊先生》《回忆瞿秋白先生》；这其中当然还有大家常常看到的《牵牛花》《藕与莼菜》《没有秋虫的地方》。我看了这散文三卷本，很感谢编辑们，他们选的这些散文，虽然不是爷爷专门为孩子们写的，却是孩子们可以读得懂的。从这里他们大致可以了解爷爷写的散文的全貌，比如所涉及的方面，结构，形式和语言，如果认真地读，学生们会比较全面地了解关于散文的这种文学形式，会爱上读散文，甚至会喜欢上写散文。

给孩子写的小说

爷爷给孩子们写的小说，比起他给孩子们写的儿歌、散文、童话来，篇目可就少多了。在爸爸编的《叶圣陶集》的第四卷儿童文学卷里，只收了《半年》《一桶水》《邻居》《儿童节》《一个练习生》《寒假的一天》和《友谊》这七篇。其中前六篇是在 1935 年和 1936 年这两年里写的，写的都是那时候少年儿童的生活，其中《一桶水》发表在《中学生》上，《邻居》发表在《新少年》上，其余的都发表在成人的文学刊物上，这些写学生生活的小说，能看到的学生可能不是很多。

和爸爸编的《叶圣陶集》不一样，在中国少年儿童出版社编的《叶圣陶儿童文学全集》里，在文学这一栏里选了十五篇，前四篇《阿菊》《阿凤》《一课》《义儿》写于1920年和1921年，那时候爷爷在甪直，已经做了几年教师，对当时的教育和孩子都有了解，四篇文章充满了对贫苦孩子的怜爱，和对旧教育制度摧残学生身心的鞭挞。这四篇所谓的儿童文学，却不是写给孩子们看的。在接下来写的《地动》《小蚬的回家》这两篇的时候，爷爷已经做了父亲，面对着天天缠着他讲故事的儿子，他不得不每天编个故事说给儿子听，一边讲还一边观察着儿子的情绪变化。《地动》这篇小说，就是一篇爷爷给爸爸讲故事的纪录。里面有爷爷给爸爸讲故事时故意卖关子的神态，有爸爸听故事时的企盼心境和紧张表情，有奶奶看到爸爸听到伤心处哭了时，怜爱地一把把他抱在怀里的母爱，细读起来会被这个充满着爱的家庭氛围感动。

1923年，爷爷已经二十九岁了，写了一篇他小时候去贡院参加科举考试的事儿，题目是《马铃瓜》。去科考的那一年爷爷才十二岁，他的父亲也只是想让他去历练历练，不料却赶上了中国的最后一次科举考试。十八年以后，爷爷把他的这次经历写成了小说，写了在那么庄严肃穆的考场上，那个并没有把科考放在心里，只想着吃从家里带来的马铃瓜的孩子，看了真是让人忍不住想笑。我查了查《叶圣陶儿童文学全集》后面的几篇小说，有《半年》《一桶水》《邻居》《儿童节》《一个练习生》《寒假的一天》这几篇，大都写在1936年，无论是发表在《中学生》杂志上的，还是发在文学刊物上的，反映的都是那个年代青少年的生活。1937年下半年，全面抗战开始，爷爷带着全家人和开明书店一起迁往四川，想继续坚持他们苦心经营的开明书店的业务，一切都比他们预想的要困难。之后八年，爷爷一边教书，一边和开明同人坚持办《战时中学生》，创刊《开明少年》，出版各种书刊，一边参加文艺界的抗战活动，其生活之困苦，工作之艰难自不必说。文章当然要写，可是再没有专门为青少年写过什么文学作品。

《叶圣陶儿童文学全集》里最后一篇小说《友谊》，是爷爷在1954年写的，也是新中国成立后他写给孩子们的唯一一篇小说。查看爷爷的日记，那一年3月21日中记着“开始作小说，即写亦多校中同学友爱互助之故事。自九点至六点，中间午饭、午睡花去两点半，余皆伏案执笔，得二千言，成绩可谓不坏”。爷爷日记中的亦多，是我姑奶奶的大女儿，我们叫她大嬢嬢，她当时在北京女十一中学读书，常把学校里发生的事情讲给爷爷听。其中提到她们班上有位同学摔伤了，大家都关心和帮助她，使她在病愈后顺利地通过了期末考试，和全班同学一起升入新年级的事情。爷爷一直关心着事情的进展，觉得情节很完整、很感人，就动了把这个关于集体和友谊的故事写下来的念头。爷爷在之后的日记里，常常提起工作之余关于这篇小说的创作进展。4月12日，爷爷在日记里写道："上午续作小说，毕。此篇历二十三日，共一万五千字以上。自觉只能算平平。"从日记上看，爷爷还曾把这篇文稿油印后拿给大孃孃，让她拿到班上去给同学们看，请同学们提意见。爷爷的这篇小说，发表在了那一年《中国青年》杂志的第11期上。从那以后，爷爷再没有为孩子们写过小说了。看起来那一次的创作，是爷爷被孩子们的真诚所感动，一时兴起而为之。其实那时候爷爷的工作千头万绪，总是排得满满的，能在百忙之中留下这样一篇小说，足见他喜爱孩子的教师之情，一直都印在心里不曾褪去。

还有不能不说的《文心》

《文心》是外公和爷爷一起创作的，从1933年3月1日开始，在当时的《中学生》杂志上连载，一直到1934年8月1日止。1934年的6月，《文心》由开明书店出版发行，书的前面有陈望道和朱自清两位先生写的序。陈先生说：这部《文心》是用故事的体裁来写关于国文的全体知识。每种知识大约占了一个题目。每个题目都找出一个最便于衬托的场面，将个人和社会的大小时事穿插进去，关联地写出来。通体都把关于国文的抽象的知识和青年日常可以遇到的具体的事情融成了一片。写得又生动，又周到，又都深入浅出。的确是一部好书。朱先生则说：书里的国文教师王先生，不但认真，而且亲切。他那慈祥和蔼的态度，教学生不由地勤奋起来，彼此亲亲热热地讨论着，没有一些浮嚣之气。这也许稍稍理想化一点，但并非是不可能的。所以这本书不独是中学生的书，也是中学教师的书。……丏尊、圣陶都做过多少年的教师，他们都是能感化学生的教师，所以写得出这样的书。陈、朱两位先生是外公和爷爷的好朋友，他们的序写得中肯又亲切。1948年5月，开明出版社出版了这本书的第二十版。在战乱不断的年代里，一本为学生写的学习语文知识的书，竟能一次次地再版，可见那个年代的年轻人，对于学习祖国语文知识的渴望，和对这本《文心》的需求。

外公和爷爷相识在当时的上海立达学院，那时候他们都做教师。后来爷爷去了商务印书馆，又转去外公也在的开明书店当编辑，志同道合让他们两个一次次走到一起。外公在一首诗里说，爷爷和他是"文字侣"，这个称谓可不一般。因为外公的朋友很多，包括弘一、内山完造、鲁迅等大家，可是能称为“文字侣”的，恐怕只有爷爷。除了《文心》，他俩还一起合著过《文章讲话》《阅读与写作》《开明国文讲义》《国文百八课》等等，还一起编辑《中学生》杂志。出版《文心》的时候，爷爷三十九岁，外公长爷爷八岁，应该是四十七岁。一定是都做过语文教师的经历，让他们感觉需要为年轻人，写这样一本学习语文的书，商量好内容，选定了这样一种适合青少年接受的文学形式，于是就开始动笔了。他们用时一年零五个月，在《中学生》上连载了十八期。五十年后爷爷在重读这本书的时候，说自己也分不清哪一节是他写的，哪一节是外公写的了，可见两个人的合作相当默契。据说用讲故事这种文学形式介绍语文知识，是两位老人家的独创，至今还没有哪位作者有过这样的尝试。

新中国成立以后，三联书店重视老书的再版，《文心》一直是由他们独家出版。后来越来越多的出版社向家里提出，他们也希望能出版这本和学生讲语文知识的书，理由是好书应该让更多的人看到。终于，有一年在和三联书店续约的时候，我们没有授权他们独家发行。现在《文心》被教育部推荐为中学生必读书目，为了满足大家的需求，很多出版社出版了《文心》。看到读《文心》的人越来越多，我想，当年外公和爷爷在写《文心》的时候，怎么也不会想到，它会一直发行八十八年，还会一直发行下去；怎么也不会想到，会有这么多的学生现在还在读他们写的书。

2022 年 9 月 10 日

《开明国语课本》中的儿童文学

■李 燕

“五四”之后，儿童的发现、新式学堂的建立、出版业的迅猛发展，以及“一纲多本”的教材编审制度等多种因素激发了教材编写的热情，蔡元培、胡适、王云五、吴研因、沈百英、叶圣陶、夏丏尊、朱自清、丰子恺等众多学者都前后参与过教材的编写工作。叶圣陶从在苏州当教员时就开始自编课本，后在商务印书馆、开明书店积累了丰富的教材编辑经验，由他独立撰写、主持编写和与人合作编辑的语文教材多达129册，尤其是《开明国语课本》被视为民国教材的典范。这套教材包括初小八册、高小四册，其中的四百多篇课文全部由叶圣陶亲自创作或改编，由丰子恺手绘插图，一经问世就引起轰动，不仅成为当时最早通过教育部审查的一套教材，而且发行数量巨大、使用范围广泛、影响深远，其前八册至新中国成立前共印四十余版，后四册至1937年即印27版，1947—1949年间由开明书店重新出版①。

我国的语文教材编撰上有一个“文选型”的基本传统。相较之下，商务印书馆和中华书局两家教材中的课文选编重复率较高，而《开明国语课本》的课文都是由叶圣陶创作或改编而来的，故而“同时具备了儿童文学和语文教材这两种属性”②。但长期以来，《开明国语课本》在内容取材、形式编排等方面的特色和价值、贡献及其所传达的语文教学思想一直得到研究者的重视，而作为教科书的巨大成功“遮蔽了其作为儿童文学的价值，以致这些丰富的文本长期被排除在儿童文学之外，缺少必要的整理和研究的关注”③。

叶圣陶很早就将《开明国语课本》视为自己在儿童文学方面一项“比较

① 姜建：《开明派的文化出版实践——以面向青少年的出版物为中心》，《江苏社会科学》2015年第6期，第172—180页。此次再版时，《开明国语课本》初小前四册更名为《幼童国语读本》，于1949年1月出版；后四册改名为《儿童国语读本》，于1948年8月出版；高小四册改名为《少年国语读本》，于1947年7月出版。

② 杨雨锟：《开明国语课本的双重性及当代启示》，《课外语文》2020年第27期，第11—12页。

③ 胡丽娜：《民国国语课本与儿童文学研究——以开明国语课本为例》，《当代文坛》2010年第3期，第146—150页。

大的工作”。他说：“1932 年，我花了整整一年时间，编写了一部《开明小学国语课本》，初小八册，高小四册，一共十二册，四百来篇课文。这四百来篇课文，形式和内容都很庞杂，大约有一半可以说是创作，另一半是有所依据的再创作，总之没有一篇是现成的，是抄来的。”① 后来，叶家兄妹编选《叶圣陶集》时收录了《开明国语课本》中的 21 首儿童诗、3 篇儿童散文和 8 篇编创作品。2005 年，叶小沫女士在参与编选《叶圣陶儿童文学全集》时更为集中地收录了《开明国语课本》中的 92 篇作品②，含儿童诗歌 17 篇、童话 16 篇、儿童散文 22 篇、儿童故事 13 篇、儿童小说 1 篇、课本剧 5 篇和再创作 18 篇，占该文集的“半壁江山”。

本文尝试从儿童文学创作的角度去充分认识、发掘《开明国语课本》对叶圣陶乃至中国现代儿童文学发展的价值。通过文本细读不难发现，叶圣陶编写每篇课文时都加注了他创作儿童文学的经验和方法，他紧紧围绕儿童的生活、情感和想象，展示出儿童文学在文体、形象、语言等方面特有的艺术样貌，彰显出一种与众不同的儿童趣味。具体说来，《开明国语课本》深切的儿童本位意识和浓郁的儿童文学趣味主要体现在以下几个方面：

一、贴近儿童的生活和情感

《开明国语课本》是“儿童的”。在“五四”“儿童的发现”之后，现代教材开始从成人本位向儿童本位发生转变。叶圣陶在《编辑要旨》中说：“本书内容以儿童生活为中心。取材从儿童周围开始，随着儿童生活的进展，逐渐拓张到广大的社会。”③ 他强调要站在儿童本位的立场，注重从儿童经验出发，从家庭生活逐步扩展到学校和社会，并遵循时令变化将劳动、礼仪、习俗、历史、物候、科学等方面的知识自然融入每一篇生活化、情景化的课文。在编写中他处处注重关照儿童生活经验和情感，顺应儿童的自然天性和思维方式，追求口语化、儿童化的语言表达，其中图文并茂的编排更是尽显儿童审美趣味。因此，当时就有人赞誉他“以写《稻草人》的笔致着意到教科书上，所以课文能切近儿童生活”“引起儿童丰富的想象”，“而且富有童话的

---

① 叶至善、叶至美、叶至诚编：《叶圣陶集》(第 9 卷)，江苏教育出版社 2004 年版，第 323—324 页。

② 叶小沫：《爷爷的儿童文学全集》，《出版史料》2008 年第 2 期，第 30 页。

③ 叶至善、叶至美、叶至诚编：《叶圣陶集》(第 16 卷)，江苏教育出版社 2004 年版，第 11 页。

意味……优美的情趣，随处可见”①。

随着民国教材的“儿童文学化”，很多编者较多采用“鸟言兽语”和“物语”性质的选文，而叶圣陶更愿意将其作品的主人公设为儿童，他撷取儿童日常生活的场景片段，再经由简洁而连贯的叙述将其变成一个个生动活泼的儿童生活故事。如《我要老了》(初小第三册）写小男孩掉牙后就以为自己和祖父一样衰老了；《三只小羊》和《好朋友》(初小第三册）写男孩真民对小羊的喜爱和悉心照料；课文《钟走得太快了》(初小第四册）讲述孩子们为了早点去听音乐会竟然把时针偷偷拨调了两圈，由此表现了迫不及待的心情和他们的幼稚可爱。《寻找小猫》《母亲的生日》《灶前灶后》《种痘》《骑马》《哈哈》《怪东西》《大家动手》等也都来自儿童现实生活，这些文章篇幅短小，叙事完整，层次分明，以充满儿童气息的语言、动作、心理写出儿童单纯、拙朴的生命情态。

游戏是儿童的天性，也是儿童日常生活的组成部分，《开明国语课本》中多处出现了“拔萝卜”“摇摇船”“三脚赛跑”“轮流赛跑”“骑马”“飞机快”“火车开往北”“荡秋千”“踢毽子”等游戏，如《摇摇船》：“两个小朋友各伸着两臂，手拉着手，搭一座桥。一个小朋友摇动着身体，向桥洞前进，做一只船。他们三个齐声唱：‘摇摇船，摇摇船，摇到外婆桥。外婆桥边风景好。外婆给我吃甜糕。’”《火车开往北》《飞机快》生动形象地描写了游戏的过程和动作，《我们开店吧》《大家开店》等通过“过家家”的游戏详细描写开店流程，生动展现出儿童游戏的快乐场景，充满浓郁的童年气息。

《开明国语课本》也是“文学的”。叶圣陶认为“小学语文课本必得是儿童文学”，他在《小学国文教授的诸问题》中说：“所谓适当的教材，无非是儿童所曾接触的事物。然则将儿童所曾接触的事物，进行记录或说明，就可算最好的教材么？那又未必。因为儿童的生活差不多浸渍于感情之中；冷静的理解，旁观的述说，在儿童殊觉无味。要使儿童感觉无味，就不是最好的教材。所以国文教材普遍的标准，当为儿童所曾接触的事物，而表出的方法又能引起儿童的感情的。换句话说，就是具有文学趣味的。”② 因此，这套教材在韵律、语言、抒情、想象等方面都展现出儿童文学的艺术特点及纯真、稚拙、欢愉、质朴等的精神特质。

叶圣陶善于从儿童视角出发，用富有天真稚拙的儿童语言描写他们眼中

---

①《新课程标准颁布后最先蒙教育部审定的——开明小学课本》，《中学生》第36号，1933年6月1日。

② 叶至善、叶至美、叶至诚编：《叶圣陶集》(第13卷)，江苏教育出版社2004年版，第11页。

的世界。如《太阳》是儿童内心油然而生地对世界的好奇："太阳，太阳，你起来得早。昨天晚上，你在什么地方睡觉？"《小猫姓什么》(初小第二册）直接采用儿童对话实录："小猫姓什么，你知道吗？小猫姓小。怎么知道他姓小？大家都叫他小白小白，他不是姓小吗？"这种幼稚到让人忍俊不禁的语言是难以复制的，也是童真童趣的自然流露。叶圣陶还善于从对儿童的细腻观察深入其心灵世界，《月亮船》、《做了一个梦》(初小第二册）这两篇文章描写了一个男孩的梦，画面温馨，充满亲情、友情的温暖。在叶圣陶的笔下，儿童不仅拥有丰富的幻想、丰盈的情感，也有对世界的独特理解，如《黑先生——最能干的工人》(初小第七册）中，孩子听完父亲对煤炭用途的介绍不禁对燃烧的煤炭产生怜惜之情："我们这样把他烧掉，不是很可惜吗？"充分展现出儿童的共情能力，因而他能跳出煤炭的实用价值进而去关注其生命意义。

二、探索和推动儿童文学各种文体

叶圣陶在《编辑要旨》中指出："本书尽量容纳儿童文学及日常生活上需要的种种文体。"为了增加儿童的学习兴趣，他采用了儿歌、儿童诗、儿童故事、童话、寓言、散文、小说、戏剧等几乎所有的儿童文学文体，而即使是书信、日记、演讲词、电报、新闻稿等应用性文体，他也对其进行了充分的"儿童文学化"。

儿童诗篇幅短小、精练简洁、朗朗上口，对发展儿童语言有着无法替代的作用。据统计《开明国语课本》(初小）共计 264 篇课文中就有 62 篇儿童诗，这些儿童诗选材广泛，有描写儿童生活的，有歌咏自然万物的，还有童话诗、寓言诗、叙事诗等，这些儿童诗大多采用一韵到底或中途换韵的方式，具有鲜明的节奏与和谐的韵律，生动活泼、自然明快。比如，《蜗牛看花》是一首语言清浅、想象丰富的童话诗，全诗共十二行，每行七字，逢双押韵，形式整齐。《蜘蛛把网张》则堪称是一首优秀的寓言诗，全诗情节生动、语言风趣，最后蜻蜓脱身飞去在网上留了个大洞，蜘蛛只得叹息："新鲜东西，实在可惜！补这破洞，却要费力。"有学者发现，在风云激荡的 20 世纪 30 年代叶圣陶的儿童诗创作反而体现出"五四"时期对童心童趣的追求，事实上《萤火虫》《蜗牛看花》《好大的风呀》《蒲公英》《云》《瀑布》《满天的星》《蜘蛛把网张》等儿童诗都是为《开明国语课本》而创作的。叶圣陶从儿童视角出发，选取月光、雪花、春雨、蜗牛、小河、大海、蜻蜓、蒲公英等为儿童所喜闻乐见的意象，巧妙利用词语、句式的重复与诗行、诗节的对称，在给儿童带来审美愉悦的同时也充分调动起他们学习语言的积极性。

叶圣陶是中国现代童话的开拓者，被鲁迅称赞为“给中国的童话开了一条自己创作的路”。叶圣陶将其童话创作放入课本，如初小第七册第14课《梧桐子》就是他的早期童话《梧桐子》，该文采用重复性情节结构，描绘了一颗成熟的梧桐子怀抱对新奇生活的向往，在小姑娘、麻雀等帮助下离家后四处飘零最终在泥土里生根发芽的故事，体现出寻找和成长的意义。叶圣陶曾说：“儿童于幼小时候就陶醉想象的世界，一事一物都认为有内在的生命，和自己有密切的关联的。这就是一种宇宙观，于他们的将来大有益处。”① 在编写课文时，他充分尊重儿童“万物有灵”的思维特点，张扬童年的幻想精神，将动植物甚至无生命的物体都赋予生命与情感。据统计，仅《开明国语课本（初小）》就有《大家都有事要做》（初小第二册）、《麻雀找朋友》（初小第三册）、《一粒种子》《想看大海》（初小第四册）、《牵牛花看太阳》《小鲫鱼和网》（初小第五册）、《百灵搬家》《完全不一样》（初小第六册）等三十多篇童话，涵盖了抒情童话、哲理童话、科学童话等不同风格，充分展现了叶圣陶这位童话大家的创作功力。其中《一粒种子》（初小第四册）尤为出色：“一粒种子睡在泥里忽然醒了。他觉得四周很暖和，就把身子挺一挺。他有点渴，喝了一口水，觉得很舒畅，就把身子挺一挺。春风轻轻地吹。……”这篇童话构思巧妙、主题积极，语言清新而充满诗意，后改名《光明的世界》，收入《叶圣陶儿童文学全集》。

叶圣陶还创作出以儿童为对象的寓言故事，以完整的故事情节与生动的人物形象巧妙地传递出教育主题。如《不死药》中的卫士冒死将不死药喝掉，让国王明白生老病死是自然规律，世界上不存在长生不老的药；《桥上的两只羊》（初小第三册）通过白羊、黑羊经过一座狭窄的桥而互不相让最后都掉到河里的故事，告诉儿童谦让是一种美德，一味逞强争斗只会造成两败俱伤。

据统计，《开明国语课本》（初小）包括儿童故事90篇、童话62篇、儿童诗歌57篇、寓言12篇、儿童散文11篇、儿童戏剧9篇、儿童小说2篇。叶圣陶还根据不同年龄儿童的阅读趣味去选择不同的文体，他在低年级较多选择儿歌和儿童故事，尽量做到文字浅显。他还有意识地将篇幅较长的童话和寓言故事拆分为连续性系列课文，如初小课本第二册第23—26课《“我要做蜜”》《“我要开路”》《“我要作丝”》《“叫我做什么事呢”》由叶圣陶创作的童话《大家都有事要做》分解而成；第70—73课《麻雀问老叔》《麻雀问北风》等

① 叶圣陶：《文艺谈·八》，王泉根编：《民国儿童文学文论辑评》，希望出版社2015年版，第50页。

合起来就是童话《麻雀找朋友》;《听狮子叫》和《胆量和力量》是同一则寓言拆分的上下部分，通过森林动物联合起来对付狮子的故事向儿童传递自信和团结的力量。总之，叶圣陶灵活组织和运用各种儿童文学文体极大地激发起儿童的阅读兴趣，也充分展示出这位优秀的儿童文学作家对几乎所有儿童文学文体的深入探索和自在驾驭。

三、儿童文学的“浅语艺术”

语文教学的重要任务之一是让儿童获得认识和运用语言文字的能力，《开明国语课本》不仅在内容从儿童的兴趣出发，而且完全采用便于儿童学习的现代白话文。在我国，白话文的出现可分两个阶段：第一阶段是梁启超、黄遵宪等维新人士把白话文当成开启民智的工具，创办白话报纸，提出要“我手写我口”。第二阶段是五四时期，以陈独秀和胡适为代表的新文学运动斗士们把白话文视为宣扬民主科学、改造国民灵魂的工具，大胆冲破传统束缚，追求通俗浅显、流畅自然的白话。小学语文教材的编写是白话文普及的最佳途径，在白话文逐渐成为主流的背景下，叶圣陶在编写《开明国语课本》时明确表示采用“词、句、语调力求与儿童切近，同时又和标准语相吻合，适于儿童诵读或吟咏”①，由此形成简洁生动、质朴明快的语言特点。

研究发现，儿童喜欢接受的语言大多具有口语化和生活化的特征，句式简单，少长句多短句；少用抽象词多动词。与当时商务印书馆、世界出版社等所编写的语文教材不同，叶圣陶较多采用近乎白描的日常语言，既不堆砌华丽的形容词，也不使用繁复的修饰语，呈现出亲切的“口语风”。如《可爱的泥人》(初小第二册)就是两个孩子捏泥人时的对话：“我姓张，你姓黄。可爱的泥人姓什么?”《客人和主人》如实再现主客礼貌的互答，让儿童懂得招待客人的礼节：客人在门外，主人在门里。两个人笑脸对着笑脸。“你好。”“好。请到里边坐。你好。”“我也好。”主人捧着一只茶盘，盘里有两杯茶，又有几种果子。他说：“请用一杯茶，请用一点果子。”这样的日常生活场景和“对话体”在初小课文中还有很多。叶圣陶还恰当地使用象声词、叠音词来增强语言的感染力和趣味性，如《起来》：“鸡叫了。天亮了。起来，起来，快快起来。我开窗。我看见红红的太阳。”《池塘》(初小第六册)：“小小的池塘，变做了平平的明镜。不起鱼鳞样的水波，只见整块儿的水晶——昨夜北

① 中央教育科学研究所编：《叶圣陶语文教育论集》，教育科学出版社1980年版，第166页。

风急，池面结了冰。……”就识字教学来说，这种复沓式的歌谣通过字、词、句的重复使用，实现生字的重复组织，便于儿童记忆。叶圣陶对叠音词的使用既符合低龄儿童语言的发展和接受特点，又照顾到儿童阅读的趣味。

从认知规律看，儿童的语言学习需要经历一个从口语到书面语、从韵文到散文、从叙事到写景、抒情的过程。随着年级的提升，叶圣陶在课文中开始加入细腻优美的描写和抒情，但同样明白晓畅、生动活泼，既无欧化长句，也无文言夹杂。如高小第一册中的课文《插秧》："秧田的稻秧绿得可爱。那不是草叶同树叶一般的绿色，那是鲜明的，娇嫩的，谁看见了都欢喜的。从远望去，几块长方形的秧田犹如美丽的绿绒毯。"《公园里》："几十棵石榴树开花了。朱红色的花由绿叶陪衬着，分外见得鲜艳。那边并排的几大丛夹竹桃也盛开，有深红的，有浅红的，上下都满，竟是一个花屏风了。池塘里浮着几朵象牙色的睡莲，中心各露出橙黄色的花蕊，颜色和样子都可爱。"这些细腻优美的景物描写都是在质朴晓畅的口语化表达中融入鲜明的形象和诗意，完全可与童话集《稻草人》中的语言相媲美。

叶圣陶较多采用日常用语的同时为其注入文学的形象和情感，并采用拟人、比喻、反复、夸张等多种修辞手法。据统计，"整套《开明国语课本》运用拟人手法的课文共有 121 篇，占全部课文的 25.5%"①。在科学思潮的影响下，叶圣陶注重向儿童介绍望远镜和显微镜、留声机、氢气球、月食等自然科学知识，激发其科学兴趣。他较多通过拟人的手法将枯燥乏味的知识变得生动形象，充满趣味。如《糖说的话》《盐说的话》(初小第三册）运用糖和盐的"第一人称"自我介绍来历和特点，激发儿童的想象能力；《完全不一样》通过蚕到蚂蚁窝里参观的见闻介绍蚕和蚂蚁不同的生活习性；《毛虫和白菜》以毛虫与白菜的对话揭示植物在自然界的重要作用……

马克·吐温说："使用平常简单的语言、简短精练的句子，这是现代的方式，也是最好的方式。"儿童文学作家林良指出，儿童文学是"浅语的艺术"。叶圣陶在编写课本中所使用的正是这种清浅活泼、平实晓畅而又充满诗意与美感的语言，呈现出一派不加雕琢、质朴自然的童年趣味。这种"在语言上的苦心经营最终塑造了其纯朴、典雅、诗意的气质，让语言本身能够更好地承载《开明国语课本》所要传达的价值观念"②，从而实现了语文教育的工具性与人文性的完美结合。

---

① 史茜伦：《民国课本中的儿童观——以开明国语课本为例》，《南京晓庄学院学报》2019 年第 1 期，第 46—50 页。

② 高歌：《开明国语课本语言特点及语言价值观分析》，《现代语文》2013 年第 3 期，第 150—154 页。

四、积极拓宽儿童文学的发展路径

据统计，《开明国语课本》中对中外经典的改写和重述多达两百多篇，这些改编主要出于教材编排和语言教学的需求，但叶圣陶对待改编极为严谨。叶至善回忆道："原来的文章大抵在哪儿，母亲就得把它找出来。每课课文的长短，出现的生字和新词有多少个，以及它们重复出现的次数，母亲都得列表统计。课本得服从语言教学的要求和进度，记录统计确实挺烦琐，却是编写课本不可或缺的依据。"①

从《叶圣陶儿童文学全集》中"夜工"一组文章中不难看出，《开明国语课本》中的改编作品或者说再创作作品主要来自两个方面：

一是对民间故事、寓言和历史人物故事的改编或改写，如《这个话不错》《比老虎更凶猛的东西》《愚公》《木兰》《河神的新娘》《景阳冈》《火烧赤壁》《荆轲》《晏子》《蔺相如》等。与其他教材编写者不同的是，他除了选用《三国演义》《水浒传》等故事之外，还选择了《镜花缘》中唐傲在君子国的奇遇一节，采用戏剧的形式展示买卖双方竞相提价的"颠倒"行为，令人发笑。再如《这个话不错》(初小第五册）以荒诞的故事及其"都掉到河里"的结局完美体现出儿童文学的游戏精神："……两个人抬着驴子走。驴子被他们倒挂着，难过极了，拼命挣脱。正走到桥上，驴子挣得越厉害，两个人挡不住，就一同跌到河里去了……"

在改写时，叶圣陶有意识地采用了增、删、改的不同策略，采用白话文对传统资源进行现代改造，使之更具有文学色彩，也更接近儿童的审美情趣。叶圣陶的改写有两种方式，一种是文字改写，一种是文体改写。文字改写是在现成材料的基础上重新组织文字使之适合儿童阅读，如叶圣陶有意删减了《愚公移山》结尾的迷信色彩，换之以积极的结尾："'……我们只要一代一代不停手，总有一天会把它搬完的，那时候，要出进就可一直走，再不必绕圈儿，走冤枉路，你看我们打算怎样？'愚公说罢，见智翁不再开口，忙回转身，举起铁铲，继续他的工作。"而对于文体改写叶圣陶更为得心应手，他将《武松打虎》的故事改写为诗歌体的《景阳冈》，并采用一韵到底的方式，既有长篇叙事诗的特点，又有传统评书的韵味。再如他将寓言《守株待兔》改写为一首儿童诗，不仅高度精练地讲述故事，而且通过三句话表达出农夫的惊喜、得意和懊悔之情。而《处处留心》《木兰》《河伯娶新娘》等课文都是以

① 叶至善：《父亲长长的一生》，江苏教育出版社2004年版，第149页。

现代戏剧的形式重新演绎这些民间传说故事，对话台词都极为口语化，人物的表情和动作也易于儿童领会和表演。

二是对外国儿童小说和人物传记的再创作。针对五、六年级的学生，他将儿童长篇小说《鲁滨逊漂流记》改写为《荒岛上的鲁滨逊》，将外国短篇小说《小抄写员》改写为课本剧《夜工》，并对贝多芬、米勒、达尔文等近代外国名人都有篇目进行介绍。叶圣陶针对中高年级儿童喜欢听连续故事和刨根问底的心理，将一些外国童话改写为连续性故事，如第四册的第12—14课《我的身体被缚住了》《我饿了》《人山》和第23—25课《一个大人》《把我拾起来》《我望下面就是家乡》都改编自《格列佛游记》中“小人国”与“大人国”的奇遇，突出了故事性，同时保留了原著浓郁的幻想色彩。

从中国现代儿童文学发展历程来看，改编、翻译、原创三者构成了“五四”儿童文学发生的三条美学路径。1923年，魏寿镛、周侯予就在《儿童文学研究》一书中将收集、翻译、创作列为儿童文学三大来源，建议从民间口传、古代书籍和当时的书籍报纸杂志等出版物中收集儿童文学材料，用“客观的标准”加以摘取或修改。从这一角度考量，《开明国语课本》中对这些中国传说故事的改编和对外国儿童文学的改写等篇目都是“探求儿童文学改编策略、标准、特点等问题的不可多得的艺术样本”①。尤其是20世纪30年代初期整个文坛显得异常沉寂，儿童文学创作更加薄弱和“落寞”，叶圣陶通过进行跨文化、跨文体的改编，拓宽了现代儿童文学的发展路径，切实推动了现代儿童文学的多元化发展。

五、注重以审美的力量陶冶儿童心灵

与选编课本不同的是，创作课文要求编撰者具有多方面的准备和才华，首先必须有极高的文学素养和语言才能，其次要懂得教学法和儿童教育学、心理学方面的知识，能近距离地体验儿童内心情感，此外还要有各种学科的基本知识。叶圣陶无疑最符合这一标准，他作为语文教师、儿童文学作家和编辑的多重身份，使《开明国语课本》彰显出一种与众不同的儿童趣味和文学品质。我国一直重视儿童文学的教育性，但儿童文学的教育功能并不是训诫和说教，而是通过美好的语言、饱满的情感、富有意蕴的主题来滋养儿童心灵、提升儿童审美。《开明国语课本》注重对儿童道德的陶冶和真善美的熏

① 胡丽娜：《民国国语课本与儿童文学研究——以开明国语课本为例》，《当代文坛》2010年第3期，第146—150页。

陶，培养儿童健康的审美情趣，这也正是儿童文学审美功能的价值所在。

从社会层面考量，教科书是学习语文的工具，也是文化、道德和思想的载体，深刻地影响儿童人生观、价值观的确立。有学者批评民国小学语文教材在实用主义思想的指导下“跳出了经学为中心的框框……对于启发学生联想、滋养学生心灵、培育学生美感、涵养学生德行等有关人格修养方面的内容重视不足”①。而在叶圣陶看来，“做一个够格的人，必须懂得许多事物，明白许多道理，实践许多好行为；可是事物不能全部直接接触，道理不能一时马上渗透，好行为不能立即正确实践，因而只能写在课本里，以便间接接触，从容揣摩，积久成习。”② 因此他在编写课文时不仅切实培养儿童的阅读和写作能力，还注重陶冶他们的心灵，很多课文中都通过情境创设引导儿童建立良好的生活习惯、谦逊友善的良好品格，如《先生早》《欢迎新朋友》《妈妈缝衣服》《雪人》《可爱的同学》《大家动手》《两句话》等都有意识地引导儿童与父母、师生和手足的友爱感情与和谐关系，具有启发性和针对性。

学者通常把民国小学语文教科书的发展归纳为草创期（1912—1921）、探索期（1922—1928）和规范期（1929—1949）三个阶段，国语教材编写的成熟标志之一就是确立以儿童文学为中心，强调启发儿童的思维，丰富儿童的想象力，培养他们的审美情趣，最终培养和提升他们的阅读和表达的思想。从《开明国语课本》的历史语境来看，它是这一时期语文教材编写的必然产物。正如叶圣陶所言，“感情的熏染，其活力雄于智慧的辩解。所以谆谆诏告不如使其自化。儿童所酷嗜的文艺品中苟含有更进步的思想，更妙美的情绪，他们于不知不觉之间受其熏染”③。他注重启发儿童的道德自觉，通过文学的审美力量陶冶儿童忠厚诚朴、温柔敦厚的品性。如《小鸟的回家》（初小第六册）形象地写出一个孩子捕捉和放生小鸟的经历，启发儿童爱护生灵、与自然和谐相处。《月夜》（初小第六册）一文中，兄弟二人在月夜散步看到了荷塘夜色的静谧安宁，从中感受到大自然的美好，于是“我和哥哥牵着手回来，也是一声不响”。这种真善美的熏陶、滋养无疑会“让儿童的心性品格潜移默化、日趋于善”④。叶圣陶在《编辑要旨》中还指出：“本书图画与文字有机

① 范远波：《民国小学语文教材研究》，华东师范大学博士论文 2007 年，第 180 页。

② 叶至善、叶至美、叶至诚编：《叶圣陶集》（第 11 卷），江苏教育出版社 2004 年版，第 352 页。

③ 叶圣陶：《论创作》，上海文艺出版社 1982 年版，第 14—15 页。

④ 叶至善、叶至美、叶至诚编：《叶圣陶集》（第 16 卷），江苏教育出版社 2004 年版，第 11 页。

的配合；图画不单是文字的说明，且可拓展儿童的想象，涵养儿童的美感。”① 他特意邀请好友丰子恺为课本配上手绘插图。这些简笔勾勒的图画或诙谐可笑，或幽远宁静，或清新闲适，与毛笔手写体的文字搭配，显得质朴淡雅、气韵生动。这种图文并茂的呈现形式让儿童觉得亲切自然，在潜移默化中提升艺术素养，获得审美愉悦。

总之，叶圣陶作为教师、作家和编辑的多重身份，使得《开明国语课本》具有语文教科书和个人创作的双重属性和价值。鲜明的韵律、清浅的语言、明亮的情感、丰富的想象、纯真的童趣和蕴含其中的审美意蕴，可以说整套课本的四百多篇文章无不闪耀着儿童文学特有的艺术魅力。因此我们应将其视为叶圣陶儿童文学的重要组成部分，充分肯定“《开明国语课本》就是叶圣陶的另一部儿童文学作品集”②。而从另一方面来看，叶圣陶在童话集《稻草人》中就开始呈现童话风格的转变，即从创作初期表现儿童天真纯洁的唯美风格，逐步转向直面人生、针砭时弊的现实风格。进入 20 世纪 30 年代，阶级斗争和民族救亡成为核心话语，儿童文学自觉地参与书写民族独立与国家想象的建构而逐渐远离儿童的生活、想象和情感，呈现出鲜明的革命色彩和政治倾向。在这样的时代语境中，叶圣陶重新开始创作《古代英雄的石像》《皇帝的新衣》等童话时想象性和趣味性大为减少，社会性和教育性极大增强，表现手法也过于简单直白。相形之下，叶圣陶在《开明国语课本》中的创作依然保持了“五四”以来的童心书写和童真童趣，因而远离了暴露阶级矛盾的主流儿童文学。或者可以说，书写《开明国语课本》中的一篇篇优美作品是叶圣陶逃避时代激荡的精神栖居，也凝结了他对儿童发自内心的真诚和热爱。

---

① 叶至善、叶至美、叶至诚编：《叶圣陶集》(第 16 卷)，江苏教育出版社 2004 年版，第 11 页。

② 杨飞、杨恬恬：《教育理念对教材编写的主导作用——以叶圣陶对开明国语课本的编撰为例》，《教育文化论坛》，2018 年第 3 期，第 24—28 页。

编辑出版思想研究

叶圣陶研究年刊

文章病院：近代写作教育史上的文病诊治思潮

■ 侯　倩　李成晴

在中国近代写作教育史上，“文章病院”理念被应用于国文写作的教学与研究中。罗常培执教西南联合大学（以下简称西南联大）师范学院，在写作教学方面，他曾“发愤做两件事”：

> 第一，在教授领导指示之下分头笺注拟选的教材，作为集团预备功课；第二，统计历年大学新生入学国文试卷和中学国文课卷里的错误，依照夏丏尊《文章病院》、朱自清《文病类例》的办法加以整理，作为将来对症下药的方案。这两件事在西南联大师范学院，已由彭仲铎、张清常、余冠英、李广田诸君督促进行了。①

出于对国文教育的重视，西南联大师范学院国文系于 1940 年创办《国文月刊》，并在《发刊辞》中述及办刊的宗旨和主要内容。《发刊辞》在作版面栏目说明时又一次指出对“文章病院”理念的借鉴：“四是写作谬误示例，专指摘学生作文内的误字谬句，略同以前别的杂志上有过的文章病院一栏。”②此后，朱自清在《国文月刊》上连载《文病类例》，以文病诊治的模式，对当时大学一年级学生的文病进行了条分缕析，并认为当时的文艺青年对文章“犯了一个共同的错儿——就是那‘不好不要紧’的态度”③。无独有偶，在同一时期，郭绍虞主持沦陷区的燕京大学国文系，也“找了几个已经毕业的学生办了一个文章病院，从学生的创作里找出语法中容易搞错的词语加以整

---

① 罗常培：《师范学院国文学系所应注意的几件事》，罗常培著，王均主编：《罗常培文集》(第 5 卷)，山东教育出版社 2008 年版，第 22 页。

②《发刊辞》，《国文月刊》1940 年第 1 期，第 1 页。

③ 佩弦：《文病类例（词汇）》，朱自清：《语文杂话》，生活·读书·新知三联书店 2014 年版，第 186 页。

理归纳"①。西南联大与燕京大学，一者"漂泊西南天地间"②，一者"支离东北风尘际"③，两校的国文系却不约而同地将"文章病院"的理念应用到国文写作教学与研究的实践之中，其背后似乎有共同的写作教育思潮在起作用。那么，什么是文章病院？这一理念又有怎样的观念史（history of ideas）背景？当下的大学写作教育从中又可以借鉴什么？

一、"文章病院"范式的确立

（一）叶圣陶的"文章病院"专栏

1932年2月，开明书店出版的《中学生》杂志于第22期开辟了"文章病院"专栏，由叶圣陶负责，夏丏尊、章锡琛也参与其事。第一辑的三篇"病号"，并非大、中院校青年学生的作品，而是当时传阅颇广的名篇，分别是《辞源续编说例》《中国国民党第四届第一次中央执行委员会全体会议宣言》《江苏省立中等学校劝告全省中等学校学生复课书》。在随后几辑中，"文章病院"又收治了史量才《今后〈申报〉努力的工作——纪念本报六十周年》以及《东方杂志》的《禁运军火》。可见，在肇创初期，"文章病院"专栏都是专拣硬的碰④，并且碰得有理有据："把不通的文章加以诊察，指出其不通之处，说明不通的原因在哪里，要怎样写才是通了。"⑤

由于开明书店在当时的出版界有一定的影响力，这一"文章病院"专栏在设立之初便引起各界的关注。据叶圣陶回忆："商务印书馆事前听到要把《辞源续编说例》列入文章病院的消息，曾托人出面说情，希望不要把《辞源续编说例》列入文章病院，开明书店偏不答应。"⑥ 实际上，据叶兆言在《开明的文章病院》一文中所道出的内情来看，叶圣陶、夏丏尊和章锡琛之所以创办"文章病院"专栏，其出发点便是要拿当时出版界的龙头老大商务印书馆开刀。章锡琛说：

---

① 张玮瑛，王百强：《燕京大学史稿》，人民中国出版社1999年版，第74页。

② 杜甫：《咏怀古迹》，杜甫著，仇兆鳌注：《杜诗详注》(第17卷)，中华书局1979年版，第1499页。

③ 杜甫：《咏怀古迹》，杜甫著，仇兆鳌注：《杜诗详注》(第17卷)，中华书局1979年版，第1499页。

④ 姜德明：《燕城杂记》，复旦大学出版社2012年版，第38页。

⑤《请设"文章病院"》，《国文杂志》1943年第3期，第21页。

⑥ 商金林：《叶圣陶年谱长编》(第1卷)，人民教育出版社2004年版，第1932页。

> 商务再牛，再厉害，它出的书有问题，就可以狠狠攻击，就可以拿出来说事。……章锡琛的眼睛总盯着商务，对这个“说例”耿耿于怀，说天下竟然会有如此不通的文章，必须送医院去看看。①

这里面寓含了挑战权威、确立开明书店自身品牌与信誉的预期。当然，这一预期效果确实是完满实现了，“文章病院”专栏为开明书店赢得了更为广泛的关注，叶圣陶、夏丏尊等人更是因为此一事件提升了知名度，并在当时的读书人，尤其是青年的心目中留下了深刻的印记。例如，郑振铎在悼念夏丏尊的文章中赞许专栏“批评着时人的文章，有发必中”②；建筑家吴良镛也提到，早年“读过叶圣陶先生的文章病院，印象很深刻：写文章怎样写就不好，怎样才好，为什么？对比鲜明，能够引人深思”③。

实际上，“文章病院”的文病诊治理念，早在20世纪20年代时便已经形成。当时，丰子恺卖掉自己白马湖畔的住房，创办立达学园，延聘夏丏尊、唐弢等教授国文，并形成独特教法：

> 他们还会让学生把所办的习作园地扩大开来，在园地后面设立一所文章病院。好的习作送到园里去展示；有病的送进医院去治疗。④

这种教学激励很像清代私塾的贴堂，但文章病院的名目却无疑有很新的时代气息。立达学园和开明书店有共通的血缘，即它们都是立达学会的同道所创办。由此也可发现，开明书店的“文章病院”专栏，实际上是立达学园“文章病院”的延续。据朱光潜自述，他与丰子恺主办立达学园时，在校园刊物《一般》中也“特辟出文章病院，把有语病的文章请进这个‘病院’里加以诊断剖析”⑤。从中可以看出，这一理念在早期多是在立达学会的同道之间进行的教育教学尝试。

---

① 叶兆言：《现实生活》，文汇出版社2014年版，第69页。

② 郑振铎：《悼夏丏尊先生》，陆荣椿、王爱玉编：《郑振铎选集》(第2卷)，四川文艺出版社1990年版，第293页。

③ 吴良镛：《城市美的创造》(上)，《建筑师》编辑部编：《建筑师》(第27辑)，中国建筑工业出版社1987年第1期。

④ 巴淑：《当年的“立达学园”》，中国人民政治协商会议邵阳市委员会学习文史委员会编：《匡互生先生诞辰一百一十周年纪念集》，中国人民政治协商会议邵阳市委员会2001年版，第122页。

⑤ 朱光潜：《朱光潜讲美学》，凤凰出版社2011年版，第138页。

另外，在开明书店的“文章病院”专栏之前，茅盾在上海编刊时也设计了一种颇为理想的杂志体例：“每期还登来稿——青年习作一篇，也要有详细的批注修改，从思想到技巧，也要分章分段逐句逐字加以批改，而且把原作和改作同时登载”①。当时，瞿秋白也参加纲目的拟定工作，但是，他并不抱乐观态度，而是说“这是讨骂的生活”②。茅盾对文病的反思一以贯之，他曾在谈写作中的“自己检查自己”③ 时说，要把自己的弱点和容易犯的毛病“写起一个自己警戒的大纲来”④，这可以看作是对文病的防患未然。茅盾的刊物专栏设计，理念允称超前，并且与后来开明书店“文章病院”的设计有颇为一致的内在理路，可惜最后未能付诸实践。

“文章病院”专栏刊行后，在文化界引起很大反响，但是，由于种种非学术性的因素掣肘，专栏不得不于五年后停办。叶圣陶回忆说：

> 文章病院很受读者欢迎。自从停止了以后，常常接到读者来信，要我们继续刊载。更有许多投稿者在稿子后面附着一些话，说登不登倒没有关系，最希望我们能把稿子修改一下。⑤

尽管开明书店的“文章病院”停办，其影响却已无远弗届，并催生了一大批“文章病院”专栏的出现。在20世纪30年代和40年代，这些专栏声应气求，推波助澜，共同形成一股文病诊治的思潮。

（二）“文章病院”栏目的“族群”式涌现

从1932年创设到1937年停刊，叶圣陶主持的“文章病院”专栏已经在文化界、教育界形成深远的范式性影响。表现之一，是各类报刊的继起模仿。据不完全统计，20世纪30年代和40年代，《新青年》《国文杂志》《国语通讯》《新东方杂志》《谷雨文艺月刊》《吾友》等报刊都开设了以“文章病院”为题的专栏，或者刊载过以此为题的探讨文章。当时也有读者给没有实

---

① 茅盾：《编余漫谈》，韦韬、陈小曼编：《茅盾杂文集》，生活·读书·新知三联书店1996年版，第853页。

② 茅盾：《编余漫谈》，韦韬、陈小曼编：《茅盾杂文集》，生活·读书·新知三联书店1996年版，第853页。

③ 茅盾：《茅盾论创作》，上海文艺出版社1980年版，第481页。

④ 茅盾：《茅盾论创作》，上海文艺出版社1980年版，第481页。

⑤ 刘怡伶：《读写示径：蒋祖怡与一九四〇年代的国文教育》，全球修辞学会，国际语言传播学会编：《第三届国际语言传播学前沿论坛会议手册及论文集》（2015年），第121页。

际行动的《光明》杂志写信，建议“设立文章病院一类的地盘”①。表现之二，是“文章病院”思潮催生了一批以文病修改为职志的专门著作。其中，最有代表性的一种即是著名语文学家蒋祖怡的专著《文章病院》。该书以积滞、软骨病、服饰病、兴奋病、肥胖病、瘦弱病、残废病、贫血病等喻，说明古今人在错字、成语、文法、虚字及修辞上常出现的弊病，兼含解析与对策②。表现之三，则是开明书店认识到文章病院范式的品牌价值，并顺承这一影响热度，陆续推出几种写作教育类书籍。1934 年，开明书店出版由夏丏尊、叶圣陶合著的《文心》。在这本书的第九章，二人特意设计了一篇有关文章病院的情景文。在当时，写作教育特别崇尚精细批改，不过实际上往往劳而少功，甚至劳而无功。在《文心》中，夏丏尊、叶圣陶二人研究出文章病院的新的运营模式，那便是把作文修改的权利交还给学生，让学生以自主、合作、探究的方式完成作文的修改并从中得到提升，进而归纳出文章写作常见的文病，如用语不适当、意义的缺略和累赘、意义不连贯、欠照应等等③。这个理念与叶圣陶在报刊连载的“文章病院”专栏互为补益。1935 年，开明书店又出版《写作的健康与疾病》一书，书中《文病的诊断》部分便择优选录叶圣陶、章锡琛文章病院专栏的病患之文和处方④。

“文章病院”理念广泛流布之后，照搬径用这四个字，似乎也会使人产生雷同疲乏之感，于是便有报人或作者改用类似的称谓。上海的《妇女生活》杂志于 1939 年开辟“文章诊所”专栏，首载原文，后载《诊断书》(也有的刊期作《断语》)，所诊篇目大都与女性权利有关，比如《铜梁的妇女》《姊妹们，勇敢地站起来吧》《一群“痛”的欢送声》等⑤。也有刊物将修改文病的专栏称作“文章医院”，《友光通讯》于 1947 年刊载的《文章医院：“多”和“都”的运用》便是一例。在这篇文章中，作者自署“王医生”，借鉴《文心》体裁，用小说的笔法记述了主人公娟珍在星期日抽出时间带着文章前往“文章医院”的故事。这次的诊病，王医生重点解析了“多”和“都”区分使用的要点⑥。更有作者推阐发扬，在文病诊治的基础上提出或实践新的设想。比如，在海天书店版《文章病院》的末尾，载有校订者侯寄远的一则跋

① 洪深，沈起予：《光明合订本》(第 2 卷)，上海文艺出版社 1936 年版，第 1143 页。

② 刘怡伶：《读写示径：蒋祖怡与一九四〇年代的国文教育》，全球修辞学会、国际语言传播学会编：《第三届国际语言传播学前沿论坛会议手册及论文集》(2015 年)。

③ 陈荣丽：《〈文心〉读写观简析》，福建师范大学文学院 2013 年版，第 27 页。

④ 佚名：《写作的健康与疾病》，开明书店 1935 年版，第 151 页。

⑤ 子冈：《文章诊所：一群“痛”的欢送声》，《妇女生活》1939 年第 2 期，第 20 页。

⑥ 王医生：《文章医院：“多”和“都”的运用》，《友光通讯》1947 年第 5 期，第 17 页。

文，他认为仅仅对文病进行诊治还不够，应该对正常但不出众的文章予以美容。因此，侯氏在跋文中对“文章美容院”进行了畅想：

我希望再来办一所文章美容馆，使读者得更进一步，研究求美的方法：眼睛不美怎样使他美，鼻子不正怎样使他正，总之是要使去了病象的人，又增加了美的条件。我想人类都是有爱美的心理的，为一切艺术产生的泉源，要浚发这泉源，当从人人必须要写作的文章来开始。①

（三）文病诊治方法的总结

开明书店的“文章病院”专栏，究竟开启了怎样的文病诊治方法与流程呢？在叶圣陶等学者“文章病院”做法的启迪下，经过各家报刊、图书的共同努力，逐渐形成相对明晰的“文章病院”架构模式。“文章病院”模式大致依循例文、病情诊断、病院处方等文本板块，也会有专门诊疗“句子病态”的文章②。在这里面，以叶圣陶等“文章病院”专栏和蒋祖怡《文章病院》专著最具有范式的代表意义。首先来看叶圣陶主笔的《文章病院·规约》前四条：

一、本院以维护并促进文章界的公众卫生为宗旨。

二、根据上项宗旨，本院从出现于社会间之病患者中择尤收容，加以诊治。

三、本院只诊治病患者本身——文章，对于产生文章的作者绝不作任何评价，毫无人身攻击等卑劣意味。

四、本院对于病患者详细诊治后，即将诊治方案公布，使公众知道如此如彼是病，即不如此不如彼是健康、是正常。③

叶圣陶一再申说“文章病院”只是诊治文章的病状，纯属写作技术层面，可能也是考虑到这类诊治“揭短”，容易引起被诊治文章作者的愤懑与反诘。从“文章病院”专栏的实际做法也可以看出，叶圣陶主张应仅限于指出文章

① 蒋祖怡：《文章病院》，海天书店1940年版，第230页。

② 佚名：《写作研究：句子的病态》，《干》1944年第4期，第54页。

③ 刘怡伶：《读写示径：蒋祖怡与一九四〇年代的国文教育》，全球修辞学会、国际语言传播学会编：《第三届国际语言传播学前沿论坛会议手册及论文集》（2015年），第121页。

的病痛所在，而不宜越俎代庖，直接上手改文。他说：

> 拿来修改的文章是从投稿中随意取出的。修改以尽可能不改动作者原意为标准。打个譬喻说，作者原文是一件粗制的器物，我们把它琢磨，把它雕削或修补，使它成为比较精美完善的器物。我们不把原来的器物毁坏了，自己来另造一件。①

在同名专著《文章病院》中，蒋祖怡也表达了类似的观点：

> 改作文的将原文一概删去，加上自己底话，这并不是真正的治疗法，犹如将病人弄死，再抬进一个没病的人来替代一样。对于作文的人，根本没有一些益处。所以医治文章，并不比医治人们的疾病更容易，第一，得尽量保持原作者的本意；第二，修改的地方，应该不怕仔细地举出理由来。②

叶圣陶、蒋祖怡的论说，基本上总结出“文章病院”文病诊治的方法和界限，即关注技术层面的文法与修辞；写出详明的修改建议与理由，亦即开出点评“处方”，但不大面积涂改。即便有的文病诊治“大夫”更加关注思想条理层面，但是，在开“药方”时也颇有节制，力求落地到可实际操作的技术领域。比如，章东岩的《文病臆论》把矛头对准作者的条理不清，认为其病在思想庞杂，而对治之法则是训练文字组织方法③；汪馥泉则专撰《文病治疗集》系列，认为治疗文病的望闻问切便是“推敲”“咬文嚼字”④。提出修改建议与理由的“开处方”原则，在开办“文章病院”的主事群体中广受认可，甚至有的“文章病院”主事者会写篇幅很长的点评，称之为“文病医案”。20 世纪 40 年代，《新青年》也刊发过浙江战时作者协会写读指导会的“文章病院”修改记录，例如，1940 年第 4 卷第 1 期先载裘锄非《从改善县

---

① 刘怡伶：《读写示径：蒋祖怡与一九四〇年代的国文教育》，全球修辞学会、国际语言传播学会编：《第三届国际语言传播学前沿论坛会议手册及论文集》(2015 年)，第 121 页。

② 蒋祖怡：《文章病院》，海天书店 1940 年版，第 126 页。

③ 章东岩：《文病臆论》，《明德旬刊》1936 年第 3 期，第 9 页。

④ 汪馥泉：《咬文嚼字：文病治疗集》，《青年界》1937 年第 4 期，第 47 页。

治中去求抗战最后之胜利》一文的原貌，文后附季思（即王季思）的点评①，篇幅几乎与裘文相当。

在叶氏、蒋氏的范式之外，实际上还是会有全文通改的“病院”或“诊所”的存在。1947 年前后，《国语通讯》开辟“时文病院”专栏②，对于报刊上的一些新刊文章，进行“诊断+康复”式改定，小到标点符号、用词不当，大到思想混乱、不合逻辑，都在讨论范围之内。“时文病院”的基本体例是先引原文，然后分析，继而给出修改后的例文或例句。再进一步，林林总总的“文章病院”有时不仅仅局限于修改文章，而是会介绍写作经验，解答初学写作者的疑难问题，开展小型文艺批评。各家的探索，无论是创获还是守成，都合力推动了中国近代写作教育史上的文病诊治思潮。

（四）“病式”体系的生成

与医学有时方实践派、经方理论派相类似，“文章病院”类栏目、文章、图书的“族群”式涌现，也分为两派：一派如上节所考论，从实操入手，积累了一定的文病病例与诊治方法；另一派则从学理入手，进行文病体式的理论总结。综观叶圣陶、蒋祖怡、林语堂、金公亮等多家的文章，可以发现，他们实际萃取出两种“病式”体系：一种是归纳四字短语以分类，另一种则是借用疾病名目以分类。

通过四字短语对文病“病式”进行分类，是中国文言写作传统里固有的文本模式。清代学者章学诚曾作《古文十弊》，批评文章末流的浮滥；民国时期，林语堂、金公亮、陈梦家等起而效仿之，辨析文病，作《今文八弊》《文病十式》《论时文四弊》。四篇文章的共同特点便是标举四字短语，以求删繁就简，提纲挈领。金公亮曾自述，他曾与北京大学的罗庸教授作一长谈，二人达成的共识便是“现在学生的文章有几种共通毛病，可以归纳成几个公式”③。金公亮在《教与学》杂志专撰一文曰《文病十式》，对文病进行系统总结；此文后经修改，又发表在《晨光周刊》，随即引发教育人士的模仿。兹就检阅所及，列表呈现各家以四字短语为主体的“病式”体系（见表 1）。

---

① 裘锄非，季思：《文章病院：从改善县治中去求抗战最后之胜利》，《新青年》1940 年第 1 期，第 17 页。

② 禾辛：《时文病院：“驳斥论中医问题”中的“病”》，《国语通讯》1947 年第 1 期，第 14 页。

③ 金公亮：《文病十式》，《教与学》1936 年第 8 期，第 179 页。

表1　近代报刊四字短语类病式表

作者、文题	书刊名	文病病式
塞翁《梦痕尘影·四·文病》	《立言画刊》	捉刀自美，借剑杀人，争墩恶习，一塌糊涂，拍马称豪，吹牛广告，痴人说梦，馋匄滴涎，瞪眼造魔，屈心挨骂
金公亮《文病十式》	《教与学》	昆仑发源，风筝断线，游龙戏凤，海水立波，丑角打诨，呕隔夜饭，半夜升堂，街妇骂邻，眼花缭乱
陈梦家《论时文四弊》	《现实文摘》	维持现状，空谈主义，欺蒙宣传，空洞无物
章东岩《文病臆论》	《明德旬刊》	条理不清(平列、层进、分枝、波折、登峰)
何平林《中国现阶段文学诸病态》	《飞鸿》	晦涩，迎合时尚，奴颜婢膝
谷风田《青年男女在写作上的两种疵病》	《青年界》	拉杂，晦涩，思想平凡，理论空洞，结构松懈，布局散漫，无气势，强加分段
夏丏尊、叶圣陶《文章病院》	《文心》	用词不当，用语不当，意义缺略，意义累赘，意义不连贯、欠照应

可见，对于文病的公式性归纳，近代学者、教育家大都概括成四字短语(偶有二、三、五字)，或者直接借用现成的成语。这样归纳的优点是整齐直观。有的四字成语类“病式”形象鲜明，且具有一定的抽象性和概括性，易使人读后留有印象。诸家之文，基本上沿用了“病式+阐发”的撰写模式，比如，金公亮批评有“昆仑发源”文病的文章，“其写法大多从头说起”“不肯握住题目，单刀直入”①；有“风筝断线”文病的文章，则“必先说甲，由甲而乙，由乙而丙……譬如放风筝，其线一断，便扶摇直上，不知所往”②。陈梦家则批评当时文坛有一种文章的“空洞无物”，其根源是由于作者觉得说话太真会惹祸，闭口不说又太示弱，于是便说得不重不轻、若有若无，“如此文章，徒费笔墨”③。第二种借用疾病名目对文病“病式”进行分类，则饶有谐趣，也是对当时中西医融合的医学进展的融摄。上文提及的蒋祖怡专著《文

① 金公亮：《文病十式》，《教与学》1936年第8期，第179页。
② 金公亮：《文病十式》，《教与学》1936年第8期，第发179页。
③ 陈梦家：《论时文四弊》，《现实文摘》1948年第6期，第14页。

章病院》，论列了文章的疾病与卫生（概论）、症结（用字）、积滞（用典）、软骨病（词性与文法）、服饰病（标点符号）、兴奋病（修辞）、肥胖病与瘦弱病（修辞）、残废病（结构）、贫血病（内容及辞藻）、总治疗（方案）等专题①，既点出病症的特点、原因，也仔细说明当如何诊治、调养。另外，蒺葵在《文章病院》一文中，谑而不虐地开列了“文章病院”各个科室的主治专长（见表2）。

表2　蒺葵《文章病院》科室表

科室	主　　治
脑系科	头脑糊涂，思想不清，观念错误，意见乖谬，开倒车，假古董，复古，过激，十八世纪式，廿二世纪型
肺病科	上气不接下气，一声一声地咳嗽，常常吐痰，过午发烧（烧得说糊涂话），瘦削，体重减轻，红晕
肠胃科	消化不良，胃弱，噎嗝反胃，放屁
性病科	由于性欲苦闷而发生的精神上的种种病态
皮肤科	皮肤粗糙（词不达意，说理不清），烟容晦暗（措辞晦涩），湿毒疥癣（拖泥带水，纠缠不清），雀斑粉刺（滥用虚字，好学时髦），无名肿毒（中西合璧，文白夹杂），传染病（抄袭窃取，改头换面）
眼科	近视，远视，色盲（混淆是非，颠倒正伪），沙眼（不明朗化），盲从
精神病院	精神失常，语言颠倒，行动越规
产妇医院	生育过众（不问有无内容漫然下笔），难产（绞尽脑汁写不出），久不孕育（博古通今而自己却毫无创作），后天失调（内容充实而文辞拙劣），先天不足（文辞优美而内容空洞）

平心而论，借用疾病名目对文病进行分类的做法，“借助比拟、象征、借代等手法，将对象的复杂特征化为一种形象、具体、可感的描述、阐释或评价”②，颇收喜闻乐见之效。不过，这种突出特征化的做法，很容易堕入文字

① 蒋祖怡：《文章病院》，海天书店1940年版。

② 叶汝骏：《文病·文法·文类——中国古代文论中的“蜂腰”之喻》，《西华师范大学学报》（哲学社会科学版）2020年第1期，第77页。

游戏的窠臼之中。仅仅为了应和“病院”的名义，便把主要精力放在“病式”名目的逻辑自洽上，反而忽略了这类文本在写作教育层面的实际操作之功能。就像萍葵《文章病院》一文那样，尽管把一个抽象“文章病院”的科室建设得颇为齐整，但是，可以预见，读者读后很难总结出实质有效的修改经验。正如方家兴在《“文章病院”云云》一文中所批评的那样，有的“文章病院”拉一篇文章来“数说了一阵之后，照例应该开刀上药，然而不，挥手使病人去”①。

二、“文章病院”思潮的历史、现实动因

“文章病院”的文病诊治思潮之所以在近代写作教育史上蔚然成风，其背后有深远的历史和现实动因。就一般情况而言，一篇文章完成后，从各个角度审视，总能发现或大或小的病症与疵瘰，并且病句、语病等词汇，早已成为日常习惯用语，于此亦可见以“病”喻文的深入人心。在《谷雨文艺月刊》上，一位笔名澍滨的作者曾援引柴霍甫（今译契诃夫）的名言“作品必须让他躺下来医治”，这成为他设立“文章病院”的理论基石②，更是为“文病论”找到了西方回声。那么，在近代流播颇广的“文章病院”理念，其背后潜在的动因都有哪些呢？

（一）古典“文病论”渊源

中国近代处在主流书面表达形式从文言向白话演变的阶段，“文章病院”思潮主要聚焦于白话文写作领域，而这一时段的白话文写作教育的理论积累颇为薄弱，故势必要从古典的文言写作理论中汲取营养。具体而言，《周易》所谓“近取诸身，远取诸物”③，是中国传统的形象化思维方式；以“病”论文，则是中国文艺理论与批评的固有传统，二者又恰恰足以成为白话文文病诊治的镜鉴。曹植的《与杨德祖书》曾说：“世人著述，不能无病。”④ 刘勰的《文心雕龙·指瑕》也说：“古来文才……虑动难圆，鲜无瑕病。”⑤ 而齐梁永明体有“四声八病”之说，《文镜秘府论》更有“病犯”之篇；延及后

---

① 方家兴：《“文章病院”云云》，《新东方杂志》1943 年第 3 期，第 76 页。

② 澍滨：《设立自己的“文章病院”》，《谷雨文艺月刊》1947 年第 9 期，第 6 页。

③ 佚名：《系辞下》，王弼著，楼宇烈校释：《周易注》，中华书局 2011 年版，第 363 页。

④ 陈寿著，裴松之注，中华书局编辑部点校：《三国志》（第 19 卷），中华书局 1982 年版，第 559 页。

⑤ 刘勰著，陆侃如、牟世金译注：《文心雕龙译注》，齐鲁书社 2009 年版，第 522 页。

世，便在诗文写作领域形成了系统的“文病论”①。在传统文章学领域里，尽管未见有“文章病院”的名义，但是，实际上多有诊文摘谬的作品，比较著名的如王若虚的《滹南文辨》、叶燮的《汪文摘谬》、方苞的《古文约选》、纪昀的《史通削繁》等，都是明示学人以作文去病之法。近代亦有林传甲的《易水文源》、郭绍虞的《作文摘谬实例》，更是明确划定类例，对文病有系统的梳理②。1941 年，郭绍虞编撰的《学文示例》在开明书店出版，其中摘谬部分即选取叶燮批评汪琬文章的《汪文摘谬》以及叶圣陶“文章病院”专栏的两篇病文③，颇具象征意义地呈现了“文章病院”模式与古典“文病论”内在理路的一致性。

（二）白话文写作教育的启蒙与救弊

中国近代以来的白话文写作教育，肩负着文化启蒙的重任。正如斯坦福大学（Stanford University）的班克斯（Adam Banks）所论，写作能力是“当今社会追求民主正义的核心能力”④；写作能力的习得，写作教养的熏陶⑤，可以消除教育过程中的隐性不平等，而这正是近代中国文化启蒙吁求的题中应有之义。

“文章病院”主要针对白话文而设，其背后也有一重因素，那便是提倡白话文以来，写作教育者对于无论是职业作家还是教师、学生国文水平低下的担忧。当时，有学者在撰文时，对知识界所展现出来的国文程度之不堪用了“江河日下”“文词肤浅”“论卑气弱”等词汇⑥，忧思痛切，溢于言表。中国近代的白话文升格运动，被赋予开启民智的启蒙功能。在清末仍旧以文言为文章写作主体的时代，白话文虽未形成威胁，但外来词汇已然导致文病。由于翻译作品的大量涌现，在某种程度上冲击了汉语的既有文法与词汇系统，造成名相纷乱，意指模糊。清末，张之洞有见于外来名词之涌入文章写作之中，直译而使人不解，欧化而不知所云，遂推动学部设立了名词馆。“此馆以能用中国古书之词译西书之严复主其事，拟将新名词悉以经籍中所固有者更

① 饶龙隼：《刘知几〈史通〉的文病范围论》，《文学与文化》2011 年第 2 期，第 20 页。

② 郭绍虞：《作文摘谬实例序—— 一个国文教学法中的新问题》，《国文月刊》1942 年第 13 期，第 33 页。

③ 郭绍虞：《学文示例》，上海书店出版社 1989 年版，第 42 页。

④ 田芬、王洪才：《斯坦福大学写作课的教育理念、课程设置及质量保障》，《现代大学教育》2021 年第 2 期，第 39 页。

⑤ 汲安庆：《调和发达　成“人”之美——试析夏丏尊的语文课程观》，《教育研究》2018 年第 2 期，第 112 页。

⑥ 杜道生：《文弊卮言：论中学国文程度之低落》，《志学》1945 年第 16 期，第 2 页。

定，为一种正名葆粹之工作。”[①] 进入民国时期，随着文言、白话消长易位，文言文写作教育的优良经验随着文言文自身被冷落而一同沉寂，但是，刚刚确立主导地位的白话文却还处在榛楛未剪的状态，不但文法、修辞体系有待建构，就连文章好坏的标准也有待形成共识。许多追求新文学写作的作者，在进行白话文写作时放任自流，不加检束，从而造成一代文人写作基本功的普遍降维。

诚如笔名塞翁的教育者在其开设于1941年的专栏——“梦痕尘影”中指出的那样，“文至近日，其病愈多”[②]。许多年轻的作家追求做诗人、小说家、戏剧家，但是，他们习惯了朦胧含糊的表达，“不会写一篇像样的说明文、议论文的，甚至有写封把信也会闹笑话的”[③]。因此，蒋伯潜很严肃地批评这种忽略基本功的文章风气属于好高骛远，并指出新文学所创作出来的文学作品“有许多是得送进文章病院去治疗的”[④]。何平林在《中国现阶段文学诸病态》中将当时的文学写作比作萎靡、贫血、歇底斯里的病态的“文学女神”：

> 她——文学的女神——纵有脂粉的涂抹，华丽的装饰，豪贵的供养，……可是，先天的不足，精力的缺欠，生活的杂乱无章，……使她成为一个东方的林黛玉式的病态的弱女子。[⑤]

据朱光潜回忆，他当时刚放弃文言文，学写语体文，在研读“文章病院”专栏时，他意识到“语体文也要字斟句酌，于是开始努力养成字斟句酌的习惯”[⑥]。且不论具体知识、技能的习得，单就这种字斟句酌诊治文病意识的提点与养成，已经是“文章病院”思潮对于白话文写作教育的一层很重要的贡献。

从效果来看，“文章病院”思潮在近代文人的文章学意识中发挥了正向作用，并进入文学批评的话语体系之中。苏雪林曾批评王统照、沈从文所发表的文学作品“烦冗拖沓”：“世上如真有文章病院的话，王统照的文字应该割

---

① 徐一士：《文病偶述》，《逸经》1936年第18期，第21页。

② 塞翁：《梦痕尘影·四·文病》，《立言画刊》1941年第152期，第18页。

③ 蒋伯潜：《习作与批改》，顾黄初，李杏保：《二十世纪前期中国语文教育论集》，四川教育出版社1991年版，第833页。

④ 蒋伯潜：《习作与批改》，顾黄初，李杏保：《二十世纪前期中国语文教育论集》，四川教育出版社1991年版，第833页。

⑤ 何平林：《中国现阶段文学诸病态》，《飞鸿》1934年第55期，第109页。

⑥ 朱光潜：《朱光潜讲美学》，凤凰出版社2011年版，第138页。

去二三十斤的脂肪”[①]，以及“（沈从文）有似老妪谈家常，叨叨絮絮，说了半天，听者尚茫然不知其命意之所在”[②]。朱生豪在与宋清如通信时，抓出宋清如来信中的一句话“因为我不喜欢听消极的话，允许我以后不把颓丧的话说给我好不好”[③]，并说“这句句子应当进文章病院”[④]，颇能见出作为翻译家、新文学家的情侣之间的雅谑，更可见出在当时“文章病院”理念的深入人心。

在大学、中小学国文课的教学由文言文变更为语体文之后，近代白话文写作的粗率文风，也波及进入新式学校的年轻教师、年轻学子，致使学校的白话文写作教育难以达到过硬的质量。在 1942 年《国文杂志》的发刊词中，叶圣陶重提当时国文教育的一些缺陷，指出很多学生“写下一封通常书信来，须入文章病院”[⑤]。在师范院校任教的魏讷，也援用“文章病院”之名，归纳了师范生的文病，并且说“师范学生早晚就要作教师的”[⑥]，倘若教错了，自然贻害不浅。甚至是以白话文选篇为主体的新式国文教科书，其篇目的写作水平也难乎人意。有见乎此，时任北京大学教授的邓广铭于 1947 年在《大公报》发表《我对于国定本教科书的控诉》，尖锐地批评了当时的“部编”国文课本是“一些地道的党八股和抗战八股，似乎是文章病院中的好主顾”[⑦]。

正是出于对大学、中小学白话文写作教育种种弊病的焦虑，一部分专家学者便以报刊为阵地，采用“文章病院”的诊疗模式，对青年学子的写作进行干预式指导。1937 年，《青年界》杂志曾组织教师和文化界人士撰写《青年作文指导特辑》，其中就青年学子的写作通病给出很多对症之药。谷凤田身兼教师与日报副刊编辑的双重身份。他根据自身十余年的阅稿经验，得出结论：“青年学生的作品，什九都免不了这两种疵病——拉杂与晦涩。至若思想

---

① 苏雪林：《沈从文论》，沈晖编：《苏雪林文集》(第 3 卷)，安徽文艺出版社 1989 年版，第 304 页。

② 苏雪林：《沈从文论》，沈晖编：《苏雪林文集》(第 3 卷)，安徽文艺出版社 1989 年版，第 304 页。

③ 朱生豪：《1933 年到 1934 年间的信》，朱尚刚整理：《朱生豪情书》，上海社会科学院出版社 2003 年版。

④ 朱生豪：《1933 年到 1934 年间的信》，朱尚刚整理：《朱生豪情书》，上海社会科学院出版社 2003 年版。

⑤ 叶圣陶：《认识国文教学——〈国文杂志〉发刊词》，杜草甬编：《叶圣陶论语文教育》，河南教育出版社 1986 年版，第 104 页。

⑥ 魏讷：《文章病院》，《国语通讯》1948 年第 14 期，第 4 页。

⑦ 邓广铭：《我对于国定本教科书的控诉》，《邓广铭全集》(第 10 卷)，河北教育出版社 2005 年版，第 237 页。

的平凡，理论的空洞，结构的松懈，布局的散漫等等，那还是其次焉者。”① 谷风田进而分析了青年学生写作产生拉杂和晦涩的原因。他认为，写作拉杂的根源在于材料的缺乏，导致紧凑精练的神趣被完全破坏，对治之法便是求简，对冗词芜句删削净尽。王一心则专就青年学生写作的“形容词病”进行剖析。“他们喜欢把许多无关紧要的形容词联成一大串，结果，重复或矛盾的形容词常常在同一的句子里出现。”② 王一心开出的对症药方则是多读胡适之先生一派既有旧学根基又通西文长处的文章。

在白话文地位提升、文言文地位下沉的前十几年里，一方面是白话文经典范式尚未确立，另一方面却是白话文写作的弊病与痼疾渐成气候，大有以僵化、刻板的面孔成为白话“新八股”的姿态。也正是在这样的局势下，“文章病院”思潮起而针砭之、抨击之，在对白话文这种新兴的主流书面表达形式加以救弊的同时，也维护汉语言文学的纯净和自洽，保障国民启蒙重任的落实。也正是在这个意义上，有学者尤其肯定“文章病院”思潮在写作教育史层面的贡献，“使得思想混乱的现代八股，丑态百出”③。

（三）近代“病”“药”意象的双重焦虑

探究“文章病院”思潮的现实动因，还应关注近代国人的潜意识中对于“病”“药”意象的双重焦虑。以较能反映大众心理的小说为例，有关疾病与治疗的隐喻在清末以来的言论中已经多有表现。严复在《原强》一文中称：“今之中国，非犹是病夫也，中国者，固病夫也。”④ 国体、国民，皆染病患，而有识之士，无不勉力寻求救药之方。一时间，“病”“药”意象已然成为近代社会话语的常见言说。例如，黄炎培便主张办教育如同治病，知病源才能开好药方，做到对症下药。他认为：“外国考察，读方书也；国内考察，寻病源也。”⑤ 于是，探寻文病诊治之法，也从这种隐喻和潜意识中生根发芽。更有甚者，有的教育者也由文病联想到中国文化对病的态度。当时的文坛名家郁达夫在文章的末尾“常是注上某月某日于病榻、某月某日于病中、病中作”⑥，因此，王沈便认为文化上的以病为雅，也会导致病态文学的孳乳。

---

① 谷风田：《青年男女在写作上的两种疵病》，《青年界》1937 年第 1 期，第 17 页。

② 王一心：《形容词病》，《青年界》1937 年第 1 期，第 50 页。

③ 张林岚：《何以不见文病院》，张林岚：《一张文集：卷六》，生活·读书·新知三联书店 2013 年版，第 399 页。

④ 严复：《原强》，戴震、焦循、严复著，李敖编：《戴震集·雕菰集·严复集》，天津古籍出版社 2016 年版，第 382 页。

⑤ 周详、潘慧：《教育心理学》，南开大学出版社 2014 年版，第 262 页。

⑥ 王沈：《病态文学与青年健康》，《新青年》1940 年第 8 期，第 21 页。

另外，为什么会称作是“病院”呢？《吾友》杂志刊载的淇葵《文章病院》一文，道出了当时社会的一种风气。他说：“现在最时髦的事业，就是开医院。举凡牙科医院，花柳医院，儿童医院，妇婴医院，精神医院，传染医院……种种都应有尽有了。”① 民国时期，各级医院的建立，包括专科医院的布局，都深度地参与中国医疗和社会工作的现代化进程。这种具备现代管理体系的医院建构，与传统的药房、医局、游医具有鲜明的区别，其自身也承载了中国医学由传统走向现代的时代精神。因此，用“病院”将文病修改的模式具象化，也会鞭辟入里，给潜意识中存有治病救亡焦虑的读者以更强烈的刺激。

三、教育迁移：从书报到课堂

随着“文章病院”思潮在社会影响涟漪的放大，这一理念在写作教育系统的内部发生影响迁移：从本来的书报阵营走出，走入作为写作教育一线的课堂；从大中院校的提升性教育沁入儿童的写作教育启蒙。更进一步的是，“文章病院”思潮也渐渐不再局限在写作教育领域的内部，而是产生了泛化的教育影响的迁移，从而逐步融入整体国民的文化心理之中。

“文章病院”思潮的肇兴，依托的平台主要是近代的报刊专栏，然后才衍生出专门著作。不过，这一思潮很快就走出书报，被援引到需求较为迫切的一线教学的课堂，深度参与了大学、中小学课堂的写作教育实践。大学方面，如西南联大和燕京大学的写作教育理念与实践；中学方面，抗战之前，著名的南开中学高中国文课分为四组，即中国古典文学诗词、诸子散文、现代文学和文章病院。前三组可由学生任选其一，“但语文程度和写作能力较差的学生，只能读文章病院加强作文能力”②。1939 年 2 月，张清水被聘为翁源县第五区高小校长，他在教学上独辟蹊径，“在各班级中推广普通话，开设文章病院，对学生的每一篇作文逐个讲评，就连一个标点符号的错写都不放过，并张贴于病院专栏上”③。在返乡任校长之前，张清水在南京、广州从事文学创作，参与报刊编辑，“春江水暖鸭先知”般地接触到文化界、教育界的最新动向。也正是基于这样的认知条件，他才可能将“文章病院”理念带回在当时

① 淇葵：《文章病院》，《吾友》1943 年第 8 期，第 8—9 页。

② 张国贤：《恩师孟志荪教授》，周鸿飞：《南开校史研究丛书：第一辑》，天津教育出版社 2011 年版，第 86 页。

③ 刘坚南：《民俗学家张清水》，中国人民政治协商会议广东省韶关市委员会文史委员会编：《韶关文史资料》(第十三辑)，1989 年版，第 144 页。

还稍显闭塞的翁源。当时较早接受并认可文病诊治理念的教师，很自然地会以“专治国文病和兼理各科奇难杂症的万能医生”① 自居。比如，一位笔名敬远的中学教师便将自己国文课后批阅作文的经历比作看病：“我这样像医生诊病一般地望闻问切，对症下药，颇觉兴趣盎然，忘其劳苦。”② 据陈毓罴回忆，当年他很喜欢跟读叶圣陶的“文章病院”专栏，启发颇大，并且其父亲每晚批改作文，陈毓罴“有暇就在一旁观摩”③，颇有旧日医馆学徒从师的姿态。

在20世纪30年代和40年代，参与文病讨论的，有很多是当时的高等教育界的一线教师，如前文述及的朱自清、罗常培、罗庸等，黎锦熙更是推阐而提出了著名的“改错先于求美”④ 的写作观。文病诊治理念在同期传导到中学，中学国文教师更是在教学一线多有实践。随后，“文章病院”写作教育模式很快就迁移到儿童写作教育启蒙的领域。1934年，刘天和在《小学生》杂志上连载《文章病院》，为儿童写景记事文的大小文病进行诊治。由中共潮普惠揭中心县委主办的《少工园地》，于1939年创刊，也辟有“文章病院”的栏目⑤。而在1935年，仇重则出版了第一部专门面向小学生的文病诊治专书——《小朋友文章病院》。《申报》予以介绍说：“每篇举出一种文章的毛病，用故事体，极有用，也极有趣。”⑥ 这一撰著模式，显然借鉴了叶圣陶、夏丏尊《文心》第九章“文章病院”情景故事文的思路。随着“文章病院”思潮在教育界的影响日隆，民国时期不少的国文课堂，会在黑板壁报上开辟两个栏目：好的习作贴堂，供同学观摩；有文病的习作则入“文章病院”，让同学取得鉴戒。这其实正是向前文所述立达学园习作园地模式的复归。

反思“文章病院”教育迁移的内在理路，可以总结出，从教育过程来看，一方面，“文章病院”侧重于对施教者加以引导，就如同医学生习得“望闻问切”的诊病工序；另一方面，“文章病院”对写作者施以规范，写作者明确文病的种种类型，便可躬身反省求诸己，“不治已病治未病”⑦。从教育的效果

① 学林：《初中学生的国文病》，《广西青年》1933年第36期，第11页。

② 敬远：《中学生的作文病》，《新动向》1942年第41期，第1142—1143页。

③ 孙丽华：《学海任遨游，甘苦寸心知——陈毓罴研究员访谈录》，《文艺研究》2009年第8期，第74页。

④ 曾晓洁：《基于语言，旨在补偿：论黎锦熙的大学语文观》，《现代大学教育》2013年第1期，第65页。

⑤ 广东省汕头市地方志编纂委员会编：《汕头市志》(第4册)，新华出版社1999年版，第323页。

⑥《分类广告》，《申报》1935年10月6日第4版。

⑦ 张玉春：《史记日本古注疏证》，齐鲁书社2016年版，第604页。

来看，文病诊治其实是培养一种创造性的能力，正如韦斯特（William W. West）所说：所有的写作都包括一种新的表达的起源、发展、形成的过程。即使你所用的是“旧”的思想和第二手材料，你也为它们创造着一种新的而且是唯一的表达方式。① 而文病诊治恰恰是寻得“唯一的表达方式”的一种实操路径。在当今大学写作课的建设过程中，倡导者也留心借鉴传统写作教育的经验和思考。例如，清华大学在规划写作课时便设置师生一对一面批环节②。教师在精心批改文章后，与学生进行面对面、一对一交流，就文章的诸多不足之处进行切磋。这其实也可以看作是“文章病院”精神的当代延续。通过这种深度浸润式的纠错反馈，学生可以当即意识到问题根源并能有针对性地展开修改。

当然，文病诊治式的写作教育，要点在教师指出病因，而不是直接越俎代庖式地给学生通篇改写。语文教育家叶圣陶在《中学语文科课程标准》中有论：“教师给修改不如学生自己修改，学生个人修改不如共同修改。”③ 在实际的教学过程中，笔者也更深刻地体会到这一理路对学生主体能动性不同层级的调动。教师作为写作教育过程的引导者，治病救“文”，最通常的方式是指出文病所在然后学生修改；如果把学生置于互动双方的主导地位，则需要让学生理解文病诊治要点，自己发现自己修改；再就是共同修改，通过写作工作坊的组建，将在同一写作课堂上、相同主题的写作者置于真实生动的文章诊治场景，共同探讨，完成文章的二次修改，这也是目前笔者正在探索实践的方式。

“文章病院”从书报到课堂的教育迁移，也是以人为本的有温度的教育形式的转换。教育学家马里坦（Jacques Maritain）说：“教育如同医学艺术一样，医生对病人的医治有着决定性的影响，但是作用的发生乃是因为医生的用药遵从了生命本身的活动方式。”④ 教师作为教学活动的组织者，在文病诊治中扮演“医生”角色，但是，此种语境下的“医患关系”并不是单向的，我们要遵从教育规律，不仅看到“病”，更需要关注到人，从寻病源到开处方

---

① 韦斯特著，章熊、章学谆译：《提高写作技能》，福建教育出版社1984年版，第383页。

② 梅赐琪：《遵循三大规律的通识教育课程思政模式创新——以清华大学“写作与沟通”课为例》，《思想理论教育导刊》2021年第3期，第99页。

③ 方道：《学生修改与教师批改——叶圣陶写作教学思想初探》，《山东师大学报》（社会科学版）1992年第4期，第88页。

④ 张全新：《二十世纪西方教育哲学》，泰山出版社2004年版，第116页。

都要以教育者的自觉营造良好的互动空间、寻求丰富多样的遵从生命本身的诊治方式。

四、争议与余响

鲁迅在《〈两地书〉序言》中曾对当时的写作指导类书籍、文章幽了一默："文辞呢，我们都未曾研究过尺牍精华或书信作法，只是信笔写来，大背文律，活该进文章病院的居多。"① 其实，在鲁迅的立场，他一直反对文章"作法""修改"一类的指导，反而很认同中国传统的写作教学"读、做、读、做"，主张多研读大作家的作品。鲁迅说："凡是已有定评的大作家，他的作品，全部就说明着应该怎样写。"② 当然，我们也会认识到，鲁迅所主张的浸润、体悟式的文章提升路径，可能会熏陶出像鲁迅那样天资颖悟的大家，却难以在一定的标准线上进行普适性的教育推广。

鲁迅此文还有一点值得关注，即他敏锐地指出了"文章病院"模式主要诊治文章写作在大背文律方面的问题，这是符合实际的。"文章病院"的评点方式，大都"攻其一点，不及其余"③，关注语句逻辑，而不太留心文章的思想或见解。即以叶圣陶主持的"文章病院"专栏为例，叶氏并非对一篇文章进行全面诊治，而是更加侧重于修辞层面，在风格和技法层面则并未太过措意。夏志清在写给夏济安的信中，曾经指出叶圣陶的"文章病院"专栏仅注意到文法和修辞，而夏济安的《评彭歌的〈落月〉兼论现代小说》则能着重于风格（style）和技巧（technique），并且"清楚地说理举例""一定可使文学青年们大开眼界，而重择创作的路径"④。

除了关注点的偏狭之外，有些邯郸学步的"文章病院"庸医用药。有些"病院"主持者在文病诊治时不太注意言辞与文德，抓住文病，一通奚落，打击了作者对于写作的热情。徐懋庸在汇报《文联一九四二年的工作总结及一九四三年的工作计划》时曾提及，他所编辑的《华北文化》也开设了"文章

① 鲁迅：《〈两地书〉序言》，《鲁迅全集》（第11卷），人民文学出版社2005年版，第5页。

② 鲁迅：《不应该那么写》，《鲁迅全集》（第6卷），人民文学出版社2005年版，第321页。

③ 张光年：《诤友或畏友》，张光年：《风雨文谈》，上海文艺出版社1982年版，第219页。

④ 夏志清、夏济安著，王洞，季进编：《夏志清夏济安书信集》（卷三），上海人民出版社2019年版，第227页。

病院”栏目①，专门针对来稿进行诊疗，不过由于这个栏目的批评态度刻薄，言辞有欠厚道，作者渐渐不愿来稿，遂造成了投稿稀少、专栏办不下去的窘境。

就写作学的既有经验来看，好文章的标准往往比较模糊，或者至少没有一定之规，但有弊病的文章却具有较高的识别度。从另一视角看，好文章并非在指称哪一种确定的实然，而毋宁在泛指某种理想的应然；而有弊病的文章则可以通过具体可操作的文病诊治流程，研判病式，开出处方，从而使作者尽量往应然的层面去修改。因此，可以说，“文章病院”的工作，在加深对白话文写作规律之研究的同时，也对语法、修辞的研究工作具有开拓性意义。也许正是有鉴于此，许多从民国走过来的老辈学人、教育家，到晚年仍对曾经盛极一时的“文章病院”思潮念念不忘。1980 年，美学家朱光潜率先撰文，强调曾经的“文章病院”并不过时，他指出：

> 现在语文在思想内容和表达方式上的一些老毛病依然存在，而病院和医生却不易找到。如果现在那么多的报刊也多办几所文章病院，少发些公式教条的空论，这对文风和学风都造福不浅。②

1982 年，学者施蛰存行诸实践，在《新民晚报》开设了一个专栏“语文病院”。该专栏占用每期副刊的边角，通过看病、诊断、开处方的方式，对一些写作弊病进行了切中肯綮的针砭。在开业词中施蛰存便提及了“语文病院”是受五十年前叶圣陶“文章病院”的直接影响③。直到 2001 年，学者吴小如仍申此义：

> 我常翻阅各种有关语文知识和写作训练的报刊，感到文章病院实有建立（或重新建立）的必要。不仅对疑难大症要进行手术，即使是一字一句的小病小恙也应当及时治疗。④

---

① 刘增杰，赵明：《抗日战争时期延安及各抗日民主根据地文学运动资料》(中册)，山西人民出版社 1983 年版，第 365 页。

② 朱光潜：《回忆上海立达学园和开明书店》，《朱光潜全集》编辑委员会编：《朱光潜全集》(第 10 卷)，上海文艺出版社 1982 年版，第 520—523 页。

③ 刘军：《施蛰存散文与〈新民晚报〉》，《社会科学论坛》2017 年第 2 期，第 145 页。

④ 吴小如：《“文章病院”还应建立》，《群言》2001 年第 6 期，第 43—44 页。

在写作教育方兴未艾的当下，这一绵亘了八十余年的“文病诊治”思潮，实际仍拥有源头活水般的启示意义。

（原载《现代大学教育》2022 年第 1 期）

叶圣陶的教育编辑思想

■王　学

叶圣陶以其丰富的人生阅历和卓越的学术贡献，成为中国现代教育编辑史上重要的一位思想家。他曾对自己的多重身份做过简明的强调："如果有人问起我的职业，我就告诉他：第一是编辑，第二是教员"①，足见其何等重视编辑工作。在长达60余年的编辑生涯中，叶圣陶对编辑实务和教育价值皆有深刻而独特的理解，其教育观和文学观，由内而外生长，渐进发展为个性鲜明、自成体系的教育编辑思想，对编辑性质的把握、教育编辑目的的认知、教育编辑的内容选择和教材功能的论析，都做了全新的、开放的科学阐述。叶圣陶作为教育编辑工作的实践者、革新者和推动者，其多重身份催生而成的教育编辑思想，统合了新旧时代的教育问题，带有很强的时代性和实践性，至今仍具有启迪意义。

一、文教合一：教育编辑理念

叶圣陶认为，出版物是一种教育工具，编辑出版工作者就是社会型教师。他一直强调编辑工作是教育工作的重要组成部分，编辑工作是向全社会进行自然科学、人文科学教育的实践过程。尤为重要的是，叶圣陶期望通过编辑刊物来启蒙青少年的思想，充分发掘编辑工作的教育性质。这一思想贯穿了他的整个编辑生涯。

（一）编辑出版工作是教育工作

编辑出版工作是叶圣陶为之付出一生的事业。对于编辑出版工作的性质，叶圣陶曾指出："我们的工作是教育工作的一个组成部分，一个不可缺少的重要的组成部分。我们做的工作，就是老师们的工作。"② 叶圣陶参与编辑的出版物多以青少年为特定的读者群体，尤其是《中学生》《进步青年》等杂志，其旨趣在于辅助青少年性行知能各方面的基本学习。中学生正处于身心发展

---

① 彭加瑾：《叶圣陶与编辑工作》，《编辑之友》1982年第4期。

② 叶圣陶：《浅谈开明书店》，《叶圣陶出版文集》，中国书籍出版社1996年版，第56—57页。

渐趋成熟的时期，具有可塑性，需要重要他人来引领方向、解答疑惑，而他们所阅读的教材和杂志会影响其思维方式和人生观的形成。叶圣陶正是认识到了编辑出版工作对于青少年读者未来的引领作用，才指出编辑工作也就是对青少年进行教育的过程。邵益文对此评价道："编辑工作是教育工作，是意识形态工作，它的基本功能在于教育，在于影响人们的精神世界，指导人们的实践活动。"①

教育工作在出版事业中有着怎样的地位？叶圣陶对此指出："出版事业的性质是工业、商业、教育事业三者兼之，三者之中，教育事业应居首要地位。"② 在他看来，书刊的排版、印刷、装订属于工业，书刊的销售发行属于商业，而除此之外，出版事业中最为核心的撰稿和编辑工作，由于其刊登和宣传的内容影响着人们的见识和思想，因此只能视为教育工作，也必须视为教育工作。由此，叶圣陶认为出版事业首先要抓紧撰著编辑这一环，不惮斟酌再三，不厌屡易其稿，务求做到尽可能的完善；同时对排版、印刷、装订、发行等工作也绝不放松一丝半毫。③ 出版物要对读者的思想和见识产生有益影响，这就需要编辑工作者持有严谨的工作态度，斟词酌句，甚至每一个标点符号都应仔细推敲，这种态度和精神应当被当代教育编辑工作者坚守和弘扬。

（二）出版物是教育工具

在编辑出版工作是教育工作的基础上，叶圣陶更进一步认识到出版物也是一种教育工具。在他看来，教科书绝对不是商品，而是一种最重要的教育工具。④ 出版物具有教育功能，实体虽然是物质的，却承载了人类的精神与智慧，在撰稿与编辑的过程中，作者出于一定的教育目的，有选择性地将文化知识传递给读者，使读者能够将其内化为自己的精神财富，引导、规范自身行为。因此，叶圣陶的编辑出版工作实际上也可以看作他对于教育工作的一种实践，这一过程中贯彻了他对于教育的主张。叶圣陶在上海商务印书馆尚公学校教书时，出版了我国第一本文人童话作品《稻草人》。作品运用通俗易懂的童话语言，启迪孩子在关注周围小事的同时，看到 20 世纪 20 年代工农

① 邵益文：《叶圣陶编辑思想探讨对编辑学研究的启示》，《编辑之友》1997 年第 3 期。

② 叶圣陶：《出版史料和出版事业》，《叶圣陶出版文集》，中国书籍出版社 1996 年版，第 29 页。

③ 叶圣陶：《出版史料和出版事业》，《叶圣陶出版文集》，中国书籍出版社 1996 年版，第 29 页。

④ 赵从旻：《出版工作也是教育工作——〈叶圣陶出版文集〉读后》，叶圣陶编辑出版思想专业委员会编：《叶圣陶编辑思想研究》，开明出版社 1999 年版，第 66 页。

大众的愁苦命运，而这本书也被列入《教育部基础教育课程教材发展中心中小学生阅读指导目录（2020 年版）》。连载于《教育杂志》上的长篇小说《倪焕之》除了歌颂革命，还涉及叶圣陶对于教育的思考和议论，如从怎么教育学生到怎么教育社会等，很多观点放在今天依然适用。

此外，叶圣陶进入开明书店后，负责主编的《中学生》《新少年》《开明少年》《少年国语读本》《开明文言读本》等，都以青少年为主要读者对象开展了广泛的教育工作。叶圣陶在人民教育出版社担任社长以后，为配合教育改革，多次主持中小学教科书的编辑出版工作，共编辑出版了十三套五十多册语文课本，无不体现出他投身于教育改革事业的热忱。

（三）编辑出版工作者是社会型教师

对于从事教育编辑出版工作的人员，叶圣陶认为最好由教师担任。他指出：课外读物，尤其是少年儿童的课外读物，最好由他们的教师执笔。① 学生是处于发展过程中的人，其身心发展遵循一定的规律和特点，编辑工作只有建立在与学生语言和思维发展水平相符合的基础上，才能更好地被读者接受。教师与学生相处时间较长、较为亲近，了解他们的发展水平、兴趣需要、思想状况，具备一定的教育学基础知识和技能，因此出版物的编写由教师执笔再恰当不过。邓小平同志曾指出：编辑出版者同样也是灵魂的工程师。这就要求编辑和教师一样具有丰富的知识、崇高的思想境界和高尚的道德情操，是一个能为人师表的人。②

即使学识渊博的教师也不可能对所有知识和问题样样精通。那么，对于学生需要的、感兴趣的，而教师又不甚了解的知识，应该怎样传达给读者？叶圣陶认为，可以采取教师与专家合作的方法。假如有什么道理、方法、经验等需要让少年儿童了解的，可是老师们不甚了了，非请教专家不可，在这样的情况下，请专家直接给少年儿童讲说或撰文是一个办法，专家和老师合作，讲说或撰文还是由老师担任又是一个办法，两者比较，他以为后面的办法好。③ 在叶圣陶看来，专家虽然在某些知识上钻研较深，但极少有专家在撰文时会考虑到儿童的接受程度，即使考虑到这一方面，但由于平时与儿童接触较少，对孩子的认知和语言发展水平了解也有限，而教师与专家合作正好

---

① 叶圣陶：《请老师们和专家合作》，《叶圣陶集》（第 18 卷），江苏教育出版社 2004 年版，第 92—93 页。

② 邵益文：《叶圣陶编辑思想探讨对编辑学研究的启示》，《编辑之友》1997 年第 3 期。

③ 叶圣陶：《请老师们和专家合作》，《叶圣陶集》（第 18 卷），江苏教育出版社 2004 年版，第 92—93 页。

能解决这一问题。教师通过不厌其烦地向专家请教，直到这方面的知识已了然于胸，再以学生能接受的方式和程度，深入浅出地传达给学生。采用教师与专家合作的方法推进出版工作，既可以促使教师实现自我提升，在育人的同时丰富自己的知识体系，学生也更易接受和理解文章的内容，出版物的质量也会提高，实现其作为教育工具的目的，正可谓一举三得。叶圣陶在他主持的教育编辑出版工作中也正是这样实践的。他主编的《中学生》杂志，其中大多文章的撰稿和编辑工作，包括稿件的规划、征集、修改等，就是由现任教师或曾经担任过教师的人员来负责。《中国教育报》也是请中小学教师来撰文，内容主要是教师自身的经历和体会，叶圣陶认为这是本行人谈本行事，言必中肯。①

二、文以养德：教育编辑目的

叶圣陶生活在新旧文化交替的时代，特殊的历史境遇使其认识到人的价值，提出造就健全国民的目标。他通过撰写文章、发表演讲呼吁该主张，这一目标成为其教育编辑工作的里，以此贯穿整个教育编辑生涯。叶圣陶的教育目的观可概括为以育人为本，以兴国为旨，培养能够全面发展、具有良好习惯的现代中国人。② 其教育编辑思想也遵循育人成长、增知启慧的目的，秉持为人民服务的宗旨，坚持以读者为出版工作的中心和出发点，致力于追求人的全面发展，为青少年一生的良好发展打下坚实的基础。

（一）培育健全的国民

教育目的是教育理论和实践中的核心问题，叶圣陶在长篇教育小说《倪焕之》中就曾提出："教育事业是培养'人'的——'人'应该培养成什么样子？'人'应该怎样培养？——这非有理想不可。"③ 在这里，叶圣陶明确了教育的目的是培养人，同样作为具有教育性质的编辑出版工作的目的也应如是。那么，教育编辑工作应致力于培养怎样的人？叶圣陶认为，首先要使青少年做社会的够格的成员，做国家的够格的公民④，受教育者要能生活于人

---

① 叶圣陶：《请老师们和专家合作》，《叶圣陶集》(第18卷)，江苏教育出版社2004年版，第92—93页。

② 任苏民：《叶圣陶教育思想的文化价值和当代价值》，《教育研究》2020年第3期。

③ 叶圣陶：《倪焕之》，《叶圣陶集》(第3卷)，江苏教育出版社2004年版，第350页。

④ 叶圣陶：《读书和受教育》，《叶圣陶集》(第11卷)，江苏教育出版社2004年版，第350页。

群之中，参与社会生活，并且把这一目标作为各科目教学的一个前提。叶圣陶对此强调："我不忘记各种功课有个总目标，那就是'教育'——造成健全的公民。"①

叶圣陶生活的时代正值国家多事之秋，社会动荡，他认为够格的公民应跳出个人小圈子，开阔眼界，关心国内外大事，认清国际形势，出版物也应具有现实性，反映时代要求，重视时事分析和形势教育，引领青少年增强为国家、为社会、为人民服务的信念。他主编的《中学生》杂志在这方面做了大量工作：抗战期间，《中学生》就多次发文重点宣传团结抗日、反法西斯斗争和新民主主义等思想，抗战胜利后，又加强了反内战、争民主的内容，支持学生进行民主运动；但凡是当年国内外发生的大事，均能在《中学生》杂志中看到相关报道和分析评论，如我国民生的凋敝、日寇对我国的侵略、二次大战同盟国的胜利等；叶圣陶还专门邀请金仲华等国际时事问题专家来向青少年读者讲述怎样研究时事和国际问题。

（二）主张智育与体育并重

20 世纪 30 年代，叶圣陶认识到中学课程存在分布不均的情况，即大多课程旨在促进学生的智力发展，对学生的体力、体质较为忽视，这已经严重影响到了青少年的身体健康。对此，他认为，不要偏重智育，应使智育体育并重；不要以死的知识和形式的教育限制中学生的身心发展，而要以活的知识和教育方式解放中学生的身心。② 1935 年，《中学生》杂志针对当前中学生普遍身体羸弱的现状接连发表多篇文章，呼吁改革中等教育、增强体育课在中学课程中的比重，如陈衡哲的《救救中学生》、胡行之的《体力劳动和精神训练》等。学校举办运动会时，《中学生》还刊登了《第六届全国运动会纪略》一文，除了记述运动会的精彩盛况和比赛项目的结果，更是借机警示人们：在这个国贫民弱、外敌欺辱的时代，鼓励青少年锻炼体格，提倡体育，具有深刻的时代意义。身体健康是人的全面发展的生理基础，一个人能否拥有健康的体魄不仅关系到个人发展，更关系到整个国家和民族的未来。因此，教育编辑工作应有意识地引领青少年学生注重身体健康，使学生掌握基本的身体锻炼的知识和技能，养成自觉锻炼身体的习惯，这是实现其全面发展的应有之义。

（三）重视青少年品德的培养

为了帮助青少年成长为健全的国民，成为有益于社会的人，叶圣陶在智

① 《叶圣陶教育文集》（第 2 卷），人民教育出版社 1994 年版，第 87 页。

② 叶至善、叶至美、叶至诚编：《叶圣陶集》（第 18 卷），江苏教育出版社 2004 年版，第 176 页。

育和体育之外，还非常重视青少年良好品德的培养。他指出，我们特别把性行和知能并举，不单讲知能，所谓的性行，也就是指做人所应具备的若干基本素养。① 一个人只有具备良好的道德品质和自我修养，树立正确的世界观和人生观，才能不偏不倚地走向社会，成为对国家、对社会发展有用的人才，这就需要从事教育编辑工作的人员在思想和道德方面对其进行正确引导。正如叶圣陶所说：一个人到了青年，在身心的发展上正当渐趋成熟的时期，所谓“趁热打铁”，该在各方面打下良好的基础。基础打好了，关于做人做事为学有了个良好开端，再求继续发展也就容易。② 中学时期是青少年品德形成的关键时期，《中学生》杂志，力求做好政治思想引导工作、引领学生形成正确的政治信念，当时还尚在开明书店工作的叶圣陶就已经不知不觉地接受着党的领导，③ 在党的号召之下做好青少年的思想引导工作。叶圣陶将“性行”视作为品德培育的重要方面，并将孟子的恻隐之心、羞恶之心、辞让之心、是非之心作为做人应具备的基本素养。

教育编辑工作要达到文以养德，符合我国出版事业始终坚持的为人民服务、为社会主义服务的出版方针。目前我国正处于社会主义初级阶段，决定了我国的教育目的是培养德智体美劳等方面全面发展的社会主义建设者和接班人，要求青少年要为社会主义现代化建设服务，为人民服务。以实现人的全面发展为目的的素质教育应当被放置于教育编辑工作的中心，立德树人更是现在教科书和教辅读物编写的根本任务，应体现政治性、思想性、科学性和教育性的统一，青少年只有各方面素质和谐发展，身与心、才与德有机结合，才能构成一个完整的、全面发展的人。

三、以生为本：教育编辑内容

在教育出版物的内容选择上，叶圣陶认为学生是具有自觉能动性的人，编辑出版人员应与青少年保持朋友的关系，而非以教育者自居；同时，出版物为了更加吸引读者、为读者所接受，应选择青少年感兴趣的、普遍关注的问题，在问题阐述上也要符合青少年的认知和理解水平，这也符合当前我国

① 叶圣陶：《谈谈本刊的旨趣》，《叶圣陶集》（第 18 卷），江苏教育出版社 2004 年版，第 233—235 页。

② 叶圣陶：《谈谈本刊的旨趣》，《叶圣陶集》（第 18 卷），江苏教育出版社 2004 年版，第 233—235 页。

③ 叶圣陶：《浅谈开明书店》，《叶圣陶出版文集》，中国书籍出版社 1996 年版，第 56—57 页。

教育要求以生为本这一趋势。

（一）对学生的认识：学生是有自觉能动性的人

周振甫曾说：对于学生，叶先生认为大体上可分为两类：一类认为学生是活生生的有着自觉能动性的人，一类把学生当成被动接受的对象。① 的确，叶圣陶对于封建制度下的旧教育可谓深恶痛绝，他曾指出，传统的教育将学生比作一张白纸或一个空瓶子，学生只能被动接受，等待教育者来“涂”或“装”。这样的学生观忽视了学生的自觉能动性。因此，他在编写少年儿童读物时坚持反其道而行之的宗旨，坚持出版工作最要紧的是深切地理解少年儿童，承认他们像植物一样，是有生命的，是自己能够发展的，自己能够成长的。②

叶圣陶在编《中学生》时，主张不要教训，要劝说；不要灌输，要启发；不要以教育者自居，要像对待朋友一样对待读者，了解他们的生活情况和学习情况，知道他们需要什么，喜爱什么，跟他们一起商量探讨，解决一些他们面临的问题。③ 他认为，人的学习是一个无止境的过程，成年人也不过是年长几岁、多了一些经验而已，并没有资格去教导、教训青年人。他将教育编辑出版工作比作开会讨论，每个人都可以自由发言，编辑人员应与青年人一起商量，一起讨论，了解青少年所需要的知识、所面临的问题，通过启发、劝说的方式促进青少年发展。正如叶至善所说：他们编写读物从来不用教训的口吻，而是跟朋友谈心一样，和读者平等地商讨问题。④ 这与我们现在所强调的落实和践行以人为本的价值观不谋而合。一直以来，我们的教育都围绕着教育中人的主体性实现这一问题展开讨论，这也始终是一切教育的出发点和落脚点。

（二）选择青少年感兴趣和必需的内容

叶圣陶指出：办任何刊物，都为的是读者。要把刊物办得有特色，先得为自己的读者考虑：什么是他们关心的，什么是他们喜欢的，什么是他们所必需的，什么是对他们有益处的。如果离开了读者，却别出心裁去搞什么特

① 周振甫：《编辑出版家叶圣陶先生》，叶圣陶编辑出版思想专业委员会编：《叶圣陶编辑思想研究》，开明出版社 1999 年版，第 24 页。

② 叶圣陶：《要理解少年儿童——祝贺少年儿童出版社建社 30 周年》，《叶圣陶集》（第 18 卷），江苏教育出版社 2004 年版，第 89 页。

③《叶圣陶教育文集》（第 2 卷），人民教育出版社 1994 年版，第 484 页。

④ 叶至善：《叶圣陶和编辑工作》，《出版发行研究》1994 年第 5 期，第 16 页。

色，就跟为读者办刊物的宗旨背道而驰。① 这也是基于他秉持学生是有着自觉能动性的学生观的延伸。

青少年有着强烈的好奇心，充满了求知欲，促使他们积极地去探索未知世界；在成长的不同阶段，他们也会面临着各种矛盾，充斥着亟须解决的问题。这就需要教育编辑与出版人员认真做好青少年读物的编辑出版工作，刊登学生感兴趣的、需要的内容，满足他们的求知欲望，并满足群体性教育文化需求，继而提高整个民族的文化素养。叶圣陶在他的教育编辑出版工作中就践行了这一理念：《中学生》杂志创刊之初就成立了答问栏，专门用来回答读者提出的问题。后来考虑到答问栏只是做一些零散的回答，并没有对青少年关注的问题形成系统的知识体系，因此，便取消了这一设置，进而就青少年普遍关注的问题专门请专家撰稿，进行详细论述。叶圣陶还认为，作为青少年应关心国家命运，了解国际形势，以便开阔眼界，因此他主张择机刊登对国际形势问题作系统论述之文，例如，张明养的《国际学概论》、祝伯英的《国际政治经济之研究》等文章；青少年最关心的问题莫过于毕业之后的出路，是升学还是就业，该如何做选择，不同的选择又该怎样去做，叶圣陶多次组织文章进行了回答，在《中学生》杂志中设特辑《升学与就业》，发表了《青年们的打算》《出了中学以后的两条路》《对于中学生的一些小贡献》等；因很多读者问及性知识，他还请人写了《性的生理》《弗洛伊德说与性教育》《从性病说到医学革命》一组文章，来帮助青少年树立对性的正确认知。此外，对于青少年感兴趣的文学问题、梦的问题，抑或是使青少年产生苦闷、陷入疑惑的师生关系问题、恋爱问题等，叶圣陶都组织专家进行撰稿，对青少年予以正确引导。可以说，叶圣陶在他的教育编辑出版工作中非常看重读者的需要，他在给儿子叶至诚的信中也提到了这一点：你为什么不能好好迎合观众和读者？迎合并不是坏的字眼。你要向观众和读者宣传什么东西，你要使观众和读者有所提高，总得引起他们的看和读的兴趣才行。讲究如何迎合他们的兴趣，这就是迎合。②

（三）内容难度应是青少年可以理解和接受的

对于出版的教科书，叶圣陶要求一定要使教师容易教，学生容易学。在人民教育出版社担任社长期间，他亲自参与每一本教科书的审阅工作，要求内容的难度要符合中学生的认知水平。他常说：我对于有些学科是外行，但

① 叶圣陶：《谈特色——祝〈艺丛〉创刊》，《叶圣陶集》（第18卷），江苏教育出版社2004年版，第74—76页。

② 叶圣陶：《给至诚信》，《叶圣陶集》（第25卷），江苏教育出版社2004年版，第480—481页。

是总达到了中学生所具备的知识水平吧，如果编出的教科书叫我都看不懂，印出去不是难为教师、难为学生吗？① 叶圣陶在约稿的时候，除了邀请这方面相关专家负责撰稿，更在一开始就反复向专家强调读者对象为青少年，希望专家能够写出符合青少年接受水平的内容，对于专业性知识力求深入浅出，举的例子要生动有趣，文章行文要轻松愉快，解释问题要具体明白，使读者喜欢看、看得懂、用得上。《中学生》杂志中的文章，例如顾均正的《科学趣味》《电子姑娘》、许莼舫的《趣味数学》、贾祖璋的《生物素描》、别莱利曼的《趣味物理学》等，便是兼具知识性与趣味性。为了更好地将知识传达给青少年读者，叶圣陶还强调文章写作要先把学习到的东西化为自己的语言，在理解的基础上再化成通俗的语言深入浅出地传达给读者，要学会说话，尽量在语言表达上不要产生隔阂。他强调：最好尽量用通行的说法。通行的说法是大多数人用来传达意思的，是大多数人说惯听惯了的，咱们拿来用，就一丝儿不隔。语言出在咱们的口里心里，意思透进人家的耳里心里。不太通行的说法、绕一些弯子的说法就不然，即使意思没有错，人家总觉得有些儿生分、不自然，这多少就是隔。② 坚持出版适合青少年难度的教科书，一方面是为了更方便教学，使教师能够在领会教材的基础上将知识传达给学生，另一方面也更能体现出教育编辑出版工作者坚持的理念，即心中有他人，始终将读者放在第一位，这也值得当下所有教育编辑工作者学习。

（四）讲求内容的科学性

叶圣陶的多重角色，使其对时代更具敏感性，其文学作品都蕴含着深厚的时代气息和文化背景，并将这种认识植根于教育思想，实践于教育编辑工作。20 世纪上半叶，中国社会充斥着封建迷信，极为愚昧落后，尤其是在文化落后的偏远乡村，而当时文坛的现状也不容乐观。民众所喜闻乐见的读物是《包公案》《施公案》《济公传》之类，受这类文学作品的影响，人们对于书中像济公活佛、黄天霸等人物盲目崇拜，将他们视为救世主进行供奉、祈求保佑。在此时代背景下，叶圣陶坚决拥护科学、拥护真理，在他的教育编辑工作中多次强调文章内容要体现科学性，与迷信作斗争：从前的本刊是专致力于文学的，现在却要更论及其他诸事。从前的本刊是略偏于研究文学的，现在却更要与睡梦的、迷路的民众斗争。总之，我们今后所要打破的是文艺

① 张志公：《编辑家叶圣陶》，叶圣陶编辑出版思想专业委员会编：《叶圣陶编辑思想研究》，开明出版社 1999 年版，第 14 页。

② 叶圣陶：《为了听众，为了读者》，《叶圣陶集》（第 17 卷），江苏教育出版社 2004 年版，第 53—57 页。

界的诸恶魔，是迷古倒流的思想，我们所要走的是清新的活泼的生路。①

叶圣陶主张教育编辑工作应有所为有所不为，要坚持出版科学的、有益于读者的内容。有所为，就是出书出刊物，一定要考虑如何有益于读者；有所不为，明知对读者没有好处甚至有害的东西，我们一定不出。② 这不但是编辑的原则，更是做人的原则。叶圣陶的教育编辑思想顺应了科学的、民族的、大众的时代观念，依附于教育思想。因此，在出版内容上应仔细审阅，无论内容还是形式，都要像叶圣陶一样做到有所为有所不为，选择青少年所关注的、必需的知识，熟悉青少年的语言和思维发展水平，出版兼具科学性和趣味性的刊物，注重文学作品对于青少年的影响，使读者在阅读的过程中受到有益启迪。

四、用教材教：教材编写育人

教材是进行教育的重要工具，承载着长久以来人们知识和经验的总结，同时又是建构国家形象、维护国家形象和构建未来人的形象的重要载体。因此，教材的编写和选择对教育具有举足轻重的作用。叶圣陶将教材视为教的材料，关键在于用教材开启学生寻知求真的大门，故而对待教材的正确态度应该是在受教材的基础上受教育，合理编写教材以达到育人的目的，最终也要将教材知识回归学生生活。是教教材还是用教材教，依然是值得教育编辑工作者思考的取向问题。

（一）教材仅是教的材料

叶圣陶所处时代的教育界存在对教材的两种认识：一种是唯教材主义，即对于教材盲目迷信和依赖，认为教材上的内容都是对的，是绝不会出错的；另一种则对新编的教材虽然持不满态度，但却不愿意公开指出，只是在暗地里说说。对此，叶圣陶认为这两种态度都是不正确、不可取的，他认为：对于教科书的内容应该特别重视，因而对于教科书的批评是应该特别受到欢迎的。只有通过群众的意见，才可以把教科书这一工作做得更好。③ 在叶圣陶看来，教材上的所有知识并不都是金科玉律、一成不变的真理，群众要敢于开

---

① 叶圣陶：《今后的〈文学周报〉》，《叶圣陶集》（第 18 卷），江苏教育出版社 2004 年版，第 103—104 页。

② 叶圣陶：《浅谈开明书店》，《叶圣陶出版文集》，中国书籍出版社 1996 年版，第 56—57 页。

③ 叶圣陶：《一年来的出版工作》，《叶圣陶集》（第 18 卷），江苏教育出版社 2004 年版，第 19—24 页。

口、敢于批评，才能促进教科书编写工作的改进和发展。教材是教师教和学生学的材料，它是依照课程标准编制的，因而具有一定的教育性、思想性和科学性，能够帮助学生更好地获得系统的知识，是教学活动的主要依据；但同时，教材本身是为教育工作服务的，它只是一种教育工具，教材不是目的，教育才是目的。教材只能作为教课的依据，要教得好，使学生受到实益，还靠老师的善于运用。① 换言之，教材不是学生学习的终点，而要通过教师的循循善诱，引发其学习知识和深究问题的兴趣。教育编辑工作者在编写和出版教材或教辅读物时应明确所有的教材都是为了实现育人的目的，即为培养全面发展的人民服务的，培养人、塑造人才是最终目的。教师在教学过程中也应注重教材的生活化、实践化，与学生实际生活发生联系，从而实现教材自身价值的最大化。

（二）在受教材的基础上受教育

在认识到教材性质的基础上，叶圣陶进一步认为受教材不等于受教育。在他看来，一本书的内容是极其有限的，哪怕我们把书中所有的知识全部学会，也并不会有太大的进步。对于教材和教育之间的关系，叶圣陶在《我们的宗旨与态度》一文中提到：学校教育如果只能使学生受教材，那是欠缺，如果连教材也受不到，当然更不成话。必须使教材像食物一样，在学生的身体里消化，转化为血肉；学生就在受教材的当时得到补益与受用，那才是受教育。② 也就是说，要在受教材的基础上受教育。教材等以学生为主要读者对象的出版物，首先应具有一定的知识性，能够丰富学生的见识，开阔学生的眼界，使学生掌握科学知识，提高认知发展。然而，知识是无穷尽的，真正的受教育也绝不仅限于书本上知识的死记硬背，受教材只是第一步，教材作为教的材料，其更重要的作用在于使青少年读者对书中的科学知识产生兴趣，从而主动学习、乐于学习。他强调书中的内容要具有启发性，通过教材引导与启发学生的思考，从书中学到解决问题的方法，举一反三，勤于练习，从而达到疑难能自决、是非能自辨、斗争能自奋、攻关能自勉的程度。因此，在教材的编辑和出版工作中，一方面要注重向读者传授科学知识，另一方面在知识的编排顺序和方式上要能够引导学生独立思考、积极探索，自觉地掌握科学知识和发现问题、解决问题的能力，这也是教材编辑的内在要求。

（三）教材知识最终要运用于实践

叶圣陶在教育编辑工作中尤其强调劳动教育，阐明要培养热爱劳动的习

---

①《叶圣陶教育文集》(第2卷)，人民教育出版社1994年版，第516页。

② 叶圣陶：《我们的宗旨与态度》，《叶圣陶出版文集》，中国书籍出版社1996年版，第31—34页。

惯，对青少年进行劳动训练。他认为，教育要和每人的整个生活发生交涉，教育要为生产劳动而设计。[①] 他在《中学生》编辑后记中指出：我们有一双手，我们生存在需要每人的一双手的社会里，我们愿意劳动。但关涉到劳动的问题正多。这些问题萦绕在青少年的心，引起了寻根探源的动机。[②] 这些问题涉及青少年所普遍关注的劳动机会、劳动路向、劳动报酬等，叶圣陶专门请专家撰稿进行剖析，为青少年解答疑惑。这也反映了叶圣陶在其教育编辑工作中体现出来的教育观，即学习应与劳动、与生活、与实践紧密相连，只有书本上的知识能够反映现实，并应用到日常生活中，这样的学习才是有价值的，才是能促进学生自身发展的。叶圣陶这一思想是针对当时社会应试教育愈演愈烈的现状提出的，应试教育使学生整日从事高强度脑力劳动，对于双手的实际操作能力却不重视，如此会损害学生健康，摧残人才。教育编辑工作中也应注重教材内容的生活性和实践性，重视对青少年劳动意识、劳动观念、劳动技能的培养，鼓励学生进行创造性劳动，促进德智体美劳全面发展。

结　语

叶圣陶先生为教育编辑事业奋斗了一生，其教育编辑思想发轫于民国，发展于新中国，所进行的编辑工作立足大众性，并自觉地将教育编辑事业同教育改革与发展相对接，折射出时代性。教育思想是叶圣陶教育编辑思想的里，由此衍生出他对编辑工作性质的认识、教育编辑目的的认知、教育编辑工作的内容选择和对教材编辑的理解，这些见识构成了叶圣陶教育编辑思想的机制，经历从实践到思想、再由思想到行动的认知过程，具有很强的指导性和实践性。从编辑工作的角度看，编辑发挥着联结作者与读者的桥梁作用，文字的表情达意离不开编辑者的审阅、校对，严谨地咬文嚼字成为编辑者的基本素养，推敲二字更是编辑工作的不二法门。在叶圣陶的教育编辑思想中，教育思想作为里，在于教之隐微；文质语脉作为表，重在文之显白。他所追求的是两者的统一，即求文教合一，亦为表里如一。文学和教育都应照进时代，文教合一是对出版物逻辑性和科学性的守护，即用以准确文字表述思想之要的出版物影响灵魂，唤起读者内心的善知，树立正确的三观，自觉担负起社会责任，实现自我价值。至此，叶圣陶的文教合一是将教育与时代、教

① 《叶圣陶教育文集》（第 2 卷），人民教育出版社 1994 年版，第 168 页。

② 叶圣陶：《〈中学生〉的〈编辑后记〉》，《叶圣陶集》（第 18 卷），江苏教育出版社 2004 年版，第 116—188 页。

育与出版物、教育与人、出版物与人、符号与生活统合为一体，从高纬度审视物我之境，于细微处把握教育行动。文教合一作为叶圣陶教育编辑思想的精髓，启迪着新时代教育编辑工作者对编辑素养和编辑力的提升，纳众家之见，以教为基，以文化人，传育人之道，拓改革之路。

（原载《教育研究与实验》2022 年第 3 期）

语言认识与文字改革

——叶圣陶编审新中国初期教科书时读改思想与实践

■ 李云龙

1949年4月8日，为适应编写“统一的教科书的需要”，陆定一、周扬、晁哲甫、范文澜等，在北京饭店宴请叶圣陶等人，商定成立“教科书编审委员会”，在中央政府未成立前，暂隶华北人民政府。① 该会成立后，“在编撰以前，先做一些修订审读的工作”②，于7月草拟了《中小学教科用书审读意见书》，提供了修订、新编的新教材和审读可用的旧教材的目录。1949年11月1日，教科书编审委员会开展工作约半年后，由其与出版委员会、新华书店编辑部合在一起组成的出版总署成立，其下属的编审局继续负责教科书编审。1950年12月人民教育出版社成立，“编审局划分三个机构，一部分作了人民教育出版社的编辑部”③，“我社系教部与出版总署所共立，教部犹如主顾，我社犹如工厂”④。新中国编审教科书的机构一年多内虽迭经变化，但是从事具体工作的骨干人员一直是叶圣陶等人。叶先生为当时主其事者，在很长一段时间里承担了大量教科书的编审任务，他在工作过程中与编校人员一边朗读一边修改，这不仅为高质量的课本语言提供了保障，而且为此后教科书统稿确立了基本工作模式，对今天的相关工作仍有借鉴意义。

一、读改工作基本情况

1949年11月1日，出版总署成立，叶圣陶担任出版总署副署长，兼任编

① 宋云彬著，海宁市档案局（馆）整理：《宋云彬日记》，中华书局2016年版，第61页。

② 华北人民政府教育部教科书编审委员会：《中小学教科用书审读意见书》，中国共产党中央宣传部1949年版，第7页。

③ 袁亮：《中华人民共和国出版史料第二卷：1950》，中国书籍出版社1996年版，第887页。

④ 叶圣陶：《北游日记（甲抄）》，叶至善、叶至美、叶至诚编：《叶圣陶集》(第22卷)，江苏教育出版社1994年版，第49页。

审局局长。参加会议、批阅文件等日常行政事务相当繁多，叶先生有时为之无奈，如1950年3月25日日记“竟日杂阅公文……其他未了事亦多，如何是好”①，3月31日日记“上午开署务会议。通过稿酬办法，余确深感疲劳，而所作事殊无佳绩，奈何”②，1950年12月20日日记“所论多无关紧要，而发言甚多……开会大都类此，余所深畏者也”③，1951年4月19日日记“会以五点过散。竟日时间，大半费于集会，生涯如此，非始料所及也”④。而叶先生对行政之外的教科书编审更投入了大量的精力，其日记中“竟日为赶编教科书而忙碌”“整日为修改课文忙”“连日赶编，紧张之至”的记载时时可见。

（一）多学科教材的审核把关

叶圣陶以往编写过多套具有很大影响的国语、国文课本，在新课本的编审过程中，语文学科无疑仍是其关注最多的方面。譬如1949年10月24日，“建功来，与语文组同人共读高小语文第二册课文，仅十余篇，已至日暮”，25日“下午作成《国旗歌》一首，插入高小语文第一册”，27日“看同人修改之小学语文两本，教育部送来之农民读本第四册一本”，28日“改文叔所撰高小语文课文”，29日“续改文叔所为课文”。⑤ 作为著名的教育家、教科书出版家，身膺编审局局长之任的叶先生还审读了中小学其他学科的多种教科书。1949年11月19日“上午在会中看武行（纡）生所编高小政治课本”⑥，28日“看蠖生所为近代史教本稿”⑦，1950年3月7日“看曾次亮所

① 叶圣陶：《北游日记（甲抄）》，叶至善、叶至美、叶至诚编：《叶圣陶集》（第22卷），江苏教育出版社1994年版，第101页。

② 叶圣陶：《北游日记（甲抄）》，叶至善、叶至美、叶至诚编：《叶圣陶集》（第22卷），江苏教育出版社1994年版，第203页。

③ 叶圣陶：《北游日记（甲抄）》，叶至善、叶至美、叶至诚编：《叶圣陶集》（第22卷），江苏教育出版社1994年版，第155页。

④ 叶圣陶：《北游日记（甲抄）》，叶至善、叶至美、叶至诚编：《叶圣陶集》（第22卷），江苏教育出版社1994年版，第188页。

⑤ 叶圣陶：《北游日记（甲抄）》，叶至善、叶至美、叶至诚编：《叶圣陶集》（第22卷），江苏教育出版社1994年版，第78-79页。

⑥ 叶圣陶：《北游日记（甲抄）》，叶至善、叶至美、叶至诚编：《叶圣陶集》（第22卷），江苏教育出版社1994年版，第82页。

⑦ 叶圣陶：《北游日记（甲抄）》，叶至善、叶至美、叶至诚编：《叶圣陶集》（第22卷），江苏教育出版社1994年版，第83页。

作本国地理稿"①，11 月 7 日"竟日除谈杂事外，续改植物教本"，9 日"谈杂事外，看乔峰所编动物下册之全稿，略为修润"②，1951 年 2 月 13 日"看许南溟所编初中物理，盖与陈同新合编者"③，1952 年 4 月 18 日"仅改初中化学稿十三页"，21 日"续改化学稿"④。

新中国成立初期统一教科书的编写，受方针、政策、课程、标准、机构、人员等各方面的限制，不可避免地会存在这样或那样的问题，因此叶圣陶的审读、修改成为必不可少的关键环节。其 1950 年 1 月 19 日日记，"即以教科书而论，同人作稿而不需董理者不多"，20 日日记"四时半，为同人语文学习组讲话。取不妥文字一篇，一一指其谬误。诸君或未必有此意兴，甚且以为此是小节，不讲亦可。余唯愿于业务上略有所助益也"⑤。特别是自叶圣陶担任人教社社长兼总编辑之后，其更自觉地将审读教材书稿作为自己的一项极为重要的工作。1952 年 1 月 10 日人教社要开全体大会，按规定社长须检讨自己的工作，叶圣陶在 9 日"夜半醒来想两时许，今日即笔录之……一、余明知我社之教本质量甚低……拟自白今日为始：一、各稿必须仔细看过，必认为可以拿出去然后发稿"。⑥ 这种"改课本原稿"的工作一直持续下来，1953 年 3 月 19 日"去年三反之时，余作检讨，曾当众明言，新编之稿，将逐一细细看过。三学期之修改稿本，为实践斯言耳。灿然谓此项工作若作总结，将有助于同社诸君，至少可资编撰时参考"⑦。以一人之力修改一社课本，工作繁重是可想而知的，1953 年 2 月 28 日"晨至社中，诸编辑室纷纷送稿来，初中物理，高中物理，高中语文，小学自然。大家均欲按计划规定时间交稿，

---

① 叶圣陶：《北游日记（甲抄）》，叶至善、叶至美、叶至诚编：《叶圣陶集》（第 22 卷），江苏教育出版社 1994 年版，第 98 页。

② 叶圣陶：《北游日记（甲抄）》，叶至善、叶至美、叶至诚编：《叶圣陶集》（第 22 卷），江苏教育出版社 1994 年版，第 145 页。

③ 叶圣陶：《北游日记（甲抄）》，叶至善、叶至美、叶至诚编：《叶圣陶集》（第 22 卷），江苏教育出版社 1994 年版，第 68 页。

④ 叶圣陶：《北游日记（甲抄）》，叶至善、叶至美、叶至诚编：《叶圣陶集》（第 22 卷），江苏教育出版社 1994 年版，第 318-319 页。

⑤ 叶圣陶：《北游日记（甲抄）》，叶至善、叶至美、叶至诚编：《叶圣陶集》（第 22 卷），江苏教育出版社 1994 年版，第 91 页。

⑥ 叶圣陶：《北游日记（甲抄）》，叶至善、叶至美、叶至诚编：《叶圣陶集》（第 22 卷），江苏教育出版社 1994 年版，第 271-272 页。

⑦ 叶圣陶：《北游日记（甲抄）》，叶至善、叶至美、叶至诚编：《叶圣陶集》（第 22 卷），江苏教育出版社 1994 年版，第 442 页。

而未将余看稿之时间详加估计。余亦甚愿诸稿按期交出，竭力以赴，而劳困甚矣”①。

（二）读改工作过程

教科书编审委员会仅成立一月，叶圣陶、宋云彬等编审高小国语课本时，即请人朗读、修改，以修正“国语词汇及语调之失。叶圣陶对这一工作模式“久已存心”，“迄未试过，今语同人，俱以为然，乃得实行”。初次诵读课本是 1949 年 5 月 21 日，请了北平的“小学教师周女士”“诵读高小国语第一册”，只是周女士虽然久居北平，但“语感不甚强，且不甚了解我人之旨”，所以 5 月 23 日上午来后将国语第一册读完，后面就改成了魏建功。② 5 月 25 日“今日请魏建功为校读国语课本。自上午九时至下午三时半，仅通过一十三篇”，魏建功不只熟谙京音，且本身就是语言学家，所以他“不特留意语言，并及内容，较之周小姐自有大不同”，叶圣陶于此颇感满意，“此书经如此琢磨，可以拿得出去，亦是一乐”。③ 这之后，魏建功就常来参与语文课本的读改了，譬如 1949 年 6 月 20 日“上午建功来，共读国语第三册之十余课”④。读改语文课本的工作一直持续了很多年，到 1953 年 1 月 6 日“今日在讨论小学语文稿时得一新知。稿由王漪朗诵”⑤。除请北京当地人朗诵外，叶圣陶先生也常自读，1952 年 3 月 18 日，“早上仲仁来言，初中语文课本经数人看过，各有修改意见，最好集三位原编者共同通读，定其然否……从第一篇起，由余朗读其课文，并及注解、提示。遇有可商处，即停止而细商之”⑥。

叶圣陶亲自读改的教科书，语文之外比较多的是丁晓先的历史课本。1950 年 2 月 6 日“夜听晓先读其所撰历史第一章之第一节，已四易其稿矣”⑦；1951 年 9 月 25 日“夜间与晓先共读其重编之小学历史第三册之课文，

---

① 叶圣陶：《北游日记（甲抄）》，叶至善、叶至美、叶至诚编：《叶圣陶集》（第 22 卷），江苏教育出版社 1994 年版，第 435 页。

② 叶圣陶：《叶圣陶日记：一九四九年》，《叶圣陶研究年刊》2011 年版，第 55 页。

③ 叶圣陶：《叶圣陶日记：一九四九年》，《叶圣陶研究年刊》2011 年版，第 56 页。

④ 叶圣陶：《叶圣陶日记：一九四九年》，《叶圣陶研究年刊》2011 年版，第 63 页。

⑤ 叶圣陶：《北游日记（甲抄）》，叶至善、叶至美、叶至诚编：《叶圣陶集》（第 22 卷），江苏教育出版社 1994 年版，第 410 页。

⑥ 叶圣陶：《北游日记（甲抄）》，叶至善、叶至美、叶至诚编：《叶圣陶集》（第 22 卷），江苏教育出版社 1994 年版，第 304 页。

⑦ 叶圣陶：《北游日记（甲抄）》，叶至善、叶至美、叶至诚编：《叶圣陶集》（第 22 卷），江苏教育出版社 1994 年版，第 94 页。

随即修正其文辞。工作两小时，看过半册”①。后来的 10 月 13 日“夜间与晓先共校高小历史第四册之校样半册，即顺便为之修润”，14 日“与晓先续为校改历史课本，又经三时有余而毕”② 也应该是采用了相同的读改办法。

二、读改课本的基本考虑

教科书读改模式，在叶圣陶“久已存心”，它之所以在新中国成立初期的教科书编审过程中得到启用，是因为受到了来自个人认识、工作要求到社会形势等多个方面的影响和推动。

（一）个人语言认识的激发

1. 语言与思维的关系

新中国成立前，叶圣陶、宋云彬等编审教科书时即敏锐地注意到，人们中间流行着“只要思想搞通，文章写不通也无关重要”的论调。宋云彬 1949 年 8 月 19 日日记提及傅彬然与朱智贤合辑了一本来自解放区讲各科教学法的师范教本，其文句不通“出人意表”，“圣陶曾因此大为不快，颇有辞职不干之意”。宋云彬借此联想，“圣陶拟订中学课程标准，其中有一项说明：‘一个词儿用得合适不合适，一个虚字该补上还是该删掉，都是内容问题，不是文字问题。表达内容既然以语言为工具，唯有语言运用得得当，才能表达得得当。’……圣陶殆有为而发欤?”③。

叶圣陶后来对语言与内容、思想的关系作过很多思考。1950 年 10 月 28 日日记，“伏案作文……题为《没有什么文字问题》。言文字问题实为语言问题，亦即思想问题，缘思想必凭借语言而进行也”④；1950 年 12 月 9 日“乔木续发言，承认中国文字之混乱现象，而要求语言学者予以准绳，确定文法。余意混乱是事实，而毛病不在讲文法，乃在词汇之乱用，语言之不精练，毛病还在思想方面”⑤；1952 年 5 月 7 日，“晨八点半，至干部学校讲语文课……

① 叶圣陶：《北游日记（甲抄）》，叶至善、叶至美、叶至诚编：《叶圣陶集》（第 22 卷），江苏教育出版社 1994 年版，第 234 页。

② 叶圣陶：《北游日记（甲抄）》，叶至善、叶至美、叶至诚编：《叶圣陶集》（第 22 卷），江苏教育出版社 1994 年版，第 242 页。

③ 宋云彬著，海宁市档案局（馆）整理：《宋云彬日记》，中华书局 2016 年版，第 210 页。

④ 叶圣陶：《北游日记（甲抄）》，叶至善、叶至美、叶至诚编：《叶圣陶集》（第 22 卷），江苏教育出版社 1994 年版，第 142—143 页。

⑤ 叶圣陶：《北游日记（甲抄）》，叶至善、叶至美、叶至诚编：《叶圣陶集》（第 22 卷），江苏教育出版社 1994 年版，第 153 页。

今日余之所讲仍为老套，无非思想依靠语言云云”①。叶圣陶的观点得到了同人的认可和响应，在宋云彬之外，尚有魏建功和朱文叔等人。叶圣陶 1950 年 12 月 9 日说语言混乱的“毛病还在思想方面”，日记里即提到“此意建功与余相同”。② 朱文叔在撰写的《小学语文教学法》中，“于概念与词之关系讲得甚多，期教师深明思想与语言之关系，然后施教，用心甚可钦”③。

叶圣陶的很多认识，和斯大林在《马克思主义与语言学问题》中表达的观点切近，因此他几次演讲、作文介绍斯大林的说法。1953 年 2 月 7 日至中宣部干部学校“应约为作讲……余依斯大林之说，讲语言为工具、语言与思维之关系等，一讲三小时，自觉尚满意”④。3 月 20 日，“重看斯大林关于语言学问题之著作。午睡醒来，作文就斯大林语，浅释语言与思想之联系，供《语文学习》之用”⑤。这篇文章在 23 日写完，题作“语言跟思想的联系”，交给了张志公。斯大林的论述与叶圣陶的观点多有相合处，以致一个月后的 4 月 25 日，叶圣陶又重读了“《马克思主义与语言学问题》一遍”，并感慨“斯氏之作，言简而含意深广，余重读一遍，辄增加若干新的体会”。叶圣陶 1952 年 5 月 14 日为俄文编译局演讲时强调：“语言既为思想所凭借，则思想之表达与传递，非求语言之正确明白不可。不能谓某人之思想固正确明白，而其语言文字则草率谬误。脱离语言文字，又何从判其思想之正确明白乎……‘语言是思想的定型’。”⑥ 此后 1953 年中国文学艺术工作者第二次代表大会上发言，叶圣陶重申了这个想法。思维、认识活动的结果，在叶圣陶看来“无非是说成明白通畅的语言”⑦，编审教科书时读改文字，通过“说出来”的语言判断、完善认识和思想当然是必要的途径了，在一定意义上说，

---

① 叶圣陶：《北游日记（甲抄）》，叶至善、叶至美、叶至诚编：《叶圣陶集》(第 22 卷)，江苏教育出版社 1994 年版，第 325 页。

② 叶圣陶：《北游日记（甲抄）》，叶至善、叶至美、叶至诚编：《叶圣陶集》(第 22 卷)，江苏教育出版社 1994 年版，第 153 页。

③ 叶圣陶：《北游日记（甲抄）》，叶至善、叶至美、叶至诚编：《叶圣陶集》(第 22 卷)，江苏教育出版社 1994 年版，第 335 页。

④ 叶圣陶：《北游日记（甲抄）》，叶至善、叶至美、叶至诚编：《叶圣陶集》(第 22 卷)，江苏教育出版社 1994 年版，第 426 页。

⑤ 叶圣陶：《北游日记（甲抄）》，叶至善、叶至美、叶至诚编：《叶圣陶集》(第 22 卷)，江苏教育出版社 1994 年版，第 442 页。

⑥ 叶圣陶：《北游日记（甲抄）》，叶至善、叶至美、叶至诚编：《叶圣陶集》(第 22 卷)，江苏教育出版社 1994 年版，第 327—328 页。

⑦ 中央教育科学研究所：《叶圣陶语文教育论集》，教育科学出版社 1980 年版，第 637 页。

“修改文章不是什么雕虫小技，其实就是修改思想，要它想得更正确、更完美”①，“修改语言同时是修改意思”②。

2. 语与文的关系

叶圣陶主持、宋云彬等编写1950年12月人教社出版的《初级中学语文课本》第一册《编辑大意》说：“说出来是语言，写出来是文章，文章依据语言，‘语’和‘文’是分不开的。语文教学应该包括听话、说话、阅读、写作四项。因此，这套课本不再用‘国文’或‘国语’的旧名称，改称‘语文课本’。”③ 教科书上对于“语文”学科性质的界定，实际导源于叶圣陶一贯秉承的思想。其于1946年5月1日《中学生》上发表了《谈文章的修改》一文，里面提到，“写文章就是说话，也就是想心思。思想，语言，文字，三样其实是一样”④，“思想是脑子里在说话——说那不出声的话，如果说出来，就是语言，如果写出来，就是文字”⑤。1951年1月10日，又在《新观察》上撰《写话》，“话怎么说，文章就怎么写”⑥。

文章既然是语言的书面形式，那么检验、修正文字的有效办法，当然是重新把它读出来，看看读着是否合适、怎样修改读着合适。叶圣陶认为，“写话是要写成的文章句句上口，在纸面上是一篇文章，照着念出来就是一番话。上口，这是个必要的条件……通篇上口的文章不但可以念，而且可以听，听起来跟看起来念起来一样得清楚明白，不发生误会”，对照“上口”的要求，检查文章的办法则是“把写成的文章念一遍”，“不要把它当文章念，要把它当话说，看说下去有没有不上口的地方，有没有违反现代语言规律的地方”。⑦ 叶圣陶一直到晚年都关注基于“语”的“文”，1978年4月20日在新

---

① 中央教育科学研究所：《叶圣陶语文教育论集》，教育科学出版社1980年版，第448页。

② 中央教育科学研究所：《叶圣陶语文教育论集》，教育科学出版社1980年版，第632页。

③ 中央人民政府出版总署编审局：《编辑大意》，宋云彬等编：《初级中学语文课本：第一册》(第一次修订原版)，人民教育出版社1950年版。

④ 中央教育科学研究所：《叶圣陶语文教育论集》，教育科学出版社1980年版，第447页。

⑤ 中央教育科学研究所：《叶圣陶语文教育论集》，教育科学出版社1980年版，第448页。

⑥ 中央教育科学研究所：《叶圣陶语文教育论集》，教育科学出版社1980年版，第454页。

⑦ 中央教育科学研究所：《叶圣陶语文教育论集》，教育科学出版社1980年版，第456—457页。

华社国内记者业务训练班上讲话仍说："文章改完之后，最好是念一两遍。这也是个好习惯。怎么念法呢？要跟平常说话一样地念，而不是像有些同志在会上做报告念稿子那样念法。要念起来上口，听起来顺耳……要念到没有什么别扭，没有什么听不明白的地方才好。"① 文章固然需要加工，不过"要在平常说话习惯的基础上加工，做到比平常说话更好"②。

（二）中小学课本的语言特点

鉴于心智发展水平和环境、阅历的限制，中小学生的学习既须注重学科，又要兼顾语言。能够为学生理解接受的，首要的当然是其平时常用的通俗口语。教科书涉及的对象语言、叙述语言，在新中国成立初期一般都以通俗、流畅、准确、清晰作为评判标准。

1. 教科书审读意见中的语言取向

1949 年 7 月 6 日，中共中央宣传部印发了由编审委员会草拟的《中小学教科用书审读意见书》。因为"编撰没有那么快"，委员会先做了对新中国将用的以往的教科书的审读工作，然后再行修订和新编。《意见书》以举例的方式，对教科书语言做了限定和说明。

国语、国文以语言的学习为重点，自然重视语言的品质。《开明新编国文读本甲种》"每篇文字经编者修润，相当顺适"③；叶圣陶编《幼童国语读本》《儿童国语读本》"文句均能上口"④；哈尔滨市教育局编《初中临时教材国文》"注释采用口语，较过去直抄辞书字典者，较为生动活泼"⑤；山东省政府教育厅编审《小学课本国语》"就文字而论，比较华北的来得流利通畅，没有什么大毛病"⑥。教材语言运用得不好，自然免不了修润，华北新华书店印行的《初中国文》"文字大概没有经过编者修润，不免有些毛病，如果用书写

---

① 中央教育科学研究所：《叶圣陶语文教育论集》，教育科学出版社 1980 年版，第 584 页。

② 中央教育科学研究所：《叶圣陶语文教育论集》，教育科学出版社 1980 年版，第 487 页。

③ 华北人民政府教育部教科书编审委员会：《中小学教科用书审读意见书》，中国共产党中央宣传部 1949 年版，第 39 页。

④ 华北人民政府教育部教科书编审委员会：《中小学教科用书审读意见书》，中国共产党中央宣传部 1949 年版，第 24 页。

⑤ 华北人民政府教育部教科书编审委员会：《中小学教科用书审读意见书》，中国共产党中央宣传部 1949 年版，第 37 页。

⑥ 宋云彬著，海宁市档案局（馆）整理：《宋云彬日记》，中华书局 2016 年版，第 21 页。

须用纯粹口语的观点来看，该修润的地方更多了”①；东北政委会编《高小国语》“但文字上如能再加修润，效果必然更大”②；贾祖璋编开明版《初中植物学教本》“此书叙述简单明瞭，文字有时稍有语病”③；周颂久编商务版《物理学》“叙述与说理颇能照顾到中学生的对象，但似过分要节省篇幅，致使许多地方未能得到应有的清楚明白”④。

新中国成立初期的教科书，因为成于众手且个人理解不同，其在语言使用方面仍然存在一定问题。叶圣陶 1950 年 5 月 16 日日记“座谈我局所编高中初中第一册语文课本。诸君皆先认真阅过原稿，见无不言，深可感激。以为课文在语言方面尚欠纯粹”⑤。不只语文要注意语言，其他学科都须讲究语言锤炼，叶圣陶 1950 年 10 月 26 日日记“理科之教学而至于讲解文字，其教学效果必寡矣”⑥；宋云彬 1951 年 1 月 5 日日记，“下午自然组组务会议，余以副总编辑名义出席。余谓自然课本亦须注意语文方面，否则我们辛辛苦苦编语文课本，而其他课本之文字不能与之配合，一齐人傅之，众楚人咻之，不等于白费工夫乎？圣陶颇韪余言”⑦。当年的课本书稿，在最后印制之前，一般都需要叶圣陶审改把关，他对此多有记录。1950 年 5 月 19 日为曾次亮初中地理“重读一过，润色其文字”⑧，5 月 26 日“曾君之文字实粗糙，余修改亦不能精细也”⑨；1951 年 10 月 15 日“墨偶以高小自然校样嘱至善阅看，至善发见其书多粗糙含糊之语，谓实非善本”；1952 年 4 月 1 日“王芝九与颜迺

① 华北人民政府教育部教科书编审委员会：《中小学教科用书审读意见书》，中国共产党中央宣传部 1949 年版，第 35 页。

② 华北人民政府教育部教科书编审委员会：《中小学教科用书审读意见书》，中国共产党中央宣传部 1949 年版，第 23 页。

③ 华北人民政府教育部教科书编审委员会：《中小学教科用书审读意见书》，中国共产党中央宣传部 1949 年版，第 46 页。

④ 华北人民政府教育部教科书编审委员会：《中小学教科用书审读意见书》，中国共产党中央宣传部 1949 年版，第 57 页。

⑤ 叶圣陶：《北游日记（甲抄）》，叶至善、叶至美、叶至诚编：《叶圣陶集》(第 22 卷)，江苏教育出版社 1994 年版，第 112 页。

⑥ 叶圣陶：《北游日记（甲抄）》，叶至善、叶至美、叶至诚编：《叶圣陶集》(第 22 卷)，江苏教育出版社 1994 年版，第 142 页。

⑦ 宋云彬著，海宁市档案局（馆）整理：《宋云彬日记》，中华书局 2016 年版，第 299 页。

⑧ 叶圣陶：《北游日记（甲抄）》，叶至善、叶至美、叶至诚编：《叶圣陶集》(第 22 卷)，江苏教育出版社 1994 年版，第 113 页。

⑨ 叶圣陶：《北游日记（甲抄）》，叶至善、叶至美、叶至诚编：《叶圣陶集》(第 22 卷)，江苏教育出版社 1994 年版，第 114 页。

卿之稿可谓最粗之毛坯，皆信笔挥洒……余为之修润不能甚细”①。当初翻译苏联教科书不少，不过译笔不佳，也需要为之大幅改动。1950 年 10 月 16 日“唯译笔不佳，我国中学生读之，颇多文字上之障碍”②；又 10 月 26 日日记“余续阅植物教本，加以修改。此书翻译之成分多，供初中用，学生多文字上之障碍，但令自观，未必能明。于是教师须为讲解文字。理科之教学而至于讲解文字，其教学效果必寡矣”③；1951 年 5 月 3 日“观梁君所译苏联某氏心理学稿。译文又殊粗劣，观之似懂非懂，文句多莫可辨析，辄为皱眉，一一记之于纸”④；1952 年 10 月 8 日“理化室诸君翻译尚不恶，但尚有不类我国语言处，又有尚欠精密处，拟为之仔细校改，使成较善之本”⑤。

在强化思想政治教育的目标要求之下，当时很多编审者偏向将与政治相关的时事报道选作教材，不过叶圣陶对此并不赞同，他甚至认为报纸文风影响了教科书表达，称其为“报纸调”。1951 年 11 月 19 日“上午看语文组所选教材，将以修订已出之教本者。诸君多取材于杂志，而杂志文字往往报道一时一地之事，事过境迁，即感乏味。语文教本并非报章文章之汇辑，此意向不为同人所通晓也”⑥。对于取材报章的担忧一直延续，1952 年 3 月 5 日叶圣陶又与蒋仲仁谈起此事：“语文组同人不注意语文，所写所撰教材顾到思想政治一面，忽略艺术一面，致中学教本无异于报道时事时人之杂志，各篇皆不能起感染作用。余自以为颇关心我国语文之前途，而我社之书若是，实使余颇为懊丧。”⑦ 金灿然对此亦持相同见解，他在 3 月 6 日告诉叶圣陶，“初中语文本第一册之提示多及政治而疏于语文方面，殊非所宜”，叶圣陶则“告以所选文篇可诵者甚少，仅注意解放以来之新事物，而文皆平平，告诉人家

---

① 叶圣陶：《北游日记（甲抄）》，叶至善、叶至美、叶至诚编：《叶圣陶集》(第 22 卷)，江苏教育出版社 1994 年版，第 311 页。

② 叶圣陶：《北游日记（甲抄）》，叶至善、叶至美、叶至诚编：《叶圣陶集》(第 22 卷)，江苏教育出版社 1994 年版，第 139 页。

③ 叶圣陶：《北游日记（甲抄）》，叶至善、叶至美、叶至诚编：《叶圣陶集》(第 22 卷)，江苏教育出版社 1994 年版，第 142 页。

④ 叶圣陶：《北游日记（甲抄）》，叶至善、叶至美、叶至诚编：《叶圣陶集》(第 22 卷)，江苏教育出版社 1994 年版，第 191 页。

⑤ 叶圣陶：《北游日记（甲抄）》，叶至善、叶至美、叶至诚编：《叶圣陶集》(第 22 卷)，江苏教育出版社 1994 年版，第 377 页。

⑥ 叶圣陶：《北游日记（甲抄）》，叶至善、叶至美、叶至诚编：《叶圣陶集》(第 22 卷)，江苏教育出版社 1994 年版，第 254 页。

⑦ 叶圣陶：《北游日记（甲抄）》，叶至善、叶至美、叶至诚编：《叶圣陶集》(第 22 卷)，江苏教育出版社 1994 年版，第 298 页。

有这么一回事而已，能感动人者、足以生感染作用者不多见，此为最无可奈何事”。[①] 叶圣陶洞察报章文字缺点，认为“殊少能表出作者个性，用词布局俱有程式，喜长不喜短，不熟悉之事物亦强欲挥写”[②]；而摘选报章已成同人选材习惯，1952 年 3 月 24 日日记“今日之语文本为报章杂志文字之选辑，与时事杂志无异。同社诸君乐趋此道”[③]；“乐趋此道”甚至影响了教科书文风，1952 年 3 月 1 日“同人笔下多用报纸调，句长，句之组织累赘，去语言甚远，唯能‘目治’而不适于耳受”[④]。认识报纸调缺点、改正文风，使其由“目治”转向“适于耳受”，读改当然是一个较为直接的办法。

2. 教科书编审新人的语言能力培养

从事新中国教科书编审的人员，无论是编审委员会还是编审局，甚至是成立之初的人教社，除叶圣陶、宋云彬、朱文叔、蒋仲仁、丁晓先、金灿然、田世英等数人从事过教科书编纂外，其他陆续加入的人多为普通教师等一般的教育工作者，他们对于教科书编审业务并不熟悉。

教科书编审是特殊的编辑、研究工作，对于语言文字的把握要求极高，而新人容易在这个方面存在不足。叶圣陶 1951 年 1 月 4 日日记提及，“同人中于编辑少经验，文字训练亦差，殊觉看不顺眼”[⑤]；1951 年 4 月 13 日“其余诸君于编辑皆少经验，写成之稿是否像样，莫可预料”[⑥]。宋云彬日记于此亦屡次谈起，1950 年 2 月 22 日日记，“编课本实大难事，人手少，仅一蒋仲仁可帮忙，余均大小庸才，奈何奈何”[⑦]；其 3 月 13 日的日记表达了同样的感受，“一组里能真正作编辑工作者，除余外只仲仁、文叔，而文叔兼第四处工

---

① 叶圣陶：《北游日记（甲抄）》，叶至善、叶至美、叶至诚编：《叶圣陶集》(第 22 卷)，江苏教育出版社 1994 年版，第 299 页。

② 叶圣陶：《北游日记（甲抄）》，叶至善、叶至美、叶至诚编：《叶圣陶集》(第 22 卷)，江苏教育出版社 1994 年版，第 232 页。

③ 叶圣陶：《北游日记（甲抄）》，叶至善、叶至美、叶至诚编：《叶圣陶集》(第 22 卷)，江苏教育出版社 1994 年版，第 308 页。

④ 叶圣陶：《北游日记（甲抄）》，叶至善、叶至美、叶至诚编：《叶圣陶集》(第 22 卷)，江苏教育出版社 1994 年版，第 297 页。

⑤ 叶圣陶：《北游日记（甲抄）》，叶至善、叶至美、叶至诚编：《叶圣陶集》(第 22 卷)，江苏教育出版社 1994 年版，第 158 页。

⑥ 叶圣陶：《北游日记（甲抄）》，叶至善、叶至美、叶至诚编：《叶圣陶集》(第 22 卷)，江苏教育出版社 1994 年版，第 185 页。

⑦ 宋云彬著，海宁市档案局（馆）整理：《宋云彬日记》，中华书局 2016 年版，第 248 页。

作，不能专心修改课文，杜子劲等皆庸才耳，奈何奈何”①；6 月 15 日日记，“注释《语文课本》，发见杜子劲修改《撞车》一课，反将原文改坏了，点金成铁，此之谓也”②；6 月 21 日日记则言，“我处宜添聘一文字通顺，能专事修改原稿者。以此意告之圣陶，圣陶亦以为然，其奈不易物色何”③。语文能力的薄弱，体现在课本的编写上则是影响了教科书的质量。叶圣陶几年的日记里对此有持续的记载，1949 年 12 月 21 日“与云彬、文叔、子勤（劲）、仲仁会谈初中语文一二册材料。此材料系同人所选，由子勤（劲）编定者。其中不能满意者多，还待重选，而实未易得也”④；1950 年 5 月 12 日“阅看语文选材，满意者太少，殊感闷损”⑤；9 月 7 日“下午，看国文教材，多不当意者”⑥；1952 年 3 月 17 日“与少数同人共谈刘御所撰小学语文第一册之稿……此册实平平，无多大毛病亦无多精彩……诸君下笔均欠精细”⑦；4 月 11 日“上下午俱与语文组编初中课本几位共读补选之两篇教材。他们眼光较差，看文篇不辨好坏，用力虽勤，而大多归于浪费”⑧。

为提升编审新人的语言能力，叶圣陶亲自规划业务学习。1949 年 10 月 12 日“上午与少数同人集谈，商如何培植新同人”⑨；1950 年 1 月 20 日“四时半，为同人语文学习组讲话。取不妥文字一篇，一一指其谬误”⑩；2 月 23

---

① 宋云彬著，海宁市档案局（馆）整理：《宋云彬日记》，中华书局 2016 年版，第 252 页。

② 宋云彬著，海宁市档案局（馆）整理：《宋云彬日记》，中华书局 2016 年版，第 270 页。

③ 宋云彬著，海宁市档案局（馆）整理：《宋云彬日记》，中华书局 2016 年版，第 271 页。

④ 叶圣陶：《北游日记（甲抄）》，叶至善、叶至美、叶至诚编：《叶圣陶集》（第 22 卷），江苏教育出版社 1994 年版，第 87 页。

⑤ 叶圣陶：《北游日记（甲抄）》，叶至善、叶至美、叶至诚编：《叶圣陶集》（第 22 卷），江苏教育出版社 1994 年版，第 111 页。

⑥ 叶圣陶：《北游日记（甲抄）》，叶至善、叶至美、叶至诚编：《叶圣陶集》（第 22 卷），江苏教育出版社 1994 年版，第 129 页。

⑦ 叶圣陶：《北游日记（甲抄）》，叶至善、叶至美、叶至诚编：《叶圣陶集》（第 22 卷），江苏教育出版社 1994 年版，第 304 页。

⑧ 叶圣陶：《北游日记（甲抄）》，叶至善、叶至美、叶至诚编：《叶圣陶集》（第 22 卷），江苏教育出版社 1994 年版，第 315 页。

⑨ 叶圣陶：《北游日记（甲抄）》，叶至善、叶至美、叶至诚编：《叶圣陶集》（第 22 卷），江苏教育出版社 1994 年版，第 75 页。

⑩ 叶圣陶：《北游日记（甲抄）》，叶至善、叶至美、叶至诚编：《叶圣陶集》（第 22 卷），江苏教育出版社 1994 年版，第 91 页。

日“九时至总署，参加署中总学委会之首次集会……政治学习与文化学习应并重，尤宜与业务连结”①。叶圣陶培植新同人的一个非常重要的方式，是集合数人共同探讨。譬如1952年3月20日“上下午俱修改语文教本……且如是同斟共酌，凡与其役者皆有进境。提高业务，此为正轨”②；22日“仍与语文组数人共同修改语文教本，一天工夫仅得四篇”③；4月7日“下午，与仲仁、计志中、霍德元三人共读小学算术课本，略加修改”④。1951年5月5日，“晓先所撰高小历史课本第二册已排校，而文字尚草率，须加修整。因就其校样与晓先共商改正”，因为张允和4月份才来人教社工作，于是请她和苗孕华二人旁听，也略微参加意见⑤。共同读改收到了预想的效果，1952年3月18日“初中语文课本经数人看过集三位原编者共同通读……从第一篇起，由余朗读其课文，并及注解、提示。遇有可商处，即停止而细商之。此稿余已看过数回，今在通读中，又颇发见其未安。集思广益之效，诚足深信”⑥，叶圣陶将读改课本与当时流行的“集思广益”联系到了一起。这样的工作与学习兼顾的方式，也得到了其他参与者的认可，参加这次讨论的“梁君”就跟叶圣陶表达了自己的收获，“前数日参加初中语文编辑之梁君语余，谓连日共商改教材，于彼颇有益处，与仅凭稿端批改、字条达意者不同。余闻其言亦复欣然”⑦。其他素有经验者也借此方法培养新人，1951年7月11日“灿然细看初中外国地理课本，发现错误及文理不通处甚多，为地理组同人讲之，亦期其提高识力之意”⑧。

---

① 叶圣陶：《北游日记（甲抄）》，叶至善、叶至美、叶至诚编：《叶圣陶集》(第22卷)，江苏教育出版社1994年版，第96页。

② 叶圣陶：《北游日记（甲抄）》，叶至善、叶至美、叶至诚编：《叶圣陶集》(第22卷)，江苏教育出版社1994年版，第306页。

③ 叶圣陶：《北游日记（甲抄）》，叶至善、叶至美、叶至诚编：《叶圣陶集》(第22卷)，江苏教育出版社1994年版，第307页。

④ 叶圣陶：《北游日记（甲抄）》，叶至善、叶至美、叶至诚编：《叶圣陶集》(第22卷)，江苏教育出版社1994年版，第313页。

⑤ 叶圣陶：《北游日记（甲抄）》，叶至善、叶至美、叶至诚编：《叶圣陶集》(第22卷)，江苏教育出版社1994年版，第192页。

⑥ 叶圣陶：《北游日记（甲抄）》，叶至善、叶至美、叶至诚编：《叶圣陶集》(第22卷)，江苏教育出版社1994年版，第304页。

⑦ 叶圣陶：《北游日记（甲抄）》，叶至善、叶至美、叶至诚编：《叶圣陶集》(第22卷)，江苏教育出版社1994年版，第309页。

⑧ 叶圣陶：《北游日记（甲抄）》，叶至善、叶至美、叶至诚编：《叶圣陶集》(第22卷)，江苏教育出版社1994年版，第212页。

（三）对文字改革的顺应

与以往汉字汉语改革不同的是，和新中国成立几乎同时的文字改革运动，是政府领导、专家支持、民众参与的国家行为。叶圣陶指出："我们的书对读者进行社会科学、自然科学、文学美术种种方面的教育，同时对读者进行语言的教育……语言跟内容是拆不开的，必须语言方面毫不马虎随便，才可以恰如其分地表达出那个内容。想到这些，我就不敢存马虎随便的心思。"①

1. 参与文字改革的设计论证

叶圣陶早期对"大众语文"持肯定、支持态度，1934 年 6 月 25 日在《申报·自由谈》上撰《杂谈读书作文和大众语文学》，提出"大众语文学须由大众的努力，才得建立起来。教育家、语言学家、文学家等等尤其要特别努力"，② 并创作了大量的白话小说、散文。

1949 年刚到北平，叶圣陶就参与了最初文字改革的设计和论证工作。1949 年 5 月 29 日，应吴玉章、黎劭西之招，讨论发起成立中国文字改革研究会，"大家倾向于改用拼音文字"③；8 月 7 日，又到华北大学总部，开文字改革会发起人第二次会，定名为"中国文字改革协进会"④；10 月 10 日"至协和礼堂，开文字改革协会成立大会……余在理事之内"⑤；10 月 20 日"开文字改革协会理事会……诸人发言，多主张拼音文字用北方拉丁化方案为基础，而加以改进……末了选举常务理事二十五人，余在其内"⑥。关于拼音文字的讨论，在 1950 年又延续下来，除了文字改革协会会议⑦，也到教育部探讨文

---

① 中央教育科学研究所编：《叶圣陶语文教育论集》，教育科学出版社 1980 年版，第 641 页。

② 中央教育科学研究所编：《叶圣陶语文教育论集》，教育科学出版社 1980 年版，第 604 页。

③ 叶圣陶：《叶圣陶日记：一九四九年》，《叶圣陶研究年刊》2011 年版，第 57 页。

④ 叶圣陶：《叶圣陶日记：一九四九年》，《叶圣陶研究年刊》2011 年版，第 77 页。

⑤ 叶圣陶：《北游日记（甲抄）》，叶至善、叶至美、叶至诚编：《叶圣陶集》（第 22 卷），江苏教育出版社 1994 年版，第 75 页。

⑥ 叶圣陶：《北游日记（甲抄）》，叶至善、叶至美、叶至诚编：《叶圣陶集》（第 22 卷），江苏教育出版社 1994 年版，第 77 页。

⑦ 叶圣陶：《北游日记（甲抄）》，叶至善、叶至美、叶至诚编：《叶圣陶集》（第 22 卷），江苏教育出版社 1994 年版，第 111 页。

字改革,[①] 更有私下与胡愈之、魏建功、孙伏园、萧家霖等人的交流。[②] 在同胡乔木的座谈中，胡传达了毛泽东等领导人的意见，“乔木主张文字改革，多造简体汉字，以毛主席亦倾向此意”[③]。1950 年 12 月 9 日，叶圣陶到中国科学院听罗常培报告斯大林关于语言学问题论著中之要点及其与中国语言学方面之联系问题，胡乔木在接下来的发言中“承认中国文字之混乱现象，而要求语言学者予以准绳，确定文法”。不过叶圣陶认为，“余意混乱是事实，而毛病不在讲文法，乃在词汇之乱用，语言之不精练，毛病还在思想方面”[④]。

自 1951 年始，叶圣陶对文字改革的关注转向对于语言规范的侧重。在胡乔木的推动之下，叶圣陶、罗常培、吕叔湘、胡绳等人，开始在新闻报道、语言研究、教科书编纂等领域，大力倡导语言规范。1951 年 1 月 14 日，“偕建功访莘田，三人同应乔木之招，会于中南海，乔木主语言文字以毛主席与鲁翁之作为准。……以彼为范式，固可以号召，但举例之时，编辑者不妨斟酌其间，择其纯粹者而用之”[⑤]。后又与胡乔木一道，商请吕叔湘、朱德熙在《人民日报》连载语法修辞讲话；《人民日报》为此于 1951 年 6 月 6 日发表社论说“我们还有许多同志不注意这个问题，在他们所用的语言中有很多含糊和混乱的地方”，要“正确地使用祖国的语言，为语言的纯洁和健康而斗争”[⑥]。此后叶圣陶于缓急之间，在新华社、中央团校、北京市文联、民盟天津支部、人教社等多个单位，为学员讲授语言规范、剖析语文疵病、倡导崭新文风。为扩大宣传效果，叶圣陶与同人商量由工会与广播事业局联合发起推出语法讲座的广播，并专为此事“作一书致叔湘”[⑦]。叶圣陶对于语言规范的热情，甚至让他对胡乔木写的《中共的三十年》也挑了语病：“胡乔木作

---

① 叶圣陶:《北游日记（甲抄)》，叶至善、叶至美、叶至诚编:《叶圣陶集》(第 22 卷)，江苏教育出版社 1994 年版，第 147 页。

② 叶圣陶:《北游日记（甲抄)》，叶至善、叶至美、叶至诚编:《叶圣陶集》(第 22 卷)，江苏教育出版社 1994 年版，第 96，133 页。

③ 叶圣陶:《北游日记（甲抄)》，叶至善、叶至美、叶至诚编:《叶圣陶集》(第 22 卷)，江苏教育出版社 1994 年版，第 132 页。

④ 叶圣陶:《北游日记（甲抄)》，叶至善、叶至美、叶至诚编:《叶圣陶集》(第 22 卷)，江苏教育出版社 1994 年版，第 153 页。

⑤ 叶圣陶:《北游日记（甲抄)》，叶至善、叶至美、叶至诚编:《叶圣陶集》(第 22 卷)，江苏教育出版社 1994 年版，第 161 页。

⑥《正确地使用祖国的语言，为语言的纯洁和健康而斗争!》，《人民日报》，1951 年 6 月 6 日第 1 版。

⑦ 叶圣陶:《北游日记（甲抄)》，叶至善、叶至美、叶至诚编:《叶圣陶集》(第 22 卷)，江苏教育出版社 1994 年版，第 259 页。

‘中共的三十年’……而造语遣词，疏漏颇多。在号召群众留意语文之今日，且为文者为乔木，实不宜有此。”于是请人教社同人一一举出疏漏，“由文叔加以整理，送请采纳”①。除此而外，叶圣陶先后撰写《语文随笔》《拆开来说》《多说和少说》《一些简单的意见》等在《人民日报》《中国语文》发表，积极倡导说写简洁、明白、上口的语言。

2. 在课本编撰中贯彻文字改革精神

叶圣陶在论及文字改革、语言规范的多篇文章中，均提到了学校教育、教科书编纂的促进作用。语文的学科价值无疑在语言学习方面，“小学里的语文课，中学里的文学课，除了思想政治教育的任务以外，都是对学生进行语言教育的”②。而其他学科也须以语言文字为知识传达的载体，因此叶圣陶又强调，“学生用的教材，无论是历史、地理、化学、物理……同时也都是语文教材，从这些教材中都可以学习语言”③。

叶圣陶认为，“在规范化的意义上说，只是指出个明确的目标，希望大家努力学会北京语音”④，在词汇上“无论说话写文章最好全用普通话的词”⑤，语法上要将北京语音的学习与普通话的语法实践联系到一起⑥，在文风上“起码的是简洁明快……明晰畅达”⑦。总之，“语言规范化的工作就要展开……目的要求是做到语音、语汇、语法都有规范……这样，全国人民说话写文章就有了标准……所谓语言规范化，也以首都语为基础”⑧。对如何以首都话为基础做到语言规范化，叶圣陶就锻炼语言、提高语言修养给出了建议，

---

① 叶圣陶：《北游日记（甲抄）》，叶至善、叶至美、叶至诚编：《叶圣陶集》(第22卷)，江苏教育出版社1994年版，第207页。

② 中央教育科学研究所编：《叶圣陶语文教育论集》，教育科学出版社1980年版，第656页。

③ 中央教育科学研究所编：《叶圣陶语文教育论集》，教育科学出版社1980年版，第685页。

④ 中央教育科学研究所编：《叶圣陶语文教育论集》，教育科学出版社1980年版，第668页。

⑤ 中央教育科学研究所编：《叶圣陶语文教育论集》，教育科学出版社1980年版，第669页。

⑥ 中央教育科学研究所编：《叶圣陶语文教育论集》，教育科学出版社1980年版，第670页。

⑦ 中央教育科学研究所编：《叶圣陶语文教育论集》，教育科学出版社1980年版，第692页。

⑧ 中央教育科学研究所编：《叶圣陶语文教育论集》，教育科学出版社1980年版，第655页。

其中一项是“在日常工作中要多揣摩，多研究，多修改”，“修改文章，可以用自己说话的调子来念。自己的嘴代表一个人，耳朵代表另外一个人，好像这个人说给那个人听一样。用耳朵听，比光凭眼睛看能多看出一些毛病，多发现一些问题。要改到没有办法再改，然后送到排字房去”①，“到现在，文字将要是全体人民的工具，虽然还是拿来看，可不能不充分顾到说和听了，因为唯有能说能听的东西，看起来才能毫无隔阂……写东西非设想到放到口头去说凭耳朵去听不可”②。

叶圣陶特别推广人教社集体听改稿件的经验：“在我们出版社里，有些稿子是集体改的。起稿人写成稿子，打印出来，发给好些人先看，然后大家在一起，念一段改一段。这样修改，当然比自己修改好。”③ 在其主持的很多听改稿件的场合，叶圣陶也的确重视了语言问题。1952 年 3 月 28 日“琢磨文叔复加修改之小学语文本。共谈者六人，余与文叔、仲仁、刘御、王漪及王老师（本京小学之优秀教师，由教部调来，为编辑方面顾问）。除斟酌内容外，余特别嘱王漪与王老师留意课文之语言，务期正确而有神，不违普通话之规律，以二王皆本地人也。一字之增删，一语之改易，遇有佳处，人各会心，亦复有味”④。叶先生 1952 年里参与的类似读改不少，如 10 月 10 日“与文叔、安亭、刘御、季纯、芷芬共同讨论小学语文第二册之稿子……依北京话分别用‘你’‘您’、‘我们’‘咱们’，于是逐课讨论，研磨其文字”⑤。不难发现，指向普通话的规范得到了重点关注。1953 年 1 月 6 日和语文室同人续改小学语文稿时，叶圣陶惊喜地记录了一个生动的例子：“今日在讨论小学语文稿时得一新知。稿由王漪朗诵。‘月亮掉在井里了’，‘小羊儿跑到树林里去了’，她念作‘月亮掉井里了’，‘小羊儿跑树林里去了’，动词与地位词之间不复用通常所谓之介词。历试许多话皆然，此殆是北京话之规律。教本究以

---

① 中央教育科学研究所编：《叶圣陶语文教育论集》，教育科学出版社 1980 年版，第 694 页。

② 中央教育科学研究所编：《叶圣陶语文教育论集》，教育科学出版社 1980 年版，第 662 页。

③ 中央教育科学研究所编：《叶圣陶语文教育论集》，教育科学出版社 1980 年版，第 694 页。

④ 叶圣陶：《北游日记（甲抄）》，叶至善、叶至美、叶至诚编：《叶圣陶集》（第 22 卷），江苏教育出版社 1994 年版，第 309 页。

⑤ 叶圣陶：《北游日记（甲抄）》，叶至善、叶至美、叶至诚编：《叶圣陶集》（第 22 卷），江苏教育出版社 1994 年版，第 377 页。

北京话口语为标准否，今尚未明确，大家决定暂用‘在’与‘到’。”① 这次讨论透露的一个极为重要的信息是，普通话的基础方言、北京话口语与普通话的关系已经引起了叶圣陶等人的关注。查看人教版 1956 年的小学语文课本，《猴子捞月亮》里仍旧是“月亮掉在井里头啦”，这体现出叶圣陶等人对于普通话的精准把握。

三、读改课本的启示

集体读改课本的教科书编审模式，为教材提升内容、形式的质量提供了相当可靠的保证。参与这一工作的多人，于工作能力上颇有提升，满意之情往往溢于言表，“今日有数处改得颇为满意……诸人相对欣然”②，“一字之增删，一语之改易，遇有佳处，人各会心，亦复有味”③，“修润改动至得意处，大家欣然”④。叶圣陶本人于此也多所赞赏：“今在通读中，又颇发现其未安。集思广益之效，诚足深信。”⑤

教科书编写在今天仍旧是国家教育、出版事业中极为重要的一个方面，在与其相关的方针政策、人才保障、发行制度等诸多要素中，质量始终都是无法回避的最为基础的问题。回顾叶圣陶编纂教科书的读改模式，可以得到如下启示：

第一，语言规范仍是新时代课本的主要任务。2000 年以来的语文生态，丰富多彩也纷繁复杂，高扬个性的创意言说，在凸显自我时也突破了常规，包含低级语病的缺陷表达借由便捷快速的自媒体工具，得到了最大范围的传播，产生了最为消极的影响。通过读改课本强化对于规范语言的检视，在这个时代具有了新的讨论空间。

第二，口传心授仍是教科书编纂人才成长的重要途径。新中国成立七十多年来，课程与学科的建设无疑取得了长足的进步，然而与之对应的教科书

① 叶圣陶：《北游日记（甲抄）》，叶至善、叶至美、叶至诚编：《叶圣陶集》(第 22 卷)，江苏教育出版社 1994 年版，第 410 页。

② 叶圣陶：《北游日记（甲抄）》，叶至善、叶至美、叶至诚编：《叶圣陶集》(第 22 卷)，江苏教育出版社 1994 年版，第 336 页。

③ 叶圣陶：《北游日记（甲抄）》，叶至善、叶至美、叶至诚编：《叶圣陶集》(第 22 卷)，江苏教育出版社 1994 年版，第 309 页。

④ 叶圣陶：《北游日记（甲抄）》，叶至善、叶至美、叶至诚编：《叶圣陶集》(第 22 卷)，江苏教育出版社 1994 年版，第 412 页。

⑤ 叶圣陶：《北游日记（甲抄）》，叶至善、叶至美、叶至诚编：《叶圣陶集》(第 22 卷)，江苏教育出版社 1994 年版，第 304 页。

却并非学科的简单微缩，无论知识是否前沿，以合乎中小学生身心特点的方式传达出去，始终是功能强大的人工智能无法解决的问题。知识储备与教育经历的丰厚，并不意味着教科书内容设置与传达的得体，做好这项工作仍需专门人员的专门培养，教科书读改模式在这一方面的作用明显无可替代。

第三，读改模式的实施仍需专家引领。教科书读改要求一边读一边改，主持其事者需要具备深厚的学养、敏锐的思维和高超的语言能力。即如语言艺术炉火纯青似叶圣陶者，对于教科书修改都难保万无一失，其审改方宗熙《达尔文主义基础》，“唯有一处误会其原意，改成错误”①。即使是叶圣陶所熟悉的语文这样的学科，他仍旧多所反思，1952 年 3 月 31 日与同人“续读小学语文本稿小学教师王女士之修订颇有见，斟酌内容，改易语调，皆中窍要。我人勉强写北方语，往往有杜撰之说法，经渠说破，不觉失笑。因思文艺作者欲使语言灵活，妙达神趣，必须多方咨询”②。叶圣陶在审改化学时，甚至专门提醒原编者：“余不习化学，仅思其所叙，发见欠精密处则改之。余之改笔仍须请陈看过，固不能遽以为是也。”③

综观之，教科书编审中的读改模式在图书编审环节之外别具意义。叶圣陶编审新中国初期教科书的读改实践，既是确保图书质量的编辑工作，也是开展教科书研究的别开生面过程。高度重视教科书读改工作，既是教材编写的历史经验，也是教材编纂和教材研究的必然要求。

（原载《课程·教材·教法》2021 年第 41 卷第 12 期）

① 叶圣陶：《北游日记（甲抄）》，叶至善、叶至美、叶至诚编：《叶圣陶集》（第 22 卷），江苏教育出版社 1994 年版，第 299 页。

② 叶圣陶：《北游日记（甲抄）》，叶至善、叶至美、叶至诚编：《叶圣陶集》（第 22 卷），江苏教育出版社 1994 年版，第 310 页。

③ 叶圣陶：《北游日记（甲抄）》，叶至善、叶至美、叶至诚编：《叶圣陶集》（第 22 卷），江苏教育出版社 1994 年版，第 318 页。

国语文教学专著

■ 刘怡伶

新文化运动文学革命后至20世纪40年代关注国语文教学的专业研究或讨论，集中在以下诸家：夏丏尊、朱自清、叶圣陶（叶绍钧）、吕叔湘、刘薰宇等人。尤其是在20世纪30年代，他们凭借《中学生》园地，与各地中学生、第一线的中学国文教师交流意见，他们为《中学生》撰写文章，连载结束又再结集成册，发售单行本，加乘其影响力。知名的语文学习指导书，即有：夏丏尊与刘薰宇的《文章作法》；夏丏尊与叶圣陶的《国文百八课》；朱自清与叶圣陶的《国文教学》及《文章讲话》；夏丏尊与叶圣陶的《文心》；叶圣陶与朱自清的《精读指导举隅》及《略读指导举隅》等。

（一）商务印书馆专著举隅

《精读指导举隅》与《略读指导举隅》是叶圣陶及朱自清合写的，主要在培养阅读习惯与写作技巧，专供中学国文教师参考之用。这两册指引中学国文教学的书籍，原是四川省立教育科学馆“国文教学丛刊”之一，后亦收入商务印书馆的“人人文库”“新岫庐文库”“新中学文库”，海峡两岸迄今亦有多种版本流通，风行久远，影响亦大。

《精读指导举隅》选取六篇文章当例子，有叙述文一篇、短篇小说一篇、说明文一篇、议论文两篇。《略读指导举隅》则收六部书作，包括经籍、名著节本、诗歌选本、专集、小说类。叶、朱分别解释精读略读含意、阅读应注意事项，并且详细说解文白范文，尤其是《精读指导举隅》对白话范文的解说，颇费笔墨，有别于坊间国文教本注释简略或全不注明，打破新文学运动以来对白话文无可解析的偏见。

前述编写者，以夏丏尊、朱自清、叶圣陶为重要，三人都当过中学老师，对语文教育都有深刻的体悟。夏丏尊早年留日，“五四”阶段曾在浙江第一师范教国文，后又受聘于白马湖春晖中学任国文教师，20世纪20年代翻译过世界名著《爱的教育》，在商务印书馆的《东方杂志》连载，颇受读者欢迎。他与叶圣陶还以办学的心态编辑《中学生》杂志，“把读者当作自己的学生来对待。在学校学生不过几十几百，而《中学生》的读者却是成千上万”。除编杂志，夏丏尊与叶圣陶还合编教科书，如《开明国文讲义》。至于朱自清，

1920年适从北京大学哲学系毕业，时任哲学系主任的胡适提倡白话文运动，朱自清亦受启发及影响，擅写白话文，致力散文创作，早期也加入文学研究会。他和叶圣陶于1921年均在上海中国公学教授国文，两人颇有交谊。此前，叶圣陶即任商务印书馆附设尚公小学国文教师，参与组织文学研究会，而朱自清也是会员，两人作品亦曾发表在商务印书馆的《小说月报》上。1923年，叶圣陶进入商务印书馆编译所服务，编辑国文教科书，1930年才离开商务印书馆转进开明书店，编辑《中学生》杂志并编写多种国语文书刊。朱、叶先后与商务印书馆、开明书店结缘，同备教授中学国文的经历，抗战期间两人撤退到大后方，叶圣陶任职四川省教育厅，朱自清则在昆明西南联合大学中文系教书，且均身兼《文史教学》编辑委员。

（二）开明书店专著举隅

《文章作法》原是夏丏尊于长沙第一师范及白马湖春晖中学的讲义，后来刘薰宇在原讲义的基础上，融入个人的教学经验后改编而成。该书依据各种文体的特性，介绍语文知识以及写作方法。《国文百八课》主要供应初中国文科教学与自修使用，夏丏尊及叶圣陶不满意当时国文教材教法多数未能顾及各年级选文的内在联系与合理的循序渐进原则，遂按初中三年六学期之一百零八周的时程（每学期十八周，一年即三十六周，三年即一百零八周），按周次设计教材，并取名为《国文百八课》。这套书原规划出六册，但因抗战而中断，最后仅出四册，其体例特色是每课都有“文话”“选文”“文法修辞常识”“习问”，兼顾了阅读及写作、练习及问题思考训练，尤其文话部分设计了七十二个主题，论述阅读、写作之道。《文章讲话》共十章，由夏丏尊及叶圣陶合写，其中七章原刊于《中学生》1935年至1937年的“文章偶谈”专栏（其中《开头与结尾》是叶圣陶执笔，余皆夏丏尊所为），另三章则是夏丏尊后来新写的。这本书主要是以名家名篇为范例，说明写作及阅读的诸多问题，包括：句读和段落、开头和结尾、句子的安排、文章的省略、文章中的对话、文气的使用等等。

《国文教学》分编为上、下两辑及附录，主要针对中学国文教学，大学国文则兼及若干。上辑收叶圣陶之文，计八篇（《对于国文教学的两个基本观念》《论国文精读指导不只是逐句讲解》《论写作教学》《谈语文教本》《论中学国文课程的改订》《认识国文教学》《中学国文教师》《关于大学一年级国文》）；下辑为朱自清之文，亦收八篇（《部颁大学中“国文学系科目表商榷”》《论大学国文选目》《中学生的国文程度》《再论中学生的国文程度》《论教本与写作》《论朗读》《剪裁一例》《写作杂谈》）；附录则是一篇浦江清所写的《论中学国文》。该书序由朱、叶共笔，序文特别说明两人重视“教学的技巧”，并认为青年学生们应该要具备两种能力：“写得通”“读得懂”。写、读之间，他们从课程及实际教学角度分析，原本应该是两者并重，但现实面却是“讲读的时数既多，而向来教师也没有给予作文课足够的注意，便见得读重了。其实重读也只是幻象，一般的讲读只是逐句讲解，甚至于说些不相干的话敷衍过去”，朱、叶也指出学生们畏惧读文言，这方面可透过白话注释或题解或导读补强，且学生还是要有相当的咬文嚼字训练才能阅读文本大意。此外，朱、叶对课程标准规定初中采混合教学的模式不以为然，而是赞成白话与文言分别教学，就教本选文来说，所选的文言“花样太杂”，学生“不易摸着门路”；就教学方法，混合教学也易使学生“彷徨”——“弄不清文言和白话的分别”。这本书根据两人多年的教学经验写成，是很实际的指导书籍。

《文心》亦由夏丏尊及叶圣陶执笔，采小说故事体裁叙述学习国文的智识和技能，内容虚构了一位国文教师王先生，在王老师与学生们的教学互动中，很自然地融入了国语文的相关知识和方法，故事里的王老师教学认真、态度和蔼，与学生亲切互动。读者王旬对这种故事体，高度赞赏而视之为“创举”，他说：“这本书，没有一些教训的态度，没有板着面孔说理的地方，他把青年日常可以遇到的事情，都具体地记述出来，使得你感到亲切有味；又因为他把应当所学的智识，都于不知不觉之间，一一地告诉了你，当你读的时候，只是有味，快意地读，等到读了之后，不知不觉地，你得到他想要告诉你的一切了。”

夏丏尊、叶圣陶利用故事把语文的读法及作法打成一片，有别其他教条琐碎或笼统空泛的指引，他们设计了三十二个中学生应学习的国文常识题目，例如：领略文章境界、区别文言与白话、认识字的性质、阅读课外书籍、文章的组织、文章的修改、读书笔记作法、鉴赏的态度、读文章的声调、读古书的态度等等。由于写得生动又实用，一位来自杭州的读者方时杰形容《文心》正像“牛奶那样的既富营养又多兴味”。

（三）重要教学专著评析

以下举《略读指导举隅》《文心》为例，说明这类语文参考书对提升国语文程度的益处，以及20世纪三四十年代如何持续建设与深化新文化运动以来的国语文教育。

关于《略读指导举隅》，朱自清在书前附了一篇《例言》说明使用的对象以及内容特色。该书专供中学国文教师参考。书内举了七部书作，包括：适合高中生阅读之《孟子》《史记菁华录》《唐诗三百首》《胡适文存》以及初中生阅读之《蔡孑民先生言行录》《呐喊》《爱的教育》。这些书的选录依据，除源于两人的语文专业判断，部分也是回应了教育部订定的课程标准。以《史记》为例，中学以上的国文教材常常列为选文，然卷帙浩繁，欲饱览通读，学生恐力有未逮，且若局限为历史而读，亦非中学生所能胜任，但若着重其中之叙人叙事的文学性，则对中学生未尝不宜。

为便阅读，朱、叶遂推荐了清朝姚祖恩所编的选本《史记菁华录》，姚于《史记》篇章与相关人物事迹亦附加评点，叶圣陶指出：

> 中学生读《史记》，目的并不在也能写出像《史记》一般的古文，而在借此训练欣赏文学的能力和写作记叙文的技术；换句话说，借此养成眼力和手法，以便运用到阅读和写作方面上去，得到切实的受用。……教育部颁发的“中学国文课程标准”，在“实施方法概要”项的“教材标准”目下，初中和略读部分列着“有诠释之名著节本”一条，高中的略读部分列着“选读整部或选本之名著”一语，就是这个意思。现在提出的《史记菁华录》，就是一种“名著节本”或“选本之名著”。

朱、叶二君把《史记》视为文学名著，直言节本裨于“训练欣赏文学的能力和写作记叙文的技术”，并可以培养“眼力和手法”，进而运用在“阅读和写作”。叶圣陶基于国文教学立场而发，所谓指导如何精读及略读，这仅是训练学生有效阅读及培养书写技能的手段，从精读而略读，叶圣陶以孩童学走路比喻，初由大人扶肩牵手或在旁边护着，防其跌跤，待孩子步履纯熟而能自由行走时，大人便无须再亦步亦趋了。所以精读时教师给予“纤屑不遗”的指导；略读时，给予“提纲挈领”的指导，以养成学生的习惯，待习惯养成未来即可自由阅读了。

叶圣陶与朱自清对于中学生阅读课内、课外读物，已指出具体的学习步骤，教材选取也顾及多面向，并强调文字及思想上的“应用”价值，《史记》可提升叙述文的写作力，而《蔡孑民先生言行录》的说明及议论技巧亦可借镜。蔡书原印行于1920年，列为新潮社编辑之“新潮丛书”第四种，蔡元培早年即看重应用文，叶、朱将蔡文作为学习范本，此无疑也是实践蔡元培的理念，朱自清对该书所呈现的蔡元培言论，分门别类，指出：

> 第一类共十八篇，论世界观与人生观，哲学与科学，劳工神圣，国文的趋势等等。第二类共十六篇，论教育方针，新教育与旧教育，美育，平民教育，五四运动等等。第三类共十八篇，说明办北京大

学的宗旨和对于学生的希望，还有提倡学生课外活动——音乐，书法，新闻学等——的文字。关系重大的《致公言报并答林琴南君函》便在这一类里。第四类共十一篇，所论以中法文化的沟通为主。第五类共十一篇，杂论修养，学术教育。第六类共十篇，杂论学术，时事，教育，其中有四篇是民国纪元年旧作。

《略读指导举隅》收六类，含文言文、白话文，共计八十四篇。这些篇章，朱自清特别点出蔡元培在五四运动的言行，并直言蔡元培在北京大学的诸多建树，“值得后人景仰”，因此，第三类关于当时北大的文字应有阅读的“兴味”，且兴味不低于其他几类。显然《略读指导举隅》除着眼蔡元培的文字，亦不偏废其思想的影响力。其实，无论精读或略读的取材，朱、叶都不忽略五四时期的领导者蔡元培、胡适，他们亦把胡适新文化运动风潮中的代表作《谈新诗》《胡适文选》均列为中学生该读的书目。此外，叶圣陶在《文章讲话》里也引用胡适作品当解说样本，如谈到写议论文该怎样提出主张时，叶圣陶归纳了两种开头的方式：一、所论题目广为周知，文章开头即可将自己的主张提出；二、所论题目非大众所熟悉，应先述说清楚，让读者有考量的范围而不至于茫然无所知，然后再端出个人的主张。叶圣陶便将胡适《不朽》列为第二种开头的范例，说道：

“不朽”含有怎样的意义，一般人未必十分了然，所以那篇文章的开头说：

不朽有种种说法，但是总括看来，只有两种说法是真有区别的。一种是把“不朽”解作灵魂不灭的意思。一种就是《春秋左传》上说的“三不朽”。

这就是指明从来对于不朽的认识。以下分头提出这两种不朽论的缺点，认为对于一般的人生行为上没有什么重大的影响。到这里，读者一定盼望知道不朽论应该怎样才算得完善。于是作者提出他的主张所谓“社会的不朽论”来。在列举了一些例证，又和以前的不朽论比较了一番之后，他用下面的一段文字作结尾：

我这个现在的“小我”，对于那永远不朽的“大我”的无穷过去，须负重大的责任；对于那永远不朽的“大我”的无穷未来，也须负重大的责任。我须时时想着，我应该如何努力利用现在的“小我”，方才可以不辜负了那“大我”的无穷过去，方才可以不遗害那“大我”的无穷未来。

> 这是作者的“社会不朽论”的扼要说明，放在末了，有引人注意、促人深省的效果。所以，就构造说，这实在是一篇完整的议论文。

朱自清及叶圣陶重视蔡元培、胡适之作，其实是延续了五四新文化运动的精神，朱、叶虽主要以语文工具视域看待蔡、胡作品，但取材的本身也将作品所呈现的新旧观念（社会不朽论，大我、小我）一并带给读者了。

至于《文心》，原载于《中学生》，1932 年 6 月由开明书店结集成单行本，陈望道与朱自清为这本写了序文，因深入浅出，备受读者欢迎。笔者收藏三册不同年份发行的《文心》：一是上海开明书店 1949 年发行的第二十二版、一是台湾开明书店 1967 年台二版、一是台湾开明书店 1981 年的重印七版。从 1933 年的初版到 1949 年、1967 年、1981 年的多次再版印刷，发行地横跨上海及台湾，这些都显示它的长销与畅销，在中国近现代语文教育史上，《文心》绝不能被轻忽，其占相当重要的位置。

这本书面向中学的师生，除给中学生自修学习外，也提供给国文教师阅读参考，学习怎样当一个称职尽责的教师，因是故事体裁，故非死板或琐碎，更非空泛笼统，诚如陈望道的评语：“这里罗列的都是极新鲜的极卫生的吃食。青年诸君可以放心享用，不至于会发生食古不化等病痛。假使有一向胃口不好的也可借此开胃。”《文心》内容丰富，下列举其谈诵读教学、读古书态度为例，以明其可观之处。

关于诵读教学，朱自清曾提到外界讨论中学生的国文程度，多从写作方面着眼，仅强调写作技能，相对忽视了诵读教学的重要，因此他对《文心》所提示的读法及诵读符号，特别认同。《文心》里的王老师在教授学生之前，先在教本文字旁以红字标示符号，而这些符号和普通的标点符号不同，有：“△”“▽”“·”“〉”“〈”“〈 〉”“—”“——”“﹏﹏”。每种符号的代表意思，分别是：

> △是表示全句须由低而高的，▽是表示全句须由高而低，·是表示句中某一字或几字须重读的，这都是高低方面的符号。〉是表示句的上半部读音须强的，〈是表示句的下半部读音须强的，〈〉是表示句的中央部分读音须强的。这是强弱方面的符号。—表示须急，——表示须缓。这是缓急方面的符号。声音的差异，不外高低、强弱、缓急三种。此三种符号以外还有一个﹏﹏，是表示读到这里须摇曳的。

夏丏尊与叶圣陶笔下的王老师，对于诵读教学非常用心，他不但备课积极，还努力想为学生提升“读”的能力，他对学生说：

> 读，原是很重要的，从前的人读书，大都不习文法，不重解释，只知在读上用死功夫。他们朝夕诵读，读到后来，文字也自然通顺了，文义也自然了解了。一个人的通与不通，往往不必去看他所作的文字，只须听他读文字的腔调，就可知道。近来学生们大家虽说在学校里“读书”或“念书”，其实读和念的时候很少，一般学生只做到一个“看”字而已。我以为别的功课且不管。如国文、英文等科是语言学科，不该只用眼与心，须于眼与心以外，加用口及耳才好。读，就是心、眼、口、耳并用的一种学习方法。

王老师亲自示范说明，与学生直接互动。以指导“·”符号为例，他在纸上作了一小“·”号，告诉学生这是某字须重读的符号，然后再写出三句同样的文句，分别加注“·”如下：

> **张君**昨天曾来过吗？
> 张君**昨天**曾来过吗？
> 张君昨天**曾来过**吗？

接着询问学生：“这句疑问句，可有三种读法。你们看，如果叫人回答，是否相同的？”学生答以：“不同。第一句可以回答说‘张君的用（按：佣）人曾来过’，第二句可以回答说‘张君前天曾来过’，第三句可以回答说：‘不曾来过’。因为三句的着眼点不同了。”先让学生经由实践体会不同“读”法，再由教师作结“文句之中，有特别主眼，或是前后的词彼此相关联照应的时候，通常都该读重读。”这种教学的方式，让学生增进了解诵读的重要性。此处所援，仅是诸多诵读教学示例之一隅，《文心》还有不少篇幅着墨在读白话文及文言诗歌时，该怎样控制升降调、声音缓急的问题，学生依提示的符号试读，“脸上都现出理解的喜悦”。

至于怎样看待读古书，《文心》首先正视社会既存的两派意见：其一，维持国学招牌，以正人心、隆世道；其二，抛弃古书，走进实验室，注重科学。其次，指两派皆一偏之见，说道：“既然有人把国学看作珍贵的宝贝，自然来了反响，另外有人把它看作腐败的‘骸骨’。实则双方都是一偏之见。”如何破除偏见，《文心》提示如下意见：“对待思想、学术不能凭主观的爱憎的，最重要在能用批判的方法，还它个本来面目。说得明白点，就是要考究出思想、学术和时代、社会的关联；它因何发生，又因何衰落。这样得来的才是真实的知识，对于我们的思想、行为最有用处。在这样的研究态度之下，古书就和现代的论文、专著同样是有用的材料，而并不是什么‘骸骨’。”这里强调不能为反对而反对，应要仔细研究材料的本身，而非拘泥是新是古，至于怎么应用及研究材料，得看阅读者的背景而区分，有些是学者的研究范围，有些则是大学生可负荷的，而多数中学生《文心》认为是不必负担研究之责的。《文心》问世的十一年前，1922 年教育部颁布新学制课程标准办法，当时胡适对新学制的内容规划还有疑虑，他说：

> 学制系统的改革究竟还是纸上的改革；它的用处至多不过是一种制度上的解放。我们现在需要的是进一步研究这个学制的内容。内容的研究并不是规定详细的课程表，乃是规定每种学校的最低限度的标准。这件事决不是教育部的几个参事司长能办到的。我很盼望国内的教育家应该早日作细密的研究，把研究的结果发表出来，引起公开的讨论。……我以为新学制的大部分（中学一段尤其如此）应该从试验学校办起。旧制之下的学校暂时不去改动；旧制学校非确有最高成效为专家公认的，不得改为新制。等到试验学校的成效已证明了，然后设法推行这个新制。

胡适当年对学制改革不放心，希望各界多多研讨，且认为应该要有试验阶段而非一纸命令就尘埃落定；叶圣陶等人则在新学制课程标准施行文白混合教学多年后，反省了混合式不利于国文教学，20 世纪 30 年代先以《文心》辅助中学的国文教学，在书中清楚传达了对文白的看法，分析了读古书之目的以及客观区分文言阅读的层次，后又于 20 世纪 40 年代编纂专选白话《开明新编国文读本（甲种）》《开明新编高级国文读本》及专选文言《开明新编国文读本（乙种）》《开明文言读本》的课本，改进教学。胡适发言之际仍是现代语文教育初期改革的阶段，诸多体制的试验色彩较浓；而叶圣陶等人则深入了教学的核心问题，所提示的革新做法更具体可行，较少陷入制度面的纠缠了。

（摘自《现代语境中的国语文教育》第一章）

教育思想研究

叶圣陶对儿童人际关系的观察与思考

■ 杨 燕

观察是叶圣陶进行教育研究的重要方法之一。本文从叶圣陶对儿童人际关系的观察与思考的视角梳理叶圣陶教育思想，尝试进一步探讨叶圣陶的儿童本位思想。

一、叶圣陶对儿童人际关系的观察

叶圣陶的儿童文学作品《地动》《成功的喜悦》《一课》《损害》《阿菊》《阿凤》《义儿》《小铜匠》《一桶水》等包含了许多对儿童人际关系的描述，虽然这些作品带有文学创作性，但它们是叶圣陶在日常生活、学校工作和社会活动中对儿童人际观察的提炼，在客观上反映了叶圣陶对儿童人际关系观察的基本特征。在这些作品中，叶圣陶对儿童的语言、动作、神态、声音等观察细致入微，给许多人留下了深刻的印象。除这些关键性特征外，叶圣陶对儿童人际关系的观察还提供了观察线索和观察结论，这三个要素形成了叶圣陶对儿童人际关系观察的基本结构，也展现了叶圣陶对儿童人际关系观察的独特之处。

表 1 叶圣陶对儿童人际关系观察的基本结构

类型	代表性作品（写作时间）	线索	关键性特征	结论
亲子关系	《地动》（1921 年）	明儿听父亲讲地动故事，母亲和祖母也在旁边。	动作、声音、神态和情绪：面孔贴在父亲的膝上，眼睛注视着父亲……“呀”的一声，打断了父亲的讲说，明儿哭了	假如父亲、母亲、祖母三个的心可以比作车轮的辐，那么明儿就是中心的轴了。
	《成功的喜悦》（1921 年）	幼儿自己爬上凳子，去玩桌上的玩具	动作： 老太太把他抱起来，他啼声乍发，身子一溜，两脚又站在地	他不作什么说明，只是继续他的尝试，最终，玩具在他的手里，笑容浮上他的两颐。

（续表）

类型	代表性作品（写作时间）	线索	关键性特征	结论
师生关系	《一课》（1921年）	课堂上，他浮想联翩，却对老师的声音和其他同学的活动都无所知觉	动作： 随便从抽屉中取出书，摊在书桌上，手里不拿什么东西，连绵的思虑却开始了	窗外的自然风景能打动他的内心，人为的风琴声不能。
	《损害》（1921年）	几个学生遇到老师的那一瞬间	声音和动作： 笑声息了，步调齐了，一会儿，他们去得远了，忽然起异样的感觉，非常难受	师生之间异样的感觉令人难受。
同伴关系	《一桶水》（1936年）	兄弟两人想办法防范草屋被火烧	语言和动作： 我总是这么想，防火烧该有旁的法子，阿秋接上说："这一回……"	假如大家识字，救火的方法就可以一句一句写出来。阿掌和阿秋从学校回来练习造句，说救火方法。

上述代表性作品反映叶圣陶对儿童人际观察的基本结构有三个特点。

第一，叶圣陶对儿童人际关系观察的焦点是儿童教育问题。线索中的事件发生在儿童与他人建立人际关系的场域，它反映出儿童与亲人、师长和同伴建立联系的活动场所、交往方式和活动内容，并将儿童在人际交流活动中的各种表现自然地、集中地呈现出来。这一场域有的对于儿童的成长具有积极意义，如在《成功的喜悦》中，幼儿终于独立拿到玩具，而有的不具有积极意义，如在《义儿》中，义儿与他的母亲和英文先生发生激烈的冲突；这一场域有的属于文化性的交流，如在《成功的喜悦》中，幼儿奋发努力，获得了潜力发挥的机会，而有的不属于文化性交流，如在《阿凤》中，阿凤的生活备受继母的责骂，还有在《阿菊》中，阿菊的家庭生活狭隘而贫困。叶圣陶在文学作品中建构的这些场境，一方面为社会生活中的弱势儿童呐喊，呼吁为弱势儿童提供受现代教育的机会，另一方面是批判家庭教育和学校教育存在不足，儿童的发展受限，呼吁通过加强儿童本位意识提高家庭教育和学校教育的质量。当时青年叶圣陶在社会大变革的影响下，怀着"教育救国"

的理想投身教育工作，这两个方面是叶圣陶对儿童教育的有与无、好与不好两个问题的敏锐观察。教育场域指在教育者、受教育者及其他教育参与者相互之间所形成的一种以知识的生产、传承、传播和消费为依托，以人的发展、形成和提升为旨归的客观关系网络。[①] 由此可见，叶圣陶对儿童人际关系的观察既是对社会问题的犀利批判，也是对建构儿童教育场域的深层次思考。也就是说，叶圣陶的儿童本位思想具有提升教育质量的目的，是对儿童人际关系的假设性认识。此外，文中提到的儿童中心地位指儿童教育的主体地位，不是人际关系中的核心地位。

第二，叶圣陶主张从儿童的语言、声音、神态、动作等关键性特征中发现儿童的志趣。例如，在《地动》中，明儿听故事的过程中展现出了对父母之爱的渴望；在《一课》中，这位学生对课堂无动于衷，心思放在自然界的美妙和神奇上；在《成功的喜悦》中，幼儿拒绝祖母的帮助，终于获得了成功。可见，幼儿有奋发的潜力，追求自由和享受成功。在《两个孩子》中，一个孩子表达纯朴的宽慰，另一个孩子吃到苹果后表现出纯朴的欢喜。渴望、追求、奋发和纯朴等志趣对儿童而言是与生俱来的或自然而然形成的，儿童不一定能描述或明确了解自己的志趣。叶圣陶认为，儿童在人际关系交往中自然表露出来的志趣是可以被发现的，应受到重视、尊重甚至进一步强化或转化。由此可见，儿童教育活动中的儿童本位不是以儿童个体为中心的教育活动，而是以儿童的志趣为依据的教育过程。叶圣陶对儿童志趣发现的教育意义建构了教育过程的儿童形象，儿童志趣是实施儿童本位的起点，对儿童志趣的发现和强化形成了施教者对儿童的教育过程。

第三，通过观察，叶圣陶提倡与儿童建立亲密的关系。在《地动》中，明儿的祖母和父母爱明儿，明儿也爱他们。当明儿听到故事里的孩子暂时不能见到母亲时便开始哭泣，他哭得非常伤心，身躯抽搐，呼吸又粗又急，似乎离开母亲的这一悲哀是永久的、深深潜入内心的。在《义儿》中，义儿没有得到一丝赞美，只能听到愚笨懒惰、欢喜捣乱的责备，义儿与母亲、英文先生都有激烈的冲突，以至于三叔和级任先生决定对义儿以恶制恶。但是，当义儿远离唠叨和责备，心情反而是高兴。这说明义儿是渴望远离责备的。叶圣陶对人际关系的很多思考谈论到心灵。叶圣陶把内心的孤独比作身体的束缚："我如漂流在无人的孤岛，我如坠入于寂寞的永劫，那种孤凄彷徨的感觉，超于痛苦以上，透入我的每一个细胞，使我深思混乱，对于一切都疏远、

① 刘生全：《论教育场域》，《北京大学教育评论》2006 年第 1 期。

淡漠。我的躯体渐渐地拘挛起来，似乎受了束缚。”① 因此，叶圣陶提出解除束缚非得触及心灵不可：“我有一种空想，人与人的隔膜不是自然的，不可破的。我没有什么理由，只是一种信念罢了。这一层膜，是有所为而遮盖着的；待到不必需的时候，大家自然会赤裸裸地相见。到时，各人相见以心不是相见以貌。”② 叶圣陶把儿童当作真正的人，而人是害怕孤独的，儿童也是如此，叶圣陶据此提出与儿童相处不能有隔膜，而要相见以心，即建立亲密的关系，这对儿童教育既有方法论的启示，也有目的论的意义。

由此可见，叶圣陶对儿童人际关系的观察是以儿童教育活动为观察的视角，以儿童志趣的发现为观察内容。通过观察，叶圣陶提出教育过程的儿童本位指为儿童提供教育和为儿童提供更有质量教育的假设性认识。此外，叶圣陶从方法论和目的论的角度提出，应与儿童建立亲密的关系，即以心相见。为儿童提供教育是儿童本位思想的重要表现，而叶圣陶对儿童人际关系思考主要讨论如何为儿童提供更有质量的教育。因此，下文通过叶圣陶对儿童人际关系的思考进一步讨论在向更高教育目标追求的过程中，叶圣陶如何认识儿童本位。

二、叶圣陶对儿童人际关系的思考

观察与思考是互为表里的关系，叶圣陶也对儿童人际关系进行了深入的思考。在这些思考中，叶圣陶也反思了儿童教育活动中存在的问题，形成了进一步提高儿童教育质量的思考。这些思考可以概括成五个方面。

（一）家庭的隔膜不利于儿童国文水平的提高

叶圣陶批判家庭的隔膜妨碍了儿童国文能力的提高。1922 年，叶圣陶在《教育杂志》上发表的《小学国文教授的诸问题》指出：

> 在不理孩童的家庭里的孩童，便异常不幸，他止从成人那里学到些习见的器物的名称，和日常行动的不完全的表现语，此外就没有情思，没有话语，因为他没有发引情思、练习话语的机会……情思的训练和言语的练习，与国文程度的高下有关系，家庭里设备着引起情思的境遇，常与孩童谈话，便可说是国文教授的正常的基础。

---

① 叶至善、叶至美、叶至诚编：《叶圣陶集》(第 1 卷)，江苏教育出版社 2004 年版，第 160 页。

② 顾颉刚：《〈隔膜〉序》，叶至善、叶至美、叶至诚编：《叶圣陶集》(第 1 卷)，江苏教育出版社 2004 年版，第 207 页。

反过来，置孩童于不理，不为他们植重要的基础，便阻遏了他们几分之一关于国文程度的发展力——被阻遏的当然不止此。①

儿童语言的贫乏是家庭隔膜的外在表现。儿童在家庭被隔离可能由于客观的原因，如在《阿菊》中，阿菊的父亲在外做被零雇的仆役，母亲在家搓草绳，他们迫于生计没有精力照顾儿童。但是，儿童在家庭被隔离更多的是父母在主观上就没有与儿童建立亲密关系的意识，如在《一个朋友》中，朋友生了儿子就请乳母来养育，等孩子几个月大了，会笑了，小手会招人了，父母才理会孩子：

(孩子的父母——引者注) 觉得他很好玩，是以前不曾有过的新鲜玩意儿。一个便从乳母手中抱过来和他接个吻，一个不住地摩抚他的小面庞。他觉得小身体没有平常抱的那样舒服，不由得哭了起来。他们俩没趣，更没法止住他的哭，便叫乳母快快抱去。“我们不要看他的哭脸!”那小孩子到了七八岁，他们俩便送他进个学校。他学些什么，他们俩总不问。受教育原是孩子的事，哪用父母过问呢!

幼儿用哭声反抗父母的隔膜，但父母无动于衷，甚至进一步加深隔膜。因此，叶圣陶激烈地批判家庭中的隔膜：“我看见许多家庭里，不仅是贫苦而无暇顾及孩童的，对于孩童，不承认他的本有的地位，不了解他具有可以发展的能力；对他止有玩弄，止有责骂，而没有谈话。更有绝对不理孩童的，当给衣给食或斥责的时候，用着命令的语气吩咐，就完了。在这种家庭里的孩童，虽然同成人住在一起，差不多完全隔离。”②

(二) 教师眼中无儿童的教育是机械的、形式的

叶圣陶还批判有些教师的教育是形式的、机械的教育，他们的眼中没有儿童。这也是国文教育不好的原因。

他们 (指教师——引者注) 也是置儿童于不理，非授课时间竟判若两国，绝无笑语一堂的时机。所谓授课，便是授学童以教科书，教他们读音、识形、讲解、书写。这四事做完，便谓责任已尽；不管他是机械不机械，切实不切实。教科书里所讲的不是学童所能讲

① 朱永新编：《叶圣陶教育名篇选》，人民教育出版社2021年版，第273页。
② 朱永新编：《叶圣陶教育名篇选》，人民教育出版社2021年版，第273页。

> 的，爱讲的？这一层更不暇顾虑。教科书之外，不复与学童以读物。他们也要学童练习，看能否应用所学习的。可是止本自己的主观，课学童以无从设想、莫名其义的文题。学童苟本平日上课时所听闻，鹦鹉似的学语，便可得很好的奖评。倘若本童年的真心，勉强成文，那便招不通的斥责。①

教师眼中无儿童，为了完成任务而教学，他们重复地做着教授教科书、布置课后习题、测评学生甚至责骂儿童的工作。例如，在《一课》中，任课老师自我陶醉地讲课，同学们的注意力却在窗外的蝴蝶上，先生还斥责道："一个蝴蝶，有什么好看！让他在那里飞就是了。我们且讲那经度……距离……多少度。"②

（三）接触儿童的内心

叶圣陶批判与儿童相处中存在的隔膜，还提出了与儿童以心相见的方法，具体包括三步。第一步，与儿童生活在同一地方。③ 与儿童一起生活是基本的，否则谈不上以心相见。第二，融入儿童的生活空间。与儿童生活在同一个地方指物理空间的共处，生活空间的共处指明白儿童的想象、欲求和嗜好。④ 第三步，找到机会让儿童的"内面"产生新东西并表达出来。⑤ 机会有的是偶然的，有的是特意创设的。当儿童的眼神、话语或微笑传达出求知的渴望时，就是很好的偶然的机会。叶圣陶说道：

> 一个儿童放出好奇的眼光来问："这东西为什么这样子呢？"以及一个儿童走进我们，脸上含着颇像亲近的微笑，仿佛等待我们的招手，都是所谓偶至的机会，很可宝贵的……于是我们回答先前这一个，很自然地，绝非做作地说："你从这边想，又从那边想，你一定会知道这东西为什么这样子了。"对于后来这一个，我们又说："来吧，我知道你要同我在一起呢。但是，你能告诉我为什么要同我在一起么？"

叶圣陶还指出，学校教育一般使用创设的机会，如为儿童讲"整理的必

---

① 朱永新编：《叶圣陶教育名篇选》，人民教育出版社 2021 年版，第 274 页。
② 朱永新编：《叶圣陶教育名篇选》，人民教育出版社 2021 年版，第 274 页。
③ 朱永新编：《叶圣陶教育名篇选》，人民教育出版社 2021 年版，第 290 页。
④ 朱永新编：《叶圣陶教育名篇选》，人民教育出版社 2021 年版，第 291 页。
⑤ 朱永新编：《叶圣陶教育名篇选》，人民教育出版社 2021 年版，第 291—292 页。

要”，就把学校整理得秩然有序。这样之后，他们所知道的“整理的必要”才会真切，说出来才是真的发表而不是鹦鹉学舌；为儿童讲古代的历史，把一些古物以及原始人生活的图画模型有条理地陈列起来，让儿童获得形象的认知；等等。①

（四）为儿童创设境遇，引发情思

所谓的偶然机会或创设机会，指接触儿童内心的实施步骤。这一步骤可进一步细分为创设境遇和引发情思两个环节。

关于境遇，叶圣陶指出：“儿童既处于特设的境遇里，一切需要，都从内心发出。教师于这个当儿，从旁导引，或竟授与。这个在儿童何等的满足、安慰，当然倾心领受，愿意学习。”② 可见，境遇是与儿童进行教育交流的场域，是假设的，有明确的提升儿童身心发展的目标。因此，尽管学校实施分科教育，但叶圣陶主张小学不实施分科教育，而创设一个普遍适应各科的境遇。

关于情思，叶圣陶指出：“求成功的教师，当从为儿童特设的境遇里，发展儿童的心灵，务使他们情绪丰富、思想绵密，能这么做，才是探源的办法。”③ 可见，情思，是儿童心灵的外在表现形式，是儿童志趣的源泉，是文化性的，是塑造儿童身心发展的依据。情思对教师的启示是教授儿童记录和写作等技能是形式上的教育，发展儿童的心灵才是根本上的教育。此外，叶圣陶也提醒教师，教师的情思不能强加给学生：“教者有思想欲发挥，有情感欲抒写，未必即可命题，因学者未必有此思想有此情感也。教者心赏某文，玩索有素，未必即可选为教材，因学生读此文，其所摄受未必同于我也。”④ 另外，叶圣陶主张教材用语体文，以使儿童对周围有了解并想有所表达时能够表达自己的情思。

（五）尽到责任还要推进一步，减轻学生的依赖性

20 世纪 60 年代，叶圣陶提出了“教是为了达到不需要教”的著名教育思想。这是叶圣陶对儿童人际关系反思的进一步提升。这一时期，叶圣陶在不同场合多次提到“教是为了达到不需要教”，其中包含的思想与儿童人际关系相关的有四个方面。

第一，教学贵在让学生举一反三。1962 年，叶圣陶在《语文教学二十

---

① 朱永新编：《叶圣陶教育名篇选》，人民教育出版社 2021 年版，第 291—292 页。

② 朱永新编：《叶圣陶教育名篇选》，人民教育出版社 2021 年版，第 275 页。

③ 朱永新编：《叶圣陶教育名篇选》，人民教育出版社 2021 年版，第 276 页。

④ 叶圣陶著，中国教育科学研究院编：《叶圣陶语文教育论集》，教育科学出版社 2015 年版，第 252 页。

韵》写道："教亦多术矣，运用在乎人，孰善孰寡效，贵能验诸身。为教纵详密，亦仅一隅陈，贵能令三反，触处自引伸。"① 教师教学为学生着想，教学方法有很多种，贵在对学生有效，贵在使学生举一反三，触类旁通。

第二，教师尽到责任还要推进一步。1963 年，叶圣陶在评改一位初中语文老师的工作汇报时指出："尽心尽力地教，目的在达到不需要教。学生真正不需要教了，这才是教学工作和教育工作的大成功。所以语文教师的责任并不是专为学生讲书和批改作文。尽到责任还要推进一步，讲书要达到不需要讲，学生自己能够读书，批改作文要达到不需要批改，学生自己能够认真下笔，完稿之后又能够斟酌修改。"② 教师要不断追求教学的改进，从无儿童到有儿童，即便教师接触儿童的内心，仍要继续去探索改进教学的方法。

第三，减轻学生的依赖性。叶圣陶在一封给语文老师的信中说："如扶孩子走路，虽小心扶持，而时时不忘放手也。我近来常以一语语人，凡为教，目的在达到不需要教。以其欲达到不需要教，故随时宜注意减轻学生之依赖性，而多讲则与此相违也。"③ 教师眼中无儿童不可取，让学生过于依赖亦不可取，减轻学生的依赖性也是老师的工作职责。

第四，教育要让学生自己学习一辈子。1983 年，叶圣陶在一次教师茶话会上讲道："（教是为了达到不需要教）是不是不教了，学生就学成了呢？非也。不教是因为学生能够自己学习了，不再需要老师教了。不要说小学毕业就学完了，中学毕业也没有学完，大学毕业考上了研究生，也不能算毕业。……达到不需要教，就是要教给学生自己学习的本领，让他们自己学习一辈子。"④ 学生的学习也不是一劳永逸，教师为学生长远计，交给学生自己学习的本领，让他们自己学习一辈子。

由此可见，叶圣陶对儿童人际关系的思考有一个变化过程，从亲密与隔膜的二元对立逐渐转变成教与不教的辩证关系。与此同时，叶圣陶对儿童教育的思考有一些变化：在前一阶段，叶圣陶激烈地批判儿童教育活动中的隔膜，极力主张建构亲密的儿童人际关系；在后一阶段，叶圣陶提出在儿童教育中辩证地看待儿童人际关系。其中批判和建构在儿童教育中是一体两面的，

---

① 叶圣陶著，中国教育科学研究院编：《叶圣陶语文教育论集》，教育科学出版社 2015 年版，第 4 页。

② 叶圣陶著，中国教育科学研究院编：《叶圣陶语文教育论集》，教育科学出版社 2015 年版，第 388 页。

③ 叶圣陶著，中国教育科学研究院编：《叶圣陶语文教育论集》，教育科学出版社 2015 年版，第 523 页。

④ 朱永新编：《叶圣陶教育名篇选》，人民教育出版社 2021 年版，第 212 页。

辩证地看待儿童人际关系是叶圣陶儿童教育思想的升华。此外，虽然叶圣陶对儿童教育思想的思考有变化，但叶圣陶的儿童本位思想没有变化，始终是以儿童成长为目的的假设性认识。

三、启示：叶圣陶儿童本位思想的实质是发展与开源

叶圣陶在对儿童人际关系的观察与思考中提到了儿童的本能、欲望和兴趣，还提到了儿童的心灵、情思和生活经验，这些构成了对儿童本位的阐述。具体而言，叶圣陶的儿童本位思想包含三层含义。

第一层，尊重儿童的本能、欲望和兴趣。这是教学方法层面的含义。

儿童在人际交往中自然流露的志趣表明，儿童不是容器，不能将知识直接传递给儿童，并且，知识不是物质的，是精神的，因此，儿童教育的儿童本位是指尊重儿童的本能、欲望和兴趣，引导儿童主动求知。叶圣陶说："使儿童从事物中寻求真知识，并用真知识来支配他们的行动。儿童遇到事物，发生了求知识的动机，于是亲自去观察，去试验，结果，他们对于这事物得到了一宗新知识，他们在生活中就有了一个新趋向。这种活动创造的能力，什么时候什么地方都用得着，这才是怎样做人的根本方法。"①

在知识传递过程的以心相见指儿童和教师生活在一个环境里，彼此是同情的互助的。"要使儿童经常有求知识的动机，须要根据他们的本能、欲望和兴趣，想方法来引导他们的本能，顺应他们的欲望，扩充他们的兴趣。教育者要尽这许多义务，仿佛戏台上值场面的人，把种种事物都安置个极其适当的环境，自己却忘记了自己是教师，而且使儿童也忘记了我是个教师，只觉得我是他们的环境之中的一个同情的互助的伴侣，这才是今后所需要的教育者。儿童和教师生活在一个环境里，彼此是同情的互助的，那么学校便是社会，学校生活便是社会生活。"②

第二层，发展儿童的心灵。这是教育目的层面的含义。

叶圣陶提出，儿童的发展包括内心的发展和技能的发展，而内心的发展是首要的。叶圣陶提出儿童国文教学有心灵发展、语言训练和写作训练三个目标，而且其中心灵发展是首要的，其次才是语言训练和写作训练。叶圣陶特别强调这个顺序不能颠倒，否则徒劳无功。"求成功的教师，当从为儿童特设的境遇里，发展儿童的心灵，务使他们情绪丰富，思想绵密，能这么做，

① 朱永新编：《叶圣陶教育名篇选》，人民教育出版社 2021 年版，第 30 页。

② 朱永新编：《叶圣陶教育名篇选》，人民教育出版社 2021 年版，第 32 页。

才是探源的办法。欲顺次而训练学童的语言，使其恰当所思，明显有序，最后乃着力于记录写述等形式的方法。”①

发展论的目标是“情绪丰富，思想绵密”，即培养儿童丰富的情感和训练儿童绵密的思想。这是叶圣陶提出的情思论。情感和思想都来源于经验。“情感与经验有密切的关系。它能引起种种机会，使我们留意观察，设法试证，以获得经验；它又在前面诱导着，使我们勇往直进，全心倾注，去享用经验。”②“经验愈丰富，则思想进行时假设的来源愈广，批评、判断种种假设的能力愈强，造出方法以证明假设的是非真假也愈有把握。”③叶圣陶进一步指出情感与思想的关系：“思想情感是互相联涉。”“有了真切的经验、思想，必将引起真切的情感，成功则喜悦，失败则痛惜，不特限于一己，对于他人也会兴起深厚的同情。而这喜悦之情的享受与痛惜之后的奋发，都足以使生活愈益充实。”④并且，情感更珍贵：“我们所以要希求充实的生活，而充实的生活的所以可贵，浅明地说，也就只为我们有情感。”⑤

第三层，充实儿童的生活经验。这是教育性质的层面。

叶圣陶指出，做人就是“要使生活向着求充实的路，有两个致力的目标，就是训练思想与培养情感。从实际讲，这二者也是互相联涉，分割不开的”⑥。做人，要过充实的生活，只有训练思想和培养情感才有充实的生活，这是叶圣陶提出的开源论。叶圣陶说：“生活充实，才会表白出、发抒出真实的深厚的情思来。生活充实的涵义，应是阅历得广，明白得多，有发现的能力，有推断的方法，情性丰厚，兴趣饶富，内外合一，即知即行……我们的生活充实到某程度，自然要说某种的话，也自然能说某种的话。……我们最当自戒的就是生活沦没在虚空之中，内心与外界很少发生关系，或者染着不正当的习惯，却要强不知以为知，不能说、不该说而偏要说。这譬如一个干涸的源头，那里会倾注出真实的水来？假若不知避开，唯有陷入模仿、虚伪、

① 朱永新编：《叶圣陶教育名篇选》，人民教育出版社2021年版，第276页。

② 叶圣陶著，中国教育科学研究院编：《叶圣陶语文教育论集》，教育科学出版社2015年版，第263页。

③ 叶圣陶著，中国教育科学研究院编：《叶圣陶语文教育论集》，教育科学出版社2015年版，第262页。

④ 叶圣陶著，中国教育科学研究院编：《叶圣陶语文教育论集》，教育科学出版社2015年版，第263页。

⑤ 叶圣陶著，中国教育科学研究院编：《叶圣陶语文教育论集》，教育科学出版社2015年版，第263页。

⑥ 叶圣陶著，中国教育科学研究院编：《叶圣陶语文教育论集》，教育科学出版社2015年版，第263页。

浮夸、玩戏的弊病里罢了。”①

训练思想和培养情感，一方面，这是儿童内心的需要：“这样的训练，其实就是要促迫儿童的内面有所产生，合理且丰富地产生。换一句话说，就是要他们磨练思想，培养情感。② 另一方面，这是儿童充实生活的外在表现形式。叶圣陶说：“要促迫儿童向外发表，尽量地发表。尽量发表则内面与外面一致，内面的活动更见有意义。成为习惯，对于自己的享受与生活的实际都有益处，至少会感到这生命是充实而不是空虚。”③

综上，从叶圣陶对儿童人际关系的观察与思考看，在叶圣陶的儿童教育思想中，尊重儿童是儿童本位的起点，发展与开源是儿童本位的实质。

① 叶圣陶著，中国教育科学研究院编：《叶圣陶语文教育论集》，教育科学出版社 2015 年版，第 261—262 页。

② 朱永新编：《叶圣陶教育名篇选》，人民教育出版社 2021 年版，第 287 页。

③ 朱永新编：《叶圣陶教育名篇选》，人民教育出版社 2021 年版，第 287 页。

叶圣陶论家庭教育的主要内容

■ 张 璐 刘立德

1912年，叶圣陶中学毕业以后开始担任小学教员，并先后在苏州言子庙小学、上海商务印书馆附属尚公学校和苏州甪直吴县第五高等小学执教了六七年时间。这段时间奠定了他一生教书育人的坚实基础。此后，叶圣陶在繁忙的学校教育教学、文学创作、编辑出版和社会活动之余，一直不忘家庭家教家风建设，特别是在子女教育方面积累了不少经验，也进行了一些理论探讨。叶圣陶在自己的日记、书信、论文和著作等作品中，零零散散地记录下他对家庭教育的认识、观点和实践状况。这些论述涵盖了对子女人生观的教育、行为习惯的养成、情感态度的激发、听说能力的培养、阅读能力的提高、写作能力的训练等各个方面的内容，对当今的家庭教育仍然具有重要的参考和借鉴价值。

一、论家长对子女人生观的教育

叶圣陶认为，父母要培育子女的想象力和求知欲，使他们树立真实的人生观。他认为儿童拥有超越父母的胆识和勇气，“小孩有勇往无畏的气概，对于一切无所畏怯，这应该善为爱惜，善为发展，才可以使他们成为超过父母的人”①。在幼年时期，儿童需要在父母的引导下构建完整的精神世界。在叶圣陶看来：“人由幼小而长大，对于事物知识渐广。所谓知识之事，止取利于生事，适切于应用，其他便不是普通人所欲深求了。所以这等知识只是外面的，分析的，一切事物都陷于冷静和破碎。”② 也就是说，儿童对知识的把握应与内在的感知加以结合，不然一切都是零碎的片段。叶圣陶认为孩子需要了解真实的世界，不能被隐瞒在成人编造的谎言中。他说：“世界上就有那么

① 叶至善、叶至美、叶至诚编：《叶圣陶集》(第9卷)，江苏教育出版社2004年版，第17页。

② 叶至善、叶至美、叶至诚编：《叶圣陶集》(第9卷)，江苏教育出版社2004年版，第21页。

些痛苦和悲哀，要瞒是瞒不住的，不如适当地讲一点给孩子听。”①

父母应当培养儿童热爱自然、人类社会和一切事物的能力。在自然方面，叶圣陶将世界的一切事物看作一个彼此融合的整体：“‘感’较‘知’深入一层；‘知’是我与事物对立，以我‘知’彼；‘感’是我与事物的融合，彼我不分。”② 对自然存在一切的事物，都应该以一种感知觉融入进去，赋予其生命力与创造力。在社会方面，每一个儿童都是生长在一定社会里的人，不是孤立的个体，需要具有爱国、爱集体的精神。叶圣陶将青年看作是不忧不惧的。他认为：“青年最富于‘胞与’的感情。大同世界，理想国土，人人自由自在地生活着，谁也不欺侮谁，谁也不压迫谁，这是青年共同的憧憬。青年最看不过不平的事。”③ 当青年人懂得了做人的道理和做事的方法，生活才丰富、才美满。当孩子们对世界充满了热爱和希望时，他们就具备了对自我生命的珍惜和对美好生活的向往。

叶圣陶倡导父母应当培养儿童积极的生活态度和人生理想。在生活态度方面，叶圣陶认为：“努力奋发的精神，任何时代做任何事业的人都不可缺少。而在现代的我国人尤属必需，假设如果没有这种精神，简直是罪恶。”④ 他坚信，当代的青年应该是“不忧不惧的，把握住心情，认真地生活，思想自会走上正当的大路”。青年应该自我决策取舍，把握自我的命运。在理想抱负方面，叶圣陶认为家长必须引导孩子树立坚定的信念与理想。关于理想的确立，他认为内容人人可以不同，但是要有一个事实上人人需要的，理论上人人应有的共同的理想；在人生观与价值观方面，叶圣陶指出：“对于那些本来存着投机的卑劣心理的人，我们无须加以论列，而其中的大部分未始不由于缺乏真诚的态度，对任何方面观察和认识不深刻的缘故。”⑤ 由此可以看出，叶圣陶十分看重父母对子女在建立真诚的人生观与价值观方面的帮助。

---

① 叶至善著：《父亲长长的一生》，四川文艺出版社 2015 年版，第 70 页。

② 叶至善、叶至美、叶至诚编：《叶圣陶集》(第 11 卷)，江苏教育出版社 2004 年版，第 171 页。

③ 叶至善、叶至美、叶至诚编：《叶圣陶集》(第 12 卷)，江苏教育出版社 2004 年版，第 141 页。

④ 叶至善、叶至美、叶至诚编：《叶圣陶集》(第 12 卷)，江苏教育出版社 2004 年版，第 123 页。

⑤ 叶至善、叶至美、叶至诚编：《叶圣陶集》(第 12 卷)，江苏教育出版社 2004 年版，第 126 页。

二、论家长对子女行为习惯的养成

习惯养成教育思想是叶圣陶教育思想体系的最重要的组成部分之一，不仅体现在学校教育上，也体现在家庭教育上。叶圣陶认为儿童不仅要从小养成做事认真的好习惯，养成处处为别人着想的好习惯，而且要养成处理生活的能力。这些习惯养成和能力训练重在平时的家庭教育之中。他指出：“养成小朋友的好习惯，我将从最细微最切近的事物入手；但硬是要养成，决不马虎了事。譬如门窗的开关，我要教他们轻轻的，‘砰’的一声固然要不得，足以扰动人家的心思的‘咿呀’声也不宜发出；直到他们随时随地开关门窗总是轻轻的，才认为一种好习惯养成了。”① 另外，叶圣陶还提出家长应当让孩子将学到的知识应用到现实生活中去，养成自主解决问题的习惯。他指出：“处理生活的知识当然该从一桩桩一件件的事情上去取得，处理生活的能力当然该从一桩桩一件件的事情上去历练。”② 这些小事如果能够让孩子独立解决并完成，那么在生活的其他方面他们也可以处理得很好。最后，叶圣陶十分关注家长对子女学习习惯的培养。在听说读写的各个方面，叶圣陶都强调家长应当配合学校，做好家庭中的知识预习和巩固。他在教育自己的子女上，亲自辅导孩子们的功课，指导子女们的写作。在叶圣陶看来，教育就是要培养孩子良好的习惯，从而使孩子们能自主、自立，达到不需要教。值得注意的是，叶圣陶对儿童习惯的培养一直是特别重视的，他将教育的最终目的也归为培养良好的习惯，教人学会做人。这些教育理念是贯穿着叶圣陶整个教育实践历程之中的，也是他在不同时期都不断重申、反复谈到和论及的内容。

三、论家长对子女情感态度的激发

叶圣陶十分强调父母对孩子的情感教育。他认为，家庭应当为儿童提供良好的身心发展空间，父母对子女的情感呵护更是一种深爱。他说：“子女身体上的要求，父母能使他们满足，不能说这不是爱。但是能够给子女以教育，更是深浓强烈的爱，因为饱了他们心灵的饥饿，暖了他们心灵的寒冷了。若

① 叶至善、叶至美、叶至诚编：《叶圣陶集》(第 11 卷)，江苏教育出版社 2004 年版，第 130 页。

② 叶至善、叶至美、叶至诚编：《叶圣陶集》(第 12 卷)，江苏教育出版社 2004 年版，第 81 页。

能适宜地生育子女，一一与以教育，当然是父母的深爱。”① 父母应当为子女的到来做好充足的准备，并学会欣赏和尊重每一个孩子。在叶圣陶眼中，他所“接触无数的儿童，他们纯洁且自然。他们将心赤裸裸地呈露，我们因而认识他们各异的个性，辨知他们各异的天才”。这些“小孩子不是一个模型里产出的！把他们当作艺术品，鉴别他们，欣赏他们，已是无穷的趣味，况且谁都有运转社会的可能，谁都应改造黑暗的社会”②。

叶圣陶认为，父母要对儿童的情感发展作出榜样，“凡戕贼儿童智识道德之事，不可行之，不可言之，行则为儿童所模仿，言则为儿童所听从”③。父母的养育方式决定了儿童早期的性格特点。④ 例如，小朋友顽皮的时候，大多数父母会举起手来一顿拍打，“然而这一下不只是打了他们的身体，同时也打了他们的自尊心；身体上的痛或红肿，固然不久就会消失，而自尊心所受的损伤，却是永远不会磨灭的”。这不仅会造成儿童的自卑心理，还会使得他们变得更加胆怯、懦弱。叶圣陶认为，情感的培育与孩子的善性密切相关。⑤ 他将这种情感称为内发的、自觉的心理状态，它通过行为表达出来而被外界了解。有些父母对孩子的态度冷漠，或者忽冷忽热，对身边的人也表现出自私的一面，这些不良行为都会给孩子的心灵带来冲击和影响。

除此之外，叶圣陶还强调，父母应当重视培育儿童热爱自然、人类社会和一切事物的情感。叶圣陶认为，情感与事物应看作一个彼此融合的整体。⑥ 他认为，父母在情感表达方面要注重向上向善，做到身体力行，以身示范，以良好行为给孩子的心灵带来正面的影响。因此，他呼吁父母应当对子女的情感教育给予高度的重视。

---

① 叶至善、叶至美、叶至诚编：《叶圣陶集》(第 11 卷)，江苏教育出版社 2004 年版，第 51 页。

② 叶至善、叶至美、叶至诚编：《叶圣陶集》(第 1 卷)，江苏教育出版社 2004 年版，第 232-235 页。

③ 叶至善、叶至美、叶至诚编：《叶圣陶集》(第 11 卷)，江苏教育出版社 2004 年版，第 131 页。

④ 叶至善、叶至美、叶至诚编：《叶圣陶集》(第 11 卷)，江苏教育出版社 2004 年版，第 4 页。

⑤ 商金林著：《叶圣陶全传》(第 1 卷)，人民教育出版社 2014 年版，第 222 页。

⑥ 商金林著：《叶圣陶全传》(第 1 卷)，人民教育出版社 2014 年版，第 222 页。

四、论家长对子女听说能力的培养

从一定意义上说，父母是子女最初的“国文教师”，承担着教授儿童听说读写方面知识的责任。作为一名国文教师，叶圣陶在很早就提出，国文教授的开始不在学校而在家庭，不在学龄时代而在幼孩时代。一个学童的国文程度的好坏，与他的家庭、他的幼孩时代很有关系。在他看来，父母是儿童的最初的最重要又是无所不教的教师，当然也是儿童的国文教师。

叶圣陶提出，家庭需要帮助儿童扫除语言障碍，为培养儿童的听说能力打下良好的基础。他认为，真正有用的教育是能让儿童在实际生活中认识事物，这单靠文字的识别是没有用的，而听说则是首要的任务。针对许多家庭教育中关于“听说”方面的缺失，叶圣陶大致概括为两个方面：首先，贫困家庭中“无暇顾及孩童，对于孩童，不承认他的本有的地位，不了解他具有可以发展的能力；对他止有玩弄，止有责骂，而没有谈话”。其次，有些家庭甚至是“绝对不理孩童的，当给衣给食或斥责的时候，用着命令的语气吩咐，就完了。虽然同成人住在一起，差不多完全隔离”[①]。因此，在叶圣陶看来，“儿童的不善于说话，固然因不经训练，而也因大人从来不与儿童好好地说话”[②]。叶圣陶认为，在儿童所处的家庭环境中，如果大人能与儿童好好地说话，就是不再给儿童特意训练，也同样可以使儿童得到些浸染的益处。

除此之外，在叶圣陶看来，听说不是能够简单地交流就算完事儿的，家长还要将话说好，讲究礼貌。孩子要想能说复杂的句式，首先是得经常听了家长的日常用语。如果一个家庭中的谈话是礼貌的，那么孩子也会在耳濡目染中学会了礼貌用语。叶圣陶指出：“说话要有礼貌，语言要和礼貌联系起来。”“礼貌是和思想意识、生活习惯有密切联系的。”[③] 这些看似细微的事情都在不断影响着子女的身心发展，也为孩子们的健康成长打下了坚实的基础。

---

① 叶至善、叶至美、叶至诚编：《叶圣陶集》(第 13 卷)，江苏教育出版社 2004 年版，第 4 页。

② 叶至善、叶至美、叶至诚编：《叶圣陶集》(第 13 卷)，江苏教育出版社 2004 年版，第 23 页。

③ 叶至善、叶至美、叶至诚编：《叶圣陶集》(第 17 卷)，江苏教育出版社 2004 年版，第 165 页。

五、论家长对子女阅读能力的培养

叶圣陶认为，家庭应当帮助儿童养成良好的阅读习惯，要让子女在读书的过程中能够处理信息，“喜明辨”“爱真理”，不提倡马马虎虎地读书。他指出：“所谓阅读书籍的习惯，并不是什么难能的事，只是能够按照读物的性质作适当的处理而已。”① 而在这一过程中，家长需要在子女遇到困难和疑惑时给予适时地引导。读书要“喜明辨”“爱真理”，“只求记忆，没有研究的方法，没有实验的机会，那究不会切合人生，丝毫没有用处。然而听讲、记忆、背诵，一件件做去，却费了许多精神占了许多时间”②。因此，家长在子女的课外阅读中应当培养其客观评价的意识，使孩子们做到“看一篇文字，要知道作者的观点与立场，要知道他处在怎样的一种思想环境与现实环境之中，才会得到客观的理解”③。当阅读一本书时，家长可以让孩子说出值得赞美或者有待商讨的内容，不仅能够分析文字的好坏，还要引导孩子说出其中的原因。

需要特别提醒一下，叶圣陶提倡实实在在的阅读，他强调家长应当有意识地培养孩子们在阅读中深入思考的能力。叶圣陶认为，家长不能一味地称赞孩子读书的量，还要查一查读得怎么样。他曾说：“如果只是眼睛在书页上跑过，只知道故事的极简略的梗概，那不能不认为只是马马虎虎地读。一部《创业史》没读好，问题不算大，养成了马马虎虎的读书习惯，可要吃一辈子的亏。”④ 可以看出，养成良好的阅读习惯至关重要，而习惯不好，再多的阅读量，都只能起到事倍功半的效果。总而言之，阅读必须认真，先求认真，次求迅速，这是极重要的基本训练。

---

① 叶至善、叶至美、叶至诚编：《叶圣陶集》（第 14 卷），江苏教育出版社 2004 年版，第 5 页。

② 叶至善、叶至美、叶至诚编：《叶圣陶集》（第 11 卷），江苏教育出版社 2004 年版，第 15 页。

③ 叶至善、叶至美、叶至诚编：《叶圣陶集》（第 14 卷），江苏教育出版社 2004 年版，第 112 页。

④ 叶至善、叶至美、叶至诚编：《叶圣陶集》（第 15 卷），江苏教育出版社 2004 年版，第 182 页。

六、论家长对子女写作能力的训练

关于写作，叶圣陶认为："写作就是说话，为了生活上的种种需要，把自己要说的话说出来；不过不是口头说话，而是笔头说话。"① 因此，这种出于某种需要的表达来源于生活，正同孩子们幼儿时说"吃"和"抱"一样自然。而现实生活中，大部分家长却经常对子女说："你的文字这么坏，考试怎么能及格。"这是科举时代的精神。在叶圣陶看来，"人类是社会的动物，从天性上，从生活的实际上，有必要把自己的观察、经验、理想、情绪等等宣示给人们知道。"② 叶圣陶将写作看成出于内心的愿望，写的内容当然要是诚实的、自己的话。父母要引导孩子在写作中"不说假话，不说空话，任何场合都必须如此，一辈子必须如此"③。其实这看似是一件小事儿，但却在潜移默化中培养了孩子诚实守信的品质。叶圣陶认为，家长希望孩子做到表达自如、抒发真实的情思，就必须带领他们过充实的生活。这里生活充实的涵义，应是阅历得广，明白得多，有发现的能力，有推断的方法，情性丰厚，兴趣饶富，内外合一，即知即行，等等。

叶圣陶认为，作文离不开生活，而生活中的阅历积累离不开家庭积累。他提出，家长要有意识地培养子女积累正确和深切经验的能力。叶圣陶说："经验有深切和浅薄的不同，有正确和错误的不同。"④ 父母在生活中，应当去调动子女深入探究某一问题的积极性，不能一味地浅尝辄止，半途而废。同时，父母在能力范围内也要多指导和评价孩子的写作，提倡写作后自己先进行检查，形成独立修改的文章习惯。在文章的写作中，父母也要帮助孩子形成"节约""为他人着想"的意识。叶圣陶指出："咱们写文章，道理也一样，该长的地方，长而不嫌其长，该短的地方，多一两个字也是啰嗦，也是浪费。"⑤ 写作不能一味地以自我为中心，需要考虑阅读者的需求，这就得站

---

① 叶至善、叶至美、叶至诚编：《叶圣陶集》(第13卷)，江苏教育出版社2004年版，第80—81页。

② 叶至善、叶至美、叶至诚编：《叶圣陶集》(第15卷)，江苏教育出版社2004年版，第12页。

③ 叶至善、叶至美、叶至诚编：《叶圣陶集》(第17卷)，江苏教育出版社2004年版，第81页。

④ 叶至善、叶至美、叶至诚编：《叶圣陶集》(第15卷)，江苏教育出版社2004年版，第75页。

⑤ 叶至善、叶至美、叶至诚编：《叶圣陶集》(第17卷)，江苏教育出版社2004年版，第80页。

在他人角度想问题。

从整体上看，叶圣陶十分注重对子女的家庭教育，经常亲自辅导孩子们的功课，并现身说法，提出了一系列关于家庭教育内容的论述。他不仅重视对子女听说读写方面的训练，而且关注到了对孩子人生观、行为、习惯、情感和兴趣等方面的综合培养。在他的笔下，家庭教育是可以被分解和实施的，那些细节和习惯将决定着孩子们的未来成长。总之，叶圣陶关于家庭教育主要内容的思想是十分丰富和完善的，对建立好新时代家庭教育理论和实践体系是大有裨益的，学习和应用他的思想来对子女实施教育也是切实可行的。

新时代“养成良好习惯”教育思想的创新探索

■ 任苏民

在人类文明史上，自古以来就有“习惯养成”的教育主张。20 世纪，我国著名教育家叶圣陶在一生的教育改革探索中，不断适应中国现代社会变革与人的发展要求，继承优秀传统教育思想，总结教育实践经验和人生修养体悟，把这一主张创造性地转化并发展成为比较完整、系统的，具有中国特色、富有科学内涵的“养成良好习惯”现代教育思想。在新时代以立德树人为根本任务的中国特色社会主义教育发展中，特别是在我国 2035 年远景目标中提出实现“国民素质和社会文明程度达到新高度”① 的背景下，“养成良好习惯”教育思想进一步彰显其时代价值和深远意义，需要我们更加努力地去创新实践与发展。

一、“养成良好习惯”教育思想的历史生成

“习惯养成”作为一种教育主张，在中外文明发展进程中很早就被提倡。据《尚书·商书·太甲上》记载，早在公元前 1600 年，夏末商初政治家、思想家伊尹就曾训导商汤嫡孙太甲：“兹乃不义，习与性成。”他认为，习惯决定性格，一个人的行为习惯怎样，就会形成怎样的性格，这对于将要继承王位的太甲来说，关系尤其重大。春秋时期，以道德修养为根本、培养君子为目的的大教育家孔子更是重视习惯养成。他指出：“性相近也，习相远也。”②人的天性本来是相近的，只是因为后天养成的习惯不同而使人与人产生很大的差异。因此，他主张从小就要培养人的良好习惯。《大戴礼记·保傅》引用其语：“少成若性，习贯之为常。”一个人年少时候养成的好习惯会像他的天性一样，成为其生命自然。这种主张，一直为传统教育所奉行，并在从《三

①《中华人民共和国国民经济和社会发展第十四个五年规划和 2035 年远景目标纲要》，《人民日报》2021 年 3 月 13 日第 5 版。

② 徐志刚：《论语通译》，人民文学出版社 1997 年版，第 220 页。

字经》到《弟子规》等许多蒙学经典中得到具体、生动的体现。

放眼世界，公元前330年，古希腊思想家亚里士多德在为城邦公民撰写的《尼各马可伦理学》一书中也曾指出："道德成自于习惯。"要"从年少时代就以某一种方法起风习作用"，培养合德性的行为与有德性的人。① 17世纪，英国教育家洛克在为刚夺取政权的资产阶级和新贵族描画"绅士教育"时，把"使学生养成良好的习惯，怀抱德行与智慧的原则"看作是"导师的重大的工作之一"②。20世纪初，美国哲学家、教育家杜威在阐述他的民主主义教育理论时，提出"教育的目的是要养成配做社会的良好分子的公民"③。其中包括：一是"须养成智能的个性"；二是"须养成共同活动的观念和习惯"。④

由此可见，"习惯养成"的教育主张在中外都可谓源远流长。无论是在东方的"君子培养"中，还是在西方的"公民教育"里，这一主张都是跟文明的传统，同时跟特定时代的教育使命相联系，具有德性的本质特点。

20世纪初新文化运动兴起后，中国教育开始自觉参与社会变革，以"新民救国"为使命，以"造成健全的公民"为目标，向着适合本国需要的现代教育转型。在这一历史进程中，"习惯养成"的传统教育主张，被许多进步教育家同中国现代教育的使命和目标联系起来，赋予了新的价值和内涵。例如，陶行知倡导"生活教育"，就很注重让学生从小在生活中养成各种好的习惯。他指出："凡人生之态度，习惯，倾向，皆可在幼稚时代立一适当基础。"⑤杨贤江发表多篇文章专论人的习惯养成。他认为"学生时代是最好、最适当的养成种种善良习惯的时代"，提出了养成教育的一些规律和原则⑥。而在这些教育家中，最早自觉从培养现代中国人的新的时代要求和高度深刻阐述，并在其后整个教育生涯中一直坚持、不断发展、系统形成"养成良好习惯"的现代教育思想的，是叶圣陶。

---

① 日本筑波大学教育学研究会编、钟启泉译：《现代教育学基础》，上海教育出版社1986年版，第363页。

② 洛克著、傅任敢译：《教育漫话》，人民教育出版社1985年版，第97页。

③ 王天一、夏之莲、朱美玉编著：《外国教育史（下册）》，北京师范大学出版社1985年版，第153页。

④ 涂诗万、张斌贤：《〈民主主义与教育〉在中国的早期传播》，《教育研究》2016年第6期。

⑤ 陶行知：《陶行知文集》，江苏教育出版社1991年版，第111页。

⑥ 叶圣陶研究会编：《叶圣陶研究论文集》，开明出版社1991年版，第79页。

二、“养成良好习惯”教育思想的科学内涵

翻开叶圣陶的教育著作，从1916年发表的《我校之少年书报社》，到1984年发表的《教育工作者的全部工作就是为人师表》，关于“养成良好习惯”，几乎在他所有重要的教育和教学专论、文章、讲话、书信中都有论述。将这些论述作为一个历史生成而又具有内在逻辑的整体系统来解读，就会发现，叶圣陶“养成良好习惯”教育思想，涉及了中国现代教育的目的和价值、本质和主体、目标和内容、范式和方法等一系列基本问题、范畴、要义，从而在一定意义上构建了一种“养成良好习惯”的“中国教育学”理论和话语。

(一)“养成良好习惯”的教育目的和价值

叶圣陶1919年在《新潮》杂志发表的《小学教育的改造》这篇教育改革宣言式的论文，第一次将“养成良好习惯”作为中国现代教育目的和价值的基本内涵来加以阐述。他指出：“小学教育的意义，概括的说来，便是使儿童在行为上得到新的人生观。要达到这个目的，须承认人生必须是自觉的，自动的，发展的，创造的，社会的，而以教育做手段使学生养成这种种品德和习惯，以至于达到最高的高度。那玄虚的、抽象、仿效、克制、被动的人生观，当然不是现代人所应当具有的，当然不能拘守着作为教育的出发点。”① 这段论述明确告诉我们，中国现代教育的目的和价值就在于培养“现代人”，小学教育必须为之奠定根基，“使儿童在行为上得到新的人生观”，也即是要使学生对“自觉的，自动的，发展的，创造的，社会的”新人生观，通过自己的践行而内化和内生，从而“养成这种种品德和习惯，以至于达到最高的高度”。这里“最高的高度”，可以理解为“止于至善”② 的境界，“习惯成自然”的境界。叶圣陶认为，养成“现代人”的基本品德和习惯，正是中国现代小学教育目的和价值的真谛所在。

当然，养成“现代人”的良好品德和习惯，不仅限于小学教育，而且在整个基础教育阶段，以至高等教育阶段，都是必须努力实现的教育目的和价值。叶圣陶指出：“教育就是养成好习惯”。“普通教育的目标是养成一般人当

---

① 叶至善、叶至美、叶至诚编：《叶圣陶集》(第11卷)，江苏教育出版社2004年版，第37页。

② 胡平生、张萌译注：《礼记（下)》，中华书局2017年版，第1161页。

公民的好习惯，高等教育的目标是养成一些人做专门人才的好习惯”。①

“养成良好习惯”作为教育目的和价值，既对“现代人”的培养与成长具有基础性，又对“现代人”的修养与发展具有终身性。20世纪40年代中期，在二战结束、现代社会加速发展的新形势下，叶圣陶进一步强调了这一观点。他在《“习惯成自然”》等文章中指出：“养成习惯，换个说法，就是教育。”“我们在学校里受教育，目的在养成习惯，增强能力。我们离开了学校，仍然要从种种方面受教育，并且要自我教育，目的还是在养成习惯，增强能力。”② 这里已经把“养成良好习惯”与“终身教育”联系起来，对“终身教育”形成一种独到见解。

值得注意的是，在此期间，叶圣陶还将习惯的养成与政治人物和世界发展联系起来。他指出：“推广开来说，凡是为非作歹的人，他们为非作歹的原因固然有许多，也可以用一句话来概括，他们的病根在养成了妨害他人的习惯。”“一切习惯偏向妨害他人的方面，他们就成了恶人。如希特勒、墨索里尼、日本军阀，是头等的恶人……这些恶人向来为人们所痛恨，今后的世界上尤其不容许他们立足。谁要立足在今后的世界上，谁就得深切记住，不要养成妨害他人的习惯。”③ 很显然，叶圣陶对“养成良好习惯”之于人民民主和福祉增进、之于人类向善和文明进步的内在关联与根本意义，在新的时代条件下尤其具有超越先贤之深刻见地。

20世纪70年代末80年代初，中国进入改革开放和社会主义现代化建设新时期。面临新时期我国社会变革与人的发展趋势，叶圣陶对“养成良好习惯”教育目的和价值做了进一步的思考。他在《读书和受教育》等论著中指出：“受教育的意义和目的是做人，做社会的够格的成员，做国家的够格的公民。想到‘做’字，就可以悟出光记住些什么是远远不够的。必得把某些精要的东西化为自身的血肉，养成永久的习惯，终身以之，永远实践，这才对于做人真有用处。”④ 从这些论著中可以看到，叶圣陶既深化了“养成良好习惯”作为教育目的的一贯思想，又凸显了终身自学、改革创新等“养成良好

① 叶至善、叶至美、叶至诚编：《叶圣陶集》(第11卷)，江苏教育出版社2004年版，第149页。

② 叶至善、叶至美、叶至诚编：《叶圣陶集》(第12卷)，江苏教育出版社2004年版，第315页。

③ 叶至善、叶至美、叶至诚编：《叶圣陶集》(第12卷)，江苏教育出版社2004年版，第318页。

④ 叶至善、叶至美、叶至诚编：《叶圣陶集》(第11卷)，江苏教育出版社2004年版，第350页。

习惯”教育新的价值内涵，使他的“养成良好习惯”教育目的和价值论有了与时俱进的发展。

（二）“养成良好习惯”的教育本质和主体

一定时代教育的本质，是由反映该时代社会与人的发展根本要求的教育目的和价值这个核心确定的。正是在以养成“现代人”品德习惯为教育目的和价值的思想前提下，叶圣陶在《如果我当教师》一文中，面向广大教师，既通俗又精辟地阐释了中国现代教育的本质。他指出：“我想‘教育’这个词儿，往精深的方面说，一些专家可以写成巨大的著作，可是就粗浅方面说，‘养成好习惯’一句话也就说明了它的含义。无论怎样好的行为，如果只表演一两回，而不能终身以之，那是扮戏；无论怎样有价值的知识，如果只挂在口头说说，而不能彻底消化，举一反三，那是语言的游戏；都必须化为习惯，才可以一辈子受用。”① 他认为，在现代中国，“教育”这个总概念的含义，简而言之可以用“养成好习惯”一句话说明。教育的本质，不只是授予学生“好的行为”和“有价值的知识”，而在于引导学生将“好的行为”反复实践，终身以之；将“有价值的知识”彻底消化，举一反三，也就是都“化为习惯”，使之“一辈子受用”。

此后，叶圣陶又面对青年学生，阐述了他对教育本质的这一理解。他指出：“原来‘教育’这个词儿，如果解释得繁复，几本书未必说得完；简单的解释，一句话就可以说尽，就是‘养成好习惯’。怎样的习惯才算好？能使才性充量发展的是好习惯，能把事情做得妥善的是好习惯，能使公众得到福利的是好习惯，大概也不过如此而已。”② 在他看来，教育所要养成的“好习惯”，应当既是符合个体才性充分发展需要的，又是能把事情做好的，更是有利于公众福祉的。这也即确立了做己、做事、做人三者统一的“好习惯”基本价值尺度。

进入改革开放和社会主义现代化建设新时期后，针对教育界和社会上出现的“应试教育”倾向，叶圣陶进一步重申并发展了“教育即养成良好习惯”的观点。他指出：“教育是什么？往简单方面说，只须一句话，就是要养成良好的习惯。”“咱们社会主义社会的教育，就是要使学生养成在社会主义

① 叶至善、叶至美、叶至诚编：《叶圣陶集》（第11卷），江苏教育出版社2004年版，第129页。

② 叶至善、叶至美、叶至诚编：《叶圣陶集》（第12卷），江苏教育出版社2004年版，第154页。

社会里生活的一切良好习惯。”①

叶圣陶的相关论述表明，所谓“良好习惯”，是指人的体现优良传统与时代精神和个体健康发展需要的相对稳定的价值取向、人生态度和行为方式。“养成良好习惯”，就是要引导受教育者自觉地持之以恒地在学习和实践中，将“现代人”或“社会主义社会成员”应有的正确价值取向、人生态度和行为方式转化为自己的习惯，终身受用，并使他人和社会受益。这也正是中国现代教育的本质。

“养成良好习惯”的教育目的和本质，必须要由教育的主体之一——教师来实现。这就赋予了中国现代教师以基本的任务职责。叶圣陶曾在写给一位乡村教师的信中指出：“依我想，从小学老师到大学教授，他们的任务就是帮助学生养成良好习惯，帮助学生养成政治方面、文化科学方面的良好习惯。而教师要完成这个重大任务，自己就得继续不断地养成这些良好习惯。”② 他主张，教师作为教育主体的基本任务，就是帮助学生养成良好习惯。而要完成这个“重大任务”，“言教”必不可少，“身教”尤其重要。教师不仅自己首先要养成好习惯，而且在“帮助学生”过程中要继续不断地养成这些良好习惯。1984 年，面对新科技革命与社会变革，叶圣陶进一步发展了自己的这一观点，指出：“教育工作者的全部工作就是为人师表。”“教育工作者必须为当前的受教育者着想，将来攀登新高峰窥见新奥秘的正是他们，非趁早给他们打基础不可，基础怎么打？还是身教为要。事事不马虎，样样问个为什么，受教育者看在眼里，印在心里，自然而然会养成钻研探索的良好习惯”。③

“养成良好习惯”本质上也是一种自我教育。因此，叶圣陶在许多文章中同时十分强调发挥学生的主体作用。他指出：要“把依赖性的‘受教育’转变为主动性的‘自我教育’”。“所谓‘自我教育’，就是不去依傍他人的力量，自己来养成这些好习惯。”④ 他谆谆教导学生：“同学们一定要努力学会自学的本领，养成自学的习惯。”“学会了自学的本领，养成了自学的习惯，将来离开了学校，才能在工作和生活中不断地自我充实，自我修养，成为有

---

① 叶至善、叶至美、叶至诚编：《叶圣陶集》(第 11 卷)，江苏教育出版社 2004 年版，第 264 页。

② 叶至善编：《叶圣陶答教师的 100 封信》，开明出版社 1990 年版，第 86 页。

③ 叶至善、叶至美、叶至诚编.：《叶圣陶集》(第 11 卷)，江苏教育出版社 2004 年版，第 378—379 页。

④ 叶至善、叶至美、叶至诚编：《叶圣陶集》(第 12 卷)，江苏教育出版社 2004 年版，第 154 页。

益于人民的人，有益于社会的人。"① 显而易见，叶圣陶关于"养成良好习惯"教育思想，同他"教是为了不教"的教育思想精髓是相贯通的。"不教"，也可以说就是学生在教师的引导和示范下，由"受教育"而学会"自我教育"，成为自己教育自己的主体，自己来养成终身受用的好习惯。

（三）"养成良好习惯"的教育目标和内容

为了实现"养成良好习惯"的教育目标，教师要在实践中根据实际情况制定"养成良好习惯"的教育内容。1958 年，叶圣陶在给新任教师的一封信中叮嘱："你在大学学的是凯洛夫教育学，那是苏联的教育学，不是中国的教育学。因此在实践中必须根据我们中国的实际……灵活适当地运用。"紧接着，他就教师的教育目标和内容提出了自己的意见。他指出："我想教师工作的最终目的，无非是培养学生具有各种良好的社会习惯。诸如热爱国家关心他人的习惯，礼貌诚笃的习惯，虚心自强的习惯，阅读书写的习惯，勤劳操作的习惯，求实研索的习惯等等。"② 这段论述，立足教师实践，根据中国实际，从家国情怀、为人态度、自学精神、语文修养、劳动品质、探索创造等方面，提出了"培养学生具有各种良好的社会习惯"的教育目标和内容主要框架。

此后，叶圣陶又站在全面贯彻教育方针的高度，从德、智、体全面发展的教育实践出发，对"养成良好习惯"的教育目标和内容作了阐述。他指出："所谓教育，无非是从各方各面给学生好的影响，使学生在修养品德、锻炼思想、充实知识、提高能力、加强健康各方各面养成好的习惯。"③ "德育方面，要养成待人接物和对待工作的良好习惯；智育方面，要养成寻求知识和熟悉技能的良好习惯；体育方面，要养成保护健康和促进健康的良好习惯。"④ 这些目标和内容阐述，看似用语平淡，实则意蕴深刻。例如在体育方面提出要养成保护和促进健康的良好习惯，叶圣陶就曾针对学校教育现状，指明其中尤为重要的是要让学生养成卫生习惯。他强调："比起竞技运动来，卫生习惯

---

① 叶至善、叶至美、叶至诚编：《叶圣陶集》（第 11 卷），江苏教育出版社 2004 年版，第 347 页。

② 叶至善编：《叶圣陶答教师的 100 封信》，开明出版社 1990 年版，第 1 页。

③ 叶至善、叶至美、叶至诚编：《叶圣陶集》（第 11 卷），江苏教育出版社 2004 年版，第 258 页。

④ 叶至善、叶至美、叶至诚编：《叶圣陶集》（第 11 卷），江苏教育出版社 2004 年版，第 264 页。

是根本的，所以尤其紧要。”①

除此以外，叶圣陶还从人的终身发展视角，对作为自我教育主体的学生提出恳切要求。他指出：“凡是好的态度和好的方法，都要使它化为习惯，包括日常生活方面的，待人接物方面的，求知识方面的，干工作方面的。只有熟练得成了习惯，好的态度才能随时随地表现，好的方法才能随时随地应用，好像出于本能，一辈子受用不尽。”②

叶圣陶的这些论述，坚持根据中国实际，基于教育实践，将时代发展要求与中华传统美德相结合，将贯彻全面发展的教育方针与学生终身发展的人生需要相统一，为具体制定“养成良好习惯”的教育目标和内容提供了正确依据。

当然，叶圣陶论“养成良好习惯”教育目标和内容，不仅有总体的概括，而且在教育活动和学科教学层面亦有具体的展开，给教育实践以更多启示。例如，在《中学生守则》《小学生守则》颁布后，他指出：必须让学生“实践《守则》各条”。如“热爱祖国”，“要在日常的思想、态度、行动、言谈中习惯于爱国，自然而然地爱国，那才见得你真能热爱祖国”。“《守则》里的具体的话和抽象的话，都要化为生活里的习惯才行”。③ 在关于“辅导少先队员们读书”的谈话中，他指出：辅导员“要跟孩子们共同读书，共同联系实际。读一本讲天文的书，就跟他们共同看星星；读一本讲植物的书，就跟他们共同种植些什么。这样就容易使他们养成爱好读书的习惯，养成读书联系实际的习惯，养成好动手爱钻研的习惯”。④

叶圣陶对“养成良好习惯”教育目标和内容的论述，更具体更系统地体现在其语文教学著作中。他早就明确指出：国文教学“必须讲求方法”，“必须使种种方法成为学生终身以之的习惯”。⑤ “得到阅读和写作的知识，从而

① 叶至善、叶至美、叶至诚编：《叶圣陶集》(第12卷)，江苏教育出版社2004年版，第58页。

② 叶至善、叶至美、叶至诚编：《叶圣陶集》(第11卷)，江苏教育出版社2004年版，第271页。

③ 叶至善、叶至美、叶至诚编：《叶圣陶集》(第11卷)，江苏教育出版社2004年版，第275页。

④ 叶至善、叶至美、叶至诚编：《叶圣陶集》(第11卷)，江苏教育出版社2004年版，第332页。

⑤ 叶至善、叶至美、叶至诚编：《叶圣陶集》(第13卷)，江苏教育出版社2004年版，第43页。

养成阅读和写作的习惯，就是学习国文的目标。”① 以后他又指出，听说读写并重，听说训练要“养成学生自觉地说话的好习惯”②。语言文字结合，写字练习要使学生“心到手到”，“认认真真地写”，“久而久之，成为习惯”。③“语言的好习惯也就是思想的好习惯”。④“学习语文还可以养成想得精密的习惯”；“还有培养品德的好处”。⑤ 在这些方面的论述中，最典型的是对语文教学第一目标和内容“养成阅读书籍的习惯”的分析。叶圣陶将之分为精读和略读两部分，指出：在精读教学中，要培养学生预习教材的习惯，讨论听讲的习惯，诵读感悟的习惯，练习应用的习惯等；在略读指导中，要培养学生自主阅读的习惯，质疑研究的习惯，讨论报告的习惯，速读增效的习惯等。而这些习惯，又都分别包含了更多的具体内容要点。与此同时，叶圣陶还指出，这两部分在教学中又是相互联系、前后贯通的：“学生从精读而略读，譬如孩子学走路”，“其目的唯在学生习惯养成，能够自由阅读”。⑥

（四）“养成良好习惯”的教育范式和方法

教育主体要真正实现“养成良好习惯”的教育目的和本质，不仅要根据实际具体制定正确的教育目标和内容，而且要从实践中探索总结有效的教育范式和方法。叶圣陶指出：“养成良好习惯，直到终身由之的程度，是一条规律。”⑦“养成良好习惯”教育范式和方法，必须遵循其自身的教育规律，体现其实现“养成良好习惯”教育目的和本质的必然要求。

关于“养成良好习惯”的教育范式，叶圣陶大多是在探讨教育和教学实践中有所论及，比较集中的阐述首先可见于《两种习惯养成不得》一文。在这篇主要面向少年朋友专谈养成习惯的文章中，他指出：哪怕是最起码的良好习惯，也“不是一会儿就会有的，也得逐渐养成。在没有养成的时候，多

① 叶至善、叶至美、叶至诚编：《叶圣陶集》(第13卷)，江苏教育出版社2004年版，第94页。

② 叶至善、叶至美、叶至诚编：《叶圣陶集》(第13卷)，江苏教育出版社2004年版，第163页。

③ 叶至善、叶至美、叶至诚编：《叶圣陶集》(第13卷)，江苏教育出版社2004年版，第195—197页。

④ 叶至善、叶至美、叶至诚编：《叶圣陶集》(第11卷)，江苏教育出版社2004年版，第130页。

⑤ 叶至善、叶至美、叶至诚编：《叶圣陶集》(第13卷)，江苏教育出版社2004年版，第181页。

⑥ 叶至善、叶至美、叶至诚编：《叶圣陶集》(第14卷)，江苏教育出版社2004年版，第162页。

⑦ 杜草甬、商金林编：《叶圣陶教育文集》，河南教育出版社1990年版，第360页。

少要用一些强制功夫，自己随时警觉，坐硬是要端正，站硬是要挺直，每天硬是要洗脸漱口，每事硬是要有头有尾。直到‘习惯成自然’，不待强制与警觉，也能行所无事的做去，这些就是终身受用的习惯了”。① 叶圣陶认为，“养成良好习惯”的教育，不同于以认知为主要目的的知识教学，也不同于简单从外部施加的规范训练，而是主体从具体行为入手，将好的价值取向、人生态度和行为方式的认识转化为自觉实践的过程；是主体在实践中依靠自身情感驱动特别是意志努力，坚持将好的价值取向、人生态度和行为方式付诸自己行动的过程；是主体在持之以恒的实践中不断修养历练，直到好的价值取向、人生态度和行为方式在自己身上“习惯成自然”的过程。对好的价值取向、人生态度和行为方式，从自觉实践，到自强行动，以至自然养成。这就是叶圣陶初步总结的“养成良好习惯”的教育范式。

1982 年，叶圣陶发表的《关于思想品德课》一文对他上述总结有了新的重要发展。他在这篇文章中指出：“要有好思想好品德不仅是听人讲讲就够了的事”。“在听讲的同时还必须自动地动脑筋，把有关的种种关系辨认得一清二楚，这才不仅知道，而且确信；由于确信，就咬定非如此如彼不可，积久而习惯成自然”。这样，好思想好品德就可以“成为终身的伙伴”了。② 这段话，是在新时期学校增设思想品德课的情境下，论述如何使学生将好思想好品德养成习惯的。文中用“听讲”“自动地动脑筋”“辨认”“知道”“确信”“咬定”“积久”“习惯成自然”等一系列关键词，从引导受教育者自主发展着眼，进一步展开了学生在接受教育的同时自我教育、自觉实践的过程，对“养成良好习惯”教育范式的基本结构作了新的概括。尤其值得注意的是，这里揭示了作为学生实践养成基础的主体内在自觉的形成机制，突出了使学生由正确认知上升为行动信念这一最关键环节。在一定意义上可以说，这也是基于教育实践对作为“中国教育学”哲学基础之一的辩证唯物认识论的丰富。除此以外，叶圣陶在这篇文章中还探讨了在新时期学校教育大环境中，由思想品德课到各门课程，由思想品德课教师到全校教师，由学校到家庭、社会各方面，通力协作培养学生好思想好品德的“养成良好习惯”教育范式的宏观系统。《礼记·中庸》早就有对道德教育范式“五步法”的经典性概括：“博学之，审问之，慎思之，明辨之，笃行之。”③ 叶圣陶关于“养成良好习惯”

① 叶至善、叶至美、叶至诚编：《叶圣陶集》(第 12 卷)，江苏教育出版社 2004 年版，第 317 页。

② 叶至善、叶至美、叶至诚编：《叶圣陶集》(第 11 卷)，江苏教育出版社 2004 年版，第 338 页。

③ 胡平生、张萌译注：《礼记（下)》，中华书局 2017 年版，第 1026 页。

教育范式的论述，很显然既有对优秀传统的继承，又是根据新的时代条件和教育实践，遵循其本身的教育规律，对前人相关思想的创新性发展。

叶圣陶在实践中不但探索概括了“养成良好习惯”的教育过程和范式，而且总结形成了一套“养成良好习惯”的教育原则和方法。

1. 正确引导，彰明德性。《礼记·大学》指出，教育的道理，首要的是在“明明德”①。叶圣陶认为，在中国现代社会，每个儿童或青少年学生都具有向善的天性和本能，即内在的德性。关键在于正确引导。“儿童的某一本能倘若有善的倾向，便应该设法使他们尽量发展，渐渐成为有意识的习惯；倘若有恶的倾向，便应该设法引导他们转向积极，不使造成恶的结果。”② 由此可见，所谓“正确引导”，当然要用正确的社会价值、人生态度和行为方式来引导，同时又要适应学生的生命自然和发展需要因势利导。学生是“有生机的种子，本身具有萌发生长的机能，只要给以适宜的培育和护理，就能自然而然地长成佳谷、美蔬、好树、好花”。③ 因此，“养成良好习惯”的教育，首先就要以将上述二者辩证统一的教育目标、教育内容和教育方法来引导学生，唤醒和激发他们内在的德性，并使之在自觉实践中得以彰显和升华。要让学生在接受教育的同时自我教育，“自明”明德④，自强不息，自能生长，自己来养成好习惯；“让他们自己衷心乐意向求真崇善爱美的道路昂首前进”⑤。

2. 知行合一，注重实践。叶圣陶自提出“养成良好习惯”之初，就十分推崇我国古代著名思想家王阳明的“知行合一”说（1927 年商务印书馆出版的叶圣陶校注的王阳明《传习录》，至今仍被学界视为上选读本），将其作为最基本的教育原则和方法。他认为，要养成良好习惯，必须引导学生知行合一。而这“知”，并非仅仅听老师讲授得来，而主要是从学生亲身的“行”包括对实际事物接触、操作、体验中来。“真要收到知行合一的好结果，必须使儿童从实际中获得知识。”⑥ 并且，获得的有关知识包括道理、方法又必须付

---

① 胡平生、张萌译注：《礼记（下）》，中华书局 2017 年版，第 1161 页。

② 叶至善、叶至美、叶至诚编：《叶圣陶集》（第 11 卷），江苏教育出版社 2004 年版，第 39 页。

③ 杜草甬、商金林编：《叶圣陶教育文集》，河南教育出版社 1990 年版，第 331 页。

④ 胡平生、张萌译注：《礼记（下）》，中华书局 2017 年版，第 1165 页。

⑤ 叶至善、叶至美、叶至诚编：《叶圣陶集》（第 11 卷），江苏教育出版社 2004 年版，第 348 页。

⑥ 叶至善、叶至美、叶至诚编：《叶圣陶集》（第 11 卷），江苏教育出版社 2004 年版，第 33 页。

诸实践。“使儿童从事物中寻求真知识，并用真知识来支配他们的行动。……他们在生活中就有了一个新趋势”，“这才是怎样做人的根本方法”。① 因此，叶圣陶的“知行合一”主张，更注重实践，更注重实践对人内心的唤醒、启示、革新和塑造。他强调：“养成好习惯必须实践。换一句话说，那不仅是知识方面的事，心里知道怎样怎样，未必就能养成好习惯，必须怎样怎样做去，才可以养成好习惯。”② 譬如拿卫生习惯养成来说，“不只是限于学校里的事情，要随时随地加以注意，躬行实践，成为习惯，才能收到相当的效果”。③ 不仅做人和生活方面的习惯养成，而且学习等方面的习惯养成也一样。“一定要把知识跟实践结合起来，实践越多就知道得越真切，知道得越真切就越能起指导实践的作用。不断学，不断练，才能养成好习惯，才能真正学到本领。”④

3. 情境熏陶，身教示范。新文学创作与教育改革探索的结合，使叶圣陶从一开始就非常重视“情境”这一中国优秀传统文艺思想在养成儿童良好习惯中的运用，并使之有了更深刻的教育意蕴。他在1921年《晨报副刊》上发表的《文艺谈》中就曾指出：“果真要养成他们（指儿童）良好的习惯，最重要的是顺应他们的心情，在起居饮食嬉游说笑各方面造成良好的环境，使他们潜移默化。”⑤ 不久，叶圣陶就将这一重要原则和方法推广到整个教育和学科教学，指出：“教育所以可贵，乃在能为儿童特设境遇使他们发生需求，努力学习。”“为国文教授的奏功着想，也当特设一种相当的境遇”。⑥ 他所说的“环境”或“境遇”，显然指的不只是一般的学校物质和制度环境，而是能够充分体现教育特性的顺应儿童心情，有利于他们良好习惯养成的校园和课堂生活等育人情境。他认为，这种育人情境，具有“教训”所没有的对学生情感熏陶，引起“共鸣”，唤醒德性，“使之自化”的力量⑦。同时，叶圣陶又特别强调了创设和构成这种“环境”的主要因素，即教育者的身教示范。

---

① 叶至善、叶至美、叶至诚编：《叶圣陶集》(第11卷)，江苏教育出版社2004年版，第39页。

② 叶至善、叶至美、叶至诚编：《叶圣陶集》(第13卷)，江苏教育出版社2004年版，第137页。

③ 叶至善、叶至美、叶至诚编：《叶圣陶集》(第12卷)，江苏教育出版社2004年版，第58页。

④ 叶至善、叶至美、叶至诚编：《叶圣陶集》(第13卷)，江苏教育出版社2004年版，第182页。

⑤ 杜草甬、商金林编：《叶圣陶教育文集》，河南教育出版社1990年版，第37页。

⑥ 叶至善、叶至美、叶至诚编：《叶圣陶集》(第13卷)，江苏教育出版社2004年版，第6—7页。

⑦ 杜草甬、商金林编：《叶圣陶教育文集》，河南教育出版社1990年版，第38页。

他指出："造成这样的环境，老师的示范作用和熏染作用极关重要。在一切教育工作中，老师以身作则总归是主要的原则，而且是最易见效的方法"。[①]《礼记·大学》写道："君子有诸己而后求诸人，无诸己而后非诸人"。[②] 要使学生养成各方面的良好习惯，教师以及父母等其他教育者自己就要以身作则，首先养成这些好习惯。

4、从小做起，奠定基础。叶圣陶认为，养成良好习惯，作为伴随人一生成长和发展的教育过程，其起点应该是从小做起，从年幼开始，并且根据儿童身心特点和生活实际，从最细微最切近的事物入手。他指出："我将特别注意，养成小朋友的好习惯。""养成小朋友的好习惯，我将从最细微最切近的事物入手；但硬是要养成，决不马虎了事。"[③] 譬如门窗的开关，要教他们轻轻的，"砰"的一声固然要不得，足以扰动人家心思的"咿呀"声也不宜发出；直到他们随时随地开关门窗总是轻轻的，才认为一种好习惯养成了。这样的好习惯，不仅对于某一事物本身是好的行为习惯，而且由于内蕴着正确的价值取向和人生态度，可以由此及彼、由小及大推广到其他事物其他行为方面去，从而为学生健康成长，为他们在更多以至更重要的做人做事方面养成良好习惯奠定基础。对于"为公"这一大德即核心价值观的养成，叶圣陶运用日常生活中不拿公家信封信笺写私信等等例子教导学生："为公决不能只是口头跟笔下的道德教条，而必须是从今以后人人必须终身以之的行为习惯。""说到养成行为习惯，必须在最微细最平常的场合入手，积渐功深，遇到不微细不平常的场合也自然而然能够为公。"[④] 在他看来，即便是"大道之行"[⑤]、至善之德，也往往是从一件一件小事做起，最终成就的。这也是体现"养成良好习惯"本身规律的一个重要教育原则和方法。

5. 持之以恒，不断积累。叶圣陶强调，养成良好习惯，不仅要引导学生自觉实践，而且不同于一般的实践活动，必须使学生持之以恒地实践，反复历练巩固，方能有效。他曾经批评有些训育老师试图通过"仁爱周""和平周"之类活动来养成学生相关习惯的做法，指出："养成良好习惯必须持之以

① 叶至善、叶至美、叶至诚编：《叶圣陶集》(第13卷)，江苏教育出版社2004年版，第165页。

② 胡平生、张萌译注：《礼记（下）》，中华书局2017年版，第1169页。

③ 叶至善、叶至美、叶至诚编：《叶圣陶集》(第11卷)，江苏教育出版社2004年版，第129—130页。

④ 叶至善、叶至美、叶至诚编：《叶圣陶集》(第6卷)，江苏教育出版社2004年版，第48—49页。

⑤ 胡平生、张萌译注：《礼记（上）》，中华书局2017年版，第419页。

恒，现在想在一个什么周内养成什么习惯，过了那个周就丢开不管，试问能不能收到实效？”“做一个人，确乎需要各种好习惯，好习惯累积得越多，其人的生活越上进，越充实，像上面说的‘一曝十寒’轮流串演的办法，却说不上养成习惯，更说不上累积习惯。”① 实践证明，这样做还容易流于形式，以致产生弄虚作假等负面影响。由此可见，持之以恒地实践历练，由长期坚持而不断积累，也是“养成良好习惯”体现本身规律，取得真实功效的一个重要教育原则和方法。运用这一原则和方法，当然要依靠学生自己的努力，而教育者尽到督促之责尤为关键。叶圣陶指出：“就老师的方面说，采用种种有效的办法，循序渐进地教导学生练，固然极为重要，而督促学生认真练，经常练，尤其是奏功收效的关键。”“必须督促学生循规蹈矩地练，积日累月地练，练到非常纯熟，再也丢不了了，学生身上才真正有了这项能力。”②《荀子·劝学》说：“不积跬步，无以至千里；不积小流，无以成江海”③。不断积累还有一层意思，就是知道一点做一点，知道几点做几点，积累起来，逐步在各方面都养成好习惯。这也是对一个人全面发展和终身发展切实有效的教育方法。

6. 科学评价，追求自然。考察养成良好习惯的教育实效，其根本标准应该是“习惯成自然”。以“习惯成自然”为根本标准的评价，也是一种让教育返璞归真，更符合教育本质和基本规律的科学评价。叶圣陶曾经指出，要结合实际对学生进行思想政治教育。“而考察其成效如何，不仅在学生之能否领悟，尤贵在学生之能否实践。”④ 衡量养成良好习惯教育成效，首先要看学生能否实践。而这里的“实践”，不仅是指学校组织的或有老师、家长督促的学生实践活动，更不是指“只表演一两回”的所谓“实践”，而是指学生在真实生活中自然而然表现的做人做事具体行为。这种“实践”，“必将通过日常的思想、态度、行动、言谈才行。譬如说，要在日常的思想、态度、行动、言谈中都表现真正爱国，才够说得上能够实践热爱祖国”。⑤ “习惯成自然”的评价，不仅强调养成良好习惯的教育实效，在于摒除形式主义的真实、自

---

① 叶至善、叶至美、叶至诚编：《叶圣陶集》（第11卷），江苏教育出版社2004年版，第166页。

② 叶至善、叶至美、叶至诚编：《叶圣陶集》（第13卷），江苏教育出版社2004年版，第165页。

③ 张晚林导读注译：《荀子》，岳麓书社2019年版，第6页。

④ 叶至善编：《叶圣陶答教师的100封信》，开明出版社1990年版，第77页。

⑤ 叶至善、叶至美、叶至诚编：《叶圣陶集》（第11卷），江苏教育出版社2004年版，第275页。

然的实践，日常生活中思想、态度、行动、言谈相统一的本真实践；而且注重评估这种教育实效的渐进性、深刻性、持久性。叶圣陶指出："就作用的方面说，进步的教育偏重在熏陶。熏陶就是在潜移默化之中，渐渐地养成好思想，好习惯。见效虽不怎么快，可是它的影响是深刻的，持久的。"① 这样的评价，才能促进学生不断向"习惯成自然"的人生境界健康成长，才能促进教育和教育者遵循"道法自然"② 的根本法则健康发展。

三、"养成良好习惯"教育思想的创新发展

时代不断在跃上新的征程，教育不断在进行新的变革。新时代以立德树人为根本任务的中国特色社会主义教育，"国民素质和社会文明程度达到新高度"的国家教育等事业2035年远景目标，进一步彰显了叶圣陶"养成良好习惯"教育思想的时代价值和现实意义，并且为这一教育思想创新实践与发展开辟了广阔的前景。

正是在认真学习习近平新时代中国特色社会主义思想中不断增强历史自觉和文化自信，笔者进一步深入研究"养成良好习惯"教育思想。一方面，结合当代中国和世界教育面临的重大现实课题，寻求新的理论突破；一方面，组织本土更多中小学校以及幼儿园，乃至在自己任教的苏州大学教育学院，进行新的实践探索，努力推动新时代"养成良好习惯"教育思想理论与实践相结合创新发展。

（一）"养成良好习惯"教育目的和价值的创新

"养成良好习惯"教育思想的创新探索与发展，最根本的是要把这一教育思想及其实践置于中国特色社会主义新时代这一全新的时代背景和视野下，与立德树人这一新时代教育使命紧密联系起来，使之实现教育目的和价值的创新。

习近平总书记在党的十九大报告中提出，新时代教育，"要全面贯彻党的教育方针，落实立德树人根本任务"。他进一步指出："《礼记·大学》说：'大学之道，在明明德，在亲民，在止于至善。'""人才培养一定是育人和育才相统一的过程，而育人是本。人无德不立，育人的根本在于立德。"③ 在立德树人根本任务的落实中，习近平总书记特别强调"培育和践行社会主义核

① 杜草甬、商金林编：《叶圣陶教育文集》，河南教育出版社1990年版，第238页。

② 汤漳平、王朝华译注：《老子》，中华书局2014年版，第95页。

③ 习近平：《在北京大学师生座谈会上的讲话》，《人民日报》2018年5月3日第2版。

心价值观”这一基本要求，高度重视养成教育。他指出：“少成若天性，习惯之为常。”培育和弘扬社会主义核心价值观必须从小抓起，从学校抓起。“青年的价值取向决定了未来整个社会的价值取向，而青年又处在价值观形成和确立的时期，抓好这一时期的价值观养成十分重要。这就像穿衣服扣扣子一样，如果第一粒扣子扣错了，剩余的扣子都会扣错。人生的扣子从一开始就要扣好。”① 对于少年儿童来说，养成教育尤其重要。“养小德才能成大德”，要“从小做起，就是要从自己做起、从身边做起、从小事做起，一点一滴积累，养成好思想、好品德”。②

按照习近平总书记的重要论述，立德树人，培育社会主义核心价值观，必须从小抓起，从学校抓起，从人生与教育的起点抓起，引导学生在知行合一、自觉养成中落到实处，取得实效。因此，“养成良好习惯”教育思想实践，可以说为新时代落实立德树人，遵循教育规律，培养社会主义建设者和接班人提供了切实有效的现实途径；而落实立德树人，为培养社会主义建设者和接班人奠定坚实的基础，也正是新时代“养成良好习惯”教育思想实践的根本目的和价值所在。

近年来，不少学校探索“养成良好习惯”教育思想的创新实践，一个最显著的共同点，就在于认真学习领悟习近平总书记关于教育的重要论述，自觉地赋予其思想实践以立德树人的时代价值和本质内涵，引导和帮助学生正确认知，从小做起，在自己的行为里，从而也在自己的内心里，播下社会主义核心价值观的种子，使其萌芽生长，通过自觉地持之以恒地实践，逐步在思想品德及其他各方面养成良好习惯，为他们未来成长为社会主义建设者和接班人，成长为能够担当民族复兴大任的时代新人厚植根基。

（二）“养成良好习惯”教育目标和内容的创新

“养成良好习惯”教育思想的创新探索与发展，必须紧紧围绕立德树人根本任务，同发展素质教育，构建德智体美劳全面培养的教育体系有机结合起来，使之实现教育目标和内容的创新。

习近平总书记在全国教育大会上指出，落实立德树人根本任务，“要努力构建德智体美劳全面培养的教育体系”。“要把立德树人融入思想道德教育、文化知识教育、社会实践教育各环节”，“健全立德树人落实机制”，促进学生

---

① 中共中央文献研究室编：《十八大以来重要文献选编（中）》，中央文献出版社 2016 年版，第 6 页。

② 习近平：《从小积极培育和践行社会主义核心价值观——在北京市海淀区民族小学主持召开座谈会时的讲话》，《人民日报》2014 年 5 月 3 日第 2 版。

以德为本，全面发展。① 这一重要论述启示我们，新时代“养成良好习惯”教育思想实践，必须围绕立德树人根本任务，有机融入德智体美劳全面培养的教育体系构建之中，创新形成德智体美劳全面养成良好习惯的教育目标和内容。

正是根据这样的思路，我们在《小学生好习惯养成的实践探索》这项江苏省“中小学生品格提升工程”中，对教育目标和内容作了如此设计：全面贯彻教育方针，坚持落实立德树人，立足基础，把握精要，针对当代学生成长与教育现实问题，构建涵盖德智体美劳全面发展，贯穿小学六个年级螺旋上升的“养成良好习惯”教育目标和内容。其基本框架，一是道德好习惯，包括爱国、诚信、友善等；二是学习好习惯，包括好学、善思、探究等；三是健康好习惯，包括卫生、运动、乐观等；四是审美好习惯，包括尚美、鉴赏、表现等；五是劳动好习惯，包括自理、勤劳、创造等。上述每一方面基本的良好习惯，都是体现新时代要求与优秀传统文化和个体健康发展需要的，相对稳定的正确价值取向、人生态度和行为方式的有机统一，都各包含了若干项具体的习惯养成内容，并且要求与各年级学生特点和教育内容相结合，与各校实际相结合，细化为多套各具特色、切实可行的“养成良好习惯”教育目标和内容。当然，这些还只是初步的设计。“养成良好习惯”教育目标和内容需要在学校教育教学与管理的具体实践中不断调整完善、创新发展。

（三）“养成良好习惯”教育路径和形态的创新

“养成良好习惯”教育思想的创新探索与发展，必须紧紧围绕立德树人根本任务，同深化教育教学改革和广大学校、教师丰富多彩的教育创新实践有机结合起来，使之实现教育路径和形态的创新。

习近平总书记指出，要以立德树人为根本目标深化教育教学改革。“学科体系、教学体系、教材体系、管理体系要围绕这个目标来设计，教师要围绕这个目标来教，学生要围绕这个目标来学。凡是不利于实现这个目标的做法都要坚决改过来。”② 要把社会主义核心价值观的基本内容和要求渗透到学校教育教学之中，体现在学校日常管理之中，做到进教材、进课堂、进头脑。这一重要论述启示我们，新时代“养成良好习惯”教育思想实践，必须围绕立德树人根本任务，密切结合深化教育教学改革包括课程改革、教材改革、教学改革、管理改革，渗透到学校教育教学和日常管理之中，充分发挥学校、

① 张烁：《习近平在全国教育大会上强调坚持中国特色社会主义教育发展道路　培养德智体美劳全面发展的社会主义建设者和接班人》，《人民日报》2018 年 9 月 11 日第 1 版。

② 张烁：《习近平在全国教育大会上强调坚持中国特色社会主义教育发展道路　培养德智体美劳全面发展的社会主义建设者和接班人》，《人民日报》2018 年 9 月 11 日第 1 版。

教师和学生及其家长的养成教育积极性、主动性、创造性，不断探索“养成良好习惯”，发展核心素养，落实立德树人的教育新路径、新形态。

正是基于这样的自觉，我们以理论研究创新为引领，组织中小学探索实践“三结合”的“养成良好习惯”教育新路径。一是以道德与法治课或思想政治课为核心，整合其他课程以及课外相关资源实施的好习惯养成主题教育；二是学科教学各单元实施的好习惯养成综合学习；三是渗透学生一日生活、家校合作实施的好习惯养成自我修炼。

将这三类课程结合起来，构成中小学“养成良好习惯”的教育实践创新系统。例如昆山玉峰实验学校，从学校课程、环境、网络以及家庭和社区全方位开发教育资源，初步构建聚焦好习惯养成目标，开展好习惯主题活动，并且将教育内容和要求融入学生日常生活、课程学习、校外实践的“养成良好习惯”教育新体系。在这过程中，该校教育集团所属信义小学，还充分利用悦丰岛有机农场的校本资源，开发富有特色的田园劳动课程，弘扬优秀农耕文化，综合培养小学生德智体美劳各方面的良好习惯，探索创建了“养成良好习惯”教育的一种新模式。

正是本着这样的追求，我们以专项课题实施为抓手，组织幼儿园探索实践“园本化”的“养成良好习惯”教育新形态。有的秉持“养成良好习惯”本于生命自然、走向人化自然的“绿色教育”理念，构建以绿色家园、绿色目标、绿色活动、绿色生活等为要素培养幼儿良好习惯的绿色生长课程；有的从“养成良好习惯”与中华优秀传统文化和乡土文化的血脉相通中，构建以“家乡之灯”“水乡之桥”“戏乡之昆曲”等为主题培养幼儿良好习惯的人文熏陶课程；有的将传统美德融进“养成良好习惯”教育，构建培养幼儿孝敬父母、文明礼貌、勤劳节俭、友善互助等良好习惯的美德修身课程；有的以因地制宜、富有童趣的沙艺游戏为切入点，构建培养幼儿热爱劳动、追求创新、合作共享、保护环境等良好习惯的创意劳作课程。将这些探索综合起来，形成幼儿园“养成良好习惯”的教育实践创新图谱。

“养成良好习惯”教育思想的创新探索与发展，必将有助于新时代教育工作者更好地遵循教育规律，落实立德树人，为培养德智体美劳全面发展的社会主义建设者和接班人，为实现“国民素质和社会文明程度达到新高度”的国家教育等事业2035年远景目标作出重要贡献；同时也必将会推动这种“中国教育学”的理论和话语本身更加完善，走向世界，走向未来，为人类健康发展、和平幸福和文明进步提供教育智慧。

如何实现“教是为了不教”

■ 周　序

提到“教是为了不教”，很多人往往会想到叶圣陶先生的“凡为教，目的在达到不需要教”①。但如果将叶圣陶和王钟麒两位先生1919年共同提出的小学生作文教学重点在于引导学生“自求得之”② 这一类似主张作为起点，那么“教是为了不教”的思想，迄今已经走过了百余年的历史。今天，“教是为了不教”的说法日益深入人心，影响范围不断扩大，早已超出了语文学科的范围，而是成为在整个基础教育阶段广为流行、影响深远的一种理念。在满堂灌输、死记硬背盛行的片面应试大环境当中，提倡“教是为了不教”，就显得更有现实针对性。

然而，若不能正确理解“教是为了不教”的内涵与价值，不能用一种恰当的方案来落实“教是为了不教”，就可能“把好经念歪了”，不但无益，反而可能有害。因此，结合现实状况对“教是为了不教”的理论蕴含和实践思路进行分析，就颇有必要。

一、追求“不教”：将表象当作本质的一种误解

长期以来，“满堂讲”“满堂灌”一直是基础教育的常态。在教师们心中，所谓高效的教学，就是在单位时间内教得更多，传授的知识量更大的教学。“教是为了不教”的提出，让人有醍醐灌顶之感：原来教的目的是为了实现不教！那么一直以来追求教得更多的思路，就需要被彻底颠覆。将“不教”作为教学的追求，既能实现叶圣陶先生笔下的“理想教学”，又能大为减轻一线教师的压力和负担，因而“教是为了不教”的说法，自然呈现出独特的魅力。

要实现“单位时间内教得更多”并非易事，但要在一堂课中做到“少教”乃至“不教”却相当容易。有教师设计了“10+30”的教学模式：“前10分钟学生集中精力以导学案为主线自主学习、充分预习；后30分钟实现

---

① 叶圣陶：《答梁伯行》，叶圣陶著，刘国正主编：《叶圣陶教育文集》(第3卷)，人民教育出版社1994年版，第491页。

② 叶绍钧、王钟麒：《对于小学作文教授之意见》，《新潮》1919年第1期，第98页。

'展示、达标'"①，这其中并没有给教师的"教"留下空间。还有教师干脆对学生说："你喜欢读哪一段就读哪一段""你想先学什么就学什么""你想怎么学就怎么学""不要紧，你想说什么就说什么"……②连最基本的启发和引导都没有了。这样一些做法和洋思中学、杜郎口中学的教学改革经验宣传之间存在密切的联系。有教师认为，洋思中学关于课堂上教师讲授的时间不准超过10分钟的规定"很有科学性"③，以至于有人把"教是为了不教"看成是"用不着'讲'和'教'"④ 的"理想"境界。客观地说，"少教"乃至"不教"已经是基础教育课堂教学当中的一个普遍的追求。

这类尝试和观念还得到了部分理论研究者的认可。有学者主张："教师在课堂教学过程中要尽量少地进行给予式的讲解……从而把宝贵的课堂真正变为学生主动学习、研究、亲身感悟和体验的地方，而不是欣赏教师讲演、被动静听、接受结论的场所。"⑤ 有学者建议，"教师只应该进行'有限教导'，有限教导是指教师尽最大可能给予学生的最低限度的教导，即教师的教导不超过能帮助学生勉强掌握相应内容这一限度"⑥，而在"勉强掌握"之外的深度理解、融会贯通，则应交由学生通过"活动"来完成。

可见，人们往往认为，好的教学就是教师"少教"乃至"不教"，而学生则可以多学的教学。按照这一观点，提倡减少教师的讲授时间，将课堂"还"给学生，就显得颇为理直气壮。

问题在于，"少教""不教"和"多学"之间并不存在必然的联系。教师教得少，学生未必就能学得多；将课堂"还"给学生，也不一定就能促进学生的发展，学生也可能会偷懒，可能造成学习时间上的浪费。很显然，导致学生偷懒、浪费时间的"不教"并不值得追求；只有当教师"不教"的时候学生还学会了，知识增长了，核心素养提升了，这样的课堂才值得肯定。因此，教师在多大程度上做到了"不教"并不重要，在"不教"的情况下如何实现学生的发展，才是我们真正需要关心的问题。关于这一点，叶圣陶先生

---

① 张渭平：《浅谈高中数学"10+30"高效课堂教学模式的构建》，《赤子》(上中旬)2015年第6期，第273页。

② 余文森：《新课程教学改革的成绩与问题反思》，《课程·教材·教法》2005年第5期，第7页。

③ 梁万年：《关于有效教学的几点思考》，《中国教育学刊》2009年第3期，第85页。

④ 刘雁：《"自主"和"深度"：让"教是为了不教"真正落地》，《中学政治教学参考》2020年第19期，第52页。

⑤ 温恒福：《少讲多学：中国教学新理念》，《教育探索》2002年第6期，第6页。

⑥ 罗祖兵、温小川：《学习独立性的意蕴及其实现》，《全球教育展望》2013年第3期，第36页。

打了一个比方："譬如孩子学走路，起初由大人扶着肩，牵着手，渐渐的大人把手放了，只在旁边遮拦着，替他规定路向，防他偶或跌跤"，在这个过程中大人缓慢放手，直到"孩子步履纯熟，能够自由走路"。[①] 如果把学生的成长发展比喻为孩子学会走路，那么在教师"放手"、实现"不教"之前，是需要有"教"这一前提的，如扶着牵着、在旁边遮拦着、规定路向之类。所以没有以"教""教好""教到位"为前提的"不教"，并不值得歌颂，反倒更像是教师的不作为。叶圣陶先生还说："教师之为教，不在全盘授与，而在相机诱导。必令学生运其才智，勤其练习，领悟之源广开，纯熟之功弥深，乃为善教者也。"[②] 故而，当我们指责中小学教师"教太多""满堂讲"的时候，我们的批判似乎找错了靶子：真正的问题并不在于"教太多"，而在于"不擅教"，未能做到叶圣陶先生所说的"相机诱导"，没法让学生实现"领悟之源广开，纯熟之功弥深"，以至于我们没法实现"不教之教"。对叶圣陶先生的教育思想进行过深入研究的当代学者任苏民也认为，"不教"必须以"教"为途径。[③] 若不对可以实现"不教"之"教"进行深入研究，简单地追求"不教"，那就会走偏了方向，绝非课堂教学的福音。

因此，"不教"只不过是理想教学的表象。不少一线教师纷纷追求"不教"，这其实是将理想教学的表象当作其本质的一个误会。"教是为了不教"这一思想的核心并不在于我们在多大程度上做到了"不教"，而在于在"不教"的情况下，学生到底有没有实现无师自通，有没有实现自身的发展。要实现这一点，就需要思考究竟要什么样的"教"，才符合叶圣陶先生提出的能够令学生"运其才智，勤其练习"的要求；究竟要什么样的"教"，才能让学生举一反三、闻一知十，在教师"少教"乃至"不教"的情况下还能实现知识的增长和素养的提升。

对"不教之教"的讨论，涉及到底应该教什么和应该如何教这两个方面。历史上对这两个问题的回答虽然多，但围绕着"教是为了不教"这一理念展开的回答并不多，因而有必要进行有针对性的探讨。

---

① 叶绍钧：《前言》，叶绍钧、朱自清：《略读指导举隅》，商务印书馆 1943 年版，第 2 页。

② 叶圣陶：《语文教育书简》，叶圣陶：《叶圣陶语文教育论集》(下册)，教育科学出版社 1980 年版，第 721 页。

③ 任苏民：《论"教是为了不教"的科学内涵和理论体系》，《课程·教材·教法》2018 年第 2 期，第 72 页。

二、教什么：实现“不教”需要怎样的知识基础

学校到底应该教给学生什么？学术界给出的答案复杂多样，知识、思维、能力、素质、核心素养……不同观点之间的碰撞还产生过不少的争议。不过在这些回答当中，知识应该居于核心的、基础性的地位。为什么我们常说“没文化真可怕”？为什么教师长期被称作“教书先生”？因为一个“没文化”、知识欠缺的人，其个人修养、综合能力常常也令人担忧；教师所教之“书”，其本质是知识的载体，不然我们也不会说“书中自有黄金屋”。在历史上，从斯宾塞到杜威，从赫尔巴特到麦克·扬，无一不强调知识的重要性。雅斯贝尔斯甚至认为：“谁要是不知古希腊罗马，谁就仍停留在蒙昧、野蛮中。人们从小不假思索学到的东西将影响他整个的一生。”① 诸如培养思维比传授知识更重要之类的观点，其倡导者大约是忘记了杜威的提醒：“思维不能在真空中进行；暗示和推论只能在头脑里发生，而头脑里必须具有知识，把知识作为暗示和推论的材料。”② 正是因为知识无比重要，所以教给学生知识就成为教学的核心任务。夸美纽斯说，我们应该“应许一种‘大教学论’，就是一种把一切事物教给一切人们的全部艺术”③。藤田英典也将学校教育的任务看作“传授‘正统、有用的知识（学校性知识）’”④。

然而，千百年来，人类积攒下来的知识门类何其庞杂，知识总量何其庞大，即便是我们从中筛选出基础性的、适合中小学生认知发展水平的知识并编入教材，这些知识的分量也为数不少，要一一全都教给学生，无疑是一项浩大的工程。新课改关于“改变过于注重知识传授的倾向”⑤ 的说法表明：将数量庞杂的知识全都从头到尾、事无巨细地教给学生，是费力不讨好的。因此，让教师们具备对知识内容进行筛选、重组的能力，能够辨别出哪些知识可以“不教”，哪些知识“必须教”，就显得非常重要。

---

① 雅斯贝尔斯著，邹进译：《什么是教育》，生活·读书·新知三联书店 1991 年版，第 56 页。

② 杜威著，姜文闵译：《我们怎样思维·经验与教育》，人民教育出版社 2005 年版，第 61 页。

③ 夸美纽斯著，傅任敢译：《大教学论》，教育科学出版社 1999 年第 1 期。

④ 藤田英典著，张琼华、许敏译：《走出教育改革的误区》，人民教育出版社 2001 年版，第 192 页。

⑤ 教育部基础教育司：《走进新课程：与课程实施者对话》，北京师范大学出版社 2002 年版，第 254 页。

所谓教知识，并不是指知识的“平移”或“复制”，虽然知识的“平移”也是教学的内容之一，但绝非其核心和关键所在。知识教学的关键在于帮助学生理解，所谓“触类旁通”“知其然更知其所以然”，都是学生理解知识的表现。皮亚杰强调的同化和顺应之所以能够发生，是因为学生理解了知识的原理；赫尔巴特提出的教学过程四阶段，若无学生的理解作为基础，则“明了”便沦为“知晓”，“联想”也成为“瞎想”，“系统”或分崩离析，“方法”亦无章可循；巴班斯基提出的教学五原则，也包含“使学生理解学习过程”。不过，虽然人人都强调理解，但真要在教学中实现学生对知识的理解却并非易事。毕竟，能够称为知识的内容，应该是人类系统经验的精华，是艰苦卓绝的研究成果，不但高深，而且离学生的生活经验无比遥远，因而“理解”便成为一个难题。历史上，大大小小的教学改革，无非都是在探索如何让学生对知识的理解更加快捷、更加深刻。杜威主张通过“做中学”的方式来让学生理解知识，有了“做”的过程，无须教师再专门讲解，学生自然也都理解了。布鲁纳倡导“发现学习”。学生需要“发现”的，不是生活中的经验，而是“任何知识”，包括最难、最高深的知识。而要保证学生能够理解这些高深知识，就需要学生去“发现”知识的“基本结构”，即基本概念、基本原理①，从而在这些概念和原理基础之上逐渐演绎出整个学科知识的高楼大厦。还有人基于布鲁纳的“基本结构”和维果茨基的“最近发展区”理论，提出了“支架教学”的概念，主张通过教师给学生搭建“脚手架”，来帮助学生理解知识。

“做中学”的结果是美国基础教育质量下滑，因而人们发现“做中学”不能让学生理解到高深的、最顶端的知识内容。而要让学生从一些基本概念、原理入手自行演绎推导出整个学科的知识体系乃至极高深的内容，无疑也不太现实。所以杜威式的“不教”和布鲁纳式的“少教”，都不是理想的教学方案。

“支架教学”在理论界也颇受推崇。但长时间以来，我们对“支架”的理解似乎也就仅仅是听说过这一概念。关于支架的内容、支架的搭建方式、支架的使用策略等内容，均不甚清楚。有学者曾专门翻译了美国督导与课程开发协会倡导的“支架”内容，发现其不过是教师鼓励学生在读了一篇文章后使用“谁”“什么”“何时”“何地”“如何”“为何”来提问；或者先呈现一个简单的问题，然后为解题的每一步提供练习，逐渐增加作业的难度；或者就

① 布鲁纳著，邵瑞珍译：《教育过程》，文化教育出版社 1982 年版，第 36—48 页。

是让学生扮演教师来主持讨论等“不过尔尔”、让人“哑然失笑”的内容。①让学生使用“谁”“什么”“何时”“何地”等来提问，学生完全可以无须思考，只需要“照本宣科”即可完成；为解题的每一步都提供练习，则“支架”过密，让学生丧失了自我探索的空间；至于学生扮演教师来主持讨论，讨论的深度便无法保证，甚至还有思维跑偏的可能。

当然，既有的这些“支架”的不成熟，并不意味着教师不应该给学生搭建“支架”。关键在于，“支架”有没有搭建在学生思维的关键节点之上。学生从“接触”一个全新的知识，到最终理解、掌握这一知识，中间存在不少的艰难险阻。这些艰难险阻本身也难易有别。对于那些学生只要经过努力就能自己解决的内容来说，这些内容其实并不在“必须教”的范围之内；但总有一些内容，是学生怎么努力都思考不明白的，是制约学生理解和掌握这一知识的关键，若教师不帮助学生克服这一困难，不但影响学生的理解，甚至可能导致学生灰心丧气，失去学习的动力，这样的知识，就属于“应该教”的范围。当学生迈过了第一个“险阻”之后，或许又能自己“攻克”接下来的几个困难，然后再遇到无法独立解决的第二个“险阻”，这个时候第二个“险阻”又成为教师“应该教”的内容，依此类推。这样一来，我们会发现，教师所搭建的“支架”，即“应该教”的内容，必须处在学生理解知识的关键节点、重要环节之上，从而能够在学生面临理解障碍的时候起到“搭把手”的作用。

“支架”的设计，需要教师依靠自己的教学经验和对所教学生的了解，分析、判断出学生思维可能面临的难点、障碍，找出学生现阶段无法独立解决的问题，从而将这些问题作为“支架”，也就是必须要教的部分。如此一来，方能在不影响学生的自主思考的前提下，拓展学生“最近发展区”的范围，帮助他们扩大自己认识的领域和空间。

例如，小学语文课文《草地夜行》，课文的中心思想是歌颂过草地的红军战士为革命不怕牺牲的思想感情。中心思想虽然重要，甚至还是“考点”所在，但并非学生理解课文的关键。学生理解上的障碍在于：过草地为什么会危险？为什么过草地会有那么多红军牺牲？在公园的草坪上跑来跑去不是挺舒服的吗？红军过草地到底险在何处，是小学生依靠现有的知识、生活经验无法解决的问题。但若理解不了这一点，则课文的中心思想就会被盲目背诵，不得其要。因此，“过草地险在何处”就成为教师必须教的内容。而一旦学生理解了这一点，后面的中心思想便可以不用去专门“教”，学生也能自己得出

① 袁军：《“支架”的一个标准解》，《外国中小学教育》，2006年第9期，第45—46页。

"过草地真的太难了""红军战士真伟大"的认识。

总之，知识体系中的重要节点、关键环节，即对学生来说存在困难的内容，就在"教"的范围之内，不但必须教，还得教明白、讲透彻。做到这一点，其他的知识内容才有资格去"不教"。

三、如何教，才能实现"不教"

如果仅仅是提炼出了属于"支架"范围的知识内容，还不能说教学就一定能取得成功。接下来的问题在于，这些知识应该怎么教，才能保证知识教学的高质量。越是关键的、在知识结构中居于核心位置的知识，就越可能成为考试中的重点内容，因而学生对这类知识就存在越高的"应试"需求，需要在考试中获得好的分数。而根据教师的经验，对"应试"最有效的偏偏是满堂灌输、题海战术等最机械、最僵化、最不关心学生是否"理解"了知识的教学方式。因而，知识教学往往在"应试"和"育人"之间陷入两难。

既有关于课堂教学改革的理论主张与实施方案，如素质教育、新课程改革、生成性教学、回归生活世界、核心素养等，它们共同的特点在于都将理想的教学建立在"应试教育"的对立面上，认为课程教学改革要实现"育人"的宗旨，就要"突破应试教育的桎梏"①。如果教师依然秉持着"分数导向""唯成绩马首是瞻"的想法，那么就难以实现高质量的教学。不追求分数、不专注于"教"考点，则教学的确可以在很多方面做到"少教"乃至"不教"。这样的教学，呈现出"采菊东篱下，悠然见南山"的诗意，也蕴含着对学生主体性的尊重和认可，自然令人神往。但遗憾的是，在课堂教学中要彻底撇开分数是不现实的。人民群众"对高考最大的期望也就是公平公正，其表现即'在分数面前人人平等'……它最直观地体现出高考的公平性，最为社会大众所接受，因此在大力推行'素质教育'的今天，反而发展出将分数的重要性推到极致的平行志愿录取模式"②。可以说，完全没有应试和分数压力的课堂教学，只不过是一种乌托邦式的幻想罢了。

有学者显然意识到了"应试"的必要性，试图协调"提分"与"育人"之间的关系，并将分数的提升建立在"以生为本"的教学理念之下。该学者举例说："某二类高中的一个 63 人的实验班（非重点班）的数学考试平均分

---

① 尧新瑜：《基础教育课程功能的问题、原因与对策》，《教育理论与实践》2007 年第 11 期，第 47 页。

② 刘海峰、刘亮：《恢复高考 40 年的发展与变化》，《高等教育研究》2017 年第 10 期，第 8 页。

146 分（满分 150 分），超出了当地一类高中 34 分，原因只在于执教者把短视的有效转变为服从和尊重学生的兴趣，把核心性的学习还给了学生。”① 这一案例虽令人鼓舞，但指望一线教师能够普遍地用这样一种“不斤斤计较分数”的心态来获得学生考试分数的自然提升，无疑不太现实。在一线教师那里，因为不搞“应试”而导致的“南京高考之痛”“河北涿鹿教改失败”等“教训”，更加令人印象深刻。所谓“学生的综合素质高了，分数就能自然提升”，在多数时候更像是一种理想而非可实现的目标。

满堂灌输、题海战术的教学方案，虽有利于“应试”，却会消磨学生对知识的兴趣，弱化学习的积极性，不利于“不教”的实现；而取法自然、“不斤斤计较分数”的主张，又会引发学生考试成绩会受影响的担心，导致“不教”之后到底该学什么、怎么学的茫然。因而有效的“不教之教”需要在上述二者之间达到平衡。

例如，一元一次方程属于初中数学知识体系中关键的、起着“支架”作用的知识内容。它不但是初中数学重要的“考点”之一，也是学生将来学习二元一次方程、一元二次方程的基础。但一元一次方程的解法，却不是教师“不教”、学生可以“自学”得来的。一元一次方程中“移项”的思路、把未知数的系数化为 1 的做法，是前人千百年来研究经验的提炼，是高度抽象的数学符号，不但需要依靠教师的清晰讲解才能听懂，而且需要不断地练习才能加深理解以至熟能生巧。传统关于一元一次方程的教学，是教师先讲解原理，然后学生做题巩固。这种教学思路既让学生觉得枯燥无聊，也无益于学生将所学知识用在考试之外的其他地方，不利于核心素养的提升。2021 年 4 月，郑州高新区三十七中关于“一元一次方程”的一堂公开课，对我们分析到底知识应该“怎么教”很有启发意义。在课上，教师出示了以春秋时期诸侯争霸为背景的题目：

> 敌军侵扰齐国边境，齐桓公采取围魏救赵的策略，命令将领带兵一万攻击距离齐国边境 1000 里远的敌军国都。根据《汉书·陈汤传》记载：“重装日行三十里，轻装日行五十里。”《武经总要》记载：“平常日行三十里，快速时行六十里。”据此可以推知军人一天行军约 50 里。如果每人每天消耗掉一斤粮食，每个人可负重 60 斤，军人负重包含作战装备 50 斤，民夫则不用背负作战装备，那么假如

① 郭思乐：《静待花开的智慧：教育是效果之道还是结果之道：关于有效教学的讨论》，《教育研究》2011 年第 2 期，第 19 页。

军人自己携带粮食，最多可攻击多少里之外的敌军？假如每个军人携带一个民夫，则最多可以攻击多少里之外的敌军？携带两个民夫呢？如果不限制民夫数量，攻击距离有极限吗？到底雇用多少个民夫，携带多少粮食，对于完成作战任务来说最经济、最合算？①

这堂课的成功之处，就在于它不是脱离“应试”的内容去谈学生核心素养的提升，而是将知识的运用能力建立在“应试”内容的基础之上，让学生以幕僚、谋士的身份，“卷入”题目提供的问题情境当中，设身处地地思考这一作战计划当中的后勤供给方案。不同学生设计出来的供给方案还可能有优劣之别，因而学生之间产生了良性的竞争——都希望自己能够设计出最好的方案，从而都在努力、认真地思考。要计算出攻击距离的极限，以及携带民夫的最佳数量，则需要用到一元一次方程的知识。这样一来，学生对一元一次方程的运用和计算就不是“被迫”去完成教师布置的作业，而是积极、主动地用它来解决一个自己感兴趣的问题。从而，知识的学习和训练过程不再是一个枯燥而乏味的过程，而是充满了兴趣和动力，达到了叶圣陶先生所说的“运其才智，勤其练习”的效果，知识的理解和训练的效果也因此变得扎实。不但如此，学生们还实现了“转识成智”，能够将一元一次方程的知识用到一项实际任务当中，完满地解决了一个自己感兴趣的问题，从而获得了学习的成就感。

当学生扎实地掌握了一元一次方程之后，很多相关的内容其实就可以“不教”了，如一元一次方程中的同类项合并、一元一次方程中的去括号和去分母、方程等式的变形之类。这些内容可以在学生理解方程的前提之下，结合早已学过的整式的加减、分数的计算等知识，来实现“领悟之源广开”，从而自行消化和掌握。

“应试”和“育人”之间，并不是相互对立、此消彼长的关系。“应试”原本就是学生的正当需求，不应苛责，而课堂教学若不能为学生的“应试”提供帮助，就未免失之偏颇。“考点”或许普遍枯燥无聊，“支架”或许也晦涩难懂，教学的意义就在于将这些原本让学生觉得困难的、不易理解的知识变得鲜活、有趣、通俗易懂。斯霞老师“把每天的课表、值日生名字写在黑板上”，以引起学生的无意注意和增加乐趣，目的在于“提高识字教学的效

① 周序：《“深度学习”与知识的深度认识》，《四川师范大学学报》(社会科学版)，2021年第5期，第174页。

果”①，这无疑就是将知识的掌握作为教学的落脚点；北师大二附中的纪连海老师甚至将甲午战争讲到了央视“百家讲坛”，而“百家讲坛”的宗旨，就在于“普及优秀中国传统文化”，其实也就是知识的传播。同样是在教知识，斯霞老师、纪连海老师等之所以令人称道，其关键不在于他们所教的知识本身是“非应试”的内容，因而学生才会感兴趣，而在于知识的教学技巧：上斯霞老师的课让小学生们觉得是一种享受；听纪连海的讲座也让听众沉浸其中，流连忘返。可见，知识虽难，“支架”虽深，却并非只有“枯燥”这一副面孔。知识究竟以什么样的面貌呈现在学生面前，取决于教师以什么样的方式来对知识进行“加工”和“包装”。加工得好，再枯燥的知识也可以变得生动鲜活；包装得妙，再晦涩的知识也可以做到深入浅出。即便是“应试”的知识、“考点”中的内容，在经过恰当的技术化处理之后，同样可以在学生面前焕发出独特的魅力。

因而，真正高质量的教学思路，既非“唯分数马首是瞻”的“应试”训练，也不是在“隔离”了分数压力的情况下去品味教学的“诗意”，而是要将“应试”的需求和“素养”的提升有效地结合起来，将枯燥的应试内容改造得生动、鲜活，把不易理解的知识变得容易掌握，从而调动学生的兴趣和积极性，用一种学生乐意接受的方式，来积极、主动地追求考试分数。当“知识体系”中的关键环节不再让学生觉得难以理解，当“考试范围”中的重要内容不再让学生感到茫然失措，则教师方可放心地“不教”其他相关的、处在学生“最近发展区”范围内的知识。这个时候教师虽然“不教”，但学生可以在“支架”的帮助下作出进一步的探索；虽然“不教”，学生依然可以获得充分的发展。这样的“不教”，才是有意义的“不教”。

（原载《课程·教材·教法》2022年第5期）

① 余林茂：《永远的小学教育家：斯霞教育思想与实践的变奏》，《南京晓庄学院学报》2018年第3期，第63页。

试论叶圣陶关于高校如何培养语文教师的探索

——以叶圣陶在北师大中文系的一次演讲为中心的考察

■ 刘 畅

语文教育是一切教育活动的基础，也是一个国家文化传承、血脉赓续的重要手段。进入新时代以来，党和国家愈发重视语文教育。日益提高的语文教育教学标准为中国语文教师队伍建设带来了新的机遇与挑战。如果说师范教育是推进和革新教育事业的根本，那么高校汉语言文学师范教育就是语文教师队伍新鲜血液的根本来源。只有建设好汉语言文学师范教育专业，才有可能打造一支高素质、专业化、创新型的语文教师队伍。总之，师范教育是一切教育的母机，语文教育是一切教育的前提，语文师范教育的重要性不言而喻。一段时间以来，语文师范教育发展面临困境，各高校的汉语言文学师范教育存在一些共性问题，例如：培养目标唯知识教化、唯技能主义①，课程内容单一陈旧、落后于教育教学实践②，教育实习重理论、轻实践③等等。要革除上述弊端，有必要继承和弘扬语文教师教育优良传统，守正创新。1963年2月26日，叶圣陶来到北京师范大学，与该校中文系学生座谈，主题是如何成为一名语文教师。④ 叶圣陶在这次座谈会上的演讲比较集中和充分地体现了其汉语言文学师范教育思想。本文紧紧围绕叶圣陶《当语文教师的准备——跟北师大中文系学生讲话的提纲》展开研究，挖掘整理叶圣陶的汉语言文学师范教育思想观点，充分汲取这位语文教育大家的智慧，以期为拨开当下汉语言文学师范教育迷雾提供参考和借鉴，助力新时代语文教师队伍建设。

---

① 唐代兴：《突破实践困境 重构师资培养目标视野——汉语言文学师范专业教学改革的当代思考》，《中国大学教学》2011年第6期，第42页。

② 倪文锦：《推进教师教育课程创新 提高未来教师培养质量——兼谈高师汉语言文学专业的课程改革》，《课程·教材·教法》2008年第3期，第78—82页。

③ 闫潇宏：《汉语言文学专业毕业生服务基础教育的现状、问题及应对策略》，《就业与保障》2022年第7期，第196—198页。

④ 商金林：《叶圣陶年谱长编》（第3卷），人民教育出版社2005年版，第706页。

叶圣陶在与北京师范大学中文系师范生进行座谈时，指出了汉语言文学师范教育应重视语言训练的重要性、学科知识的全面性、运用技能的熟练性、教育实习的必要性和教育方针的引领性。这些关于汉语言文学师范教育的真知灼见为解决当下汉语言文学师范教育问题、进一步深化汉语言文学师范教育改革提供了重要参考和借鉴。

一、论语文学科师范生语言训练的重要性

叶圣陶认为语文学习归根结底是语言学习："语就是口头语言，文就是书面语言。把口头语言和书面语言连在一起说，就叫语文。"① 因此，语文教师必须要充分掌握语言工具。这就要求汉语言文学师范教育充分开展语言训练。具体而言，叶圣陶认为语言训练包括以下五个方面：语音、语法、修辞、逻辑、篇章结构②。

叶圣陶强调，语音是语言学习的基础，根基不牢，就不可能顺利开展语文教育。汉语言文学师范专业的学生应充分掌握语音学知识，做到发音准确、字正腔圆。方言区的教师尤其要重视这一点，应掌握对应规律，坚持练习，举一反三。汉语言文学师范专业的学生还应掌握较系统的语法知识，能够在教学时观察语言现象，深入浅出地进行讲解，就语言现象开展简单的课堂练习。修辞是增强语言表达效果的重要途径。汉语言文学师范专业的学生应学习系统的修辞知识，理解修辞并非"外加"，而是表达的本身的要求，进而熟悉名人大家常用的修辞手法，这样才有能力指导学生的读写作业，胜任语文教学工作③。在熟练掌握了语音、语法、修辞后，就要展开语言逻辑的学习。作为一名准语文教师，在平时的语言训练中，师范生们应注意概念的正确与一致、语句的准确性、句与句之间的合理性等等。④ 此外，篇章结构也是语言训练中非常重要的一环。"思想不是凭空的，是用语言的形式来固定的。"⑤ 篇章结构往往能体现出作者的写作思路、中心思想。因此，语文教师必须拥有分析篇章结构的能力，对课文架构烂熟于心，这样才能讲好语文课。

叶圣陶指出，汉语言文学师范教育必须重视语言训练，这种训练既要重视"语"也要重视"文"。从"语"的角度看，"教师教学生，除开'身教'

---

① 叶圣陶.:《叶圣陶集》(第 13 卷)，江苏教育出版社 2004 年版，第 180 页。
② 叶圣陶:《叶圣陶集》(第 13 卷)，江苏教育出版社 2004 年版，第 190 页。
③ 叶圣陶:《叶圣陶集》(第 13 卷)，江苏教育出版社 2004 年版，第 190 页。
④ 叶圣陶:《叶圣陶集》(第 13 卷)，江苏教育出版社 2004 年版，第 190—191 页。
⑤ 叶圣陶:《叶圣陶集》(第 13 卷)，江苏教育出版社 2004 年版，第 191 页。

就是‘言教’，言教必须得凭正确的语言”①，因此必须强化语音学习，作为准语文教师，更需特别重视语言发音。从“文”的角度看，书面语言的表达方法、篇章结构等都是非常重要的，需要潜下心来，认真学习。这就要求汉语言文学师范专业教育在课程设置上下功夫，着重培养师范生的专业基础能力，全面开展语言训练，以提高其表达能力、阅读能力、分析能力和写作能力。

二、论语文学科师范生学科知识的全面性

叶圣陶认为，一名准语文教师不仅应接受完善的语言训练，还应进行全面的学科知识学习。教师“必须有比较全面的知识”，“如果仅仅知道三四分或者一二分，那就连三四分或一二分也教不好”。② 这种完善的学科知识学习能够帮助汉语言文学师范专业的学生全面地理解和掌握语文教学内容。但在实际的专业教学过程中，往往会出现偏科的现象。叶圣陶就曾指出：“在中文系里，教经籍的巴望学生成为经学家，教考据的巴望学生成为考据家，教小学的巴望学生成为小学家，偏偏忘了学生学习研究的对象是中国文学。捧住《文心雕龙》的似乎不忽略中国文学了，可是认《文心雕龙》为取之不尽用之不竭的宝藏，未免缺少了开拓新天地的勇气。”③

尽管上述观点是叶圣陶在新中国成立前发表的，但这种现象至今存在：部分教师只对自己研究领域的内容进行精讲、细讲，其他内容则一带而过；部分师范生只选自己感兴趣的课程，对其他课程置之不理。这两种情况都非常不利于汉语言文学师范教育的发展。尤其是在经济快速发展、社会日益进步的当下，随着教育在高质量发展的道路上高歌猛进，国家和社会对语文教育质量的要求愈来愈高。在基础教育阶段，学校、家长、学生对教师的专业水平要求也愈来愈高。因此语文教师必须具有全面的学科知识和较高的综合素质，这就倒逼汉语言文学师范教育必须抓住学科知识的全面性这一点，做足文章，不能让学生的学科知识学习有所偏废。只有掌握全面的学科知识，才能做好新时代的语文教师。

叶圣陶对汉语言文学师范教育学科知识全面性的要求是符合历史发展趋向和时代需求的。这一要求与我们国家今天的高校语文专业教学目标是高度

---

① 叶圣陶著，刘国正主编.：《叶圣陶教育文集》(第 2 卷)，人民教育出版社 1994 年版，第 551 页。

② 叶圣陶：《叶圣陶集》(第 13 卷)，江苏教育出版社 2004 年版，第 191 页。

③ 叶圣陶：《叶圣陶集》(第 13 卷)，江苏教育出版社 2004 年版，第 114 页。

契合的。2018年，为提高人才培养质量，教育部发布《普通高等学校本科专业类教学质量国家标准》，其中《中国语言文学类教学质量国家标准》指出：该专业的学生应“系统掌握中国语言文学的基本知识，具有较强的文学感悟能力、文献典籍阅读能力、审美鉴评能力和运用母语进行书面、口语表达的能力”，“能够综合运用所学知识鉴赏、评价文学作品和相关文化现象”①。上述要求无一不是对学科知识全面性的要求。

三、论语文学科师范生技能运用的熟练性

对汉语言文学师范教育而言，知识学习是必不可少的一环，而此后相关技能的熟练运用也是对师范生的要求。叶圣陶指出：语言训练和知识学习都是在武装师范生的头脑，使他们拥有良好的知识储备，但如何运用这些知识，则是另一个问题。教师既要有比较全面的知识，还要有熟练的运用技能。②

汉语言文学师范教育必须重视技能的运用，强化练习，深化对知识的理解。对此，叶圣陶以作文为例做了深入浅出的解释，他说：“教师要教好作文，固然要研究些方法，如何指导，如何批改，如何评讲，但是尤其重要的，教师自己有丰富的作文经验，深知其中甘苦。假如自己经验不多，指导和评讲或将是公式化的，批改也可能不中要害。”鉴于此，他语重心长地告诉师范生：“你们将来要教学生作文，改作文，现在作文要特别留意。现在知道其中甘苦，将来对于学生就能多所助益。”③

按照叶圣陶的观点，汉语言文学师范教育不仅要注重知识的学习，还要重视技能的运用。这种技能练习不能仅靠师范生的自觉，在平时的课堂教学中也应予以重视。汉语言文学师范专业应积极调整课堂结构，为学生提供技能训练的时间，如在课堂上设置发言环节、每周举行读书心得交流会、布置作文作业等，以培养学生的综合能力，提高学生的技能运用水平。④

---

① 教育部高等学校教学指导委员会编：《普通高等学校本科专业类教学质量国家标准》(上)，高等教育出版社2018年版，第85—86页。

② 叶圣陶：《叶圣陶集》(第13卷)，江苏教育出版社2004年版，第191页。

③ 叶圣陶：《叶圣陶集》(第13卷)，江苏教育出版社2004年版，第191页。

④ 王白云：《如何培养师范生的语文教师素质》，《课程·教材·教法》1998年第11期，第57—58页。

四、论语文学科师范生教育实习的必要性

尽管汉语言文学师范生仍是学生，但他们必须具有“教师”的职业意识。① 曾几何时，由于高校教师缺乏基础教育经历，对中小学教育现状和实际所需技能了解不够深入，汉语言文学师范生无法通过大学课堂教学习得日后工作所需的教学技能。仅靠课堂教学习得的专业知识，汉语言文学师范生毕业后难以胜任语文教学和研究工作。② 因此，汉语言文学师范教育必须强调该专业的师范特色，充分加强和改革教育教学实习环节。③ 叶圣陶曾反复强调师范生进行教育实习的重要性，指出师范生应当多去中小学校进行教育实习，了解中小学教育的现状，多多向一线老教师请教。④ 叶圣陶认为汉语言文学师范生教育通过这种教学实习至少要达到以下三个目的：

第一，学习一线优秀教师的教学经验。叶圣陶认为，教学实习不能止步于参观，要细心考虑一线教师的长处在哪里，即观察他们“对学生非常有益的教学活动”。师范生应该在教学实习的过程中反复琢磨一线教师的教学方法、教学思路和教学效果，进而设想如果自己要去教这堂课，应该怎么做，还有哪些是需要改进的。⑤

第二，利用实习多接触学生，了解学生的实际情况——为准备当教师而了解学生。⑥ 教学实习是一个非常好的接触中小学生的机会，只有真正认识学生、理解学生，才能更好地从事教学活动。

第三，通过教育实习练习教学技能。汉语言文学师范专业培养的对象是未来的语文教师，因此学生必须掌握一定的教学技能，能够在毕业后迅速完成角色转化，投入到教育教学活动中来。教育实习就给了师范生这样的一个练习教学技能的机会，他们可以在老教师的帮助下，进行教育实习，开展试讲，锻炼教学技能，这是课堂学习无法做到的。

---

① 王白云：《如何培养师范生的语文教师素质》，《课程·教材·教法》1998 年第 11 期，第 57—58 页。

② 唐代兴：《突破实践困境 重构师资培养目标视野——汉语言文学师范专业教学改革的当代思考》，《中国大学教学》2011 年第 6 期，第 42 页。

③ 谢奇勇：《从专业出发认识特色的基本特征 促进特色专业建设——以汉语言文学（师范）专业为例》，《中国大学教学》2012 年第 3 期，第 48 页。

④ 任苏民：《叶圣陶教育思想研究》，山西人民出版社 2018 年版，第 108 页。

⑤ 叶圣陶：《叶圣陶集》（第 13 卷），江苏教育出版社 2004 年版，第 192 页。

⑥ 叶圣陶：《叶圣陶集》（第 13 卷），江苏教育出版社 2004 年版，第 192 页。

总之，我们要发扬光大叶圣陶关于语文学科师范生必须重视教育实习的思想。高师院校应承担起学生的教育技能培养工作，不能将其后置到学生以后的工作中去。[①] 汉语言文学师范教育应注重教育实习，充分利用实习机会，以解决当下汉语言文学师范毕业生在工作中课堂效率低下、教学技能不熟练、师生沟通障碍等问题。[②]

五、论语文学科师范生必须把握教育方针的引领性

叶圣陶指出，汉语言文学师范教育要特别注重教育方针的引领性。他认为："讲透课文，这件事的本身就是一项重要的政治工作。"[③]

叶圣陶在给北师大中文系毕业班学生讲话时告诫他们："无产阶级政治，是怎样的意思？服务，怎样才服务得好？教育与生产劳动相结合，究竟怎样结合？从在校的学习，从自己的实践，从学习毛泽东著作，从看书看报，从参观访问，只要随时记住，随时都会有新的体会。而这些体会，都将影响你们将要从事的教学工作，会使你们左右逢源，当成具有积极性创造性的语文教师。"[④] 叶老进一步勉励他们：在教育革命浪潮日益高涨的时候，作为未来的语文教师，要坚持为无产阶级服务的精神，积极投入到教育改革中去。[⑤] 教育方针除了能引领师范生思考教育改革等形而上的问题，对于基础的一线语文教学实践活动也有着不可忽视的作用。

语文教育是思想政治教育的重要载体。叶圣陶指出，不能将政治思想教育看得过于狭隘，部分教师"总认为只有和当前形势和中心任务有关的文章才富有政治思想意义"[⑥]，这种思想是错误的。之所以会产生这种错误认识，归根结底是因为教师对教育方针、时事政治的理解不够深刻、浮于表面。事实上，政治思想的范围是很广的。如果教师能够深入理解政治，就能发现语文教育中的思想政治元素，在潜移默化中完成思政教育。

尽管时代变迁，教育方针的核心和重点不断演变，但教育方针对师范生

---

① 王森：《地方高校汉语言文学专业毕业生就业形势及对策分析》，《河北职业教育》2017 年第 5 期，第 108 页。

② 闫潇宏：《汉语言文学专业毕业生服务基础教育的现状、问题及应对策略》，《就业与保障》2022 年第 7 期，第 196—197 页。

③ 叶圣陶：《叶圣陶集》(第 13 卷)，江苏教育出版社 2004 年版，第 169 页。

④ 叶圣陶：《叶圣陶集》(第 13 卷)，江苏教育出版社 2004 年版，第 192 页。

⑤ 叶圣陶：《叶圣陶集》(第 13 卷)，江苏教育出版社 2004 年版，第 192—193 页。

⑥ 叶圣陶：《叶圣陶集》(第 13 卷)，江苏教育出版社 2004 年版，第 170 页。

的重要性始终不曾改变。如果不理解教育方针，就无法真正讲好语文课。因此，我们要永远牢记叶圣陶的殷切嘱托，推动汉语言文学师范教育更加重视教育方针的引领性，在平时的教育教学活动中将教育方针的精神传递给师范生，让他们将这种精神内化于心、外化于行。

综上所述，叶圣陶的汉语言文学师范教育思想可总结为以上五点，即注重语言训练的重要性、学科知识的全面性、运用技能的熟练性、教育实习的必要性和教育方针的引领性。这五点是相互联系、息息相关、相得益彰的。在当前我国全面深化教育改革的背景下，新时代语文教育发展面临新机遇①，要抓住这一机遇，就必须发展好汉语言文学师范教育。叶圣陶的汉语言文学师范教育思想为当下的汉语言文学师范教育改革创新提供了思想参照、智慧引领和路径借鉴，我们必须在实践中对其进行创造性转化和创新性发展，为构建和完善中国特色语文师范教育体系而不懈努力！

① 顾之川：《迎接语文教育新时代》，《课程·教材·教法》2018 年第 6 期，第 4 页。

教育思想实践研究

叶圣陶研究年刊

生生课堂：叶圣陶教育思想指导下的课堂转型

■ 沈华明　王　燕

1917 年春至 1921 年夏，叶圣陶到甪直吴县第五高等小学（苏州叶圣陶实验小学前身）任教员，在这里四年多的教育实践，孕育了其教育思想的萌芽。其中“教是为了达到不需要教”的理念是叶圣陶先生一生教育思想的精髓所在，不仅仅是作为理论，而且也是一种创造性的实践问题。“教”是一种手段，是适合于所有阶段以及学科的教育，不仅仅包括语文教育，还包含其他科目，即是对于所有以全面培养个体的综合素质为宗旨的教育而言的；“为了”表示教的目的，即教育者的追求；“不需要教”表示学习结果，受教育者获得了学习方法后能自主再学才达标。苏州叶圣陶实验小学自 2002 年以“叶圣陶”先生的名字命名以来，始终把传承和实践叶圣陶教育思想作为学校的立校之本和发展之路。随着国家中长期教育的改革和发展纲要的发布，苏州教育苏式课堂的提出，“生生课堂”基于叶圣陶“教是为了达到不需要教”思想指导下的课堂转型应运而生。它是学校发展的必然，也是苏州叶圣陶实验小学人的价值认同与自觉追求。

一、生生课堂的文化传承

1.“生生”两字的来源。为了给儿童“特设一种相当的境遇”，叶圣陶带领学生挥锄破土，在“五高”银杏树旁的乱砖地上创办了“生生农场”，种植瓜豆菜蔬。创办“生生农场”是叶圣陶做了中国教育史上从没有过的事，是他教育改革的试验田，取名“生生农场”，寓意先生、学生“生生不息”。

2.“生生”意义的发展。叶圣陶早在 1919 年就提出语文教学要“以学生为本位”，后来又明确指出教师要起“主导作用”。“生生”是以教师为主导，以学生为主体的“双主观”的体现，是以“教是为了不教”教育思想为理论基础。学校根植于这一思想，提出“善教善导　主动发展”的校训。“善教善导”是对教师的要求，善教者授人以渔，最终达到不需要教，善导者“导而弗牵”，最终让被导者自己健步如飞；“主动发展”是对学生的期望，表示让学生做到“疑难能自决，是非能自辨，斗争能自奋，高精能自探”，即以积极的状态投入到自主学习和探究，养成终身发展的必备品格和关键能力，形成良好的生活学习习惯，成为生活和学习的主人。

3. 生生课堂的转型。生生课堂基于叶圣陶“教是为了达到不需要教”思想，以学生的“学”为中心，突出教师为主导、学生为主体，以导学案、学生学习小组为载体，以“驱动学习”“交流评议”“迁移提升”为课堂基本程序，“生生”互动，以不教之教，实现学以再学的课堂。这是师生智慧得以生长的课堂，是师生生命得以生长的课堂，是生生不息指向立德树人的课堂。

二、生生课堂的培养目标

叶圣陶先生曾明确提出：“学校教学应对儿童‘采用自学辅导主义’，‘务以养成其自力研修之习惯’。”他还指出：“将来的人生事实是只顾进步，没有穷尽的；所以最要紧是练成他们‘处置未来，进而为更高尚的人的自动能力’”，做到“疑难能自决，是非能自辨，斗争能自奋，高精能自探”。结合叶圣陶先生这一教育思想，对应中国学生发展核心素养，我们提出了“自主、自探、自辨、自律”的育人目标，希望培养的学生不仅具有健全的人格和高远的志向，还拥有良好的习惯以及实践创新的能力，在教师善教善导下成长为能主动发展的幸福完整少年。为此，学校通过改革我们的课堂，实现指向立德树人的教学转型。

1. 自主：乐学善学　自我管理

一个积极向上的学生一定不会被边界所限制，不会被困难所牵绊。教育最终目的是帮助学生从被动走向主动。生生课堂就是要培养学生的自主学习意识、自主学习能力。在课前做好预习，课上热情参与，课后及时查漏补缺，充分发挥主动性、积极性，变“老师要我学”为“我要学”，摆脱对老师的依赖。真正意识到学习是自己学来的，而不是教师或其他人教会的，自己才是学习的管理者。

2. 自探：勇于探究　乐于创新

叶圣陶先生说过：“每个孩子都有好奇心，好奇心驱使孩子们干这干那，努力在尝试中发现自己的长处和能力。”生生课堂就是要激发学生探究的好奇心，创设适宜探究的环境，组织适宜探究的活动，点拨适宜探究的方法，让学生在不断的探究中获取创新的力量。

3. 自辨：人文底蕴　批判思维

在信息化快速发展的未来，学生只有在纷繁复杂的信息中有效获取、使用信息，才能获得全面发展。因此，生生课堂希望学生能够正确认识自己，具有解决问题和批判思维能力，还具有发现、感知、欣赏、评价美的意识和基本能力。

4. 自律：身心健康　社会责任

叶圣陶先生认为，应“把依赖性的‘受教育’转变为主动性的‘自我教育’”，即使在不利的环境中也能够“严格自律”。生生课堂希望学生懂得自我约束、督促，具有规则意识，能自觉遵守行为规范，养成良好的学习和生活习惯，能对自己的行为后果承担责任。

三、生生课堂的范式建构

英国著名数学家、哲学家怀特海提出“教育节律”理论，教育应该根据学生心理发展的阶段性特点，采用不同的学习内容和学习方式，使整个教育过程呈现出周期性往复的节律感。他认为智力发展过程分为“浪漫”“精确”“综合运用”三个阶段。教育节律具有普遍性，根据这种“浪漫”“精确”“综合”的教育节律，不同科目中不同的学习方式可以在学生的思维发展达到适当的阶段时采用，大到终身教育，中到学科教育，小到每一节课，都包含这种节律。依据“教育节律”理论实现生生课堂的转型，我们构建出了基于“教是为了达到不需要教”教育思想下的“驱动学习”“交流评议”“迁移提升”的教学过程。“驱动学习”环节：激发动机、明确目标、自主学习、记住内容。“交流评议”环节：展示交流、师生评议、理清思路、总结归纳。“迁移提升”环节：学会反思、自我认知、方法迁移、拓展提升。

在整个生生课堂的流程中，我们应该注意以下几个方面：

1. 找准起点。每个学生在开启新学习活动时，总是带有基于自己原有的知识水平、心理发展水平对新的学习的适应度。适应度越高，学生学习的认同度越高，发展的可能性也越大。因此，教师在驱动学习环节可以以预习学案的方式，让学生对即将要学的内容进行预习，在这个过程中，了解学生的知识起点、能力起点、情感起点、兴趣起点等，站在学生的角度想学生之所想，想学生之所需，把学生的个人知识、直接经验和现实世界作为新学习活动的重要资源带进课堂。

2. 搭建支点。叶圣陶说：“儿童既处于特设的境遇里，一切需要，都从内心发出。”心理学研究也表明，儿童的情感易于被激发，而儿童的认知活动一旦有情感参与，他们的认识会更丰富，体验会更深刻。在小学阶段，学生的学习是以感性、直觉为主，在开启新学习活动时，教师要给学生“特设的境遇”，有了这样的支点，往往会起到事半功倍的作用；教师还要为学生搭建敢于质疑问难的支点，即“想知”，学生一旦明确了自己想学什么，就会成为教堂教学中主动的探索者；当然，在整个学习过程中，各种学习方法的指导，也应是教师必须给予学生的一个支点。

3. 发现亮点。普罗塔戈说：“头脑不是一个要被填满的容器，而是一个需要被点燃的火把，一个人发自内心的动力、爆发力最强。”因此，作为一个教育者，我们就是那个点燃火把的践行者，作为教育的践行者，我们需要观察与寻找出每个学生的亮点，再以学生的亮点进行沟通与教育，其目的就是充分发挥学生的能力，培养学生的兴趣，增强学生的自信心和自强心，从而点燃他们内心的火把，燃起智慧的火焰，触动他们内心的学习动力，以达到最有效的学习。

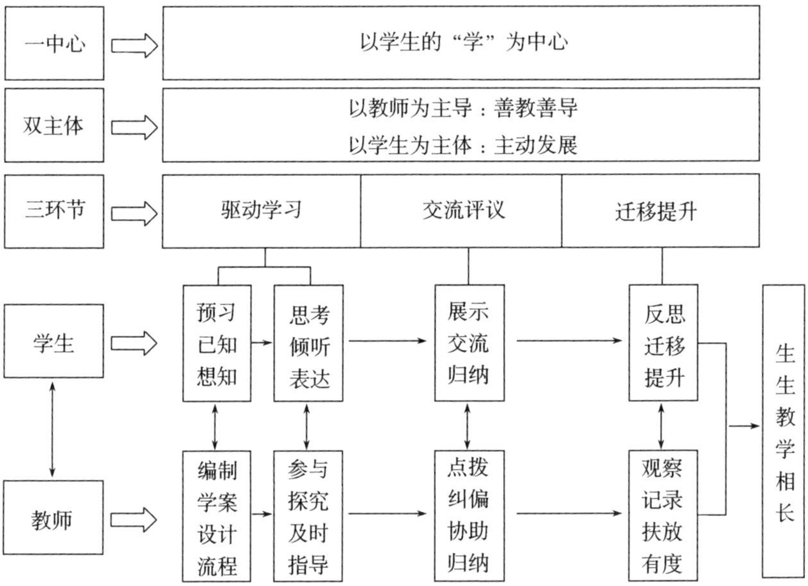

生生课堂流程图

四、生生课堂的实践要点

教师通过集体备课的形式，共同探讨、深入研究，编写最佳的课堂教学导学案。导学案根据学科特点来设置，按照“双主体，三环节”的要求，做到知识问题化，问题层次化。分课前预习、课堂自学、课堂展示、课堂迁移四个部分。

1. 课前预习要关注两方面的内容：已知，学生在新知学习前已掌握了哪些知识；想知，学生在新知学习中想知道哪些内容和想解决哪些疑问。通过导学案中的课前预习的任务，了解学生的知识起点、能力起点、情感起点、兴趣起点等。在此基础上，学生带着自己的感受、体验、进入课堂，以原始的、真正的、发自内心的学习动力作为课堂教学的起点。

2. 课堂自学包括学生个人的自主学习与小组的合作学习两方面。自主学习是学生能通过独立地分析、探索、实践、质疑、创造等方法来获得新知。它强调培育学生的学习动机和学习兴趣，因此在学生自主学习部分的任务要切合学生的年龄特征、心理特点、知识层次结构等降低起点、疑趣结合、分层设计，以激发学生学习兴趣，探究欲望。合作学习是学生以合作和互助的方式获得新知，它应是在学生自主学习基础上的相互交流、相互启迪、相互促进，从而实现学习的"增值"。因此在学生合作学习部分的任务要深入研究教材，认真分析，精心设计。这一任务要有挑战性、开放性和探索性，还要有处于学生"最近发展区"的难度，一般围绕本课的重难点来设计。学生进行合作学习时，既要引导学生独立思考，表达自主学习的结果，引发思想的碰撞；又要引导学生形成小组的共识，培养合作精神。

3. 课堂展示是生生课堂中最精彩最关键的一环，是学生、教师、教材等之间多边活动的动态结构。课堂展示不仅展示成果和过程，在展示中还要发现和搜集疑难，并且针对疑难想办法、找规律、找方法。展示过程中组内学生要相互帮助、相互补充，表现出团队精神，各组之间即要相互竞争又要相互鼓励。每个小组选择一个"主持人"和"主讲人"，主持人协调组员有序展示，主讲人展示本组成员学习的过程和共识，其他成员可以纠正和补充。其他小组可以在此基础上进行质疑或补充等。教师要当好导演，重点做好"点"和"控"两项工作。"点"即善于启发和引导，当学生讲解不到位时要补充；偏离主题时要点拨。"控"即要控制课堂时间进度；控制好整体课堂气氛，调动、激励学生，使学生主动参与、积极思考、人人都体验、个个有收获。当课堂展示完毕后，师生还要一起对所学新知、学习方法等进行整理与归纳，找出与已知知识之间的共同因素，纳入自己的知识结构中。

4. 课堂迁移是学生高效、灵活运用知识的关键，是衡量一堂课中培养和发展学生的能力这一目标是否达成的教学实践。教师要紧扣课堂教学内容、学生学习起点等精选迁移训练的素材，以生活为切入点选择学生感兴趣的典型性资源，为学生带来新鲜感，使学生对知识活学活用，解决实际问题。课堂迁移训练形式也要多样，激发学生迁移训练热情，调动迁移思维，主动学习，主动发展。

五、生生课堂的评价转型

《中国教师报》总编助理、著名教育记者李炳亭先生在《高效课堂之“评价系统”》中指出：“高效课堂的教学评价，依照‘以学评教’原则，主张把教学目标转化成‘学习目标’，把‘教学过程’转化成‘学习过程’，通过学生的‘学情’来加以评价。”生生课堂是传统课堂的转型，由教师的教为中心向学生的学为中心转型；教师的角色也由知识的传授者向学习的策划者、指导者转型；课堂氛围也由“一言堂”向“百家争鸣”转型。其评价内容、评价方式、评价路径等也应随之转型。

1. 评价重点的转换：从“评教法”转换为“评学情”。针对传统课堂重点评价教师的教法艺术，生生课堂的评价重点应转换成学生的学情，即学习内容上是否把握了本质与变式；学习过程是否展开了建构与反思；学习方式是否亲历了探究和协同；学习结果是否学会了迁移和运用等。

2. 评价方式的转变：从“一元化”转变为“多元化”。由教师“一元化”课堂教学评价向学生、教师、家长的自评、互评，甚至是学校、家庭、社会等所有教育参与者的多元评价转变。

3. 评价路径的转向：从“单线式”转向为“立体式”。听课评课由传统的针对教师课堂教学的单线式“听—说—评”向备课组“集体备课—观课（重点是察学情）—验评—反思研讨—改进”全环节的立体式转向。

养成教育：赓续叶圣陶教育思想的校本实践

■ 高月新　薛勇军

叶圣陶先生曾说："教育是什么？往简单方面说，只须一句话，就是要养成良好的习惯。"① "养成良好习惯"对"现代人"的培养与成长具有基础性。② 引导和帮助学生养成良好习惯，是教育的重要任务，是学校的重要工作。甪直高级中学着眼于学生的健康成长和终身发展，大力推进"养成教育"实践，帮助学生养成良好习惯，成就美好人生。

一、为什么要开展"养成教育"

（一）"养成良好习惯"是学生发展核心素养的有效途径

党的十八大报告把"立德树人"明确为教育的根本任务。2014 年教育部印发《关于全面深化课程改革　落实立德树人根本任务的意见》，组织研究学生发展核心素养体系，明确了学生应具备的适应终身发展和社会发展需要的必备品格和关键能力。2016 年，《中国学生发展核心素养》研究成果发布，《中国学生发展核心素养》以培养"全面发展的人"为核心，分为文化基础、自主发展、社会参与三个方面，综合表现为人文底蕴等六大素养，具体细化为国家认同等 18 个基本要点。③ 中国学生发展核心素养体系既借鉴了国际上的教育研究成果，更结合我国教育实际和时代特点，对"核心素养"作出了中国表达。

那么，如何让核心素养发展在学校落地生根？教师又该通过哪些途径培

---

① 叶至善、叶至美、叶至诚编：《叶圣陶集》(第 11 卷)，江苏教育出版社 1991 年版，第 228 页

② 任苏民：《叶圣陶"养成良好习惯"教育思想新探》，《人民教育》2020 年第 23 期，第 54—58 页。

③ 核心素养研究课题组：《中国学生发展核心素养》，《中国教育学刊》2016 年第 10 期，第 1—3 页。

养学生的核心素养呢？这是关系到此轮课程改革能否成功的大问题，也是基层学校和一线教师需要完成的具体任务。学校积极探索把“养成良好习惯”融入日常教学工作，推行“养成教育”，从而切实、有效地发展学生核心素养，为党育人，为国育才，培养适应未来社会发展需要的人。

（二）“养成良好习惯”是传承叶老教育思想的实践之路

角直是叶圣陶先生曾经工作和生活的地方，角直给叶老提供了文学创作灵感，在这里他创作了《多收了三五斗》等文学作品；角直更是叶圣陶先生“真正的教书生涯开始”的地方。在这里，叶老萌发了诸多教育思想，“教育就是养成良好习惯”就是其中之一。叶圣陶先后发表《习惯成自然》《两种习惯养成不得》等文章谈习惯养成对于教育的重要性。他认为“我们在学校里受教育，目的在养成习惯，增强能力。我们离开学校，仍然要从种种方面受教育，并且要自我教育，目的还是在养成习惯，增强能力。”

叶老亲切地把角直称为第二故乡，即便因工作关系离开角直后也非常关心这里。解放后，叶老与角直的师生保持着书信交流，通过书信了解这里的教学情况，也指导着这里的教育工作。叶老还手书墨宝“吴县角直中学”赠予学校，用于制作校牌。新时代的角直中学也将“践行叶圣陶教育思想、办人民满意教育”作为办学思想。2014 年，角直中学将初中、高中分设，异地新建的高中校取名为“角直高级中学”。学校将“养成良好习惯”确立为校训，重视学生的“养成教育”，传承叶老教育思想，培养时代新人。

二、养成学生的哪些良好习惯

从睁开眼睛的那一刻开始，习惯影响着我们生活的每一环节。从个人卫生打理到阅读学习思考，从饮食内容的取舍到运动项目的选择，无不受到习惯的影响。面对那么多的习惯，学校又该从何处入手开展“养成教育”呢？这需要结合学生的年龄、生源、地域等特点综合考虑。从育人目标的角度来看，角直高中重视学生在以下五个方面养成良好习惯。

（一）养成爱生活、能自律的“健康人”

青少年犹如初升的太阳，朝气蓬勃、富有活力。养成健康的生活方式和自律的生活习惯非常重要。合理膳食、坚持锻炼、充足睡眠、规律作息等因素都对身体健康有很大的好处。当然，心理健康与身体健康同样重要。远离或摆脱网瘾、社交恐惧、学习焦虑等负面影响，让学生保持热爱生活、积极阳光的生活态度，对学生的心理健康至关重要。然而，少数学生由于残疾、家庭、经济等因素在生活上遇到一些困难，有的学生由于学习任务重、升学竞争激烈等出现心理压力过大的问题，有的学生由于不能抵制烟酒、游戏、色情等诱惑深陷泥潭。学校成立“学生发展指导中心”，由心理专业教师帮助学生解决成长中的困惑和烦恼。学校以班主任和学科教师正面管教为主，体育教师和心理教师干预纠正为辅，生活指导教师和后勤团队为保障，以期把学生培养成为爱生活、能自律的“健康人”。

（二）养成爱文明、守礼仪的“文明人”

我国自古是礼仪之邦，对于个体来说，文明礼仪体现了一个人的素质和教养，而对于一所学校而言，文明礼仪体现了学校的校园文化。走出校园，文明礼仪代表着一个集体的精神风貌或一座城市的文明程度，甚至一个国家的对外形象。爱文明、守礼仪是学生必须养成的良好习惯。2010 年教育部制定的《中小学文明礼仪教育指导纲要》指出，加强中小学文明礼仪教育，对于提高中小学生的思想道德修养，努力构建社会主义和谐社会，提升全民族的文明素质，增强国家的文化软实力具有重要意义。处于青年期的高中生，容易接受新鲜事物，但也容易受到不良习气的影响。学校以国旗下讲话、入团仪式、成人仪式等活动开展正面引导；以一日常规考评、月度文明班级评选、学生积分入团等措施激励督促整改。从两方面抓实文明礼仪教育，以期把学生培养成为爱文明、守礼仪的“文明人”。

（三）养成爱学习、求发展的“上进人”

学习是学生在校活动的重要内容，叶圣陶先生认为“务以养成其自力研修之习惯”，“教是为了达到不需要教”。能自力研修的学生首先是热爱学习的学生。因此培养学习兴趣、激发学习热情是第一要务。同时学校多元育人、教师因材施教也是非常重要的。学校录取分数处于区内中等，部分学生对个人成长有些迷茫，学校重视生涯规划指导，帮助学生树立学习信心、确定发展目标。学校注重批判性阅读与写作、理科实验操作、科技创新活动、劳动教育等活动，让学生在活动中动脑、动手、动心。尊重学生个体差异，积极探索多元评价，遵循叶老“受教育的目的不是为了应付考试”，不唯分数论优劣，而是更重视学生发展，以期把学生培养成为爱学习、求发展的“上进人”。

（四）养成爱社会、有担当的“社会人”

叶圣陶先生认为“受教育是为了做社会的合格成员”。《中国学生发展核心素养》指出“社会性是人的本质属性，社会参与，重在强调能处理好自我与社会的关系，养成现代公民所必须遵守和履行的道德准则和行为规范，增强社会责任感，提升创新精神和实践能力，促进个人价值实现，推动社会发展进步，发展成为有理想信念、敢于担当的人”①。“两耳不闻窗外事、一心只读圣贤书”的学生无法适应社会、融入社会，更谈不上未来服务社会。合格的社会公民需要遵守道德规范、履行公民义务、承担社会责任，才能行使公民权利。处于青春期的学生容易出现叛逆情绪，学校从细处着手，帮助学生养成良好习惯。教会学生与家长、老师、同学和睦相处，处理好自我与他人的关系；培养学生自觉勤俭节约、厉行光盘行动，主动参与垃圾分类、参与志愿者服务；组织学生参观工厂，走进田野，开展劳动实践，逐步学会处理自我与社会、自我与自然的关系，以期把学生培养成为爱社会、有担当的“社会人”。

（五）养成爱祖国、察世界的“中国人”

叶圣陶先生认为“受教育是为了做国家的合格公民”。《中小学生守则（2015年修订）》第一条便是“爱党爱国爱人民”，《中国学生发展核心素养》十八个基本要点包含了国家认同和国际理解。让学生认识国情、了解历史，增强民族自信和文化自信，认同国民身份，这关系到“为谁培养人”。学校重视传统文化教育和爱国主义教育，在完成国家课程基础上，挖掘本地非物质文化遗产资源开展乡土教育，让学生从热爱脚下的土地开始，热爱家乡，热爱祖国。中国的发展离不开国际交流，国际交流必然存在竞争与合作。培养学生“具有全球意识和开放的心态”、“尊重世界多元文化的多样性和差异性”、“关注人类面临的全球性挑战”是时代的要求。尽管学校是一所乡镇高中，但也非常重视国际理解教育，创造条件开展对外交流项目，把外方友好学校迎进来、把本校学生送出去，多角度观察世界；除英语之外，学校还开设了日语、西班牙语等小语种文化课，让学生深度体验多元文化，积极参与跨文化交流，以期把学生培养成为爱祖国、察世界的“中国人”。

三、如何培养学生的良好习惯

习惯是一个人在后天影响下，逐渐形成的一种自动化、下意识的思维方式、行为倾向和价值选择。② 对于高中生来说，良好习惯既需要学生个人努力养成，也需要学校创设良好的教育环境，更离不开教师的言传身教。甪直高中在教育工作中摸索出“养成教育”校本实践路径。

① 核心素养研究课题组：《中国学生发展核心素养》，《中国教育学刊》2016年第10期，第1—3页。

② 朱永新：《习惯养成是核心素养形成的行动路径——新教育实验推进“每月一事”的理论与实践》，《课程·教材·教法》2017年第1期，第4—15页。

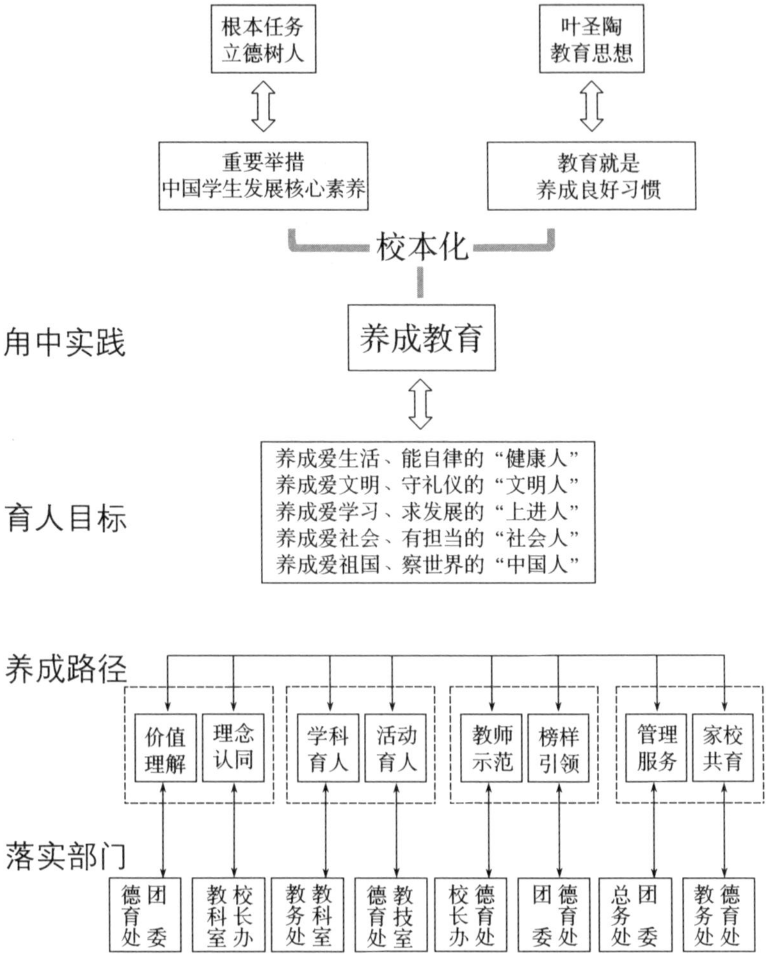

甪直高中“养成教育”校本实践路径

（一）注重价值理解与理念认同

价值理解是指学生理解良好习惯对人生存、成长、发展的价值。高中是基础教育的最后学段，学生逐渐成长为成年人，这一阶段是帮助学生养成良好的习惯、纠正不良习惯的关键期。高中生身体快速成长，自我意识显著增强，在心理和行为上都有明显的自主性，让这个年龄段的学生理解良好习惯的重要价值显得尤为重要。倘若学生认为一个好习惯对自己、对他人或对社会有益，他会积极养成；倘若学生意识到一个坏习惯于己于人都有不利影响，他便逐渐改正。比如在应对新冠疫情的背景下，学生逐渐养成了公共场所自觉戴口罩、打喷嚏时要掩面等好习惯；而校园里随地吐痰、乱丢垃圾等陋习也变少了。从新生到校报到，学校便抓住入学教育、军训、开学典礼等关键环节，组织学习《好习惯手册》、好习惯主题宣讲、学生交流好习惯等活动，让学生充分理解好习惯能让人受益终生，坏习惯必须尽快改变。学校把每年的9月定为“养成教育月”。

理念认同是指教师对学校办学理念的认同。一所学校的办学理念如果只是停留在书面上，办学思想如果只是停留在宣传上，缺少了教师的高度认同就不可能有教师的全面参与，办学理念也就无法落实到具体教育教学行动中。学校将“养成良好习惯”确立为校训后，重视校园文化建设。校园环境方面，学校围绕“叶圣陶教育思想”进行整体设计与建设；师资方面，学校重视组织教师学习叶圣陶教育思想。除学习《叶圣陶集》等著作外，学校还定期邀请省、市叶圣陶教育思想研究专家、叶圣陶先生后人、本地研究叶圣陶的学者来校讲学，力争让每一位教师把“教育就是养成良好习惯”的教育理念内化于心。重视对新教师的培养，每年组织新入职教师参观叶圣陶纪念馆，学习叶圣陶教育思想，撰写围绕“养成教育”的研修论文，让每位新教师尽快融入学校。学校帮助教师快速成长，教师推动学校不断发展，相融共生。

（二）注重学科育人与活动育人

2014年，《教育部关于全面深化课程改革落实立德树人根本任务的意见》特别强调：“统筹各学科，特别是德育、语文、历史、体育、艺术等学科，充分发挥人文学科的独特育人优势，进一步提升数学、科学、技术等课程的育人价值。”学科育人越来越受到重视。每门学科都有其独特的教育价值，这不只体现在学科知识和学科技能上，也体现在学科德育上。从习惯养成方面来说，不同学科对学生习惯养成发挥着不可替代的作用。例如语言类学科培养了学生听说读写的习惯，而数理科学类学科则培养了学生善于思考的习惯。具体来说，每门学科培养学生的学习习惯也各有侧重。比如同属理科的数学与化学在培养学生思维习惯方面也存在差异，数学强调演绎推理，而化学重视解释说明；前者注重动脑习惯的养成，后者不仅注重动脑习惯，而且注重动手习惯的养成。习惯养成不可能脱离教学主阵地，必须坚持在学科学习中养成良好习惯。学校以省、市课题研究为抓手，注重教学实验改革，注重学科育人，近年获得苏州市教育教学成果特等奖、一等奖。

在活动中帮助学生养成良好习惯是另一条重要途径。活动育人是学科育人的延伸，更是重要的补充。积极开展各项活动不仅能够解决单科教学不能完成的育人任务，还能提供跨学科学习机会。尽管高中学习时间非常紧张，学校依然十分重视各类学生活动的开展。学校以省级劳动教育课程基地、市级前瞻性教改实验项目为平台，开展各类学生活动，获“苏州市社团建设先进学校”等荣誉称号。学生科创类活动能有效弥补分科学习视角单一、知识割裂的缺陷，基于真实问题的解决方式不仅要求学生综合运用数学、科学、工程等知识，而且培养了学生动脑动手、多角度解决问题的良好习惯。再如学生辩论赛不仅推动学生去阅读与思考，而且培养学生关注前沿科学、关注社会等好习惯。学校选择的“转基因食品该不该推广”等辩题能很好地发展学生核心素养。

（三）注重教师示范与榜样引领

学生以老师为学习和模仿的对象，教师的言行举止对学生都产生着潜移默化的影响。这种影响不仅体现在知识的学习和积累上，而且能深入思想行为、处事态度、求知精神、思维方法等方面。要求学生养成良好习惯，教师必须带头示范。比如在仪容仪表方面，禁止学生穿奇装异服，学校教师首先自觉做到，从着装风格到发型饰物都高度符合职业身份，端庄大方、整洁得体。要求学生养成守时惜时的好习惯，学校教师也严格遵守着学校的作息时间安排。高中生学习时间长，老师的加班多，但学校的每间教室，从早读到晚自习都有班主任或任课老师在陪伴学生，学生不只是获得知识，提高了成绩，老师的工作态度和敬业精神也让学生终生难忘。每逢毕业季，总有学生与老师难舍难分，对母校依依不舍。

高中生所处的年龄段容易出现叛逆等现象，同伴引领作用有时比师长的教育更为奏效，因此，在学生中树立好的榜样非常重要。首先，学校在学生评优评先、入团推荐、奖学金发放等工作中，把习惯作为重要的考察指标；在班级常规考核评比中，把班级的集体习惯表现作为重要依据。让个人习惯好的同学、集体习惯好的班级成为全校学习的榜样。其次，在榜样宣传表彰方面，注重宣传途径的多元化，表彰形式的多样化。除了借助传统的橱窗张榜、电子屏显示公布，还利用学校广播站、校报等多渠道宣传，近几年更加注重校园网站、微信公众号等新媒介的运用。

（四）注重服务管理与家校共育

学生良好习惯的养成需要全面的引导和管理，教学区域是多数学校工作的重点，而教学区外往往容易被忽略。学校重视学生宿舍和食堂的管理，学生宿舍、食堂均为校总务处直接管理，坚持零利润服务师生，拒绝外包服务。学校拥有区域内领先的硬件，为学生养成良好的习惯提供了物质基础。比如学校装有电辅太阳能热水系统，生活区内 24 小时供应热水，这为学生养成良好的卫生习惯创造了条件。学校组织党员干部、青年教师轮流值班，与学生同吃同住，帮助学生养成按时就寝、文明就餐等良好习惯。每栋学生宿舍每天晚上都安排一位教师陪同宿舍管理员共同值班，晚自习后督促学生及时洗漱、按时就寝，早晨提醒学生按时起床、打扫卫生。食堂就餐，除了学校领导陪餐外，每餐都有教师指导学生按序排队、按需取餐。

学校积极搭建家委会等家校沟通平台，通过钉钉群等渠道与家长密切配合，力求形成合力，帮助学生养成良好习惯。比如寒暑假期间，学校借助苏州线上教育中心、吴中教育智慧云平台等网络资源指导学生的假期学习和生活，培养学生自主安排、自觉学习的好习惯。高中面临高考升学，无论家长还是学生都面临很大压力。学校邀请专家借助家长会、网络直播等途径与家长交流，缓解家长精神压力、提升家长共育能力，共同帮助学生养成好习惯、改掉坏习惯。高中生学习成绩分化明显，为避免部分同学因升学前景堪忧而出现厌学等不良习惯，学校积极发展多元育人模式，因材施教。学校整合校内外资源，为英语薄弱同学开设了日语、西班牙语等小语种选课；通过人才引进的方式特招信息学奥赛教练，帮助特长生专项发展；参与国际教育交流项目，积极拓宽学生升学渠道。在家长的理解和支持下，多元育人的模式提升了学生的学习兴趣、增强了学生的信心，帮助学生养成积极向上的好习惯、远离消极堕落的坏习惯。

耕读育人实践中小学生好习惯持续养成的策略研究[①]

■ 许蕴霞　邹怡莹　朱明荷

“好习惯持续养成”是“正确的价值取向、人生态度和行为方式”从“自觉实践，到自然行动，以至自然养成”[②] 的长期过程，也是“学生品格自我培育、锤炼和提升过程”[③]，需要学校、家庭和社会三者的协同参与。昆山市信义小学联通校园、田园、家园三大场域，整合学科与实践、课堂与课外、学校与家庭，融通以耕践行的劳动教育与以读悟心的素质教育，形成知行合一的耕读育人模式，围绕好习惯养成目标，立足情境熏陶、课程引领、日常实践、自然评价四个维度，开启了长周期的学生好习惯持续养成探索。

一、积极营造全系统的耕读情境

学校联通校园、田园、家园三大场域，从可视化的环境文化、互动性的关系文化和学生的反思性文化三方面建构起全系统的耕读情境，使学生在其中产生情感共鸣，实现潜移默化的熏陶与滋养，最终促进好习惯的持续养成。

（一）可视化环境文化建设

学校基于“耕读育人”理念，积极构建校园物态环境，建成耦耘堤、农耕长廊、锄禾馆、又满楼、澄美堂等信义十景，同时打造澄义班级农场、澄心园丁农场、一米亲子菜园、澄萃果园、澄青稻田五大实践基地。一花一叶、一草一木、一馆一廊、一堤一塘将在学生的成长过程中留下印记并发生作用，促进学生的审美素养在环境熏陶与浸染中自然生成。学生们耕作劳动，学会

---

① 本文系许蕴霞、朱小敏主持的江苏省教育科学“十三五”规划 2020 年度叶圣陶教育思想研究专项课题《指向品格提升的小学生好习惯养成实践探索》的研究成果之一。

② 任苏民：《叶圣陶“养成良好习惯”教育思想新探》，《人民教育》2020 年 Z3 期，第 54—58 页。

③ 朱小敏、吴雅雯：《小学生好习惯持续养成的体系化实践与创新》，《中国德育》2021 年第 23 期，第 61—64 页。

了垦地、播种、除草、插秧、收割等等技能，提高了劳动能力。每年油菜飘香、水稻压穗、满园收获之际，学生吟咏诗篇、挥毫作画、泼洒文墨，接受艺术熏陶的同时，审美创造力得到进一步的发展。

（二）互动性关系文化建设

教室既是学生的日常学习空间，也是班级的公共空间。这一重要空间的文化环境应尽可能保证学生成长的延续、天性的表达，满足学习的需要。一面微笑墙或者一张晴雨表，将学生的照片、学习状况展示在墙上。它一定会成为学生驻足停留的网红之地。设置一面涂鸦墙，学生可以根据好习惯主题任意发挥，这是教育的痕迹也是学生成长的印记。当然还有个性化储物空间、个人风采展示、奖惩比拼树，甚至每日清晨的一声问候，一个温暖的拥抱，都在营造良性的互动空间，从而引导学生树立正确的价值观，持续推进好习惯的养成。

（三）自省性反思文化营造

学校注重环境美育，营造好习惯培养的环境氛围，追求“润物细无声”的教育境界。每天的晨诵午读暮省，学生在书海中徜徉，自省于心，内化于行。结合不同的主题月活动，学校适时更换课间操以及课间铃声，午读时间配以轻音乐，在动静结合的视听之间，营造一种躬身自省的文化氛围。同时，学校充分利用微信公众号等融媒体宣传平台，发布学生的优秀习作、精彩活动表现，展示学生风采，在榜样引领示范下，唤醒学生内在的上进心，潜移默化地引导学生养成好习惯。

二、动态建设全覆盖的课程体系

学生是“有生机的种子，本身具有萌发生长的机能，只要给以适宜的培育和护理，就能自然而然地长成佳谷、美蔬、好树、好花”①。好习惯的持续养成需要唤醒学生的内在感知，体认好习惯的价值，从而成为行为的内在信念，在持之以恒中不断强化。学校多维度、全方位地开发了覆盖低、中、高三个学段的心育课程、农耕课程，同时注重学科融合，促进学生好习惯的持续养成。

（一）心育课程，涵养好习惯

“小敏校长讲习惯”和“班级节气微课堂”是学校心育课程的两大品牌。“小敏校长讲习惯”传播正确的价值观和行为方式，各年级学生共同观看视

① 杜草甬、商金林编：《叶圣陶教育文集》，河南教育出版社1990年版，第331页。

频，形成对好习惯的价值认同。“班级节气微课堂”是学生自我教育的重要途径，以“二十四节气”为主线，各班选取相应节气介绍任务，学生围绕主题，搜集资料，从节气由来与物候、节气农事活动、节气习俗、节气美食和节气文学等方面完整地介绍节气。

学生在课程实践过程中产生对历史、文学、科学的兴趣，逐步形成探索好习惯，并在传统文化之美的熏染中树立审美好习惯。

（二）农耕课程，滋养好习惯

学校依照四季时序，遵循节气轮回，开发了长周期大单元的生产劳动课程，包括一、二年级的种子课程，三、四年级的油菜课程以及五、六年级的水稻课程，使学生在亲身劳动中与自然建立情感的联系，探究生命的奥秘，养成好学善思、勤劳创造的好习惯。以中年级的油菜课程为例，学生跟随一粒油菜籽的探险，亲历育苗、移栽、观察、收割、榨油的全过程，形成真实的价值体悟，也在出力出汗的劳动中明晰了勤劳“五要”意识：我要亲手实践、我要不怕辛苦，我要直面困难，我要坚持不懈，我要善于创造，最终形成良好的劳动好习惯。

（三）学科融合，生成好习惯

好习惯的持续养成需要逐步积累，循序渐进。学校立足学科，从学生实际出发，围绕特定的主题，开发出有层次、递进性的课程内容。在培养阅读好习惯的实践中，学校开发了全学科阅读课程，具体分为语文学科的整本书阅读、数学学科的应用性阅读、英语学科的创造性阅读、艺术学科的审美性阅读，设置了低中高年级螺旋上升的序列，如语文学科从低年级的朗诵比赛，到中年级的阅读 PK 赛，再到高年级的创意绘本展层层递进，在一次次趣味互动中阅读好习惯逐步深化、积累起来。

三、有效开创全方位的系列活动

涂尔干在《道德教育》中提及的：“我们不能如此僵硬地把道德教育范围局限于教室中的课时：它不是某时某刻的事情，而是每时每刻的事情。我们必须把道德教育融合在整个学校生活之中，就像道德本身卷入集体生活的整张网中一样。”① 好习惯的持续养成需要长期坚持，需要融入学生的生活常态之中，因此学校的德育活动立足学生生活特点，从日、周、月三个维度，融入家庭、社区、社会的力量，建构了丰富多彩的活动。

① 涂尔干：《道德教育》，上海人民出版社 2006 年版。

(一) 融入日常活动养成好习惯

学校着重在日常活动中培养学生的规则意识，促进其形成良好的学习习惯。以有序的好习惯为例，确定具体化的目标和学生运用的实际场景，并为教师和家庭提供了观测点。一年级新生入学最重要的就是有序好习惯的训练，学校设计为期一周的幼小衔接课程，基于学生的作息时间进行了全方位的学习与适应，一步一步渗透有序的要点，让学生喜欢整洁的生活环境和有节律的作息时间。辅以教室环境的有序标志装饰，班级榜样的打卡展示和“家庭有序小达人”的评选，使学生获得对有序好习惯的价值认同，将之逐步融入自己的生活中。有序的习惯要点随着年级的升高呈现螺旋上升的态势，学校探索无处不在的运用场景，研发相应的观测点，将日常教育与价值观念的体认相联系，在学生行为的波动期反复强化，促进学生习惯常态化与稳定化。

(二) 立足主题活动养成好习惯

好习惯的持续养成范式为一个月聚焦一个习惯养成主题，从主题要求、主题发布、主题阅读、主题课程、主题展示五个方面进行顶层设计，全面助推学生好习惯的持续养成。学校将学生健康好习惯培养落实于每年 11 月，伴随着“小敏校长讲习惯”的微课播放和校园中随处可见的健康宣传 logo，学生从内心深处认可健康好习惯的重要价值。每日午读时间阅读推荐的心理健康专题书籍，每周红领巾电视台播放健康教育月专属栏目——卫生小课堂，加上本月专属的心理团辅课程和带有丰收意味的趣味运动会共同构成了独具特色的主题月活动。这样的健康习惯养成还将扩展到校外，跳绳打卡、卫生知识竞赛等线上活动，网络平台的及时展示，更让他们在伙伴的示范和引领中内省，在他人的鼓励和肯定中坚持。健康好习惯就这样在学生的体验、经历、实践中内化于心，外化于行，逐步融入学生的生命之中，形成自觉。

(三) 推进协同活动养成好习惯

学校在活动开发中重视多方合作、多方协调，形成了校园、家园和社会联动的协同育人体系。5 月是劳动教育月，疫情封控形势严峻的现状迫使学校开展“线上线下”劳动教育月活动。教师录制线上劳动教育视频微课，邀请竹艺工作者讲解竹文化和竹编，推行家庭劳动教育“四个一”实践活动，开展线上“劳动主题”的主题演讲和“采访家庭劳动模范”主题征文，学生在家长的指导下制定劳动计划，和同伴分享劳动妙招，坚持了长期的劳动实践。通过有品格意义的日常生活关照，劳动的价值观就在家长和学生的心间流淌，劳动的好习惯也就在全员育人中持续养成。

四、动态整合全维度的评价指南

好习惯的养成是一个持续的过程，我们不能简单地以行为的单次表现作为衡量学生好习惯养成的唯一标准，关注学生平时的表现评价和过程性评价，依据学生年龄特征和好习惯要点，制订循序渐进的评价目标，邀请家长、学生进行评价，根据不同的习惯特点选择多样的评价方法，充分发挥评价的反馈改进作用。

（一）确定常态化的评价指标

学校从行为表达、时间表现、范围表现、稳定表现四个维度入手设计了四级指标的行为评估体系，关注学生能否形成行为表达、能否在不同的时间表现、在不同的地点场合运用和是否形成了稳定的习惯。在习惯养成的不同关键期及时反馈，第一阶段为习惯养成的强化期，即第一周至第二周，教师或家长每周进行三次以上的反馈，引导学生改变，规范学生行为；第二阶段为习惯养成的波动期，即第三周至第五周，反馈次数减少为每周一次，但不固定反馈的具体时间，在学生变化的时期进行突击反馈；第三阶段为行为的稳定期，即第六周后，根据学生实际状况进行有针对性的反馈。每个月的主题习惯都有一张行为评估体系表作为全面性评价，根据年级的不同，渐次提高要求，形成螺旋上升的评价指南，等到学生毕业后装订成册，装入成长档案袋。

表 1　专注好习惯四级指标的行为评估体系

观测方	观测行为	反馈时间及结果												结论：（是否稳定）
学校观测	1. 课堂上要注视老师或同学的眼睛，用眼睛回应“我在听”													
	2. 倾听别人发言时，用心记住别人说话的重点													
	3. 我们要以微笑、点头，表示感兴趣或赞同													
	4. 倾听或者游戏时根据手势的要求做出相应的动作													

（续表）

观测方	观测行为	反馈时间及结果												结论：（是否稳定）
家庭观测	1. 在倾听时看着爸爸妈妈的眼睛，不东张西望													
	2. 我们要仔细听爸爸妈妈说话，不受其他声音的影响													
	3. 我们要对爸爸妈妈的说话内容做出相应的面部表情：微笑、疑惑、难过……													

（二）吸纳多元化的评价主体

好习惯的养成并非一蹴而就，需要同伴的引领与家长的督促。习惯评价也需要发挥教师、家长和学生等多元主体力量，学校以线上线下结合的方式形成了全员性的评价模式。细化线下常规评价，红领巾监督岗定时定点巡视、记录，周周进行流动红旗的评比。同时邀请专家和家委会代表进校随机走班，观察学生表现，定格下学生的好习惯，利用线上平台进行展示。学校构建更具影响力的“互联网+”评价模式，及时表彰优秀学生，带动更多的学生、家长、社会各界人士关注学校的好习惯培养，展现学生好习惯的榜样，引导学生正确的价值观行为，促进习惯的自觉养成。

（三）选择多样化的评价方法

习惯养成的评价是为了让学生了解自己的行为表现，正确对待问题并能自己提出改进策略，以表现性评价为主，如习惯打卡清单、成长档案袋等。习惯打卡清单明确好习惯养成的“底线要求”，将在行为评估体系和全员关注中坚定落实。成长档案袋则如实记录学生参与各类课程、活动的关键事件，突出学生的成果、体悟、感受等，如在《稻田里的耕耘》课程中，我们建立“耕读”体验档案袋，记录农耕成就，探索了有利于学生好习惯稳定形成的跟踪式评价机制。

当今时代，核心素养导向的教育改革正在如火如荼地进行着。学校将继续坚持“立德树人”的根本任务，呼应教育改革的趋势，基于“耕读育人”的校本实践，将“好习惯持续养成”教育贯穿于不同学段，设计有梯度的教育内容，引导学生感知价值，将其持之以恒地内化于日常行为之中。通过师生长期的反馈互动强化，学生提升、锤炼并形成良好品格，最终成长为有理想、有本领、有担当的新时代少年。

以“养成良好习惯”教育思想引领幼儿园绿色发展[①]

■ 冯义芳

“养成良好习惯”，实质上就是“本于生命自然，走向人化自然”的“绿色教育”。多年来，我们以叶圣陶“养成良好习惯”教育思想引领幼儿园绿色发展，顺应幼儿生命成长需要和规律，致力于挖掘和创设园所内外自然与人文交织的生态育人环境，引导和帮助幼儿在其中“自由、自主、创造、愉悦”地生活、游戏、学习、劳动和交往，从而逐步使幼儿养成良好习惯，实现健康成长。并且在此过程中，形成了较为系统、完整的旨在“养成良好习惯”的园本绿色课程，办园质量不断提高。

一、创设自由自然环境，以参与原则促儿童健康习惯养成

“教育必须顺应儿童的天性，创设自由而良好的活动环境，精心保护和培植他们心灵中的创新萌芽。”[②]《叶圣陶集》中提到“体育方面，要养成保持健康和促进健康的良好习惯”。生态思维中的参与原则是在促进儿童与自然建立关系的教育实践中，要重视并尊重儿童在参与自然教育决策时的话语权。如何让儿童养成健康习惯？大自然与游戏是解决这一难题的良方。走近大自然，儿童尽情地跑跳游玩，总能玩嗨到满头大汗。对照《3—6岁儿童学习与发展指南》，儿童全面健康发展，要在走、跑、跳、投掷、平衡、钻爬多方面均衡得到培养。我们利用大自然设置自由、自然的情境，让孩子每天在户外得到全面的锻炼。孩子在自然、开放、多样的自然环境中，打破班级界限，自主选择游戏材料，合作搭建层次多样、情境有趣的游戏场地：平衡区、跨跳区、钻爬区、投掷区、骑行区……孩子在户外共同创设体育活动的情境、

---

① 本文系江苏省教育科学“十三五”规划2018年度叶圣陶教育思想研究专项课题《绿色发展新理念下旨在“养成良好习惯”的幼儿园绿色课程构建》的研究成果。

② 任苏民：《试论叶圣陶教育思想里的“中国教育学”》，《中国教育科学》2020年第5期。

内容，大胆探索、勇于挑战，锻炼了走、跑、跳、投掷、平衡、钻爬能力，成为游戏的主人。

户外操场上，大自然中的开放性材料，充分满足《指南》指出的适合幼儿年龄特点的走、跑、跳、攀登、钻爬、投掷、平衡等多方面的需求，支持了幼儿运动技能的发展。如：绿草茵茵的小山坡上设置了山洞进行钻爬，大树边的树屋钻笼进行攀爬，弯弯曲曲的小路可以进行骑车平衡活动，小树林里进行跑跳摘果子活动，大树下用废旧轮胎加绳子梯子进行攀登活动，冬天干枯的小池塘进行投掷活动，有水的小池塘进行跨跳、玩冰活动……

大自然的活动中，根据幼儿的兴趣与不同的材料进行结合，提高动作发展的趣味性，进一步提升幼儿爱运动、会运动的能力。例如户外小山坡游戏区材料投放了竹梯、平衡木板、背篓、沙包、拱桥、五彩圈、障碍、小拖车，结合小班幼儿以具体形象思维为主、喜欢模仿的特点，创设“小刺猬要过冬”的情境，通过小刺猬做运动、小刺猬练本领、小刺猬搬果子等好玩的游戏，让幼儿在自由、宽松、愉快的环境中玩耍、尝试、探索、交流，从而掌握弯腰钻和手膝着地爬行的动作要领，提高身体动作的协调性，健康习惯在说说做做中自然养成。

二、注重事实愤悱启发，以倾听原则让儿童生活习惯养成

叶圣陶指出，“儿童的天性本是注重事实的，欢喜自己去做的”。[①]“愤悱启发是一条规律；好比扶孩子走路，能放手时坚决放手是一条规律”[②]，这是叶圣陶先生常说的一句话，我们要把倾听看作是一种“欢迎”的形式，欢迎儿童表达自己自然体验中的所思所想。比如：一群孩子在小山坡上东挖西挖。倾听一下孩子的理由：“小山坡的草下有一些石块，让小山坡不舒服生病了，小朋友踩到石块会不安全。”于是改造小山坡的活动开始了，重视儿童对可持续性问题的想法，这种倾听可以引导行动。

置身大自然，感受自然界的奇妙变化，在一日生活中学会生活，倾听孩子，才能找到最好的：“我们在班级里假的玩玩呀”“这个面条要假吃吃”“这个假装理理发就可以了”……这些儿童间的谈话抨击心灵，直抵人心，我们精心准备的游戏场景是培育作假的习惯？于是，在倾听孩子心声后，我们注重真实生活，带孩子走进大自然，感受大自然，让孩子自己来营造生活场

① 叶至善、叶至美、叶至诚编：《叶圣陶集》(第11卷)，江苏教育出版社2004版，第17页。

② 杜草甬、商金林：《叶圣陶教育文集》，河南教育出版社1990年版，第40、359页。

景……孩子自己做吃的、用的，全是大自然的开放性材料、低结构材料来营造生活场景，挖掘了孩子对大自然无尽的喜欢：春有百花泡茶做香包，草地上撒欢；秋天有桂花美食；冬天用芦秆树枝做帐篷，为动物搭过冬屋子，用绳子为果树绑保暖的衣服；夏天摘葡萄、枇杷吃，在大树下游戏……只有让孩子做主，以问题导向才能让其自然地担起生活责任，激发思考，学会生活。

当我们倾听孩子的心声，追随儿童，发生了件有趣的事——“让菜儿去旅行”：“我奶奶家就有种韭菜，种得可好了，它们天天都能晒到太阳，我们也应该让韭菜晒到太阳。”“我们得把蔬菜种到别的有太阳的地方去。”……那如何将植物们运输过去呢？“用我们的滑板试一试吧。”“滑板太小啦，放不下这么多的泡沫箱。”“我想到了，我们可以像平时抬床那样，把种了菜的泡沫箱放在运床的滑板车上，把菜苗们运过去。”孩子把种在泡沫箱里的菜放上土装上滑板车，运到有太阳的地方，让种的菜去旅游晒太阳，看着绿油油的青菜、大蒜等一天天长大，孩子一边记录温度一边测量菜的长势，天冷每天放学前要盖上薄膜，一来上学就关心着让菜儿晒晒太阳，乐在其中……整理活动用具、关心周围环境卫生、了解不同食物有不同营养等良好生活习惯也在潜移默化中养成。“大自然是活教材”，让孩子亲近自然，是符合幼儿身心发展特点的，更能养成自理、清洁、饮食、休息的良好生活习惯，回归自然已成发展趋势。

三、发现问题解决问题，以关爱原则助儿童学习习惯养成

叶老说“学生的主观能动性不断发展，将会达到这样一个境界：在事事物物中，随时随地地能够发现问题并解决问题。”① “探索自然是培养能力的一个方法，这些能力对全世界的科学家、研究者、工程师都非常重要，也是他们经常使用的。这些基本能力包括观察、描述、分类、调查现象、提出问题、预测结果、得出结论、说明成果等。”② 在自然教育中，关爱原则强调相互依赖关系，反映的是一种“守护”自然的概念，对自然关爱的责任感。如孩子发现小山坡上的新冒出来的小花感到很新奇，会喊同伴一起来观察它，而不破坏它。爱会激发人去学习，使得人所爱的事物同人的精神心理密切相联系。

① 叶至善、叶至美、叶至诚编：《叶圣陶集》(第11卷)，江苏教育出版社1991版，第244页。

② 帕蒂·博恩·塞利著，肖凤秋等译：《儿童自然体验活动指南》，教育科学出版社2017年版，第22页。

通过发放的600份问卷，我们了解并统计到家长在幼儿学习习惯培养方面的530个困惑和期待。由图1可知，家长对于幼儿学习习惯培养方面的困惑和期待主要表现在对幼儿在专注、耐心、注意力、时间意识、能力、自觉性、自律、持之以恒、努力、动手能力、小动作改善、兴趣、坐不住、情绪、独立自主、散漫、依赖性、自卑等方面。

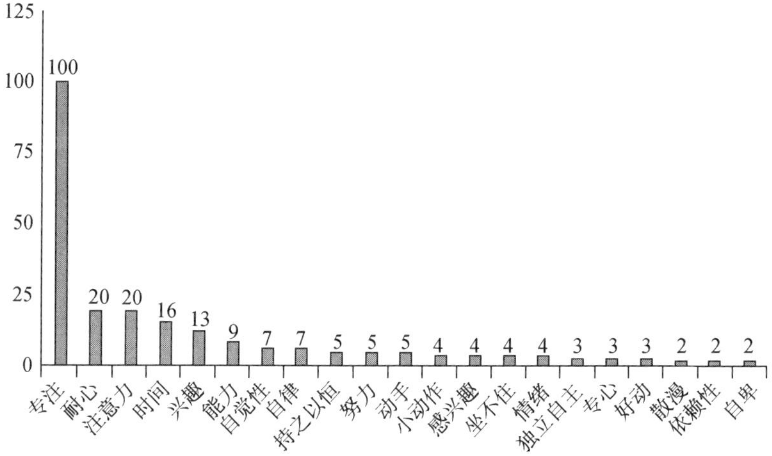

图1　幼儿在家学习习惯培养的关键词

“大自然是一本书，是思维的摇篮，它具有一种奇怪的特性：儿童发现得越多，因思维获得的快乐感越强，他们就会感到未知的越多，因而提出更多的问题。”重视引导幼儿在直接感知、实际操作、亲身体验的问题导向过程中实现对知识意义的追求，帮助幼儿形成受益终身的探究自觉，通过大自然开放性的教育环境，从空间、时间、材料、人际关系等多个方面着手，架构与幼儿深度学习的联结，挖掘其教育价值，探究支持幼儿深度学习的相关策略，从而提高幼儿解决问题的能力，提升学习品质。

挑战困难、解决问题的能力很重要，我们以初级困难、中级困难、高级困难的“三步五段”赋能模式，逐步提高他们解决问题的能力，真正从提升核心素养的视角着眼、赋能，让孩子养成良好的学习习惯。

第一阶段：面对困难，维持注意。注重把困难交给幼儿，激发挑战，以此引发和维持孩子们的“注意”。

第二阶段：相关讨论，挑战困难。注重顺应孩子们喜爱游戏和挑战好胜的天性和需求，在“倾听讨论”梳理中，让孩子在主动思考、分析中，选择自己喜欢的方式挑战困难。

第三阶段：渐进体验，解决问题。注重让孩子勇敢参与活动，拆分步骤，以渐进方法充分经历和体验小困难到大困难的过程，支持其最终能解决困难，实现目标。

第四阶段：同伴激励，增强信心。注重用“同伴赞扬”的方法给予赏识激励——维持和增强孩子战胜困难的信心。对孩子阶段性进步慷慨肯定，使孩子们情绪高涨，兴趣稳定，信心十足。

第五阶段：能者为师，获得满足。注重组织孩子们展示能力，在活动中解决问题并获得的成功，体验成功感。用趣味性合作游戏与比赛活动增加难度，进一步让孩子获得满足感，具有后续挑战性。

对自然的责任感支撑着幼儿良好学习习惯的养成。孩子参加各种游戏，如：在户外涂鸦区的树桩涂色、小树林挂饰手工、轮胎涂鸦、围墙涂鸦、破旧桌椅涂鸦、扎染、造纸上色、保鲜膜绘画、自然写生等会接触丰富的自然物材料，孩子在与材料的互动中养成习惯。

四、举一反三终身以之，以希望原则助儿童做人习惯养成

叶圣陶重视“做人的教育”，强调德育的重要性。在他的教育思想中把以德育人、引导学生自觉“做人”，做现代中国合格公民和社会主义建设人才，作为教育的核心价值和根本任务。论及做人，叶圣陶先生指出：“要做对社会主义建设有用的公民。”① 他强调德育是“养成待人接物和对待工作的良好习惯”。“所有做人的必需的东西非常之多，教不尽的，各种教育机构只能取其重要的，作为例子来教……教了一，同时要引导来学的人能够反三”②。“必得把某些精要的东西化为自身的血肉，养成永久的习惯，终身以之，永远实践，这才对于做人真有用处”③。

希望原则是使幼儿满怀信心面对周围的问题，展望未来的美好。永远充满希望，感恩生命，乐观地面对一切。我们的快乐可以来自大自然的美景、来自别人的赞美、帮助，来自自己给予他人的成就感。向大自然学习做人的一些准则，如枇杷树在冬天叶落枝枯春天长出希望之芽，小草花在被踩踏入泥后又冒出新的希望，给予孩子希望很重要，未来能把日益严重的青春期抑

① 叶至善、叶至美、叶至诚编：《叶圣陶集》(第11卷)，江苏教育出版社1991版，第282页。

② 叶至善、叶至美、叶至诚编：《叶圣陶集》(第11卷)，江苏教育出版社1991版，第294页。

③ 叶至善、叶至美、叶至诚编：《叶圣陶集》(第11卷)，江苏教育出版社1991版，第293页。

郁扼杀在摇篮里，能激励孩子直面问题、乐观向上、改变现状，学会做人。

自然中每一种生命都有自身的价值，都值得珍惜。对每一种生命的毁灭性伤害最终将通过生态链伤及其他生命，甚至伤及人类。共生才能共长，从某种意义上说，我们与大自然是命运共同体，合作、与人为善是大自然给孩子最好的做人启示。例如：儿童对生活自理这块内容举一反三，满怀自信、快乐地为他人分发餐盘、收发玩具、整理书籍、摆放小椅子等，这就是做人习惯中的学会服务，终身以之。儿童长大了要服务于社会，不能自私自利，必须培养儿童的服务精神，引导儿童帮助别人，肯为他人服务。

五、和谐共生持续发展，以生态原则促儿童劳动习惯养成

叶圣陶先生提出“养成勤劳操作的习惯”。人类是会劳动、会思考、会创造的高级生命，人类对生态保护负有重要的责任。从一定意义上说，世界的未来取决于人类对自己行为的约束程度。如探索大自然的纪录片《地球四季》，述说、呼喊着人与自然间和谐的美好与重要性，鸟儿在鸣唱，蝴蝶在飞舞，用美去触动心灵，从而唤起人们保护地球的责任感，去深思人与自然的关系。看大自然中生活的动物们，在生存领地中肆意奔跑、嬉戏，学习磨炼着生存的技能，感受到世界的温暖，一起领略世界的繁华美景，了解和理解各种生命的价值和相互关系。大自然中生命主动、积极地生长，在孩子心中种下善意的种子，我们有理由也有义务和责任，珍惜它，呵护它，维系它，延续它。唯有这样，人与自然的和谐共生，才不再会是梦，大自然让儿童学会善良，学会劳动。

针对儿童年龄特点和个性差异开展洗碗、扫地、整理等力所能及的家务活动，帮助父母长辈整理物品，看到有需要整理的主动劳动。劳动能帮助孩子了解动植物生长的过程，掌握简单种植、饲养的一般方法。例如大班劳动习惯四级目标：知道动物生活习性和生活习惯，并给予适当的照顾。孩子们在幼儿园养鹦鹉、照顾小兔子，兔妈妈生了14只兔宝宝，孩子们在认养与照顾中知道了兔妈妈会打地洞、拔自己的毛铺好温暖的窝，清理兔子粪便时知道要戴一次性手套，或加隔尿垫，放点活性炭除臭。又如《保护大运河》中的“我送螺蛳回家”活动，孩子们把鱼苗和螺蛳轻轻地放下去，期待着螺蛳会把大运河里的垃圾吃光，河里的小鱼能长成一条条大鱼，吃掉水中的藻类，净化母亲河的水质，改善母亲河的生态环境。

生态的可持续发展，取决于人的可持续发展。让儿童用适宜其身心的方式，在自然中、行动中、生活中学习，是促进可持续发展的重要途径。让可

持续发展一代代延续，促进世界的可持续发展。儿童在自然中成长，热爱自然的健康儿童是可持续发展的，是充满创造欲望的，大自然是充满自由的，所以儿童在其中的创造力是无限的，面对任何挫折，我们心怀希望，遇到任何困难，我们想法解决。“养成良好习惯”教育思想是可持续发展的教育。

我与“教科研”的情缘

■ 邹文珍

1987 年 7 月，我毕业于江苏省新苏师范普师专业，同年 8 月，分配到吴县甪直中心小学（2002 年 12 月更名为苏州叶圣陶实验小学）任教，从事低年级语文、班主任等教育教学工作。作为一名新老师，学校开展了校史教育，但因为刚刚走上工作岗位，虽经过师范学习，但理论化为实践，还是有不小的差距，需要学习的很多，所以对学校的办学历史也没有多往心里去。

1990 年 9 月，学校突然忙起来了，因为要承办全国叶圣陶研究会年会！为此，学校重新修建了校史室，安排青年教师进行校史介绍，我才真正意义上对学校的历史有了进一步的了解，也梳理清了叶圣陶先生与我们学校的渊源，在实践叶圣陶教育思想的过程中，我不断成长并与教科研建立了深厚的感情。

一、邂　逅

1988 年 2 月，叶圣陶先生辞世，他对甪直充满感情，把甪直称作“第二故乡”。1988 年 12 月，先生骨灰安葬在他曾经工作的校园里。1989 年 10 月，叶圣陶纪念馆在甪直开馆。为了更好地纪念叶圣陶先生，传承先生的精神，民进中央牵头成立了叶圣陶研究会。

1991 年 4 月 22—24 日，叶圣陶研究会第一次年会在苏州召开，我校承担了 4 月 24 日现场教学研讨活动。我有幸作为青年教师代表，承担了一节语文公开课的任务。著名语言学家、叶圣陶研究会会长张志公先生带队来学校听课，了解学校实践叶圣陶教育思想的具体做法。对于当时仅有三年教龄的我，学校还是有所担心的，没有把叶研会会长张志公先生安排在我的公开教学现场。然而面对我班作为迎宾小主人的高琛同学的热情相邀，以及孩子“爷爷，爷爷，听我的课”的热情呼唤，张志公先生乐呵呵地走进了我的教室，并坐在高琛小朋友的旁边，开始了随堂听课。课后，张志公先生走上讲台，充分肯定了我的课堂教学设计与教学实施，也肯定了孩子们良好的行为习惯和学习习惯，他高兴地说：“不愧是叶圣陶先生曾经工作过的地方。”还把组委会献给他的花转送给我，课后邀请我合影留念。我深知那是张老对青年教师的厚爱和鼓励，也是激励我踏实走好每一步的动力。此后，我成了学校“九五”课题研究组的一员，一起参与学生养成教育研究方面的实践研究。就这样，我与教科研“邂逅”了。

二、结　缘

我与教科研的“结缘”是担任副校长后分管教科研工作，也兼任了一段时间的教科室主任。教育科研有工作的规范和要求，讲究操作的规范和研究的科学，通过上岗培训，理论考核，虽然还是在摸索过程中，但也算是“持证上岗”了。我自知创新性不强，但做事比较扎实，于是秉承“要做，就要做好”的原则，我开始了教科研的探索：

我们“九五”期间确立的课题“叶圣陶‘两善三育’教育思想实践研究”，是苏州市重点课题。课题中的“两善三育”提法源自叶圣陶先生离开甪直55年后再次踏上第二故乡这片热土时给我校的题词：两善即“善教善导”，三育即“德智体”诸育，通过老师的善教善导，促进同学们的全面发展。该课题的研究重在发掘叶圣陶先生的“两善三育”理论，统领教育全过程。在主课题下设立的子课题“养成教育的研究”“自主学习课堂教学模式的研究”“学生特长兴趣培养”，均收到良好效果。结题报告发表于苏州市《教育科研信息》，并获苏州市教科研成果二等奖。20万字的专著《善教善导育新葩》作为“中国特色学校丛书”之一独立成卷，2002年由中央文献出版社出版。我们研究时还发现，叶圣陶先生所倡导的“善教善导，三育并进”不正是新课程所提出的“以教师为主导，以学生为主体”的具体实施方法吗？于是，我们把“善教善导，主动发展”作为学校的校训让全体师生努力践行。

“十五”期间，我校的主课题“以叶圣陶教育思想为指导，培养小学生创新能力实践研究”被列为全国教育科学“十五”规划重点课题“叶圣陶教育思想的文化底蕴和当代价值”的重点子课题。实施之际，恰逢新中国成立以来第八次基础教育改革如火如荼在全国顺利推进的大好时机，为将课题研究开展得扎实有效，我们举办了“青年教师读书班”，组织骨干教师一方面反复通读《叶圣陶教育文集》五卷本，选摘叶圣陶先生有关创新教育的论述，汇编成《叶圣陶教育论语》；另一方面通览各科的新课程标准，将各科的课程性质、基本理念选摘出来，附上新课程标准的应知应会题，汇编成《新课程，新理念》，提供给每位教师学习，为课题研究的实施做好理论上的准备。同时，我们注重让课题走进课堂，将科研和教研紧密结合。教科室和教导处合署办公，各年级科研负责人兼任教研组长，使各年级、各学科、各条线都开展实践研究活动，真正做到人人参与教育研究，个个体验科研成果，共同享受教育成功。30 万字的研究成果集《传承创新求发展》，由江苏人民出版社正式出版，并获苏州市教科研成果一等奖。学校被评为“苏州市教育科研先进集体”。《人民教育》《江苏教育》均对我校传承、实践叶老教育思想的办学特色作了相关报道。

三、钟 情

通过两轮的课题研究，一方面我们对叶圣陶教育思想有了比较全面、深入的了解，另一方面通过参与研究，走出去，请进来，一次次的培训、研修，学校培养了一批批青年教师，特色日趋明显，让我们尝到了教育科研“甜津津”的味道。我也从前任张洪鸣校长手里接过接力棒，继续走在“科研兴校”的光明大道上。

学校规模不断扩大，送走了一批批学生，迎来了一批批新的老师，如何让叶圣陶教育思想的精髓更展现出与时俱进的魅力？于是我们又确立了“实践叶圣陶教育思想，培养小学生良好的学习习惯”的学校主课题，继续深入开发叶圣陶教育思想宝库，深化对叶圣陶教育思想价值的认识，将叶圣陶先生的养成教育观、素质教育思想、新课程理念和我们学校的教育实际相结合，探索新形势下养成学生良好习惯的途径和方法。着重训练学生通过“识字、写字、阅读、作文、计算”等学科教学和实践活动，培养各方面的良好习惯。正如叶圣陶先生曾说的：“教育是什么？往简单方面说，只须一句话，就是养成良好的习惯。”

有了这一校级研究的基础，我们申报的“十二五”课题“构建小学生自主学习梯次型、多类型框架的研究”，是苏州市教育科学“十二五”规划 2011 年度重点课题，后又获批为江苏省教育科学“十二五”规划 2013 立项课题。该课题研究历时五年，于 2016 年 9 月顺利结题。申报这一课题的初衷是构建适合农村小学生的“教是为了不教”梯次升级教学模式，让学生在教师的善教善导下学会学习方法主动发展，在梯次升级的过程中掌握自学方法，增强自学能力，从而“不待老师教”主动学习，往“教为不教”的目标迈进。在课题研究过程中，我们初步构建了“教是为了不教”梯次升级教学模式的“四级标准三保障”体系。《构建适应农村小学生“教是为了不教”的教学模式》被评为苏州市“教是为了不教”教育教学改革试验成果一等奖。在课题实践研究中，我对教科研越来越重视，课题研究也让叶圣陶教育思想愈发深入人心，我将叶圣陶教育思想渗透课堂，用叶圣陶教育思想培育新人。学校的办学特色日渐凸显，我们的老师，播撒的智慧和汗水换来了喜悦的果实，尝到了教育科研带来的美好成果，专业发展也得到了同步提升。

如今，我钟情于在学校引领教师投身教育科研，确立各自的研究课题，开展微型课题研究，更钟情于为老师们创造各种培训机会，带头参加培训、研修，为他们搭设成长舞台，提供成功机会，让教育科研助老师成长！与时俱进传承实践叶圣陶教育思想对于我们学校来说，是义不容辞的责任，也是我们得天独厚的资源，所以“十三五”期间学校继续围绕叶圣陶教育思想申报了省级专项课题“小学生良好学习习惯的进阶式研究”，经过四年的研究，顺利结题。因为我深知学校要发展提升，教育科研是必经之路！“十四五”，我们的课题“基于叶圣陶教育思想的生生课堂建设”已经走在研究的路上，扬帆前行……

2022 年 9 月

怀念叶圣陶

叶圣陶研究年刊

我和商务印书馆

■ 叶圣陶

如果有人问起我的职业，我就告诉他：我当过教员，又当过编辑，当编辑的年月比当教员多得多。现在眼睛坏了，连笔画也分辨不清了，有时候免不了还要改一些短稿，自己没法看，只能听别人念。

做编辑工作是进了商务印书馆才学的。记得第一次校对，我把校样读了一遍，不曾对原稿，校样上漏了一大段，我竟没有发现。一位专职校对看出来了，他用红笔在校样上批了几个字退回给我，弄得我很不好意思。我才知道编辑不好当，丝毫马虎不得，必须认认真真一边干一边学。

我进商务是 1923 年春天，朱经农先生介绍的。朱先生当时在编辑所当国文部和史地部的主任。我在国文部，跟顾颉刚兄一同编《新学制中学国文课本》。这套课本的第一册是另外几位编的，其中有周予同兄。我参与了那时候颁发的“新学制中学国文课程标准”的拟定工作。

1927 年 6 月，郑振铎兄去欧洲游历，我代他编《小说月报》，跟徐调孚兄合作。除了大型的综合性的《东方杂志》人比较多，有十好几位，其余的每种杂志只有四位。《小说月报》除了调孚兄和我，还有两位管杂务的先生。他们偶尔也看看校样，但是不能让人放心。

那时正是大革命之后，时代的激荡当然会在文学的领域里反映出来。那两年里，《小说月报》上出现了许多有新意的作品，也出现了许多新的名字，最惹人注意的是茅盾、巴金和丁玲。当时大家不知道茅盾就是沈雁冰兄。他过去不写小说，只介绍国外的作品和理论。巴金和丁玲两位都不相识，是以后才见面的。

等振铎兄从欧洲回来，休息了一些日子，我就把《小说月报》的工作交回给他，回到国文部编《学生国学丛书》，时间记不太准，总在 1929 年上半年。到第二年下半年，我又去编《妇女杂志》，跟金仲华兄合作。1930 年初，开明书店创办《中学生》杂志，过了不久，夏丏尊先生、章锡琛先生要我去帮忙，我就离开了商务。我在商务当编辑一共八个年头。

商务创办于 1898 年，老板是几位印《圣经》发家的工人；两年以后，维新派的知识分子参加进去，成立了编译所，一个编译、印刷、发行三者联合的文化企业就初具规模了。后来业务逐渐发展，就编译和出版的书籍杂志来说，文史哲理工医音体美，无所不包；有专门的，有通俗的，甚至有特地供家庭妇女和学前儿童阅读的。此外还贩卖国外的书刊、贩卖各种文具和体育器械，还制造仪器标本和教学用品供应各级学校，甚至还摄制影片，包括科教片和故事片。业务方面之广和服务对象之广，现在的任何一家出版社都不能和商务相比。商务的这个特点，现在不大有人说起了。

商务的编译所是个知识分子汇集的地方，人员最多的时候有三百多位。早期留美回来的任鸿隽、竺可桢、朱经农、吴致觉诸先生，留日回来的郑贞文、周昌寿、李石岑、何公敢诸先生，都在商务的编译所工作过。稍后创办的几家出版业如中华、世界、大东、开明，骨干大多是从商务出来的；还有许多印刷厂装订厂，情形也大多相同。可以这样说，商务为我国的出版事业，从各方面培养了大批技术力量。

有趣的是 1949 年 10 月新中国成立，政务院有个管出版事业的直属机构叫出版总署，胡愈老任署长，周建老和我任副署长，二十多年前在商务编译所共事的老朋友又聚在一起了。后来人民教育出版社成立，我兼任社长。1954 年 9 月，出版总署撤销，这一摊工作并入文化部。胡愈老调到文化部，出版工作仍旧由他主管；我调到教育部，主要还是在人民教育出版社做编辑工作。这一二十年来，老朋友过世的不少，周建老、胡愈老和我还健在。有人说，做出版工作的人就是长寿。

想起了《古代英雄的石像》

■ 叶小沫

我的爷爷叶圣陶过世已经三十四年了，人们依然没有忘记他。在新闻媒体上，在网络上，时不时会看到人们写的回忆和纪念他的文章。在提到新中国语文教材的编撰的时候，在提到第一本《新华字典》的诞生的时候，在讨论起中国现在的教育的时候，在人们听到孩子们读儿歌《小小的船》的时候……大家都会想起这位老者，想起他提倡的那些思想和理念。我作为爷爷的后代，每逢读到这些文章，看到人们对他的怀念，在从心里感到欣慰的同时，又自然而然地会想起他写的那篇童话——《古代英雄的石像》。

《古代英雄的石像》的故事很简单，说人们为了纪念一位古代的英雄，请石匠雕了一座石像，用凿下来的石块做成了石像的基座。石像做好了，人们崇尚英雄，天天有人来膜拜，于是石像就骄傲起来了。他对着那些做基石的小石头说，我的地位这么特殊，站得比谁都高，还天天得到人们的尊重，和我比起来，你们这些小石头算得了什么呢。小石头们不干了，说，在凿成石像之前，你和大家是一样的，都在一块石头上，根本没什么了不起。石像不服，争论变得越来越激烈，石像被小石块们说得开始怀疑自己了，怀疑自己只是被市民们崇拜的空虚的英雄。小石头们更委屈了，觉得自己竟然被垫在了空虚的英雄下面。后来大家都不言语了。半夜里，石像和石基一起倒下，成了一堆大大小小的石块，人们把这些石块铺成了一条路。最后大家皆大欢喜，他们说："咱们真平等！""咱们一点不空虚！""咱们一块儿，铺成真实的路，让人们高高兴兴地走！"爷爷在写这篇童话的时候，细心揣摩了故事的主人公石像和小石块的心理，把他们的对话写得特别精彩，看着挺有意思。

《古代英雄的石像》这篇童话写于 1929 年，写出来不久就被编进了教科书，教材一直沿用到了新中国成立以后。那几年爷爷常常会接到老师和同学们写来的信，询问这篇文章的写作背景和主题思想，还有人问这个石像雕刻的是谁。爷爷一般是每信必复的，信来得多了，实在是有些不堪重负。他当时就在负责编教材，于是把这篇童话从课文里拿掉了。1956 年，爷爷的《叶圣陶童话选》出版，他借这个机会，在后记中特意为《古代英雄的石像》写了一段话，算是给老师和同学们的一个公开答复。他说：

我想特别说一说《古代英雄的石像》。这篇童话曾经选在语文课本里，很有些老师和同学为了这篇东西写信来，他们依据各自的看法，问我是不是这样，是不是那样。我回信老是这么说，我只能把当时的想法写一些。我当时认为主要的思想放在这篇的末了儿。无论大石块小石块，彼此集合在一块儿，铺成实实在在的路，让人们在上边走，这是石块最有意义的生活。在铺路以前，大石块被雕成英雄像，小石块垫在石像底下做台基，都没有多大的意义。

关于这篇童话，我的爸爸叶至善曾经写过两篇文章。
一篇写在1988年3月16日，题目是《担心》。文中他说：

五十九年前，父亲写完了《古代英雄的石像》，让我先读一遍。那时我才十一岁，读完之后我想：父亲是要我做铺路的石子，别做那个代表空虚的石像。

后来我渐渐长大了——真是句废话，我今年都七十了，当然长大了。我老记住，我得做铺路的石子。能做铺路的石子已经很不错了，不会成为石像。

可是奇怪，这几年我又多了一份担心，担心父亲会成为石像。

难道父亲不是石子？我就是在许多前辈用自己铺成的路上走过来的；在无数铺成路的石子中间，毫无疑问，有一块就是我的父亲。

但是石子也会变成石像的，实在的也会向空虚的转化。我分明看见，有的石子已经完成了这样的转化，当然这不是石子的本愿。

我把我看到的，都一一跟父亲说过。父亲颇有点儿感慨，说确实有我所说的转化。我只是少问了一句，他自己会不会这样转化？我怕引起他担心，这样的担心是非常寂寞的。

简直语无伦次了，怀念父亲的文字哪有这样写法的，赶快打住吧——既然石子自己愿意铺成一条路，咱们就在上面大步走吧。

爸爸的这篇文章，写在爷爷刚刚过世一个月。那些天有关爷爷身后的事宜千头万绪，简直有些忙不过来，爸爸依然会习惯性地像爷爷在世的时候一样，事事向爷爷请示，事事和爷爷对话，只是对方的回应都只在他熟悉的印象里了，对方的话语都只在他静静的寂寞中了。尽管很忙，尽管时间一天天地过去，爸爸不用算也记得，那个父亲过世一个月的日子。他觉得应该写一篇祭文来纪念父亲，他也想写一篇祭文，只是恐怕连他自己也没有想到，最终写出来的文字竟是这样的沉重，沉重得就是在今天，读着依然能感受到那种被压得喘不过气来的窒息。那时候人们都还在为失去这样一位可敬的老人感到惋惜，而父亲已经在为他老人家担心了。他担心爷爷会由实在转化成空虚，会由石子转化成石像，虽然这并不是爷爷的本意。这篇短短的祭文，我读过很多次，每次读的时候我都会想：有谁能懂得一个儿子对已故父亲的这份担心，又有谁能体会出这份担心有多么沉重。

十年以后，爸爸写了一组他读爷爷的童话的读后感，有《稻草人和王子》《傻子和绿衣人》，还有一篇就是《骄傲的石像》。这是爸爸第二次写《古代英雄的石像》了，这次的这篇文章比较长，有五千多字。

从这篇文章里我知道了，爸爸看到这篇童话的时候还是一个小学生。爷爷把刚写好的《古代英雄的石像》拿给他读，还让他说说这个故事写的是什么。这个细节爸爸一直记得，可是直到他自己也做了编辑才明白，爷爷把童话拿给还是小学生的爸爸看，是让爸爸帮他做终审，爸爸看懂了，他就可以放心地发表在《中学生》杂志上了。我还知道了，对文章里石像说的："我代表的那位英雄总不会是空虚。"这句话中的"空虚"，爸爸早已经不知道想过多少回了，看来他在《担心》那篇文章中的一些想法，很早就在他的心里扎根了。

2014 年，民进中央开会，纪念爷爷诞辰 120 周年。那时候爸爸过世也有八年了，只好由我和弟弟代表家里人在大会上作发言。在这样隆重的纪念会上，我们该说点儿什么呢。我们想了又想，又想到了爷爷写的《古代英雄的石像》，又想到了爸爸写的《担心》。在简单地说了爷爷的这篇童话和爸爸的担心后，我们说：

> 父亲的散文只有短短的六百多字，所包含的意思却挺深。他希望爷爷永远是一块铺路的石子，绝不做空虚的被人们顶礼膜拜的英雄。
>
> 现在看来，父亲的担心虽然不是没有缘由的，可是他应该可以放心了。因为这些年来，无论在教育界还是在编辑出版界，人们学习爷爷的教育思想，编辑出版思想，都在用来指导自己的学习和工作。令人感到欣慰的是，人们热爱爷爷，纪念爷爷，是觉得爷爷的这些理念，至今都有着强大的生命力。爷爷没有，也不会成为空虚的石像，在他和许多前辈铺成的路上，人们正在大踏步地向前走！

在这个发言中，我们说爸爸可以放心了，其实是因为，直到今天我们依然有着和爸爸一样的担心。因为我们看到，这些年爷爷的雕像一座又一座地竖了起来，有关爷爷的纪念会，研讨会一个又一个地在召开，在教育和教材上出现什么问题的时候，很多人依然会想起爷爷，说爷爷是怎么说的，又是怎么做的，可是有多少人是在真心实意地在研究他的教育思想，是在踏踏实实地照着他说的去做呢？又有多少人在为他的那个朴实的，把孩子培养成合格的社会公民的理想而奋斗呢？今天中国的教育还是爷爷提倡的教育吗？还是爷爷理想中的教育吗？这样的教育最终培养出来的会是什么样的人呢？说到这些，你是不是也会想起那座古代英雄的石像，是不是也会觉得有点儿空虚，是不是也会感到些许的悲哀。

我的话言重了，必须赶快打住。就让我用爸爸在《担心》中的话来做这篇文章的结束：

> 我父亲并没有把所有的石像都捣毁了拿去铺路的意思。在他过世之前十个月，朱自清先生的石像揭幕，父亲特地起了个大早，赶到清华大学去参加典礼来着。可见他并不反对纪念，并不反对给真为人民作出过贡献的造像。他反对的是盲目崇拜。

2022年6月10日

经典品读

叶圣陶研究年刊

写文章跟说话

■ 叶圣陶

写文章跟说话是一回事儿。用嘴说话叫作说话，用笔说话叫作写文章。嘴里说的是一串包含着种种意思的声音，笔下写的是一串包含种种意思的文字，那些文字就代表说话时候的那些声音。只要说的写的没有错儿，人家听了声音看了文字同样能够了解我的意思，效果是一样的。

写文章跟说话是一回事儿。要有意思才有话说。没有意思硬要说，就是瞎说。意思没有想清楚随便说，就是乱说。瞎说乱说都算不得好好地说话。用笔说话，情形也一个样。嘴里该怎么说的，笔下就该怎么写。嘴里不那么说的，笔下就不该那么写。写文章绝不是找一些稀奇古怪的话来写在纸上，只不过把要说的话用文字写出来罢了。

小朋友不要听见了“作文”“写文章”，以为是陌生的事儿，困难的事儿。只要这么想一想：这就是用笔说话呀。谁不会说话？谁不需要说话？想过之后，自然就觉得“作文”“写文章”是稀松平常的事儿了。而且，从小学一年级起，小朋友就写“爸爸做工”“妈妈洗衣服”这类的句子，这就是用笔说话的开头。如果开了头一直不断地写，三年、四年、五年，用笔说话的习惯必然养成了。这时候，谁叫不要写就觉得被剥夺了自由，能够随意地写正是极度的自由，哪会有嫌陌生怕困难的？

认定了写文章跟说话是一回事儿，就不必另外花什么工夫，只要把话说好就是了。话是本该要说好的，不写文章也得说好。咱们天天说话，时时说话，说不好怎么行？说好了的时候，文章也能写好了。咱们平常说谁的文章好，谁的不好，意思也是指的说好说不好。

现在要问，怎么才算把话说好？花言巧语，言不由衷，好不好？认是为非，将虚作实，好不好？含含糊糊，不明不白，好不好？颠三倒四，噜里噜苏，好不好？

问下去可以问得很多，不要再问吧。就把上面问的几点来想一想，那样的话绝不会有人说好。在前两点是不老实，在后的两点是不明确。说不老实的话，谁都知道无非想欺人骗人，怎么要得？说不明确的话，在自己是说了等于没有说，在人家是听了一阵莫名其妙，怎么能算说好？

咱们不妨简单地这么说：说话又老实又明确才算说好。以外当然还有可以说的，可是老实跟明确是最根本的两点。做到这两点，才可以谈旁的。这两点也做不到，旁的就不用谈了。

“作文”“写文章”到底是怎么一回事儿呢？回答也简单，就是用笔说又老实又明确的话。

《叶圣陶散文》[①] 导读

■ 商金林

叶圣陶（1894—1988）原名绍钧，字圣陶，出生于苏州城内一个平民家庭，1912年中学毕业后担任小学教员。1918年开始用白话写小说和新诗。1919年加入傅斯年、罗家伦等发起组织的北京大学新潮社。1921年1月，文学研究会成立，叶圣陶为十二位发起人之一，与沈雁冰、郑振铎等共同筹办文学研究会会刊《文学周报》，出版文学研究会丛书。1922年，与刘延陵、朱自清、俞平伯创办《诗》月刊。1923年春任商务印书馆国文部编辑。1927年，代赴欧游学的郑振铎主编《小说月报》。1931年，进入开明书店，主编《中学生》杂志。1937年抗战全面爆发后举家西迁，在重庆巴蜀学校，以及复旦大学和武汉大学执教。1942年到成都设立开明书店编译所成都办事处，主编成都《国文杂志》和桂林《国文杂志》。1946年，被中华全国文艺界协会推选为常务理事兼总务部主任，接替老舍主持文协的日常工作，主编文协会刊《中国作家》。1949年春任华北人民政府教育部教科书编审委员会主任。新中国成立后被任命为出版总署副署长和教育部副部长，并长期担任人民教育出版社社长兼总编辑。

叶圣陶是我国近现代史上著名的作家、教育家、编辑出版家和社会活动家。茅盾盛赞他的短篇小说集《隔膜》《火灾》等，“实为中国新小说坚固的基石”；“扛鼎”之作《倪焕之》的出版，标志着我国现代长篇小说走向成熟。鲁迅盛赞童话集《稻草人》，“给中国童话开了一条自己创作的路”。郁达夫认为叶圣陶的散文令人有“脚踏实地，造次不苟”的艺术风格，“一般的高中学生，要取作散文的模范，当以叶绍钧氏的作品最为适当”。

在1917年至1949年三十多年间，叶圣陶出版过《剑鞘》(与俞平伯合著)、《脚步集》、《未厌居习作》、《西川集》等四本散文集。可分散在各种报刊上的散文比已经收进集子的多一二十倍，现已编入《叶圣陶集》第五、六两卷。

作为作家，要使自己的作品成为引领民众前进的灯火；作为教育家，要

---

①《叶圣陶散文》，人民文学出版社2022年版。

使受教育者成为德智体美全面发展的新人；作为编辑出版家，要使自己主编的书籍报刊能吸引读者，就必须有“一双透彻观世的眼睛”，真切地感知人生，对社会的风风雨雨都要“触景生情”。也正是因为这样，叶圣陶的散文写的都是他在那个年代亲历的见闻和思绪。就重大事件而言，叶圣陶写到辛亥革命、五四运动、五卅运动、“三一八”惨案、“四一二”惨案，以及“九一八”“一·二八”“七七”“八一三”“抗战胜利日”“中国人民站起来了”等许多重大事件。这些重大事件，其他许许多多作家也都抒写过，倘若把同时代写同一事件的散文排列在一起观摩，就不难看出叶圣陶的散文是我国社会“一鳞半爪”的写照，叶圣陶的思想情感总与同时代的一部分文化人相共鸣，以至形成了一种思想或思潮。

散文离不开写人。叶圣陶写人，总是把“人”放在真实的生活中去描绘。无论是“慌忙”的“永远的旅人的颜色”的散文大家朱自清；还是落落寡合的诗人兼画家的白采；还是“是深深尝了世间味，探了艺术之宫的，却回过来过那种通常以为枯寂的持律念佛的生活”的弘一法师；也不论是“别有一种健康的美的风致”，挑着一担“盛着鲜嫩的玉色的长节的藕”，沿街叫卖的村姑；还是身着“粗布的短衫”，“露着胸”，坚信中国人只要“心齐”，“就什么也不怕”的产业工人；还是在“五卅惨案”中“退隐了”清秀的颜色，“换上了北地壮士的苍劲”的青年学子，都栩栩如生，呼之欲出。叶圣陶笔下的艺术家、教育家、革命家、宗教家，以及农夫、村姑、牧童，都打上了鲜明的时代烙印，各有各的风采。

至于描写景物，叶圣陶强调要有“鉴识的工夫”。大千世界中的行云流水、花草树木，鸟兽鱼虫，并不仅仅是用来欣赏的，而是要在欣赏的同时或者说是在欣赏的过程中“移情”，按叶圣陶的话说是“良辰入奇怀”。“寻常的襟怀未必能发见‘良辰’，必须是‘奇怀’”，是“我”独有的情怀。中间连缀的这个“入”字，是动感的，不是被动的，只有“入”，才“来得圆融，来得深至”（《“良辰入奇怀”》）。且看叶圣陶笔下的“良辰”，无论是山水、名胜、街市、园林、里巷、村落、田野；还是晴空、轻风、急雨、月色、烛光、飞鸟、游鱼，都与“情”紧紧地浑成圆融，“以心接物”“心与物和，合而为一”（《关于谈文学修养》）。《没有秋虫的地方》写秋天乡村“凄凄切切”的“虫声”：

……在鄙野的乡间，这时候满耳朵是虫声了。白天与夜间一样地安闲；一切人物或动或静，都有自得之趣；嫩暖的阳光和轻淡的云影覆盖在场上，到夜呢，明耀的星月和轻微的凉风看守着整夜，在这境界这时间里唯一足以感动心情的就是秋虫的合奏。它们高低宏细疾徐作歇，仿佛经过乐师的精心训练，所以这样地无可批评，踌躇满志。其实它们每一个都是神妙的乐师；众妙毕集，各抒灵趣，哪有不成人间绝响的呢。

虽然这些虫声会引起劳人的感叹，秋士的伤怀，独客的微喟，思妇的低泣；但是这正是无上的美的境界，绝好的自然诗篇，不独是旁人最喜欢吟味的，就是当境者也感受一种酸酸的麻麻的味道，这种味道在另一方面是非常隽永的。

透过对秋虫的合奏的礼赞，反衬出“没有秋虫的地方”（现代都市）的沉寂和空虚，表达对于“淡漠无味”的人生和“死水”般的旧中国的诅咒，对充满“爱”和“生趣”的新生活的向往。《谈成都的树木》写的“野间的老树”，抒发的则是“人生境界”，且看其中的一小节：

根据绘画的观点看，庭园的花木不如野间的老树。老树经历了悠久的岁月，所受自然的剪裁往往为专门园艺家所不及，有的竟可以说全无败笔。当春新绿芜葱，生意盎然，入秋枯叶半脱，意致萧爽，观玩之下，不但领略它的形象之美，更可以了悟若干人生境界。我在新西门外，住过两年，又常常往茶店子，从田野间来回，几株中意的老树已成熟朋友，看着吟味着，消解了我的独行的寂寞和疲劳。

作者所说的“人生境界”，借用绘画的理论说就是不要“太满”，得“留一点儿空隙”；也不要像“庭园的花木”听凭园艺家去“剪裁”，而是要像“野间的老树”那样，在风霜雨雪中接“受自然的剪裁”，让人欣赏到自然的“形象之美”和鲜活的“精神”与“神韵”，读来启人心智。

新中国成立以后，叶圣陶在繁忙的工作之余，写了大量的散文。天津百花文艺出版社 1958 年出版的《小记十篇》，展示了叶圣陶解放后游记散文的基本风貌。在 1953 年至 1957 年的五年间，叶圣陶先后到临潼、雁塔、西安、兰州、雁滩、杭州、南京、无锡、黄山、金华等地游览访问，祖国的山山水水，以及社会主义革命和建设欣欣向荣的景象，让叶圣陶浮想联翩，用精细的笔墨，基于广博的知识、丰富的经历，带着欣悦欢快的情思，记叙了各地的地理概貌、历史传说、今昔对比、人情风俗，以及他在游览访问中的感兴。

“文革”结束后，叶圣陶的散文创作进入了一个新的丰收期。1978 年到

1988 年十年间的散文，比前三十年（1949—1978）的散文还多，内容大致分为四类：谈教育、谈语文教育、为朋友集子写的序跋、表彰新人以及追怀亲朋好友。北京三联书店 1984 年出版的《叶圣陶散文乙集》，是继《小记十篇》之后的第二本散文选集，所汇集的 189 篇散文均已到达了炉火纯青的境界。叶圣陶早年曾对散文家提出过严格的要求，他在《读者的话》中说：

> 我要求你们的工作完全表现你们自己，不仅是一种主张，一个意思要是你们的，便是细到像游丝的一缕情怀，低到像落叶的一声叹息，也要让我认得出是你们的，而不是旁的人的。

这是对艺术风格和创作个性化的高度要求，叶圣陶是做到了的。尤其是他晚年的散文，艺术上更加精湛，呈现出一种“自然”而“纯洁”的美：刻画深细，没有题外的枝节；用字务求明晰，删芟一切装点；行文舒卷自如，温和中寓有丰富的情感，凝重而又亲切，读之如得面晤，又富有“味外之味”的韵味。像《我钦新风霞》《子恺的画》《从〈扬州园林〉说起》《〈苏州园林〉序》诸篇，都是散文中的极品。

2022 年 1 月 11 日

经典的魅力以及自证其说

——重读《叶圣陶语文教育论集》

■ 王艾然

叶圣陶先生是著名的作家、教育家、语言学家。在长达六十多年的教学、编辑和出版生涯中，他撰写了大量关于语文教育方面的论著，为语文教育事业做出了卓越贡献。1980 年，教育科学出版社成立伊始，便出版了《叶圣陶语文教育论集》(以下简称《论集》)，而在 2014 年，叶圣陶先生诞辰 120 周年之际，出版社又再版此书，除了表达对作者的深挚纪念之外，更有向经典致敬之意。

叶老的论著之所以成为经典，不只是因为这些著作是语文教育工作者，尤其是中小学语文教师的必读之书，更因为其中的教育理念始终具有令人深思的指导意义。譬如先生那句精辟的话语“教是为了不教”，既点明了教师在教学活动中的作用，又为语文教学设定了一个至高境界。尽管这个观点是先生几十年前提出的，但时至今日，所有从事语文教学工作的教师不是仍在朝着这个境界努力吗？就像先生所期盼的那样，语文课的最终目的，是让学生“自能读书，不待老师讲；自能作文，不待老师改。老师之训练必做到此两点，乃为教学之成功”①。

初读《论集》，还是在我上师范大学的时候，由于少有教学实践，所以对书中诸多论述只停留在理论解读的阶段。如今，我已在教学第一线工作数年，再读《论集》，特别是其中如何指导学生阅读和写作的篇章，就有了更为深切的感悟。

《论集》是一本厚重的著作，几乎涉及语文教育的方方面面，而其中的许多观点当然是需要“论据”来佐证的。如果检索叶老的生平履历就会发现，他的许多颇有建树的语文教育理论，绝非凭空想象、随意而发，而是在深厚丰富的实践基础之上提出的。这不仅因为他年轻时做过中小学教师，编辑过多种版本的国文教材和《儿童文学》《中国语文》《中学生》等刊物，还因为他

① 叶圣陶著，中国教育科学研究院编：《叶圣陶语文教育论集》，教育科学出版社 2015 年版，第 520 页。

创作了中国第一个童话集《稻草人》、中国现代文学史上第一部长篇小说《倪焕之》，发表了许多短篇小说、诗歌、散文、文学评论、话剧剧本等。此外，他还撰写了《文章例话》评点朱自清、鲁迅、茅盾、夏衍、老舍等作家的作品，以及亲自评改一些无名作者的总结、汇报、通讯等。所有这一切，都为他的语文教育理论的确立提供了足够充沛的“论据”。

比如，叶老在《拿起笔来之前》一文中强调了在生活中养成观察的重要性：“在实际生活中养成精密观察跟仔细认识的习惯，是一种准备功夫。不为写文章，这样的习惯本来也得养成。如果养成了，对于写文章太有用处了。”① 而在《作文论》第九章“描写”中，他又特别阐述了将观察付诸作文的“技巧”：“我们对于一切事物，自山水之具象以至人心之微妙，实时接触，从此有所觉知，有所感动，都因为有一个印象进入我们的心……描写这一印象，只有一种最适当的说法，正如照相器摄取景物，镜头只有一个最适当的焦点一样……”②

于是在入选小学教材的散文《牵牛花》和《爬山虎的脚》之中，我们跟随作者的“聚焦”镜头，不仅看到了牵牛花的“嫩头”随着时间而渐渐成长变化，进而发现了牵牛花顽强的生命力，也从爬山虎生长的环境、叶子和脚的特点，尤其是它怎样一脚一脚向上爬的生动描述中，读出了“精密观察”才能有细致描写的意义所在。

或者可以这样说，叶老关于要仔细观察生活的理论，是从创作的实践中得来，又在自己的作品中加以诠释，因而就更具说服力。

同样是在《作文论》中，叶老在谈及人物对话描写的作用时是这样说的，人物的对话“正可以表现出各人的内面，所以我们不肯放过，要仔细写出来这当儿最要留意的：我们不要用自己谈话的样法来写，要用文中主人翁谈话的样法来写，使他说自己的话，不蒙着作者的色彩……在对话中，尤其用得到这一种经心。果能想象得精，把捉得住，往往在两三语中就把人物的内面活跃地传状出来了”③。

叶老是这样论述的，也是这样实践的。例如收录于《一个少年的笔记》中的《三棵老银杏》，通篇几乎都是以人物对话的方式，从两个少年谈论作

① 叶圣陶著，中国教育科学研究院编：《叶圣陶语文教育论集》，教育科学出版社2015年版，第332页。

② 叶圣陶著，中国教育科学研究院编：《叶圣陶语文教育论集》，教育科学出版社2015年版，第275页。

③ 叶圣陶著，中国教育科学研究院编：《叶圣陶语文教育论集》，教育科学出版社2015年版，第277页。

诗，进而联想到家乡未来美好的图景，真切而生动地表达对故乡的热爱之情。在文中，表哥认为“诗不一定要诗人作，咱们学生也不妨试作。不懂得什么叫诗，没关系，作几回就懂得了”，而且，他也以三棵老银杏为题材，写出了这样的充满童真而又耐人寻味的诗句：“村子里三棵老银杏，年纪比我爷爷的爷爷还大。我没见过爷爷的爷爷，只看见老银杏年年发新芽。”接下来的对话，便是由这首诗引申出去，让话题有了更为丰富的内涵。表哥不仅想象到因为村子里种了千把棵小树，而在几年后“整个村子就是个密密丛丛的树林子，房子全藏在里头”，也想象到别的村子绿树成荫的景象。然而，文章最终还是要扣紧主题的，于是我们就读到了两人最后的对话——

我说：“尽管一个个村子都成树林子，我一望就能认出你们集庆村，保证错不了。你们村子有特别的标记，老高的三棵银杏树。”

表哥又重重地拍一下我的肩膀，笑着说：“你说的正是我的意思！所以我的诗一开头就说三棵老银杏。”①

这篇看似浅显直白、朴实无华的短文，正是借助两个孩童的对话，将他们的淳朴天真、乐观向上，善于幻想又勇于大胆尝试的“内面”活跃地传达出来，而结尾的对话，除了昭示出他们对美好生活的期待之外，不是也表达了他们对故乡的热爱、依恋之情吗？显然，叶老运用对话描写的“这一种经心”是别有奇效的。

叶老正是以这样丰富多样的创作实践，为他的语文教育理论提供了厚重的“论据”支撑。有研究者认为，叶圣陶先生教育思想的精髓，就在于不追求教科书式的抽象、静态的理论体系构建，而是植根于中国社会变革和教育改革实践，对传统教育思想既有反思批判，也有继承创新，并以朴实无华的语言形式传达其所思所悟和真知灼见。在很多篇著作中，叶老反对旧式教育尤其是作文教学中“模仿一套程式”的方法，而在实践中，先生也继承了“有其言，无其行，君子耻之”(礼记·杂记下)、“纸上得来终觉浅，绝知此事要躬行”(宋·陆游)、“不患出言之难，而患践言之难”(元·许衡)、“一语不能践，万卷徒空虚”(明·林鸿) 等传统的理念，并且不懈探索，身体力行。也许，由创作而升华出见解、理论并不是叶老的独创，很多的文学名家——鲁迅、茅盾、巴金、老舍等，都曾有过这样的建树。但将自己的创作与语文教育理论相映照、相呼应，从而能够自证其说这一点上，叶老确是独树一

① 叶圣陶：《一个少年的笔记》，作家出版社 2016 年版。

帜的。

叶老不仅创作了大量文学作品、理论著述，也特别提倡教师能够“练笔”。他认为，如果真要对学生练习作文起作用，给学生切合实际的引导和指点，老师自己就应该经常动动笔，从而在实践中感知作文的甘苦，发现行之有效的指导方法。他甚至还引用了一个形象的比喻，即“教师下水”，进而说：“经常动动笔是大有好处的，‘教师下水’确然是个切要的要求。”① 这里的“确然”和“切要”，无疑凸显了叶老对教师练笔的重视程度。也出于这种提倡，他还专门撰写了一组文章——《和教师谈写作》，从写作前的准备、写作中的要求、写作后的修改，以及平日的积累和题材的选择等方面，都提出了细致而明确的建议。叶老之所以如此重视教师的写作训练，应该与他自身的经验有关。需要提及的是，叶老的创作始于从事教师工作之后，而后来的文学创作、理论文章以及编辑工作，都和语文教育密切相关。从这个意义上说，他是“教师下水”的示范者。正因为先生有了教授语文、创作文学作品的种种经历，深知作文的甘苦，明悟“凡是有关作文的事，老师实践越多，经验越丰富，给学生的帮助就越大”②，于是才有了对教师练笔的大力倡导。

至于教师练笔写什么，叶老也有明确的阐述：“我希望教师练习写文章，并不是专指练习写文艺作品而言。尤重要的是写一般文章。一般文章是文艺作品的基础……教师要指导写作，不能空讲些作法，一定要有写作的切实经验，才能随机应变，给学生真正有益的帮助。”③ 这也提示我们，作为语文教师，如果能够把平日的教案、总结、汇报、论文、发言稿等“一般文章”都当作练笔，并且努力“写好”，无疑是一种“切实经验”的积累。其实还有一层意思，叶老没有直说，那就是，倘若在教学之余，我们也能像先生示范的那样，除了写好“一般文章”，也尝试着写作一些随笔、散文、札记、诗歌、文学鉴赏等，日积月累，坚持不懈，从而品味创作的甘苦，探寻写作的“秘籍”，对于自身语文素养的提升以及有针对性地指导学生作文，也应该是大有裨益的。

学海无涯，对语文教育的研究和探讨也绝无止境。不过，无论时代怎样变迁，无论有多少新的学说层见叠出、异彩纷呈，《叶圣陶语文教育论集》作

---

① 叶圣陶著，中国教育科学研究院编：《叶圣陶语文教育论集》，教育科学出版社2015年版，第353页。

② 叶圣陶著，中国教育科学研究院编：《叶圣陶语文教育论集》，教育科学出版社2015年版，第354页。

③ 叶圣陶著，中国教育科学研究院编：《叶圣陶语文教育论集》，教育科学出版社2015年版，第521页。

为经典著作，总是能够给从事语文教育的人们带来更多思考，更多感悟，因而也是可以常读常新的——这正是经典的魅力所在吧。

（原载《中学语文教学》2021 年第 12 期）

动态关注

叶圣陶研究年刊

叶圣陶研究会第六届理事会第二次会议以通讯形式召开

■ 叶圣陶研究会

根据《叶圣陶研究会章程》第二十一条、第二十六条的规定，经会长召集，第六届理事会第二次会议以通讯形式于 2022 年 1 月 10 日至 1 月 12 日召开，全体理事参加。

会议审议了叶圣陶研究会 2021 年工作报告（草案）；审议了叶圣陶研究会 2022 年工作要点（草案）。全体理事同意所有审议事项内容。

举办《中华人民共和国家庭教育促进法》座谈会

■ 民进中央宣传部

2022 年 1 月 20 日上午，民进中央举办座谈会，庆祝《中华人民共和国家庭教育促进法》的颁布与实施

2021 年 10 月 23 日，十三届全国人大常委会第三十一次会议表决通过了《中华人民共和国家庭教育促进法》，该法已于 2022 年 1 月 1 日起施行。该法是我国首次就家庭教育进行专门立法，以法律的形式明确了“家庭教育是家事也是国事”，从家庭责任、国家支持、社会协同、法律责任等方面对家庭教育作出明确规定。为庆祝《中华人民共和国家庭教育促进法》的颁布与实施，2022 年 1 月 20 日上午，民进中央教育委员会、叶圣陶研究会联合举办座谈会。民进中央副主席、中国教育学会家庭教育专业委员会理事长朱永新出席会议并讲话。

在认真听取了大家的发言后，朱永新首先向与会校长和专家表示感谢。他说，中共十八大以来，习近平总书记站在培养担当民族复兴大任时代新人的全局高度，对注重家庭家教家风建设作出一系列重要论述，为做好新时期家庭教育工作指明了前进方向。家庭教育促进法今年 1 月 1 日起正式施行，标志着家庭教育全面纳入法治实施轨道，具有重要意义。

朱永新指出，家庭教育是儿童零起点教育的开端，让孩子拥有自我构建的学习，在学习中感受到心情愉悦，这样的学习才是有意义的。从这个角度看，建立家庭教育制度体系至关重要。我们还要关注那些没有家庭教育意识、没有家庭教育能力的家庭，给予他们关怀，思考如何为他们提供更好的家庭教育支持。家庭教育关乎广大未成年人的健康成长和国家民族的长远发展，家庭教育领域值得去关注和重视。

朱永新强调，民进是以教育文化出版为主要界别的中国特色社会主义参政党，始终坚持以推动教育事业改革发展为己任。这次座谈会也是一次非常好的参政议政的协商会，我们会认真梳理大家的意见，深入研究后，以提案、社情民意信息等形式，通过多种协商渠道予以反映。大家可以发挥各自优势，将家庭教育促进法学习好、宣传好、贯彻好。

民进中央教育委员会主任、北师大中国教育政策研究院执行院长张志勇，民进中央教育委员会副主任、北师大教育学部教授霍力岩，民进中央教育委员会委员、北京市东城区灯市口小学校长、叶圣陶研究会会员滕亚杰，中国青少年研究中心家庭教育首席专家、教育部家庭教育专委会副主任委员孙云晓，人民教育出版社编审、叶圣陶教育思想专业委员会主任刘立德，北京教育学院初等教育学院副教授、叶圣陶研究会理事李怀源，北京经济技术开发区亦庄一小党支部书记、校长、叶圣陶研究会会员徐辉，民进中央参政议政部一处副处长、河北省阳原县第三中学副校长（挂职）焦静等在会上作了交流发言。

会议由民进中央副秘书长、叶圣陶研究会秘书长左延珠主持。参政议政部部长黎晓英，研究室副主任、叶圣陶研究会副秘书长朱一多，参政议政部副部长姜其和参加了座谈会。

落实“双减”政策，优化作业设计

——苏州叶圣陶实验小学数学优化作业设计线上培训活动

■ 苏州叶圣陶实验小学

“作业是教学的延伸和拓展，是检验学生掌握学习内容的重要方式，更是‘双减’背景下实现‘提质增效’的重要方式。”为了贯彻落实“双减”政策，通过作业改革让教育回归本真，苏州叶圣陶实验小学全体数学老师开展了数学作业设计线上培训活动。

聚焦作业设计　夯实理论基础

本次培训主题是：“双减”背景下作业设计原理及其价值。讲座中，潘小福老师对于双减背景下一些作业概念给老师们进行了一一解读，明确作业分为两部分，一种是课堂内作业，其次是家庭作业，鼓励布置分层作业和个性化作业等。潘小福老师建议学校要构建学业质量提升研究体系，建立校本作业题库，利用信息技术满足学生个性化作业的需求。

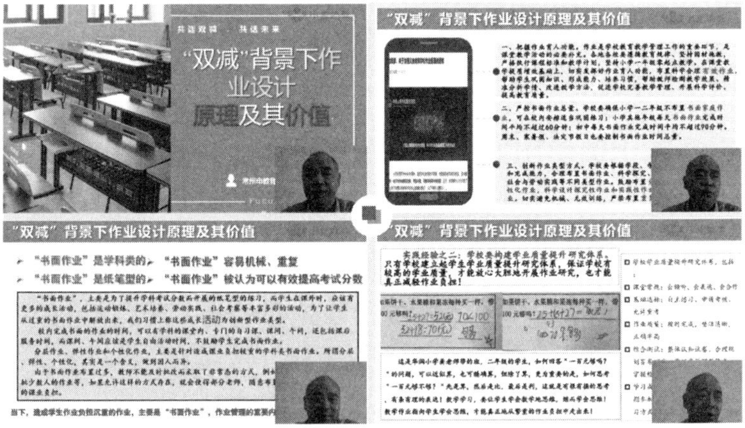

认真聆听　细心记录

一部电脑，一支笔，一本笔记本，每一位老师都认真学习，仔细做笔记，各有各的收获和思考。

一页页的笔记，一笔一画无不彰显着老师们孜孜不倦的求学精神和专注认真的态度。

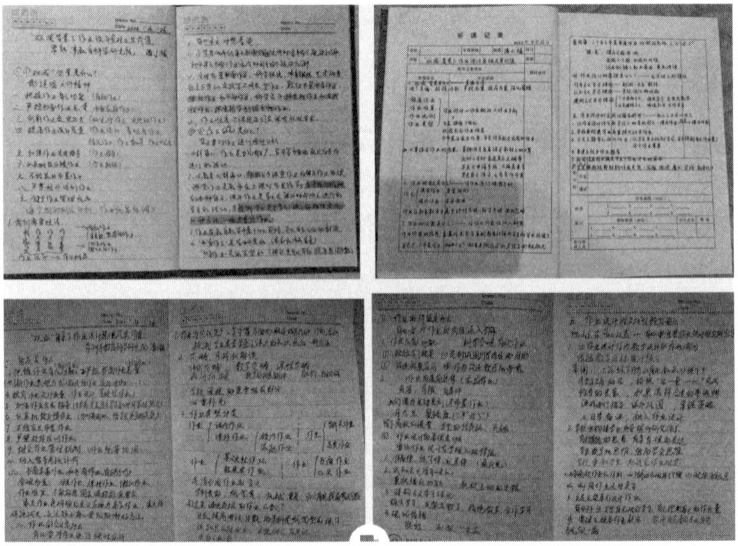

学习感悟　分享心得

唯有知之深，方可行之切。通过线上培训，老师们对“双减”背景下的作业设计有了更加深刻的理解和启发。

陈嘉皓老师

以往书面家庭作业，往往是变相在给家长布置作业。由此看来，教师布置作业的出发点是好的，但是“双减”下的作业并不是教师转嫁教学压力的工具，而应该转变成家长陪伴孩子的成长，关注孩子身心变化的“亲子作业”。

李伟老师

在“双减”政策下，我们应从学科的角度出发，思考如何让作业设计更多元化。我们可以控制作业数量，合理安排作业；提升作业趣味化，立足学生兴趣点；作业设计注重学生的多感官体验，创新作业形式，设计个性化的作业。

王雨玮老师

在“双减”政策下，特别是在这个疫情严峻的时期，我们应当考虑到学生和家长的难处，并考虑学生实际情况。我们可以控制好作业量，针对相应知识点布置作业，提升学生对所学知识的认识和理解。

周磊靓老师

我们要理论联系实际，切实落实“双减”政策。不同学生的数学能力和数学知识运用能力是存在客观差异的。因而，我们要从学生个体出发、加强作业设计与研究，做到因材施教，有的放矢，允许一部分学生先“富”起来，从而不断提高课堂效率。

王玉花老师

对于低年级的孩子来说，有效的书面作业所能达到的功能在于：养成良好的思考习惯、书写习惯，提升学习自信心。而另外一些多样化的作业方式可能除此之外，还可以达到提升他们的学习兴趣，增强对学习数学必要性的感知，甚至提升各种情感价值观的效果。

沈一老师

要做到作业的“少而精、精而趣”，其实不是一件简单的事情，要求教师做更深入的教学研究。在“双减”政策背景下，我们要尽量避免出现机械、单调、重复的无效性作业，要在课堂上注重解题的思维方法和策略，实现课内作业到课外作业的传导，要立足主题单元设计作业，利用信息技术满足学生个性化作业的需求，立足课程视野创新作业类型；学校也要构建学业质量提升研究体系，要建立校本作业题库。

许斌老师

在“双减”背景下，教师要让作业设计作为教学设计的有机部分，对于同一学习内容，要根据不同时间的教学目标设计相应的练习。教师还可以以内容单元或者练习单元来设计不同等级的作业，以此来提高学生自主规划学习的能力。

仲艳老师

听了关于“双减”政策下的有效作业设计的分享，收获满满。接下来讲讲我的一些心得体会。首先要设计好作业的时间。作业时间不是越长越好。其次要设计分层作业。每个学生的基础不同，接受能力不同，作业的效果也就不同。最后要设计趣味性作业。

“骐骥一跃，不能十步。驽马十驾，功在不舍。”相信通过本次线上培训，老师们将进一步精于钻研，勇于创新，在提质增效之路上继续探索，于高处立，向宽处行，就平地坐。

（苏州叶圣陶实验小学系叶圣陶研究会单位会员）

“叶圣陶先生的课程教学思想和教材观”专题学术讲座举行

■ 安徽师范大学教育科学学院

在纪念叶圣陶先生从教110周年之际，2022年5月26日下午，叶圣陶研究会副秘书长暨叶圣陶教育思想专业委员会主任、人民教育出版社党委委员刘立德编审受安徽师范大学教育科学学院的邀请，作“叶圣陶先生的课程教学思想和教材观”专题学术讲座。本次专题学术讲座通过线上线下相结合的方式举行。安徽师范大学教育科学学院博士生导师段兆兵教授主持，我院部分教师及2020级和2021级课程与教学论专业研究生聆听了学术讲座。

讲座开始前，段兆兵教授隆重地向线上线下的各位师生介绍了刘立德编审的学习工作经历、学术背景和成果等，并希望老师和同学们通过此次讲座有所收获，拓展学术视野。

刘立德编审从五个方面展开汇报。一是叶圣陶先生的生平和教育教学实践活动。刘老师详细介绍了叶圣陶先生的成才之路，并强调指出他是“小学校走出的大教育家”。二是叶圣陶先生的课程教学思想。刘老师从叶圣陶先生论课程教学目标、论课程教学以儿童为本位、倡导两个课堂结合、强调课程教学中师生关系要民主化、推行富有兴趣情感和爱的课程教学、教书育人身教第一等六个方面展开讲解，并对叶圣陶先生的课程教学思想的特点和价值进行了归纳。三是叶圣陶先生论怎样编教材。刘老师通过七个方面介绍了叶圣陶先生关于中小学教科书编辑的思想理论，并指出其对推动我国当前中小学教科书事业科学发展和中小学教科书理论建设都有十分重要的意义。四是叶圣陶论怎样用教材。刘老师认为：叶圣陶先生的教科书使用思想充满辩证法的意味，他反对“教材至上论”和“惟有读书高”。刘老师分析了叶圣陶先生的“教材例子说”，指出叶圣陶先生的教科书辩证法思想对当今教科书编辑出版工作仍有重要启发和借鉴价值。五是启示和小结。刘老师对叶圣陶先生的课程教学思想和教材观进行了简要的概括和总结，凝练了叶圣陶先生成长为一代宗师的五大品质，即为民服务的情怀、锲而不舍的韧性、善作爱写的习惯、团结协作的榜样和知行合一的模范。刘老师感慨地告诫同学们：不忘本来方能开辟未来，我们要站在以叶圣陶先生为代表的老一辈教育家的肩膀上，不断开辟创建中国特色课程与教学论体系及教材论体系的新境界。

最后，段兆兵教授对本次专题学术讲座进行了总结，表示刘老师的分享具有很强的启发性和指导性。他希望线上线下的老师和研究生能够从这场专题学术讲座中有所收获，在今后的研究中不仅要有国际视野，也要立足于中国本土伟大教育家的思想，将优秀的本土课程教材教法思想发扬光大。至此，本场专题学术讲座在师生们热烈的掌声中落下帷幕。

叶圣陶语文教育思想实践活动在石家庄举办

■ 民进中央宣传部

2022 年 5 月 27 日，叶圣陶语文教育思想实践活动暨民进石家庄市委会“同心大讲堂”在河北省石家庄市行知小学举办

2022 年 5 月 27 日，为纪念民进中央原主席叶圣陶从教 110 周年，叶圣陶语文教育思想实践活动暨民进石家庄市委会“同心大讲堂”在河北省石家庄市行知小学举办。民进中央主席、叶圣陶研究会会长蔡达峰向活动发表书面致辞。

民进中央副主席兼秘书长高友东，中共石家庄市委常委、宣传部部长、统战部部长郭建亭，叶圣陶先生亲属、叶圣陶研究会理事叶小沫出席活动开幕式并致辞。民进中央副秘书长、叶圣陶研究会秘书长左延珠宣读蔡达峰书面致辞。

本次活动采取线上线下相结合的方式进行，主题为“小学语文教育”。

蔡达峰在书面致辞中指出，叶圣陶先生留给我们的精神财富是民进优良传统的重要组成部分，也是叶圣陶思想的重要内容；民进的主界别与叶圣陶先生的工作研究领域高度吻合。共同的研究领域、共同的使命任务，使叶圣陶研究会工作与民进工作有着天然的联动基础，此次在石家庄举办的这项活动是很好的探索和实践。

致辞勉励各位会员和同志以叶圣陶先生为楷模，坚守初心，坚持理想，传承先进教育理念，提升教书育人本领，为努力办好人民满意的教育、加快推进教育现代化作出更大贡献。

民进中央副主席兼秘书长高友东出席活动开幕式并致辞

高友东代表民进中央向活动举办表示祝贺。他指出，近年来，民进中央越来越注重在民进工作的大局中谋划和加强叶圣陶研究会的工作。这是叶圣陶研究会第一次“走进”河北的小学，“走近”河北的教师，希望叶圣陶先生的教育教学理念可以影响、带动更多的一线教师精研教材教法，促进专业成长；更希望民进先辈的思想主张和道德风范，能够在第二个百年奋斗目标的新征程中薪火相传、发扬光大。

郭建亭代表中共石家庄市委向长期以来关心支持石家庄经济社会发展的民进中央表示衷心感谢。她说，石家庄是革命的土地、英雄的土地，当前石家庄发展站在新的起点上，对教育工作提出了新的更高要求。作为红色沃土上的教育工作者，有责任有义务继承发扬好叶圣陶先生的教育思想和实践，把这笔宝贵的精神财富发扬光大。

叶小沫在致辞中深情回忆爷爷叶圣陶先生的从教生涯。她说，关心基础教育、尽心竭力地为青少年服务，是叶圣陶先生生命里非常重要的部分。教育是国家的基础事业，教育救国、教育育人是一代代教育人的信念，我们纪念叶圣陶先生和所有一直以来战斗在教育战线上的前辈们，就要努力向他们学习，始终担负起教育的重任。

开幕式由民进河北省委会副主委、石家庄市委会主委张运凯主持。出席开幕式的还有民进中央研究室副主任、叶圣陶研究会副秘书长朱一多，民进河北省委会专职副主委李建强，中共石家庄市委统战部常务副部长张明其及石家庄市教育科学研究所、长安区人民政府领导。

活动期间，人民教育出版社小学语文室资深编辑郑宇，北京教育学院副教授、叶圣陶研究会理事李怀源，分别就“阅读策略：让学生觉察学习的路径”和“由叶圣陶‘读整本书’思想谈小学整本书阅读”作专题讲座。石家庄市百余所小学的语文教师及全国各地叶圣陶研究会会员聆听讲座。

此次活动由叶圣陶研究会和民进石家庄市委会共同主办，叶圣陶教育思想专业委员会、编辑出版思想专业委员会和民进石家庄市委会教育工作委员会协办，长安区教育局和石家庄市行知小学承办。

结合活动主题，叶圣陶研究会还精心挑选了《叶圣陶研究年刊》《叶圣陶教育名篇选》《叶研集》《叶圣陶论写作》《叶圣陶谈阅读》等七套共 22 册图书，赠送给石家庄市行知小学。

江苏省“十四五”重点课题《传承叶圣陶教育思想，项目化推进振兴乡村教育实验》开题研讨会成功举行

■ 江苏省语文整合教学研究所

沃野乡村，是民族振兴的根基；圣陶思想，是教育发展的灯塔。叶圣陶先生以教育为人生，坚守初心，育人一辈子，其教育思想对当今教育改革和教师的教育实践具有重要的指导意义。为更好地推动江苏省教育科学“十四五”规划2021年度“叶圣陶教育思想研究”专项课题研究工作的开展，2022年5月27日下午，《传承叶圣陶教育思想，项目化推进振兴乡村教育实验》课题开题研讨会成功举行。

本次活动由江苏省教育科学规划领导小组办公室、江苏省叶圣陶研究会主办，江苏省语文整合教学研究所、常州市叶圣陶研究会、常州市武进区新安小学承办，采用线下+线上同步进行。常州分会场成员齐聚常州市武进区新安小学，开展线下研讨。

南京主会场出席领导有：江苏省政协副秘书长、民进江苏省委副主委朱毅民，江苏省教育科学研究院院长党委书记陆岳新，江苏省教育科学规划指导小组办公室主任董林伟，江苏省教育厅基础教育处二级调研员周明，江苏省教育厅统群处副处长郝峰，民进江苏省委调研处副处长三级调研员季伟。指导专家有：江苏省政协文史委副主任、民进江苏省委副主委、江苏省叶圣陶研究会会长刘锋，江苏省教育学会副会长陆志平，东南大学人文学院教授、历史系主任王华宝，南京师范大学教育科学学院教授项贤明，南京市玄武区教师发展中心、玄武区教科所所长杨向红。

常州分会场出席的领导与专家有：民进常州市委副主委、江苏省语文整合教学研究所所长戴晓娥，经开区教师发展中心主任何运耿，横山桥镇行政审批局副局长韩宇，清英外国语学校校长奚亚英及二十个项目共同体学校负责人。活动由新安小学刘红娟校长主持。

常州分会场活动

在主会场简单而不失隆重的开幕式后，《传承叶圣陶教育思想，项目化推进振兴乡村教育实验》常州分会场开题研讨会拉开了帷幕。

支持与关心

横山桥镇行政审批局副局长韩宇女士代表镇政府致欢迎辞，同时表达了地方政府对美丽乡村教育振兴的期许：期待学校能以叶圣陶教育思想为引领，借助叶圣陶专项课题研究平台，笃行不怠，踔厉奋发，走上高品质发展的快车道。

民进常州市委副主委兼秘书长戴晓娥女士首先对民进省委、省教育厅一直以来对常州教育的厚爱表示了感谢，对常州市三项课题立项为省“十四五”叶研会专项重点课题表示了祝贺。戴副主委表示：在振兴乡村的宏阔背景下，开展一场“为人生而教育”的“叶圣陶教育思想研究”意义深远，勉励二十所研究共同体成员系统学习叶圣陶教育思想，积极探索适合乡村学校高品质发展的路径，开启乡村学校高质量发展的新样态。

共同体导师清英外国语学校奚亚英校长感谢省教育科学规划办、民进常州市委为乡村教育开绿灯、指方向，让乡村校长、教师学有榜样、研有方向、创有可能。奚校长说，每一次参加课题活动，都看到乡村教育群智发展的景象：惊叹于他们人人贡献自己的智慧，追求精益求精的品质；震撼于他们个个着地深耕，以目标为导向，逢山开路、遇水搭桥的勇气、魄力和能力。

最后，奚校长恳请各界领导给予课题研究精神以及物质上的支持，为乡村教师保驾护航，也期望课题组团队成员能像叶圣陶先生那样做老师，为中国的、江苏的、常州的乡村教育开创新生命。

汇报与分享

课题组组长礼嘉中心小学副校长戴晓燕作课题阶段报告。戴校长把课题研究比作一棵树，围绕“深深扎根”“努力抽枝”“走向繁茂”三个方面生动形象地阐述了“为什么要做”“已经做了什么”“将要怎样做”，让与会者清晰地了解了课题的前期实践和未来的努力方向。二十所共同体学校，抱团发展，通过学习梳理叶圣陶教育思想、寻访各镇各校，让课题深深扎根，并在课题研究这个主干上抽出了新的枝条，长出了省前瞻性项目、“沃野·圣陶”乡村教育家培养项目等。近一年的实践，这棵研究之树已初具形态：研讨活动丰富有序，项目故事展示变化，公益宣讲推广辐射，项目成果提炼发表，多家媒体关注报道。后续，课题组将围绕“改革学科育人方式、探索实践育人路径、形成协同育人”等开展深入实践与研究。

汇报结束之后，五所项目学校作为代表，分享实践中的项目案例。

漕桥幼儿园：《我是乡土文化传承人》

位于常州南大门的漕桥幼儿园通过乡村寻访，架构了乡土文化名人资源地图；借助梳理与表达，实现了乡土名人资源的教育转化；向泽润相邻漫溯，形成了“个十百千”项目品牌。漕幼教师正努力成为助力乡村文化建设的生力军，逐步从“孩子王”华丽转身为“新乡贤”，他们用乡土文化滋养师生、浸润乡民，为振兴乡村教育发挥育人力量。

坂上小学：《戏曲传承　为乡村振兴“培根铸魂”》

坂上地处人文底蕴深厚的江南小镇，那里自乾隆嘉庆年间就盛行锡剧。为了让传统戏曲真正走进更多孩子的内心，让戏曲文化为乡村振兴“培根铸魂”，坂上小学以“立德树人”为根本任务，以“五育融合”为实践路径，重构校园空间，打造百花竞放的“向美园”；重整“戏曲+”课程，构建自主开放的“学习场”；重塑教育生态，呈现学校变革和学生素养发展的“新样态”，让学生在戏曲熏陶中规划、践行人生，在传承中留住乡音，守住乡情。

戴溪小学：《小康村里话振兴　楹联浸润谱华章》

百年老校戴溪小学地处常州市武进区洛阳镇，是清代著名史学家、诗人赵翼的故里，良好的育人环境使孩子们在优秀传统文化的浸润中，烙上了独特的文化印记。学校带着楹联走进了洛阳镇的岑村，在“香樟树下忆先辈，楹联笔墨颂党恩”，在“桃花源中觅春光，挥笔楹联筑梦想”，在“小康村里话振兴，共享楹联展新貌”……戴小学子用实际行动把握楹联文化的根脉，赓续名人赵翼的品质，传承乡土的红色精神，谱写新时期乡村新文化建设的新篇章。

冯仲云小学：《开发“基地”教育多维功能，推动校乡文化整体提升》

学校坐落在京杭大运河旁的横林余巷，十七年来的薪火相传，使得“冯仲云教育基地”落成，校名更替。为提升学校的内涵发展，使仲云学子成为乡村文化发展的推动力量，学校将依托冯仲云教育基地，站在“五育并举、协调发展”的层面上进行教育资源有效整合，开发“基地”红色文化的多维教育功能，使地方红色文化教育切实发挥其全面育人的价值，从而使这里走出的师生爱学习、会生活、有情怀、能担当，成为推动乡村文化建设、乡风文明建设的一股强劲力量。

新安小学：《寻访老街　传承“心安”文化》

新安小学坐落在鸡笼山下，周边的老街历史悠久，为引导孩子们主动参与到保护与传承老街文化中来，在总课题组“构建乡土生活场景下全新育人新样态”指导下，新安小学开启了《传承老街文化，当老街“时代新人”》项目研究活动。新小教师引领学生围绕“童眼看老街”“童言说老街”“童心护老街”三方面寻根“老街文化”，感悟老街居民的民风习俗、饮食文化、名人事迹，唤醒乡村孩子成长自信，自觉做老街文化的传承者、建设者。

一个个生动的研究案例让课题研究工作以更加鲜活而生动的姿态走入大家的心中，也让参训者从不同角度感受课题研究的魅力。

其他报告展示

郭家海老师主持的省“十四五”教科规划重点课题《“自能”思想关照下中小学积极反馈作文教学实践研究》，由局前街小学高羽佳老师代表课题组做开题报告。高老师从已有研究基础、对课题核心概念的认识与理解、研究的目标与内容、研究计划四个方面进行阐述。

依托常州市名班主任王俊工作室确立的省“十四五”教科规划重点课题《双减背景下中学生课余生活德育活动的设计与实施》由领衔人王俊老师做了开题报告。王老师围绕课题缘起、核心概念、研究价值、研究目标、内容与重点、研究思路、过程与方法、主要观点与可能创新之处这八个方面做详细而且务实的介绍。课题组积极探索学生课余生活德育活动的设计和实施，并不断总结，努力为双减政策落地，落实学校精细化管理，聚和资源赋能，形成可推广的经验。

常州市有三项课题被立项为省“十四五”叶研会专项重点课题，局前街小学高羽佳老师代表课题组围绕郭家海老师主持的重点课题《“自能”思想关照下中小学积极反馈作文教学实践研究》作开题报告；领衔人王俊老师作了《双减背景下中学生课余生活德育活动的设计与实施》的开题报告。

点评与指导

江苏省政协文史委副主任、民进江苏省委副主委、江苏省叶圣陶研究会会长刘锋，东南大学人文学院教授、历史系主任王华宝，南京师范大学教育科学学院教授项贤明及南京市玄武区教师发展中心、玄武区教科所所长杨向红就五项重点课题做现场点评。四位专家均对课题表示了充分肯定：第一，课题的实践基础充实，理念深厚；第二，课题的时代性和可操作性强，具有深远的文化意义和政治意义；第三，课题的研究方向新颖，具备解决真实问题的特质；第四，课题的研究成果可期，应用价值突出。同时，专家们也对课题的进一步推进活动提出了宝贵的意见。

活动最后，江苏省教育学会副会长陆志平强调要传承叶圣陶先生的家国情怀、教育思想、人格风范。江苏省政协副秘书长、民进江苏省委专职副主委朱毅民作总结发言。朱主委表示：五项课题都有深远的研究意义和价值，希望大家继续扎根课题，做真研究，解决真实问题，结出丰硕的果实，为江苏教育、全国教育作出突出贡献。

美丽乡村，资源丰硕；乡村教育，星河灿烂。叶圣陶研究会项目成员扎根乡土，踔厉奋发，叶圣陶思想的种子定会汲取力量在这片沃野中乘风而长，长成一棵树，形成一片林。

（江苏省叶圣陶研究会系叶圣陶研究会单位会员）

2022 海峡两岸中华传统文化与现代化研讨会举行

■ 民进中央宣传部

2022 年 6 月 11 日，由中国民主促进会中央委员会、叶圣陶研究会、四川大学共同主办的 2022 海峡两岸中华传统文化与现代化研讨会举行。本次研讨会采取现场出席和网络视频出席相结合的方式进行，设北京会场和成都会场。研讨会的主题是“丝路沿线的文明互鉴、遗产保护和文化传承”。全国人大常委会副委员长、民进中央主席、叶圣陶研究会会长蔡达峰出席开幕会并讲话。

全国人大常委会委员、民进中央副主席兼秘书长高友东，四川省政协主席、中共四川省委统战部部长田向利，四川大学校长李言荣，民进四川省委会主委、四川大学常务副校长许唯临，民进四川省委会副主委、成都市委会主委杨建德出席开幕会。开幕会由高友东主持。

蔡达峰代表主办单位向与会的两岸嘉宾表示热烈欢迎。他说，中国民主促进会以教育、文化、出版传媒为主要界别，从民进老一辈的文化大家，到今天活跃在文化领域的广大民进会员，始终以传承和推动中华文化发展为己任，作出了积极贡献，发挥了重要作用，赢得了广泛影响，叶圣陶先生就是

全国人大常委会副委员长、民进中央主席、叶圣陶研究会会长蔡达峰出席开幕会并讲话

其中的杰出代表。叶圣陶研究会自1989年成立以来，致力于整理、研究、宣传和实践叶圣陶思想，积极推动大陆与台港澳，尤其是两岸教育、文化、出版界的学术交流交往。二十年前，民进中央和叶圣陶研究会共同创办了“海峡两岸中华传统文化与现代化研讨会”，在两岸朋友、学界同仁和各举办单位的共同培育和热情参与下，研讨会连续举办了十九届，已成为两岸学者开展文化交流、弘扬中华文化、促进专业精进、增进彼此感情的一个重要平台。

蔡达峰指出，中华传统文化源远流长，博大精深，具有兼容并蓄、多元一体、融合发展的特质，各美其美、美人之美、美美与共、天下大同是其重要内涵。古丝绸之路延续千年，沟通中西，造福各方，铸就了和平合作、开放包容、互学互鉴、互利共赢的丝路精神。“一带一路”面向全球，顺应时代，为各国各地共同发展提供了公共产品和合作平台，生动体现中华传统文化的生命力和感召力。近几年，在大家的共同倡议下，研讨会围绕古丝绸之路与“一带一路”建设，多次开展研讨交流。今年的主题是“丝路沿线的文明互鉴、遗产保护和文化传承”，这是现代化进程中的重要课题。我们期待各位专家、各位学者发表真知灼见，充分研讨交流，共同分享古代南方丝路文化的成就和四川成都文化遗产保护的经验，共同推动中华文化的学术合作和创新发展。

蔡达峰强调，海峡两岸同根同源，同文同种，血脉相连，心心相印。今年是两岸开启交流三十五周年，两岸文化交流的成就来之不易，文化交流的任务依然繁重。愿我们不懈努力，共同守护我们的文化财富，为弘扬和发展中华文化作出新的贡献。

田向利、李言荣在开幕会上致辞。

北京大学历史学系暨中国古代史研究中心教授朱玉麒作了题为“丝绸之路上的诗和远方——丝路考古工地与唐诗创作现场”的主旨报告。

因为疫情防控的需要，部分大陆学者和所有的台湾学者通过线上方式参加研讨会。来自浙江大学、厦门大学、台湾政治大学、台湾师范大学等高校和有关机构的二十一位专家学者，围绕研讨会主题，进行了三场主题演讲交流。研讨会由民进四川省委会和成都市委会协办。

民进中央研究室副主任、叶圣陶研究会副秘书长朱一多，中共中央统战部、四川省委统战部，四川大学，民进四川省委会和成都市委会有关同志参加开幕会。

据悉，2002 年民进中央创建了“海峡两岸中华传统文化与现代化研讨会”的交流平台，先后就地域特色文化、学科领域文化、民俗文化等议题交流研讨，对推动两岸文化交流、促进中华文化传播发挥了积极作用。

丝绸之路上的诗和远方

——2022 海峡两岸中华传统文化与现代化研讨会剪影

■ 吕　巍

中华传统文化源远流长，博大精深，具有兼容并蓄、多元一体、融合发展的特质。古丝绸之路延续千年，沟通中西，铸就了和平合作、开放包容、互学互鉴、互利共赢的丝路精神。“一带一路”面向全球，顺应时代，为各国各地共同发展提供了公共产品和合作平台，生动体现中华传统文化的生命力和感召力。

日前，在由中国民主促进会中央委员会、叶圣陶研究会、四川大学共同主办的 2022 海峡两岸中华传统文化与现代化研讨会上，来自海峡两岸的专家、学者采取现场出席和网络视频出席相结合的方式围绕“丝路沿线的文明互鉴、遗产保护和文化传承”主题发表真知灼见，共同分享古代南方丝路文化的成就和四川成都文化遗产保护的经验，共同推动中华文化的学术合作和创新发展。

南方丝绸之路：让历史照进现实

南方丝绸之路以四川成都为起点，经邛崃、雅安、芦山、西昌、攀枝花到云南的昭通、曲靖、大理、保山、腾冲，从德宏出境，进入缅甸、泰国，最后到达印度和中东，是中国古代的国际通道。

“古老的南方丝绸之路既是一条商贸通道，也是一条体现我国与周边国家交流融合的友好之路、文化之路。”四川大学国际关系学院副院长兼四川大学巴基斯坦研究中心主任宋志辉说，南方丝绸之路最引人注目的，不仅在于它在缺乏国际机制和组织框架的情况下延续了较长时间，还在于它通过和平的手段，实现并扩大了跨国商贸活动和跨种族文化交流。

“建设丝绸之路经济带就是要把欧亚大陆的不同区域连接起来，把不同国家的利益融合起来，充分实现优势互补，共享机遇，共同发展。从这个意义上来讲，南方丝绸之路也是一条合作之路。”宋志辉认为。

历史上，丝绸之路是由众人共同走出来的一条路，它并不属于某一个国家。丝绸之路这一提法，更多体现的也是和平合作、互学互鉴、互利共赢的精神。

因此，宋志辉提出，丝绸之路未来的发展，要以经济合作为主轴，以人文合作为重要支撑，开放、包容、自愿，不断丰富丝绸之路经济带的理念、构想和规划。

新闻出版业：助力丝路文化传承

传承丝路文化，首先要弄懂丝路文化的要义，这需要从丝路历史中去找寻。

“古代丝绸之路已被知识界、广大民众广泛认知，这归功于专业学者孜孜不倦、兢兢业业的研究，也与新闻出版及相关媒体的工作分不开。”研讨会上，生活·读书·新知三联书店大众出版分社编辑张龙表示。

他认为，“一带一路”的提出，不是对原有概念的继承，而是顺应时代发展的创新，所体现的丝路文化正是合作的文化、共赢的文化。

在他看来，出版工作，要服务于国家大局，在“一带一路”的宣传阐释方面，应该积极高效策划高质量选题，让“一带一路”倡议深入人心，从而更好地为国家的经济社会建设服务。

他还提出，文化传承需要物质载体，也需要精神载体，“丝路人”就是传承丝路精神的载体，他们的经历就是生动鲜活的丝路故事。

“‘丝路人’是一个范围广泛的人群，包括行走于古丝路上的使者、商人、僧人、艺术家等，也包括为新丝路作出贡献的各界人士。”张龙认为，应用“丝路人”的视角去观察记录丝路沿线国家、地区的历史与现实，出版人文纪实类作品；用“丝路人”的事迹为素材，创作传承丝路精神、鼓舞人心的文学作品；提炼“丝路人”在经济合作、文化保护等方面的经验，为相关政策制定提供现实依据。

丝路文物保护：有赖法律实践支持

丝绸之路自古至今都是文化与经济的重要枢纽，相关文物及遗址丰富，但也正是因为文物遗址数量多，使得与文物有关的犯罪行为或法律纠纷不时发生。

“如要发挥丝路串联多文化、多国家、多语言的特殊性来建设国际性都市或带动地方发展，文物及遗址的保护是首要工作之一。”广东石油化工学院副教授张峯硕表示。

以陕西为例，八处世界文化遗产中，七处属于丝绸之路世界文化遗产。陕西省公安部门在办案过程中发现，盗掘文物者的设备精良、计划缜密，加上文物和遗址的特殊性，让张峯硕越来越觉得文物的保护不能只靠公安部门，需要文物鉴定、考古学等专业人士的参与，才能有效地采集犯罪证据以及追回流失文物。

“丝路文物其他的代表地，如新疆、西藏、内蒙古等，还要考虑其独特的气候以及地理环境对文物保护带来的挑战，相关的维护需要资金以及人才。另外因为涉及世界文化遗产，除了文物或遗址本身的保护，相关的知识产权、专利知识等因隐含庞大商业利益，相关法律知识普及以及权益维护也是许多学者关注的议题。”张峯硕说，因此，丝路文化的保护或宣扬传承，除了文物保护与观光产业发展的互补，更有赖于法律的具体实践支持，有赖于增进法律或相关政策的可行性。

（原载《人民政协报》2022 年 7 月 15 日）

喜迎党的二十大

——庆祝第38个教师节暨2022年江西省教育改革创新研讨会在南昌召开

■ 民进江西省委会

为迎接党的二十大，助力“模范机关建设”，引导广大团员青年和群众跟党走、感党恩、永奋进，2022年9月8日下午，由江西省叶圣陶研究会、共青团江西省委、江西日报社、民进江西省委会、江西省教育学会、江西省教育厅教学教材研究室联合举办，江西高校出版社、江西《报刊精粹》杂志社承办，江西当代中学生报刊社有限公司、江西杏坛教育科技有限公司协办的“喜迎党的二十大——庆祝第38个教师节暨2022年江西省教育改革创新研讨会”在南昌隆重召开。省政协副主席汤建人，民进省委会主委、省住建厅厅长卢天锡，江西日报社总编辑张天清，省社联党组成员、副主席汤水清，民进省委会专职副主委崔传鹏，省教育学会会长汤赛南，民进省委会一级巡视员、省叶圣陶研究会秘书长陈洪萍，省教育厅教学教材研究室主任喻金水，省教育评估监测研究院副院长宋发庆，江西教育传媒集团总经理、省叶圣陶研究会常务副秘书长万明华等领导出席活动。参加研讨会的还有省社联、民进江西省委会、共青团江西省委、江西日报社、江西省教育学会、江西省叶圣陶研究会、江西省教育厅教学教材研究室、江西高校出版社等有关部门同志、民进省直部分基层组织负责人、中小学校长代表以及在昌获奖教师代表等共计一百余人。

汤建人在研讨会作了讲话，向全省民进界别的教师会员们及广大教师朋友们提前致以节日的问候！向所有获奖作者表示由衷的祝贺，向为此次活动提供大力支持的中共江西省委统战部、中共江西省委教育工委（江西省教育厅）、江西省社联、江西省社会组织管理局等单位致以衷心感谢。他指出，十四年来，“江西教育改革创新研讨会”持续关注我省教育领域焦点、热点，不断深化研讨，产生了良好的社会反响，积极助推我省教育强省建设，得到了全省广大教育工作者和学生的关注支持。他充分肯定“喜迎党的二十大”主题征文活动取得的成效，又高度赞赏赣鄱儿女在强国复兴路上紧跟党走、昂扬向上的精神风貌和教师朋友们对江西教育事业的执着与热爱以及广大人民群众对建设美丽江西和美好中国的责任感和使命感。希望各位教育工作者鼓足干劲、勇于探讨，进一步增强“做示范、勇争先”的使命感和责任感，为江西教育改革创新发展献计出力。

汤水清代表江西省社联对此次研讨会的召开表示热烈的祝贺，向从事叶圣陶教育思想研究的各位专家以及广大教育研究工作者致以崇高的敬意。他指出，省社联将一如既往地支持教育改革创新研讨会的各项工作，并充分利用自身力量和各种平台使各种学会的活动开展得更加丰富多彩！

随后，获奖代表江西现代职业技术学院周俭老师、万载县岭东乡兰田小学张靓老师、南昌市青山湖学校林岚老师、南昌市育新学校红谷滩分校徐菁老师、南昌市第二十七中学陈立辉老师、南昌市洪都小学水榭校区王钰老师等六位获奖代表先后在会上作了研讨交流。

据悉，为迎接党的二十大，助力“模范机关建设”，引导广大团员青年和群众跟党走、感党恩、永奋进，江西省叶圣陶研究会、共青团江西省委、江西日报社、民进江西省委会、江西省教育学会、江西省教育厅教学教材研究室联合举办主题征文活动，希望作者们用笔记录生活的美好故事，挖掘身边的感人事迹，展现新时代的伟大成就，讴歌伟大的中国共产党和伟大的中国人民。江西省叶圣陶研究会会员、江西省教育学会会员，全省各级各类学校教师或者其他教育工作者，全省团员青年、少先队员、少先队辅导员，全省大中小学生积极投稿，围绕“喜迎二十大，永远跟党走，奋进新征程”“保护生态　绿色发展”“培育公益精神，走向共同富裕”“研学旅行——行走的课堂”“培根铸魂、启智润心，以优异成绩迎接党的二十大”“作示范　勇争先——双减背景下，对回归教育本真的理论研究与实践创新”等六个主题积极撰文。

本次研讨会的征文活动成效显著。截至 8 月 1 日，本次征文活动共收到投稿 7849 篇，其中文章类 6470 篇，书画类作品 753 篇，视频类作品 626 篇。主办单位邀请省内专家进行初审和复审，经过对文章主题、篇幅、质量及重复率的筛选，共评选出成人组文章类获奖作品 619 篇，其中一等奖获奖 131 篇，二等奖获奖 193 篇，三等奖获奖 295 篇。

（江西省叶圣陶研究会系叶圣陶研究会单位会员）

暖暖教师节，浓浓尊师情

——记苏州叶圣陶实验小学教师节庆祝活动

■ 苏州叶圣陶实验小学

身披熹微晨光，
早早打开教室的窗
为孩子们送进清晨的风
手执粉笔教本
一笔一画写“天地人、你我他”
为孩子们翻开璀璨文化
头顶点点星光
在深夜忙碌
只为让孩子们遇见更好的明天
孩子们茁壮成长的身影
家长们工作中的大力支持
职业生涯中自我价值的实现
都是他们前行的动力
在这个特殊而难忘的日子里，他们选择这样过——

一枝一叶总关情

又是一年秋意浓，正遇一度桃李香，第 38 个教师节已踏着轻盈的脚步翩然而至。2022 年 9 月 9 日早晨，伴随着秋日的微风，叶圣陶实验小学的邹文珍校长和工会沈雪明主席，向当天负责核酸采样的十二位志愿者老师献上鲜花，对他们的辛勤工作表示感谢。我校组织了 69 位志愿者老师，负责全校四千多名师生和员工的日常核酸采样，他们克服了种种困难，保质保量地做好每天的采样工作，无怨无悔地奉献着。

腹有诗书气自华

叶去花不落，春来香如故，叶圣陶先生不止一次说过，他真正的教育生涯和文学创作就是从甪直开始的。叶先生已经成为甪直的一张文化名片，一百多年来，他的教育思想在这块土地上早已生根发芽，枝繁叶茂，“像叶圣陶那样做老师”已成为叶圣陶实验小学每位教育者的崇高追求。在这个特殊的日子里，邹校长向每个年级送上叶圣陶先生的教育书籍，鼓励老师们在辛勤工作的同时，不断加强自身学习，提高教书育人的本领。

涓滴之水成海洋

中华民族历来具有扶贫济困、乐善好施、助人为乐的优良传统，美德的传承与弘扬，不仅仅需要宣传，更要通过不断亲历实践才能真正实现。为帮助困难群众创造更美好的明天，我校工会积极响应号召，组织全体教职工参加吴中区2022年“同在蓝天下，慈善一日捐”活动，为吴中区的困境人群献出自己的一份爱心。短短几天，学校爱心捐款总额达到两万多元。

培根铸魂育新人

9月9日下午，邹校长参加了吴中区庆祝第38个教师节座谈会，在下午的校行政例会上，邹校长传达了座谈会会议精神：奋力写好立德树人的政治答卷；奋力写好人民满意的发展答卷；奋力写好安全稳定的平安答卷。邹校长还结合学校实际情况，向老师们提出了殷殷期盼：筑梦教育，赢在教师，作为一所百年老校，叶圣陶先生是我们的引路人，每位老师都要在自己的岗位上思索，该如何脚踏实地地践行“像叶圣陶那样做老师”，每天努力一点点，努力一点点去改变、去进步、去攀登。

三尺讲台，三千桃李
十年树木，百年树人
斗转星移，转眼又是一轮春秋
回顾过去，征程万里风正劲
展望未来，重任千钧再扬帆

带着这份暖暖真情，这份浓浓心意，全体叶圣陶实验小学的同人们将不忘初心，坚定信念，砥砺奋进，再续华章！

（苏州叶圣陶实验小学系叶圣陶研究会单位会员）

“纪念叶圣陶先生从教110周年学术研讨会”在人教社召开

■ 胡兰江

2022年10月25日，在叶圣陶先生诞辰128周年前夕，“纪念叶圣陶先生从教110周年学术研讨会”在人民教育出版社举行。会议由叶圣陶研究会叶圣陶教育思想专业委员会、中国地方教育史志研究会学术交流分会主办，人教社教育理论编辑室、民进人教社支部、《教育史研究》编辑部联合承办。全国人大常委会副委员长、民进中央主席、叶圣陶研究会会长蔡达峰以书信方式向会议召开表示热烈祝贺。叶圣陶研究会副会长、北京大学中文系教授商金林，叶圣陶研究会副会长、人教社研究员郭戈，叶圣陶研究会秘书长、民进中央副秘书长左延珠出席会议。叶圣陶研究会副秘书长兼叶圣陶教育思想专业委员会主任、人教社教育理论编辑室资深编辑刘立德代表主办单位致开幕辞。叶圣陶研究会理事、人教社教育理论编辑室主任任长松主持会议并作会议总结。来自叶圣陶研究会、北京大学、人教社等机构和单位的专家学者二十余人参加了会议。

叶圣陶先生（1894—1988）是我国现代著名的文学家、教育家、编辑出版家和社会活动家。1912年春，叶圣陶先生从中学毕业后在苏州言子庙初等小学担任二年级级任教师，开始了他的教育生涯。作为从小学走出的大教育家，叶圣陶先生从事教育工作近80个春秋，对教育充满挚爱，形成了以“教是为了达到不需要教”为核心的博大精深的教育思想体系，被称为中国现代教育的一代宗师。

左延珠先生宣读了蔡达峰主席的贺信。蔡达峰主席在贺信中指出：“叶圣陶先生是我国著名的教育家，他的教育思想相当丰富，内涵深刻，是中华民族教育发展史上的宝贵财富，需要我们不断学习，勤勉践行，发扬光大。希望各位会员和同志们以叶圣陶先生为榜样，秉持求真务实严谨的精神，认真学习、研究和实践他的教育思想，为新征程上办好人民满意的教育作出更大贡献！”

郭戈研究员做了题为“叶圣陶改‘国语’‘国文’为‘语文’考述”的主

题发言。他围绕“语文”一词的演化，从官方文件、权威出版机构出版物和叶圣陶自身日记中寻找脉络，指出“语文”一词出现在正式文件中是1950年7月教育部和出版总署联合发布的秋季图书目录，以及1950年8月发布的课程标准。但叶圣陶本人在1949年的日记中就已多次使用“语文”一词。叶圣陶先生对“语文”一词成为学科名称作出了重大贡献，对我国语文教育事业和人教社语文教材事业作出了重大贡献。

商金林教授以“作为教育家的叶圣陶”为题做了主题发言。他认为，作为教育家的叶圣陶，在三个方面表现最为突出：一是有“教育救国”的使命感，忠于职守，勤奋工作，自觉地承担起作为教师的责任；二是把教育的使命感落实到教学实践中，真正做到胸中有书，心里有人，教无止境，学永不怠；三是眼光远大，胸怀博大，认定教育的目的是“育人”，把“使醇醇诸稚展发神辉”作为生命中唯一的乐趣。叶圣陶先生反反复复地说过“教育工作者的全部工作就是为人师表”，“教师本身的行为就是标准和规范”，编辑工作也是教育工作，编辑也是人类灵魂的工程师。我们纪念圣陶先生，就要有一种承上启下、承前启后的使命感，像圣陶先生那样不断地充实自己，“倒出一杯水，得要储备一桶水”，永不懈怠，行稳致远。

刘立德编审做了题为“同声相应　同气相求——叶圣陶和陶行知为民主进步教育事业共同奋斗”的主题发言。他指出，叶圣陶与陶行知是我国近代爱国民主进步的文教事业的伟大战士，他们一生亲历沧桑巨变，心灵相通，与时俱进，始终走在时代的前列，站在历史的正确一边。他们在上海共同参与文教界民权保障事业，携手推动大众语运动和新文字运动，在四川一起在文教界开展抗战活动、呼吁和平、反对内战，从四川回到上海后又为反对国民党反动派的独裁统治而团结奋斗。叶圣陶和陶行知在文教大变革潮流中始终站在人民立场上，成为交相辉映的两面鲜艳的旗帜，至今仍激励着我们为致力于实现中华民族伟大复兴的中国梦而努力奋斗。

主题发言结束后，叶圣陶研究会会员韩涵、杨燕，人教社教育理论室副主任韩华球，人教社博士后工作站博士后张玲莉等与会专家围绕叶圣陶的劳动教育思想、叶圣陶对儿童人际关系的观察与思考、叶圣陶与中华优秀传统文化教育传承等进行了阐释。大家认为：叶圣陶重视劳动教育，他的劳动教育观念一直自觉或不自觉渗透在教学实践中、文学创作中和个人生活中；叶圣陶重视儿童交往；叶圣陶重视用课本等手段传承中华优秀传统文化。叶圣陶的教育思想和贡献值得我们去深入研究和发扬光大。

本次会议主题发言和自由发言相结合，内容丰富，气氛热烈，既回顾了叶圣陶先生从事教育事业的光辉历程和伟大成就，又深刻阐发了叶圣陶先生关于教育教学的远见卓识和对我国教育事业的重大影响。与会专家一致表示，要进一步传承与发扬叶圣陶献身教育事业的精神，进一步系统总结、全面探讨叶圣陶深邃的教育思想，为持续传播与大力践行叶圣陶的教育思想而不懈努力！

（人民教育出版社系叶圣陶研究会单位会员）

叶圣陶研究会大事记(2021年)

叶圣陶研究会大事记（2021年）

★1月，在新春佳节来临之际向台港澳友人寄送电子贺卡、《叶圣陶研究年刊（2020卷）》并附问候卡片，进一步加强与台港澳人士的联络。

★1月19日，叶圣陶研究会秘书长、换届工作领导小组办公室主任左延珠主持召开换届工作领导小组办公室第一次会议。会议提出了叶圣陶研究会新一届负责人及理事拟任人选的基本组成原则和初步建议，对2021年第一季度要完成的筹备工作包括重新核实登记叶圣陶研究会个人会员和单位会员等事项作了安排。

★4月，推进换届工作，初步完成重新核实登记叶圣陶研究会个人会员和单位会员工作。

★4月，叶圣陶教育思想专业委员会重点项目《中国教育名著丛书·叶圣陶教育名篇选》由人民教育出版社正式出版发行。

★4月12日，左延珠秘书长赴开明出版社开展走访调研。座谈了解叶圣陶编辑出版方面的成果，研讨未来五年工作规划。

★4月12日，叶圣陶研究会秘书长、换届工作领导小组办公室主任左延珠主持召开叶圣陶研究会换届工作领导小组办公室第二次会议，听取了换届工作筹备进展情况，对下一步工作作了安排，研究了章程修订工作、第五次会员代表大会出列席人员推荐名单（草案）、第五届理事会第八次会议方案（草案）、第六届理事会领导机构推荐名单（草案）。

★4月18日至19日，由中国民主促进会中央委员会和叶圣陶研究会主办，以“海洋文化与21世纪海上丝绸之路建设”为主题的2021海峡两岸中华传统文化与现代化研讨会在福建莆田举行。国际古迹遗址理事会（ICOMOS）副主席、中国古迹遗址保护协会副理事长姜波作了题为“跨海和声——古代中国人的海洋世界”的主旨报告。来自海峡两岸近30位专家学者，围绕研讨主题畅所欲言、各抒己见，分享了成果，增进了友谊。

★5月，就《关于修改〈叶圣陶研究会章程〉的说明（草案）》和《叶圣陶研究会章程修正案（草案）》征求理事意见。

★5月，根据《教育部办公厅关于做好社会团体2020年度检查工作的通知》，填写完成2020年度年检材料，按要求报送教育部社团办。

★5月，整理叶圣陶研究会有关叶圣陶思想研究书籍的库存情况，并根据会员提出的实际需求，陆续寄送给有关中小学，供其教学参考使用，宣传推广叶圣陶学术思想。

★7 月 2 日，召开换届工作专题会，研究换届工作相关事项和有关会议文件，安排部署下一阶段换届工作。叶圣陶研究会常务副会长、换届工作领导小组副组长刘新成出席会议，叶圣陶研究会秘书长、换届工作领导小组办公室主任左延珠主持会议。

★7 月 14 日，常务副会长刘新成赴商务印书馆调研并座谈。座谈围绕出版领域参政议政、加强民进会史研究、共同推进叶圣陶研究会工作等方面进行了研讨交流。

★7 月 22 日，叶圣陶研究会会长、换届工作领导小组组长蔡达峰主持召开叶圣陶研究会换届工作领导小组会议，研究换届工作相关事项和审议有关会议文件，安排部署下一阶段换届工作。

★7 月 23 日至 29 日，叶圣陶研究会第五届理事会第八次会议以通讯形式召开。会议通报第五次会员代表大会暨理事会换届方案和出列席人员建议名单，预审拟提交第五次会员代表大会审议的相关文件，提出关于叶圣陶研究会 2021 年至 2025 年工作规划的建议（草案），审议叶圣陶研究会会员登记工作报告，全体理事同意所有审议表决事项内容。

★7 月 30 日，向民政部提交叶圣陶研究会章程修订预审。

★9 月 3 日，根据新冠肺炎疫情防控要求，经教育部社团办批准，叶圣陶研究会第五次会员代表大会以视频会议形式召开，会议全程进行书面记录和视频记录。会议由左延珠同志主持。新当选会长蔡达峰同志作重要讲话。会议听取和审议了第五届理事会工作报告；审议通过了《叶圣陶研究会章程修正案》；听取了开展党建工作的报告；选举了第六届理事会；选举了第六届理事会会长、副会长、秘书长；审议通过了《第六届理事会第一次会议建议方案》。

★9 月 3 日，新当选会长蔡达峰主持召开叶圣陶研究会第六届理事会第一次会议。会议任命了副秘书长和专业委员会主任；审议通过了《叶圣陶研究年刊》编委会名单；讨论通过了《叶圣陶研究会 2021 年至 2025 年工作规划》。

★10 月 13 日，朱一多副秘书长赴单位会员北京神墨文化传播有限公司开展走访调研，神墨教育创始人、总校长、叶圣陶研究会理事李绵军会见了调研组一行。

★10 月 21 日，民政部下发《关于叶圣陶研究会章程核准的通知书》。叶圣陶研究会完成章程核准手续。

★10月28日,《叶圣陶论教材》阅读分享会暨“叶圣陶与中国共产党教材事业”专题研讨会在人民教育出版社召开。专家学者和教师代表三十余人参加了会议。与会人员围绕叶圣陶先生在中国共产党教材事业发展上的主要成就、贡献和学术风范,并结合自己的人生经历和工作、生活实际,回忆和缅怀了叶老深刻的教材思想和卓著的丰功伟绩,并就《叶圣陶论教材》一书出版的学术价值和现实意义分享了各自的切身感受和丰硕收获,总结与提炼了叶老致力于乐教乐学、编排系统有序、坚持生活本位、体现学生需求等的教材编辑出版思想,并对继承与发扬叶老的教材思想,以指导教材编写过程中的选篇、活动设计、教材内容的整合等具体问题作了深入交流和讨论。

★11月,根据《教育部办公厅关于配合开展清理整治部业务主管社会组织违规评选评奖工作的通知》进行自查,无违规情况,并按通知要求分别于6月1日、9月1日、12月1日前完成《教育部主管社会组织评比达标表彰摸排及清理整治情况表》共三次报送。

★12月8日,民政部下发《关于准予叶圣陶研究会负责人备案的通知书》。至此,叶圣陶研究会完成社团换届所有手续。

★12月,按照民政部、教育部的要求,顺利完成叶圣陶研究会年检工作,2020年度年检合格。

编后记

今年是叶圣陶先生从教 110 周年，叶圣陶研究会举办了多项活动纪念圣陶先生为我国教育事业作出的贡献。蔡达峰主席为系列活动致辞：“最重要的是要像叶圣陶先生那样，对‘教师’和‘教育工作’有个明确的定位，把‘教书育人’作为箴言铭刻在心里。”与蔡达峰主席的要求相呼应，本期年刊开设了“纪念叶圣陶从教 110 周年”“教育思想研究”“教育思想实践研究”专栏，阐释圣陶先生教育思想和业绩。“希望各位会员、各位同志以叶圣陶先生为楷模，坚守初心，坚持理想，传承先进教育理念，提升教书育人本领，为努力办好人民满意的教育、加快推进教育现代化作出更大贡献。”蔡达峰主席在致辞中说的这些话，也是本刊的期望。

新冠疫情之下，教育事业受到了直接的冲击，传统的教学秩序被打乱，无论学校、师生还是家长都面临着巨大的挑战，也引发了社会各界对教育的反思。此时，重新认识圣陶先生“教是为了达到不需要教”教育思想具有深远的社会意义和启示作用。《如何实现“教是为了不教”》引导教师关注如何在“不教”“少教”的预设下引导学生自主学习，“将枯燥的应试内容改造得生动、鲜活，把不易理解的知识变得容易掌握，从而调动学生的兴趣和积极性”，收到良好的教育效果。《叶圣陶论家庭教育的主要内容》从子女的人生观教育、行为习惯的养成、情感的激发等方面论述了叶圣陶对家庭教育的认识，对如何当好家长极具示范意义。

1932 年，叶圣陶、夏丏尊等人在《中学生》杂志上初创了“文章病院”栏目，引起文化界、教育界很大反响，各类报刊争相效仿。侯倩、李成晴的《文章病院：近代写作教育史上的文病诊治思潮》回溯了这一绵亘了八十余年的“文病诊治”思潮，为当下的写作教育提供启示。李云龙的《语言认识与文字改革——叶圣陶编审新中国初期教科书时读改思想与实践》，借助叶圣陶日记，还原圣陶先生及教科书编辑同人当时编辑工作的艰辛，对于了解圣陶先生的教材编辑思想和文字改革精神有重要的意义。

本期“文学思想研究”栏目则重点介绍《文心》和《开明国语课本》，这两部作品鲜少被当作文学作品来研究，尤其是后者。《文心》享有“天下之至文”的美誉，在《〈文心〉的读解与欣赏》一文中，商金林教授带领我们从特定的时代和创作背景出发，跟随书中的几个小主人公重新上了一堂堂别开生面的语文课。《开明国语课本》一直被当作教材来研究，可圣陶先生一直将之作为自己的儿童文学作品来看待，叶小沫《爷爷和儿童文学》中娓娓道出圣陶先生心中的珍爱和自豪。《〈开明国语课本〉中的儿童文学》从学术研究的角度分析课本中鲜明的韵律、清浅的语言、鲜明的情感、丰富的想象、纯真的童趣和蕴含其中的审美意蕴，正是圣陶先生作为教师、作家和编辑的多重身份使得《开明国语课本》具有语文教科书和个人创作的双重属性和价值。

叶圣陶先生一生从未离开过教育，弘扬叶圣陶先生的教育思想，育人育己，坚守初心，是叶研会的重大使命，欢迎广大会员踊跃投稿。

来稿请寄：《叶圣陶研究年刊》编辑部
地址：北京市海淀区西三环北路25号青政大厦604室
邮编：100089
电话：010-88818060　　电子邮箱：cbsl@263.net

《叶圣陶研究年刊》编辑部
2022年12月

图书在版编目（CIP）数据

叶圣陶研究年刊. 2022年/左延珠主编. --北京：开明出版社，2022.12
ISBN 978-7-5131-7781-8

Ⅰ.①叶… Ⅱ.①左… Ⅲ.①叶圣陶（1894~1988）—人物研究—2022—年刊 Ⅳ.①K825.6-54

中国版本图书馆CIP数据核字（2022）第220696号

出 版 人：陈滨滨
责任编辑：卓　玥　张慧明

叶圣陶研究年刊（2022年）
主　编：左延珠
出　版：开明出版社
（北京海淀区西三环北路25号　邮编100089）
印　刷：保定市中画美凯印刷有限公司
开　本：710×1000　1/16
印　张：29
字　数：520千字
版　次：2022年12月第1版
印　次：2022年12月第1次印刷
定　价：70.00元

室的名字由“哆来咪”改成了“风雅颂”，专门从事形象歌曲创作。现在，电视台上很多知名品牌的广告歌曲，都是出自陈树之手。

可以这样说，陈树是广告歌曲创作领域里最优秀的词作家。

一路奔跑着寻梦的贫穷青年陈树，终于如同他歌词中所说的：“说到不如做到，要做就做最好！”

一个人做到最好，原因当然包括很多方面，但陈树最看重的是专注与专业。陈树认为：“风雅颂”用对于广告歌曲的专注成就了专业，用专业成就了深度。将近十年的时间里，光怪陆离的乐坛沧海桑田，各种炒作方式层出不穷。陈树则始终坚持一件事：写中国最好的广告歌。

专注，意味着集中精力发展与突破。很多人涉足繁杂的领域，学习了很多知识，其实每一领域的根底都很虚弱，每一领域都没有很强的竞争力。

专注是几乎所有成功者身上的一个共性。专注于某一件事情，哪怕它很小，努力做到最好，就会有不寻常的收获。

有一位陕西农村妇女，小学都没有读完，连用普通话表达自己的想法都不太熟练。因为女儿在美国，她申请去美国工作。到移民局提出申请时，她申报的理由是有“技术特长”。

移民局官员看了她的申请表，问她的“技术特长”是什么，她的回答是“会剪纸画”。之后她从包里拿出剪刀，轻巧地在一张彩纸上飞舞，不到3分钟，就剪出一组栩栩如生的动物图案。

移民局官员连声称赞，她申请赴美的事很快就办妥了，引得旁边被拒签的人一阵羡慕。

这位农村妇女没有其他的能耐，但她有一把别人都没有的剪刀。一个人没有学历，没有工作经验，但只要有一项特长，一处与众不同的地方，就可能得到社会的承认，得到其他人不能获得的东西。

可是在我们身边，许多人往往走入了误区。譬如一些大学生，在校读书期间忙着考这证考那证，证书弄了一大摞。有的人忙着做主持，当模特，业余职业换了一个又一个，但毕业之后却很难找到一份合适的工作。他们失败的原因，就在于在校期间分散了时间和精力，没有专注于某一件事情，结果事与愿违。

北京某品牌设计公司老总，在谈到自己的创业心得时说："术业有专攻，我们应该把我们擅长的事做精、做细。其实其他公司也做得很好，但是我们因为只做了这一项，更专业，分工更细致，客户自然就会想到我们了。"

有人曾向意大利著名男高音歌唱家卢卡诺·帕瓦罗蒂请教成功的秘诀，帕瓦罗蒂每次都提到父亲的一句话："如果你想同时坐在两把椅子上，你可能会从椅子中间掉下去，生活要求你只能选一把椅子坐上去。"

帕瓦罗蒂在回顾自己走过的成功之路时说："当我还是一个孩子时，我的父亲，一个面包师，就开始教我学习唱歌。他鼓励我刻苦学习，练好基本功。当时我兴趣很广泛，有很多爱好和目标——想当老师，想当科学家，还想当歌唱家。于是父亲告诉了我这句话。"

"经过反复考虑，我选择了唱歌。于是，经过七年的不懈学习，我终于第一次登台演出了。又用了七年，我才得以进入大都会歌剧院。而第三个七年结束时，我终于成了歌唱家。要问我成功的诀窍，那就是一句话：请你选定一把椅子。"

人无我有，比的是创意。但创意不用多久就会遭到模仿与复制。这个时候，比的就是人有我精。所谓"精"，是指比别人的好，有深度。怎样才能比别人好，有深度？——专注！用专注成就专业，用专业成就深度。成就事业如挖井，东一揪西一揪，是很难打出一口水源丰富的水井的。

要想在任何一个行业出头，都要有沉浸其中十年以上的决心。人的一生，其实只能做好一件事，也只需做好一件事。

3.脚踏实地才能走得稳

凡事都要脚踏实地去作，不驰于空想，不骛于虚声，而惟以求真的态度做踏实的工作。以此态度求学，则真理可明，以此态度做事，则功业可就。

——李大钊

许多成功的人，都有一个共同的特点，即从零开始，脚踏实地。成功没有捷径，只能靠自己一步一步踏踏实实地去做。对于那些年少轻狂，踌躇满志，手握各式文凭证书，想要大展宏图的人来说，这恰恰是难以忍受的。

先来看一个故事。

20世纪70年代初，麦当劳看好中国市场。其总部决定先在当地培训一批高级管理人员，他们选中了一个著名的年轻企业家。通过几次商谈，人选还是没有定下来。最后一次谈判，总裁要求该企业家带他的夫人过来。

在商谈的最后关头，总裁问了一个出人意料的问题："如果我要你先去洗厕所，你会怎么想？"他被这突如其来的一问打懵了。好在他旁边的夫人打破僵局："没关系，我老公在家里经常洗厕所。"就这样，他通过了面试。

令人意想不到的是，第二天一上班，总裁真的安排这位企业家去洗厕所，并尾随其后观察。直到后来他当上了高级管理人员，看了麦当劳总部的规章制度才知道，原来麦当劳训练员工的第一课就是洗厕所，连总裁也不例外。

麦当劳的经理都是从零开始的。脚踏实地，从头做起，是在麦当劳取得成功的必要条件。虽然很多新人难以做到，但那些在公司干了6个月以上的人，后来都成了麦当劳公司的忠诚雇员。麦当劳认为，如果你没有经历过各个阶段的尝试，没有在各个工作岗位上亲自实践，你又如何以管理者的身份对他们进行监督和指导呢？

有一位老教授回忆了他一生的工作经历："在我多年来的教学实践中，发现有许多在校时资质平凡的学生，他们的成绩大多在中等或中等偏下，没有特殊的天分，有的只是安分守己的诚实性格。这些孩子走上社会参加工作，不爱出风头，默默地奉献。他们平凡无奇，毕业分手后，老师和同学都不太记得他们的名字和长相。但毕业后几年、十几年，他们带着成功的事业回来看望老师，常常会让我们这些老师们感到惊讶。而那些原本看来会有美好前程的孩子，却一事无成。这是怎么回事？

"我常与同事一起琢磨，认为成功与在校成绩并没有什么必然联系，但和踏实的性格密切相关。平凡的人比较务实，比较能自律，所以许多机会都会落在这种人身上。平凡的人如果加上勤奋这个特质，成功之门必定会向他大方地敞开。"

谁都希望能得到上司的重用，都希望上司能把最重要的工作交给自己完成，但并不是所有人都能成为上司眼中的红人。一般来说，那些脚踏实地工作的人，更容易得到上司的青睐；那些眼高手低，不能踏实工作的人，即使有较强的能力，也很难得到重用。因为"不脚踏实地"往往与"不可靠"联系在一起：公司一方面担心他们不具备过硬的业务能力，另一方面又担心他们会泄露公司秘密。

李嘉诚说："不脚踏实地的人，是一定要当心的。假如一个年轻人不脚踏实地，我们使用他就会非常小心。你造一座大厦，如果地基打不好，上面再牢固，也是要倒塌的。"

松下电器创始人，被誉为日本"经营之神"的松下幸之助，年轻时曾经在一家电器商店当学徒。同时在这家店里帮工的，还有另外两个学徒，他们都是同时进入这家商店的。开始时，三人薪水很低，另外两个学徒时常发牢骚和抱怨，对工作日渐马虎起来。

松下以前从来没有做过电器方面的工作，面对那么多的电子产品，他明白了自己的无知。他每天都比别人晚下班，用这些时间阅读各种电子产品的说明书；其他两个同事外出休闲的时候，他参加了电器修理培训班。松下花了大量的时间学习电器知识，他决心用学习让自己成为这方面的行家。此时，他的两个同事却因为这些表现而嘲笑他，但这一切都无法阻止他继续学习。

通过不断努力，松下终于从一个对电器一窍不通的学徒，变成了一个能够给顾客清楚明了地讲解电器知识的专家，并且还可以自己动手修理和设计电器。这一切努力都没有白费，店主将这一切都看在眼里，对松下的这种学习精神非常赏识，不久便将他由普通学员升为正式员工，将店里的很多事情都交给他处理。这为松下以后的创业打下了坚实的基础。

与之相反，他的两个同事最后因为一直没有进步，最终被解雇了。

相比另外两个同事总是牢骚抱怨，好高骛远，最终被开除，松下一步一个脚印、踏踏实实的工作精神，为他赢得了提升职位的机会，也为他以后的职业发展道路夯实了基础。

"不以善小而不为"。职场中，不要小看自己份内的任何一件事，即便是最普通的小事，也应该脚踏实地去完成。小任务顺利完成，有利于你成功把握大任务。一步一个脚印地向上攀登，就不会轻易跌落。通过工作获得力量的真正秘诀，就蕴藏在其中，这种力量会成为你成功的资本。

不积跬步无以至千里，不积小流无以成江海。想要成就一番功业，就需要付出坚强的心力和耐性，运气不会永远光顾好高骛远的人，想凭侥幸和运气夺取丰硕的果实，只能是白日做梦。脚踏实地，才能走得稳健。

4.比别人做得多一点

哪里有天才！我是把别人喝咖啡的功夫都用在工作上了。

——鲁迅

美国经济大萧条时期，一位富有的面包师把城里最穷的20个小孩召唤来，对他们说：“在上帝带来好光景以前。你们每天都可以来拿一条面包。”

每天早晨，这些饥饿的孩子们蜂拥而上，围住装面包的篮子，你推我攘，因为他们都想拿到最大的一条面包。等到他们拿到了面包，顾不上向好心的面包师说声谢谢，就慌忙跑开了。

只有格琳琴，这位衣着贫寒的小姑娘，既没有同大家一起吵闹，也没有与其他人争抢，她只是谦逊地站在一步之外，等其他孩子离去以后，才拿起篮子里剩下的最小一条面包。她从来不忘记亲吻面包师的手以表示感激，然后才捧着面包高高兴兴地跑回家。

有一天，别的孩子走了之后，羞怯的小格琳琴得到一条比原来更小的面包。但她依然不忘亲吻面包师，并向他表达真诚的谢意。回家以后，妈妈切开面包，发现里面竟然藏着几枚崭新发亮的银币。

妈妈惊奇地叫道：“格琳琴，立即把钱送回去，一定是面包师揉面的时候不小心掉进去的，赶快去，把钱亲自交给好心的面包师！”

当小姑娘把银币送回去的时候，面包师说：“不，我的孩子，这没有错，是我特意把它放进去的。我要告诉你一个道理：谦让知礼的人，上帝会给予他幸福。愿你永远保持一颗宁静、感恩的心。回家去吧，告诉你的妈妈，这些钱是上帝的奖赏。”

小姑娘比其他孩子多付出的，只不过是一个感恩的亲吻，却因此得到了面包师的赞赏。肯付出的人是有福的人。比别人多做一点，你会收获更多。

大学毕业生张吉和杜明，同时被招聘到某物流公司。张吉按部就班，认认真真地完成经理交办的每项工作，从没有出什么差错，他自己也比较满意。

杜明却并没有自我满足。在工作中，他不断地学习运输行业的有关知识，很快提高了独立解决问题的能力。

在对客户的分析中，他发现某一地区的货物运输常有滞期现象，分析发现多是由于修路原因造成。于是，他通过电脑交通网络，对那个周边地区各交通干线的路况进行了一系列的调查摸底，并每天列出一份动态的路况交通图送给经理参阅。

就是这份动态的路况图，对公司的货物运输起到了非常重要的疏导作用，不但缩短了有效运输时间，而且减少了因堵车、绕行产生的运输费用，杜明受到公司领导的重视和奖励。

当然，3个月后，公司继续聘用的是不断进步、能力不断提高的杜明。

要想成功，就要“比别人多会一点，比别人多做一点”，修炼一身能够驱动自我的“好功夫”，不遗余力地展现自己的努力，最大限度地激发自己的潜能，让自身不断升值。多会一点，多做一点，是现代社会对每一位员工的要求，也是一个人在职场成功的秘诀。这样的员工是老板的宝贵资产，何愁不被重视呢?

有时，在工作中我们不必比别人多做许多，只需要一点点就已足够!就是这多做的一点点，会让你取得明显的成绩，会让别人对你刮目相看。多做一点，你会从乏味的工作中体会到一种前所未有的愉悦，这种快乐是没有任何词藻能形容的，只属于你自己。做一个简单的人，坦诚地展现自己的能力与才华。保持“每天多做一点”的工作态度，定能使你从人群中脱颖而出。

人生没有可供驻足的港口，你脚下的位置，永远是下一段旅途的出发点。无论何时何地，只要创造就会有收获；只要有自强不息的进取精神，就能证明生命的存在；只要我们在平凡的岗位上坚持“每天多做一点”，就能打开比别人更宽广的世界。

5. 学会控制自己的情绪

自我控制是强者的本能。

——萧伯纳

人们总以善变的六月天来形容成小孩子的脸，可见翻脸像翻书的人，总会给人不成熟的印象。很多二十几岁的年轻人，在为人处世方面就表现得不够成熟。谈话谈得投机，恨不得把心都掏给对方；一旦遇到不顺心的事，就变得像个打足了气的皮球一样，一碰就爆炸。

人们的情绪化行为，从心理学角度来看，表明一个人心理发展存在障碍，让人变得缺乏理智，不成熟，甚至有时会造成不堪设想的后果。

每个人的情绪都会波动变化，这是不可避免的，但是年轻人应该学会控制自己的情绪。千万不要因为年轻气盛，做出让自己后悔的事情来。情绪化对生活的负面影响比你想象的还要大。

公司要裁员，内勤部的张晓和林静出现在裁员名单中，公司规定一个月后离岗。宣布消息那天，大家看她俩都小心翼翼的，不敢和她们多说一句话。她俩的眼圈也是红红的，这事搁在谁身上都难受。

第二天上班，张晓的情绪仍很激动。有同事想劝她几句，她都怒气冲冲的，像吃了一肚子火药，谁跟她说话就向谁开火，同时开始说领导的坏话。以前她负责为办公室员工订盒饭，传递文件，收发信件，现在也懒得去管了。同事们看她一副要吃人的样子，也就不再分派她工作。

裁员名单公布后，林静哭了一个晚上，第二天上班也无精打采。可是打开电脑，拉出键盘，她就把工作以外的事都抛开了，和以往一样勤恳地工作。林静见大伙不好意思吩咐她做什么，便特地跟大家打招呼，主动揽活。她说，是福跑不了，是祸躲不过，反正都这样了，不如干好最后一个月，以后想干恐怕都没机会了。林静仍然勤奋地打字、复印，随叫随到，跟同事们仍然谈笑风生。

一个月满，张晓如期下岗，而林静却从裁员名单中删除，最终留了下来。当时办公室主任当众传达了老总的讲话:“林静的岗位谁也无法替代！林静这样的员工，公司永远不会嫌多！”

正是由于林静善于控制自己的情绪，才为自己迎来了“柳暗花明又一村”。

情绪的好坏是由自己掌握的：若以积极的心态去看问题，你就是快乐的；若以消极的态度去看问题，你就是悲伤的。快乐与不快乐，往往取决于人的自我调节。

有一位企业家素以行事稳健著称，即便每天身处瞬息万变的商场，他也几乎没有犯下过什么致命的大错，所以他经营的公司也就日渐成长。

几年后，他就要退休了。在荣退茶会上，记者问他这几十年来的成功秘诀，他只笑笑说:“其实我没什么特别的秘诀，我之所以能顺利，是因为我懂得在愤怒的时候少说话，少做决定，所以我不容易坏了大事。”

短短的几句话，给当天在场的人上了重要的一课，也给今天的我们带来了启发：突如其来的变化和打击，往往会引发消极的情绪，学会控制自己的情绪，才不会让事情发展得更坏。

当你生气、发怒的时候，通常是怎么做的呢？下面几个方法，可以帮助你有效地控制自己的愤怒情绪。

第一、回避。愤怒时，要记住：闭嘴，不动。因为你的任何一句话，或一个小举动，都会让事情变得更糟。你需要做的就是回避，找一个安静的地方自己待着。比如，当你与同事或上司发生了争执，满腔怒火的时候，可以先到外面抽一支烟，或是倒一杯开水。几分钟后，等你再次回到办公室，也许你的想法会有所改变，至少不会像刚才那样冲动。

第二、冷静。愤怒是一个人的自然反应。当人们面临危险或者压力时，很容易产生愤怒的情绪。然而越是愤怒，越需要冷静。冷静地思考你发怒的目标是否正确？即使目标正确，发怒能否解决问题？你的怒气会不会反而伤害了自己？如果不去控制，会造成什么样的结果？

第三、调节。遇到不愉快的事，应多从好的、积极的方面去想，尽量做到笑对痛苦，保持豁朗的情怀。对人对事，不要总抱着过高的期望，合理地调整自己的心态，有助于走出困境。当然，换个环境，也能起到调节情绪的作用。当你受到不良情绪的影响，感到压抑时，不妨到外面走一走，看看周围的美景。大自然的美景能够旷达胸怀，对于调节人的心情有很好的效果。

第四、合理发泄。有怒气在心中，为了不造成糟糕的后果，就必须始终压抑在心里吗？当然不是！在一些不能发泄的场合，我们是需要压抑不良情绪的，但是长期压抑也会导致心理不健康，这时我们就需要给心中积攒的坏情绪找一个出口，让它们适当地发泄出来——就像扔垃圾一样，把它们扔得远远的。发泄情绪的方法有很多，比如大哭一场，找知心朋友倾诉，发发牢骚，唱欢快的歌，拳击、跑步等。

人有七情六欲，偶尔有点儿情绪在所难免，但我们绝不能任由情绪泛滥。当面对难以接受的事实或咄咄逼人的对手时，我们必须学会控制自己的情绪，以平和成熟的心态来对待，这样可以增加你的魅力，也会使你更加成功。

6.凡事摆正心态

我们这一代人最重大的发现是：人能改变心态，从而改变自己的一生。

——威廉·詹姆斯

三个人砌墙，有人问他们在做什么。第一个人没好气地说：“砌墙，你没看到吗？”第二个人笑了笑，说：“我们在盖一幢高楼。”第三个人笑容满面地说：“我们正在建设一座新城市。”10年后，第一个人仍在砌墙，第二个人成了工程师，第三个人则是前两个人的老板。同样的起点，不一样的终点，这就是心态的力量。

人生的成功或失败，幸福或坎坷，快乐或悲伤，有相当一部分原因是由人自己的心态造成的。

有这样一个故事。

有位老太太找了一个油漆匠到家里粉刷墙壁。油漆匠走进她家里，发现她的丈夫竟然双目失明，顿时流露出怜悯的目光。可是男主人开朗乐观，所以油漆匠在那里工作的几天里，他们谈得很投机，油漆匠也从未提起男主人的缺陷。

工作完毕，油漆匠取出账单，老太太发现比原来谈妥的价钱打了一个很大的折扣。她问油漆匠：“怎么少算这么多呢？”油漆匠回答说：“在你们家工作的这几天，我跟你的先生相处得很愉快，他对人生的态度，使我觉得自己的境况还不算很糟糕。减去的那一部分，算是我对他表示的一点感谢，因为他使我不再把工作看得太苦！”

油漆匠对这位太太的丈夫的推崇，使她留下了眼泪。因为这个慷慨的油漆匠，自己也只有一只手。

不易改变的是这个世界，可以改变的是你的心态。面对同一扇门，有人悲观于门内的黑暗，有人乐观于门内的宁静；有人悲观于门外的风雨，有人乐观于门外的自由。悲观与乐观，不同的心态，却是两种心境，两种结果。

一位哲人说过，态度就像磁铁，不论我们的思想是正面的还是负面的，我们都受它的牵引。而思想就像轮子一般，使我们朝特定的方向前进。虽然我们无法改变人生，但我们可以改变人生观；虽然我们无法改变环境，但是我们可以改变心境。只要能以乐观的态度对待命运，就不会再畏惧命运难以琢磨。

正如一位德国纳粹集中营的犹太人幸存者所说的那样："在任何特定的环境中，人们都能够保有一种最后的自由，那就选择自己的态度。我们可以选择自己的任何一种心态，只要你愿意。"

一个人，如果要开创成功的事业，就要抱着必胜的心态去奋斗。当我们对事物产生怀疑时，只有一个信念可以帮助我们，那就是——期待最好的结果。

欧洲的两个推销员要到非洲去推销皮鞋。由于天气炎热，非洲人一直都是赤着脚。第一个推销员看到非洲人这个样子，立刻失望起来，他想：这些人都赤着脚，怎么会买我的鞋呢？

另一位推销员看到非洲人都赤着脚，则不禁惊喜万分。在他看来，这些人都没有鞋子穿，那岂不是有很大的市场空间。于是他想了很多办法，引导非洲人购买鞋子，最后他自然是满载而归。

不同的心态，会导致的不同结果。同样是非洲市场，同样面对赤脚的非洲人，由于不同的心态，一个人失望而归，而另一个则满载而归。

在我们的日常生活中，之所以平庸的人占大多数，其主要原因就是心态没有摆正。一碰到问题，有些人总是选择最消极的处理办法，宁肯从原来的地方倒退，也不敢去冒险，生怕一步走错，使自己陷入失败的深渊。成功者却正好相反，他们遇到困难时总是保持着积极的心态，期待乐观的结果，于是他们便尝试一切可能，不断前进，直至走向成功。

成功的钥匙其实掌握在我们自己的手中。成功需要积极的心态，我们究竟能飞多高，很大程度上是由我们自己的心态决定的。

7.爱思考的脑子才灵活

学习知识要善于思考，思考，再思考。我就是靠这个方法成为科学家的。

——爱因斯坦

思考是一个人获取知识的强大工具。如果不勤于思考，即使读再多的书，书中的知识也不会转化为我们自身的宝藏。二十几岁的年轻人，正处在汲取知识，积累阅历的最佳年龄。如果不具备一定的思考能力，对成长和发展会非常不利。

有位哲学家说过：“这个世界从来不缺少会干活的人，缺少的是会思考的人。”的确，对每个人而言，思想都是非常重要的，没有思想的人，很难走出自己的风格。要真正走出一条自己的道路，就必须拥有自己的思想，必须善于思考。

现在很多年轻人缺少思考的能力，看待任何事都无法形成自己的观点，只会踩着别人的脚印走。相应地，对事情的理解也会流于表面，想法总是带有局限性和片面性。

年轻人要成就大事，首先得学会思考，思考你的事业，思考你自己，向自己问问题。在开创事业的过程中，不断地思考，思考自己所做过的、正在做的和将要做的事情；不断地向自己提出问题，看一看哪些是需要弥补的不足之处，哪些是应该改正的错误之处，哪些是该向人请教的不明之处……唯有如此，才能不断进步。

我们从小就知道这样一个故事：

从前，一个年轻的英国人在家里的农场度假休息。他仰卧在一棵苹果树下，正在思考问题，这时，一只苹果落到了地上。

“苹果为什么会落到地上呢？他问自己。地球会吸引苹果吗？苹果会吸引地球吗？它们会互相吸引吗？”这里面包含着什么样的原理呢？

这位年轻人就是牛顿。他用思考的力量，获得了一项极其重要的发现——万有引力定律。牛顿正是善于向自己提问，才发现了万有引力定律。

任何刚开始创业的青年人，都要养成这个最有价值的习惯——在做决定之前，对自己多发问。发问给了我们一次整理自己思绪的机会，可以避免很多失误的发生。这个过程看起来虽然简单，但在处理问题的实际过程中，往往会收到奇效。就像某些优秀演员的习惯一样，虽然他们可能早已吃透了自己扮演的角色，但是在开幕之前，仍会迅速地把剧本过一遍，思考接下来该如何表现。

一个成功的推销员曾说，他的成功源于他颇为自豪的习惯，这个习惯就是勤于思考，多问自己几个“为什么”。

“我甚至还想出一个秘诀来养成这个习惯。”他说，“去拜访顾客之前，我一定要先静下心，喝杯咖啡，擦擦皮鞋。这样一来，在我真正踏入客人办公室之前，还有最后一个思索的机会——如何表现自己。所得到的效果好极了！除了能从容地应付对方所提的问题外，还使我推销了很多东西。”

我们说，无论所做决定重大与否，一定要在决定之前给自己时间去思考，多对自己发问。要养成这样一种习惯：不要等问题出现后才察觉它，要通过思考向自己提出问题，只有这样，在将来的发展中，出现问题的概率才会降到最小。

积极思考是现代成功学非常强调的一种智慧和力量。善于思考，对于任何想成功的人来说，都是一种必备的素质。不喜欢思考，我们与成功者思想之间的差距就会越来越大。技术可能会被淘汰，知识可能会被遗忘，但思考的能力却无法被剥夺。

请将思考培养成一种习惯，只有这样，在人生的长河中，我们才能够抓住更多的机遇，迎接更多的挑战。当思考成为了我们的习惯，成功也将随之而至。

8.现在就去做的习惯

人生来是为行动的，就像火总向上腾，石头总是下落。对人来说，一无行动，也就等于他并不存在。

——伏尔泰

有人喜欢做计划，对未来的想法总是层出不穷。虽然计划很重要，但计划并非行动，也无法代替行动。如果你只计划而不行动，那么再好的计划也无用武之地。就如同打高尔夫球一样，如果没有打过第一洞，便无法到达第二洞。生活中，没有任何一件事无需行动就能自动完成。没有行动，什么都不会发生。

常常出现这样的情况：有人提出了一个很好的计划，所有人都觉得前途光明，可最终却没能实现，不了了之。这是因为，人们常在应该说“我现在就去做，马上开始”的时候，却想着“我将来有一天会开始去做”，可这“将来”的一天，却始终没有到来。如果你时时想到“现在”，就会完成许多事情；如果常想“将来有一天”，那就一事无成。“现在”这个词对成功的妙用无穷，而“明天”、“以后”、“将来某个时候”，往往就是“永远做不到”的同义词。

拿破仑时期，曾有个很有才气的教授想写一本传记，为了这一目标，教授专门研究几十年前某个让人议论纷纷的人物的轶事。这个主题又有趣又少见，真的很吸引人。这位教授知道得很多，文笔又很生动，这个计划注定会替他赢得巨大的成就、名誉与财富。

一年过后，拿破仑·希尔碰到他时，无意中提到他那本书是不是快要大功告成了。他的回答让人大吃一惊。老天爷，他根本就没写，他犹豫了一下子，好像正在考虑怎么解释才好。

最后他终于说，他太忙了，还有许多更重要的任务要完成，因此自然没有时间写了。事实上，他一想到写书多么累，是多么巨大的一个工程，就觉得还是应该找个好时间再开始写。结果，就一直没有找到这个“好时间”。

教授这样的想法，其实是把一个很好的计划埋进了坟墓里。

人做事常常会缺乏开始的勇气。但是如果你鼓足勇气开始做了，就会发现你已经跨越了成就一件事最大的障碍。万事开头难，有勇气下决心开了头，再往下做就会顺理成章。

自我激励法有一句警句：“现在就去做！”这是一句有魔力的句子，它会带给你无穷的力量。自我激励的秘诀就是“行动”。无论何时，只要“现在就去做”这句话出现在你的脑海中，你就应该立即行动。

平时就要养成自我激励的习惯，时刻提醒自己“现在就去做”。对需要付诸行动的事情做出有效的反应。这样，一旦发生了紧急事件，或者当机会不期而至时，你就能及时作出反应，立即行动起来。

假如你有一个应该打的电话拖延着没有去打，告诉自己“现在就去做”，你就会立即去拨打电话。假如你的闹钟定在早上6点，当闹钟闹响时，你睡意仍浓，也请告诉自己“现在就去做”，你就会立刻起床，不再睡懒觉。

“现在就去做”，这个习惯可以影响你生活的方方面面，既能督促你去做你不想做而又必须做的事，也能使你的美好计划变成现实。它能帮助你抓住宝贵的时机，这些时机一旦失去，就不会再回来。

一个勤奋的艺术家，不会让任何一个灵感溜掉。当产生了新的灵感时，会立即把它记下来，即使是在深夜，他也会这样做。这个习惯毫不费力，就像是想到一个令人愉快的念头时，不自觉地笑一下一样自然，但这却是艺术创作的来源所在。

许多人都有拖延的习惯。这种习惯会导致你出门误车，上班迟到，也可能导致你失去改变人生的良机。历史上不乏由于耽搁了行动良机而导致整个战役失败的例子。如果不想做个“明日复明日”的失败者，请你记住自我激励的警句：“现在就去做！”

哪怕只是想告诉一位远方的伙伴你很想念他，也请现在就拿起手边的电话打过去吧。如果有“以后”想做的事，现在就去做！“等一下”只会让你离目标越来越遥远。

第6章

时间，你已浪费不起

哈佛大学图书馆的墙上写着一句话：“你所浪费的今天,是昨天死去的人奢望的明天；你所厌恶的现在,是未来的你回不去的曾经。”

很多二十几岁的人，常常以为自己还很年轻，很多事情可以等到合适的时候再去做。但是到了30岁又常常追悔，好多应该在二十几岁做的事却没有做。我们总是要等到失去了以后才知道珍惜，才知道20～30岁这十年是多么宝贵的一段时间。

1.不要以为自己还年轻

如时光可以倒流，世间上将有一半的人成为伟人。

——内德·兰赛姆

有位妈妈“投诉”她大学刚毕业的儿子：孩子每天都躲在卧室，全神贯注地享受电脑游戏带给他的快感，两耳不闻窗外事，即便是曾经最喜欢的宠物狗，他都不愿多看一眼。此时的他，本应该有很多更重要的事情需要去做。

“你一辈子都待在这间十平米的房子里，能找到一份称心如意的工作吗？”

沉浸在虚拟世界中的男孩满不在乎地说：“妈妈，你不用担心，该工作的时候我会去工作的。现在，请你离开我的视野！还有那只讨厌的狗！”

他看上去自信潇洒，就像很多已经二十几岁的人一样毫无危机感：到时候我会努力的，但现在不需要。他们说：“既然那张椅子还不属于我，就让我先玩个够吧！”

你觉得你还年轻，你刚从大学毕业，马上就要获得自由。十几年的学海生涯，你每天都在沉重的压力下度过，将来还要成家立业，生儿育女，要背负一个家庭的责任，成为时刻神经紧绷的房奴。如此看来，似乎只有在20～30岁的时候，你才可以拥有属于自己的时间——没有婚姻和家庭的压力，真是一个黄金时代！你会产生这样的念头：人生已经如此艰难，不如趁现在多玩一天是一天吧！

殊不知，人生最重要的就是这个阶段。此时的每一天对你都很重要，你要为今后的人生道路做好充分准备——我想做什么，我该怎么做，我还缺什么，我需要怎样的机会，如何结识那些对我有帮助的人？

如果你缺乏这样的心理准备，即便现在活得很舒适，感觉不到有什么风险，实际上却是掉进了温水煮青蛙的陷井。

一个人的命运，取决于他的思想认识和人生态度。如果人可以重新活一次，他会依照成熟的、经历了社会检验的阅历重新选择人生，会少走不少弯路。正因如此，我们要自省，不要以为自己还年轻，就可以整天无所事事。似水流年，时光常常在不经意间逝去，不要等到自己垂垂老矣，才发现已虚度了最美好的时光。

每个人对自己认识得越早，越清晰，行动就越容易有针对性，人生才越趋向圆满。一个人人生所能达到的高度，与其在成长期与探索期，即30岁之前所做的努力和尝试有很大关系。如果这个阶段能够很好地认知自己和社会，那么30岁之后的运行曲线就会更加合理，在以后的人生发展中，取得的成就和达到的人生高度，也就远远高于一般人。

年轻时对自己认知得越充分，对社会现实了解得越深入，接触体验社会的机会越多，所能到达的顶点就越高，越容易成就一番伟业——因为在相同的生命阶段，你用同样的时间，获得了比他人更多的社会体验。

早点认知自己和社会，早点开始自己的人生计划，提前准备节省下来的时间，赋予你的优势将是未来任何付出都无法比拟的。

TIPS：这十年是黄金时段

20~30岁是人生当中最重要的时期，是最关键的黄金十年，人生中许多重大决定和选择，都是在这十年间完成的。

这十年，是我们踏入社会的起步阶段，是职业生涯的开端。不管是上大专和本科，20岁左右，首先要面临的问题就是毕业后的就业大关。完成学业，真正踏入社会，开始自己独立承担生活的压力和挑战。职业起步对一个人的职业生涯的影响是非常深远的，如果这个时候没有开好头，会给以后的职业规划带来麻烦。

这十年，决定着我们人生的雏形，也是人生最迷惘，最容易走错的时候。面对诱惑，选择，站在一个个人生的十字路口，我们都会不止一次地彷徨失措，所有的纠结、困惑、失落、迷茫都会在这十年中显现出来。这十年里，你也许会遇到职业调整、岗位调整，甚至需要重新选择行业。这些都关乎未来的发展，牵一发而动全身，几乎每一个决定都可能左右人一生的命运。有的人不断调整自己以适应现实，一步步接近自己的理想。有的人转换思路，改变了初衷，有了新的打算。但是不管怎样，只要不放弃为理想奋斗的动力，就是成功的人生。

这十年，是我们人生储备、酝酿、积累的时期，是实现人生理想的关键时期。这个时期，应该注意在工作中逐渐完善个人品格和习惯，也要逐渐学会接受现实，学会面对生活的难题。现在就给自己一个清理思想的空间，为每一天的每一件事情做好规划，脚踏实地地走好这十年的每一个瞬间。点滴都要斟酌，点滴都要仔细，用这十年来储备足够的能量，以便让自己在30岁以后走得更远。

二十几岁的我们腰身还单薄，双肩尚稚嫩，但是我们不能因此放弃对自己和未来的责任。哪怕前路崎岖，我们也应努力前行，等到30岁以后，微笑着回首来路时，我们就会发现自己勇敢面对过，认真选择过，才能不留人生遗憾！

十年，只是转瞬即逝的瞬间，却是改变一个人命运的黄金时期。如果在最能决定自己命运的时刻不去好好把握，那你还要等到什么时候呢？算。但是不管怎样，只要不放弃为理想奋斗的动力，就是成功的人生。

2.生活没有如果

当我们为一去不复返的青春叹息时，我们应该考虑将来的衰老，不要到那时为没有珍惜壮年而悔恨。

——拉布·吕耶尔

外国某家杂志曾对全国60岁以上的老人进行了这样一次问卷调查：你最后悔什么？问卷列出了十项人们生活中容易后悔的事情，供被调查者选择。

相关人员对收回的有效问卷进行统计之后，得出了以下分析结果。

第一名：后悔年轻时不够努力，导致一事无成。

75% 的受访者选择了这一项。

少壮不努力，老大徒伤悲。青春的大好时光总是流逝得飞快。在青春岁月里，年轻人常常遇到很多诱惑甚至陷阱，当你猛然醒悟时，也许华发早生，只能悔恨自己一事无成。

多数人都遵循一种从众的生活态度，别人学习他也学习，别人工作他也工作，别人娱乐他也娱乐。自然地，他也不可能比别人得到的更多。要想得到别人得不到的东西，就需要付出别人不愿意付出的努力，尤其是在你年轻的时候。

为了避免年老悔恨，趁着你有时间、有精力、有体力去努力的时候，赶快制订一个切实可行的计划，然后坚持不懈地去一步步完成它吧！如果你能持之以恒，你终会获得成功。

第二名：后悔在年轻的时候选错了职业。

70% 的受访者选择了这一项。

许多人在选择职业时，考虑的第一因素就是稳定的收入和安稳舒适的生活，不太愿意面对那些具有挑战性的工作机会。没有了压力，自然就缺

3.积极主动为自己争取

你要追求工作，别让工作追求你。

——富兰克林

许多人总是习惯等待，等待机遇降临，等待贵人帮助，等待大好形势到来……事实上，机会从来不是等来的，而是自己积极主动争取来的。

有一位毕业生给某家公司的老总写了一封激情洋溢的求职信，信中不但表达了对该公司、该领导的景仰之情，还分析了该公司在市场上的发展前景以及需要改进的地方，之后这位毕业生被该企业录用，后来很快晋升为市场部部长。

虽然很多毕业生跟这个年轻人一样有才华，甚至比他更优秀，但是他们往往不愿主动去寻找机会，而是被动地等待别人来发现自己。不要以为自己还年轻，有才华，因此就不需要这么积极。要知道，在竞争的社会里，如果你不主动，你就是落在后面的那一个。

很多人从小习惯了事事听从父母和老师的安排，养成了被动的习惯。但是在今天这个社会快速发展的时代，如果想要发挥出自己最大的潜能，每一个有进取心的人，都要努力从被动转为主动。只有积极主动，才能找到真正的“自我”，才能让自己在成功的道路上走在大多数的人的前面。

某集团打算招聘一位技术主管。在众多求职者中，甲先生、乙先生脱颖而出，两人在知识、技能和能力方面都很接近。

正当公司犹豫录用哪一个更合适时，两天之后，乙先生主动给公司的人力资源部打了一个电话，并寄来了一封信，信中表达了他对这家集团的向往，以及他为什么认为自己是合适的人选，此外还有他已经发表的论文、老师的推荐信和他希望来公司工作的规划设想等。

接到乙先生的电话和信件后，公司很快做出决定：录用乙先生。尽管乙先生就读的学校不是中国最有名的学校，但他积极主动的自我推销精神，使他在求职的过程中最终胜出。

积极主动是一种极其珍贵的素质，它能使你变得更加敏捷能干。如果你想有好的人际关系，你就必须选择主动问候；如果你想得到晋升的机会，你就必须主动争取任务；如果你想提高自己的演讲能力，你就必须主动发言。记住，除了你自己，没有人可以阻挡你。主动起来，一切将变得更加容易。消极的人总是难以取得成功。

虽然说积极的态度并不是事事成功的保证，但态度会改变一个人的精神面貌。

消极的人允许甚至期望环境控制自己，喜欢一切听别人的安排。在这样的情况下，他不可能拥有掌握自己命运的能力，因此很难走向成功；相反，积极的人总是勇敢地做决定，勇敢地面对挑战，因此他们的成功是指日可待的。消极的人总是处在过去种种失败与困惑的阴影里，积极的人总是用最乐观的精神，把命运牢牢地握在自己手中。

每一个年轻人都要拥有一颗积极、主动的心，要善于规划和管理自己的事业，为自己的人生做出最恰当的选择。没有人比你自己更在乎自己的事业，没有什么比积极主动的态度更能体现你的价值。

“积极主动”的含义不仅限于主动决定并推动事情的进展，还意味着必须为自己负责。对承担的任务负有责任，对未来的幸福负有责任，对社会、对所处的环境负有责任，这样一个对生活怀有责任心的人，怎会不积极主动起来！

4.掌握人生从管理时间开始

合理安排时间，就等于节约时间。

——培根

企业管理专家马可·麦西尼曾说过一个小故事：想象有一个户头，每天存进 86400 元随意让你使用。不过每天晚上 12 点以后，不管你有没有花完，户头都会自动归零。隔天又存入 86400 元，如此周而复始。

若这个户头是你的，你会怎么做？一定是想尽办法，充分利用每一元钱，甚至会想办法把这些钱转投其他资产。

事实上，如果每个人真的有这样一个户头，只不过存的不是金钱，而是时间。每天存进 86400 秒，只能提取，不能增加，如果不使用就自动归零，那么你知道该怎么做了吗？

时间就是金钱，每个人的时间都有相应的价值。然而许多人在创造财富时，却未考虑到这一点。无论你从事什么职业，时间都是你最应善加管理的东西，是你计划、安排的对象。确切地说，时间就是你获取收益支付的最大成本。

常听到有人抱怨："只要我有更多的时间，我就会……"当问及人们最缺少什么东西，回答可能是多种多样的：金钱、爱情、假期、家庭生活、更好的教育，等等。若再向他们发问，如何才能得到你所期望的东西，答案却是惊人的一致："我需要更多的时间！"

无论是一个人，还是一个团队，能否在事业上取得成功，关键取决于能否管理好时间。在国外，很早就出现了时间管理学，并且这门学问现在已经发展到了第四代。

最高深的管理学，就是管好自己。托马斯·爱迪生说："世界上最重要的东西是时间。"美国著名管理大师杜拉克说："不能管理时间，便什么也不能管理，时间是世界上最短缺的资源，除非严加管理，否则就会一事无成。"日本索尼公司创始人盛田昭夫说："如果你每天落后别人半步，一年后就是一百八十三步，十年后即十万八千里。"

时间一旦浪费掉，就无法追回，就是永远的失去。只有学会科学地把握时间，追求效率，才能在有限的时间内做完应该做的事情，你的人生才能井然有序，否则只能杂乱无章，疲于应付。

竞争力，实质上就是能比其他人更快更好地完成任务。人生最大的成功，就是在最短的时间内达到最多的目标。一个人之所以能够成功，是因为他在同样的时间内做了与别人不一样的事情，是因为他会管理时间，能充分利用时间，提高了工作效率。

有许多人仍然每天都在浪费时间，不知道自己的目标在哪里，也没有好好规划如何更好地利用时间。也许你的确比别人聪明，可是成就却不如别人，如果出现这种情况，你就要问一下自己：为什么不能跟别人一样成功。答案就是——你不懂得如何使用时间。

一位心理医生遇到一位咨询者。

这位访客是一家公司的普通职员，他每天都在想：这件事要做，那件事在等着完成……直到快要疯了，只好跑去找医生求助。

医生听完访客的叙述，了解到解决之道是必须先改变他的生活方式。因此医生向访客提供了一个建议：假日必须休息，工作之外也要有一样自己的嗜好。那人遵照医生的建议，就去参加之前就想掌握的汽车驾训班。

汽车驾训课程自下午七点开始。说也奇怪，本来每天都要做到下午八点才能做完的工作，那人竟然都赶在下午六点前处理完毕了。

后来那位职员告诉医生："那时候我认为整个世界几乎变了，同时也对过去那种无谓消耗掉的时间感到很惋惜。取得了驾驶执照之后，我又建立了一个新目标，现在我每周去学两次剑道。我要用功，直到取得初段资格为止。"

也许你要笑话故事中的访客：太死心眼，不懂变通。但是现实生活中，像他一样钻进死胡同的人又岂是少数？从步入社会开始，无论你做什么，都得在时间允许的情况下完成，这时你要考虑工作、应酬、自身的娱乐爱好和家人之间的情感沟通应如何兼顾，这些都需要时间。

在复杂的情况下，最重要的就是如何安排自己的时间。安排时间，最重要的一点，不外乎如何有效率地使用——也就是说，按内容的充实与否决定它的价值。就算时间很充裕，如果使用不得当，没能让其产生价值，就等于浪费掉了那一段时间。反过来说，只要聪明地使用，就算是很短促的一点时间，也可以用它产出几倍的效果。

为了有效处理汹涌而来的工作，也为了给自己留下享受生活情趣的时间，我们必须掌握有效使用时间的方法。不管从事任何工作，学习任何事物，有效地使用时间，才能节省出时间，用于做更多更有价值的事情，才可以"从容不迫"地享受生活。

时间不同于其他资源，它没有弹性，找不到替代品，而且永远是短缺的，既不能停止，也不能保存。如何管理自己的时间，是30岁以前每一个人的必修课。

5. 学会在时间中沉淀

三思而后行。

——孔子

有一家单位要调来一位新主管。员工们得知后都很高兴，特别是那些平时工作很努力的员工。因为他们听说这位主管是位非常有能力的人，是专门派来整顿业务的，所以他们满心期待地想看这位新主管做出一番事情来。

令大家都很奇怪的是，这位新主管到来之后，并没有像大家想象的那样有大刀阔斧地改革，而是毫无作为。每天到单位后就进自己的办公室，一整天都不怎么出门，也没有什么具体的措施出台。这让那些原本希望他带来变化的员工很失望。原来那些害怕新主管上任后发现自己恶行、投机取巧、不踏实不干实事的人反而得意了，于是他们又恢复到了以前的状态。

时间总是过得很快，转眼就过去了好几个月。那些工作不认真的人开始享受这种状态，而那些原来一直努力工作，希望工作状态能够得到改变的人，对新主管也越来越失望了。就在这时，一纸人事变动通告下发，那些不踏实工作的人都被辞退了，而那些努力工作的人，都获得了嘉奖或升职，新主管下手既快又准，惊得大家瞠目结舌。

当大家都疑惑的时候，新主管告诉大家一个故事。

他有个朋友买了一栋房子，搬进去后对院子进行了全面整理，拔除了原来所有的植物，种上自己新买的花卉。结果后来某天，原来的房主登门拜访时，一进门就问："那株最名贵的牡丹哪里去了？"这时候朋友才醒悟，原来他把那株牡丹当作杂草拔除了。

后来朋友又买了一栋房子，虽然院子依然感觉很杂乱，但是他吸取了上次的教训，没有急于清理它。结果他看到了令自己惊讶的景象：冬天以为是杂树的植物，春天竟然繁花似锦；春天以为是野草的植物，夏天开得花团锦簇；半年都没有动静的小树，秋天里却红叶满树。直到临冬，那些真正没有用的植物才现出原形。之后朋友很放心地把杂草都清理干净了，而且还没有伤到其他有用的草木。

办公室中的珍奇花草和杂草，也需要时间来慢慢分辨，否则杂草没有除干净，还可能伤及珍贵的花木。

做任何事情都不能太轻率，不能想当然，也不能全凭主观意断。在做决定之前，要先弄清真相，尊重客观事实。二十几岁的年轻人正处在意气风发的年龄，但缺乏社会经验，所以做事的时候更应该沉得住气，千万不能犯头脑发热的毛病。时间久了，一切都会真相大白。就像上面那个故事，是人才还是庸才，时间都会昭示明白。

曾经看过这样一个故事。

一个富豪热衷艺术，他听说有位画家功底非凡，于是前去造访，请求画家为他画一条龙。画家一口答应了，不过却请富豪一年之后再来取画。光阴似箭，一年时间很快过去了，富豪再度来到画家家里。

画家走到画架前，裁好纸张，大笔一挥，眨眼间，一条腾云驾雾的龙便跃然纸上，神气活现。富豪十分满意，笑得合不拢嘴。不过画家提出的报酬，却令他一点儿也笑不出来。

富豪不悦地说："你只花几秒钟就把画完成了，怎么能狮子大开口，提出这样的天价呢？"

画家听后微微一笑，推开另外一间画室的门。只见画室里每个角落都堆满了纸，每张纸都画满了龙，有龙头、龙尾、龙睛甚至龙身上的鳞片……

画家说："你现在所看到的这条龙，是我花了一整年的时间苦心练习才画出来的，用这样的价钱来换我一整年的时间和精力，不算太过分吧？"

时间是检验一切的最好方法，沉得住气，不轻浮，是成大事的基本素养。那么，你打算用多长时间来沉淀自己，以便在未来某一天达到"立竿见影"的效果呢？

6.一分钟也可以做很多事

用“分钟”来计算时间的人，比用“小时”来计算时间的人，时间会多出59倍。

——雷巴柯夫

先来看几个小故事。

一位美国保险人员自创了一套“一分钟服务”守则，要求客户给他一分钟的时间介绍自己的工作和服务项目。“一分钟时间到了，我说完了。”一分钟一到，他就自动停止自己的话题，并感谢对方给予他一分钟的时间。信守一分钟，既保住了自己的尊严，也没有减少别人对自己的兴趣，而且还让对方珍惜他这一分钟的服务。由于这项“一分钟服务”守则，在同行中他的业绩很快就脱颖而出。

一家公司为了提高开会的质量，特意买了一个闹钟，开会时每个人限发言6分钟。这个措施不但使开会更有效率，也让员工分外珍惜开会的时间，把握发言的机会。有效利用时间，还要善于挤时间。一个部门经理在介绍自己的成功经验时说：“时间是挤出来的。你不去挤，它就不会出来。时间赋予每个人的都是24小时，你不善于挤，就会跟许多平庸的职场人士一样，忙忙碌碌却只是平庸无为地度过一生。”

有一位保险公司的职员，每天开车外出推销保险业务。他非常善于利用空闲时间，即使在等红灯或塞车时，他也会拿出客人的有关资料看一看，以加深印象。还有一位叫露西的总裁助理也是如此，她在车里放了一把折信刀，每次开车时都带着一叠信件，利用等红绿灯的时间翻阅信件。露西认为，既然15%都是垃圾信件，不如在自己到达办公室前进行一番筛选。所以一进办公室，她的第一件事就是立即扔掉垃圾信件。

杰里米是一家顾问公司的业务经理，一年大约能够接下 100 个案子，因此他有很多时间是在飞机上度过的。杰里米认为和客户维持良好的关系非常重要，所以常常利用飞机上的时间写短签给他们。一次，一位同机的旅客在等候领取行李时和他攀谈起来："我早就在飞机上注意到你，在 2 小时 48 分钟的时间里，你一直在写短签，我敢说你的老板一定以你为荣。"杰里米笑着说："我只是有效利用时间，不想让时间白白浪费而已。"

成功的职业人士，大多懂得如何有效利用每一分钟，懂得如何珍惜每一分钟，他们付出的每一分钟时间，可以说都具有价值。这样的人是高效率的人，也是当今社会受到老板器重的人。

美国麻省理工学院对 3000 名职业经理作了调查研究，结果发现凡是成绩优异的职业经理，都可以非常合理地利用时间，让时间浪费降到最低限度。

童年时代，我们对于光阴流逝很少有感触。但是随着年龄的增长，时间对我们的价值也愈来愈高。时间如同金钱，愈是懂得利用的人，愈能创造出更大的价值。只要将时间充分利用起来，一分钟也可以做很多事。

正当二十几岁的你，更应该做到不浪费每一分钟。不仅要实现每一分钟的效率最大化，还要善于找出隐藏的时间，加以有效利用。不要在我们富有时，因不知如何利用而任意挥霍，否则等到真正需要的时候，就会发现你的时间已经所余无几了。

7.拖延是一剂慢性毒药

人拥有的东西没有比光阴更贵重、更有价值的了，所以千万不要把你今天所做的事拖到明天去做。

——贝多芬

很多年轻人都有拖延的习惯。清晨，你被闹钟从睡梦中惊醒，想着自己制定的计划，同时却留恋被窝里的温暖，一边不断地对催促自己要起床，一边又不断地给自己拖延寻找借口——时间还早，再等一会儿。于是，在忐忑不安的挣扎之中，你不知不觉又拖延了5分钟，10分钟，甚至错过了上班时间。

拖延是一种恶习。有人曾经把一天的时间记录了一下，惊讶地发现，“拖延”可以耗掉一个人一天中四分之一的时间，有些人甚至更多。

很多情况下，拖延是因为人的惰性在作怪。当需要付出劳动，或者要做出抉择时，当对某项工作产生畏难情绪，不愿面对，想要逃避时，我们总会为自己寻找一些借口，以便让自己感觉轻松些、舒服些。

其实拖延就是纵容惰性，如果形成习惯，它会消磨人的意志，使你对自己越来越失去信心，怀疑自己的毅力，怀疑自己的目标，怀疑自己的能力，甚至会使自己的性格变得犹豫不决，形成一种办事拖拉的处事作风。

林立和王辰是大学同学。毕业后，两人一同应聘到一家公司做业务，担任同样的职位。但是由于他们对待工作的态度和做事方式不同，他们到最后的境遇也截然不同。

林立自从过了试用期，工作稳定下来以后，就开始对工作变得有些漫不经心。每天早上上班后，先喝杯茶，再转悠一会儿，然后才开始工作。做事拖拖拉拉，这使得他的工作没有效率，看起来也很懒散。

他在工作期间还时不时地找借口，推卸责任；工作时间内打游戏，却把该做的工作丢在一边；本来应该马上上交的方案，他却总是一拖再拖，直到最后期限到来，领导催得失去耐心的时候，才胡乱应付一份交上去；应该拜访的客户，也是今天推明天，结果经常是等到他想起来要拜访客户的时候，不是过了约定时间，就是客户没有时间，拜访往往就这么不了了之了。

今天拖明天的办事方式，慢慢地形成了一个恶性循环，很多开始进行得很好的项目，到后来却变得越来越糟，他自己的心情也因这些事情的变化受到极大的影响。同事对他的办事风格越来越不满，经理也时不时地批评他。这使他的情绪越来越不好，工作也越来越有压力，感觉越来越无趣。

王辰的状态却和林立完全相反，他一直对工作都很认真，很努力。虽然工作有时候很辛苦，但是他很少闹情绪，也从不抱怨。在工作中，他从来不把需要今天完成的工作放到明天去做，哪怕加班一段时间，也要当天完成。因为他坚信机会来自于汗水，来自于自己的努力，一分耕耘一分收获。今天的付出越多，明天的收获就会越丰厚。

他按时完成自己的本职工作后，还会主动帮助同事，甚至到车间去熟悉制作工艺，学习生产流程。他的这种做法不仅深得身边同事的喜欢，而且没过多久，他的勤奋好学、积极主动以及办事高效，就引起了总裁的注意，很快王辰就被提拔为总裁助理。

一个人的命运或许就因为一种习惯而发生改变。拖延就像是一剂慢性毒药，慢慢地吞噬掉一个人的激情，也吞噬掉一个人的前途。林立就是因为拖延的坏习惯，使自己的处境越来越糟。同样的舞台，同学王辰的表演比他精彩得多，收获也比他多得多。

造成拖延恶习的原因有很多，其中主要的原因是缺乏信心，缺乏责任感、安全感，害怕失败，或无法面对一些有威胁性和艰难的事。潜意识也是导致人们拖延的因素，因为某些潜意识中的恐惧，会拖住人们行动的脚步。

如果让拖延演变为习惯，那么一切理由都会在我们对自己的纵容中败下阵来，任何激励措施都不足以使我们放弃消极的工作模式，去努力完成应该完成的任务。

如果你有这个毛病，就要重新训练自己，用好的习惯来取代拖延的坏习惯。每当你发现自己有拖沓的倾向时，静下心来想一想，确定你的行动方向，然后给自己提一个问题："我最快能在什么时间完成这个任务？"定出一个最后期限，然后努力遵守，渐渐地，你的工作模式会发生变化。

如果你不想让你的人生在拖延造成的麻烦中度过，从现在开始，就必须克服你拖延的坏习惯。停止拖延的最好时机就是现在，那么，就让我们从现在开始改变自己吧！

第7章 走好事业的第一步很重要

“打工皇帝”唐骏认为，有两种人不能跟别人争利益和价值回报，其中一种就是刚刚进入企业的人：“头5年千万不要说你能不能多给我一点儿工资，最重要的是能在企业里学到什么，对发展是不是有利。”

不少年轻人，刚毕业就奢望马上找到自己理想的工作。然而，好工作是无法从天而降的，你必须先选择一份工作进行历练。职业旅程中的第一份工作，无疑是踏入社会这所大学的起点。

1.对第一份工作要有正确的认知

第一份工作一定要选一家好公司，不是选一份好职业和一份好薪水。为什么？一个好的公司奠定了你职业的规范，是一个基础。职业生涯里，基础非常重要。

——“打工皇帝”唐骏

不少年轻人，刚毕业就奢望马上找到自己理想中的工作。然而，很多好工作并不会轻易对初出茅庐的年轻人敞开大门，你必须先选择一份工作历练自己，之后才能担起你的理想。

职业旅程中的第一份工作，无疑是踏入社会这所大学的起点。也许你已经找到了一份差强人意的工作，那么从这里出发，好好地沉淀自己，从这份工作中汲取营养，厚积薄发。千里之行，始于足下，只要起步了，就有希望到达终点。

许多年轻人在选择工作时，极易犯以下两个错误。

一是对工作饥不择食，只要给钱，不管什么工作都愿意干，对第一份工作的期待是饭碗而非资本的积累。

什么是好工作？在对待这个问题时，宜将眼光放远一点，不要把薪水摆在第一位。二十几岁的时候，生活负担不大，精力也比较旺盛，即使工资不高，应对生活也绰绰有余。但一到中年，各种生活压力就会扑面而来，生儿育女，赡养父母，那时候你能否具有足够的经济实力，取决于你年轻时打下的基础。

现阶段，没有必要眼红别人的收入，一份工作，薪酬再高，只要不能为你的未来铺路，就不是好的工作。短期内收入低一些不可怕，最重要的是你能否学到东西，掌握技能，能否为你将来得到高薪工作打下基础。从整个人生的长度来考虑，即使我们的努力在短期内没有得到回报，也没有必要沮丧，职业发展的目标不仅在现在，还有更长远的未来。

二是对自己缺乏认知，指望一步登天。

我们都希望进入具有较高知名度、薪酬福利好、工作环境舒适、能很快获得晋升的工作场所，却忽视了它是否适合自己。刚开始什么都要积累，步入职场的前三年，是一个人职业成长最重要、最关键的时期，是一个边积累经验边等待机会的时期——积累资金、积累技术、积累社会阅历。起点的高低不是最重要的。哪怕进入一家不起眼的小公司，哪怕是打下手，只要能积累到有价值的东西，看得见将来的路，就是值得一做的工作。

今天，大家的选择可能没有什么差别，你挣三千，我挣两千，这并不说明什么。一个人在工作上的后劲，才是拉开差距的真正原因。

有专家提出了几条选择第一份工作的建议，对还在求职路上迷茫的年轻人十分有益。

第一、第一份工作要能让自己有所收获。这种收获可以是知识，也可以是处事方法，只要兴趣合适，自己认为能学到很多有用的东西就行。第一份工作不要太在乎工作环境，也不要太在乎单位的名声和福利，想办法学到一些真正对实现理想有帮助的东西，就是最大的收益。

第二、你进入什么样的环境，大城市还是小城市，国企、外企还是民企；你进入什么样的公司，这家公司的企业文化如何，这些因素从很大程度上将影响你今后的职业价值观，甚至是社会价值观。这种差别经过几年之后，就会非常明显的表现出来。因此，接纳一份工作之前，你需要先考虑你未来将要融入的环境是否与你的人生规划有冲突。

第三、一生换四五次工作，在21世纪应该是正常的，但有些公司内部也有很多尝试机会，不一定要换公司。

第四、评价一家公司是否在人际关系上对你有助益，不在于你通过它能结识多少达官贵族，而在于你是否能在工作中积累人脉，并学会与人打交道的方式。

第五、选择职业，选择公司，更要选择一位值得追随的老板。每个人就像一粒种子，其成长的速度不仅取决于种子自身，还取决于是否选对了土壤，找到了适合成长的位置。如果找到了适宜的土壤，即便品种不是最优，也会因土壤营养丰富而茁壮成长。否则，即便自身品质再优秀，你的优势也无法得到发挥。

2.从基层做起没什么大不了

合抱之木，生于毫末；九层之台，起于垒土。

——老子

张浩，一名即将毕业的大四学生。当同学们都在忙着准备应聘材料，穿梭于各个人才市场时，他却想到了考研。

“考研？你想做管理方面的学者吗？”对他这个决定，他的老师备感意外，因为从以前的相处来看，他清楚张浩并不喜欢管理。

“不，”张浩似乎早有准备，“其实，我本想开家公司，自己做老板，可目前一直没有想清楚到底应该做什么生意，所以我就想到去考经济管理的研究生。顺便认识更多的人，或许会获得更多的机会。”

张浩的家庭背景很好，他有这样的经济实力。可对他的选择，老师表示很不理解。

首先，他不是那种爱学习的人，能不能考上是个未知数。其次，即使考上，也不一定就能如愿以偿，万一读研三年里没有遇上需要的人和机会，岂不白忙一场？

听了老师的分析，张浩备感意外：“那怎么办？如果我现在就去找工作，顶多只能做个底层的小职员，一步步爬上来，我可熬不起！”

原来，这才是张浩考研真正的原因所在。

不想从底层做起，这是二十几岁的年轻人常有的一种思想。可问题在于，如果我们不从底层做起，就很难具备向上层发展的扎实基础。绝大多数高层管理者都是从一线人员做起来的，这在任何一个行业中都不例外。

二十几岁时，我们不乏上进的信心和勇气，但所有的努力都必须以脚踏实地为基础，否则很难向成功迈出坚实有力的步伐。

让我们来看一下真正优秀的人刚开始工作时是怎么做的。

董建华的父亲董浩云，是香港鼎鼎有名的“船王”。董建华大学毕业后，外界都以为董浩云必然会安排儿子去美国继续深造，或回香港，在董家的“海运王国”里执掌要职，为他分担经营管理上的压力。但出人意料的是，董浩云却建议儿子到美国通用汽车公司做一名普通的职员。

当时，董浩云问董建华：“儿子，你明白我为什么要让你进入通用吗？”

“我明白，”董建华答道，“通用是全球最大的汽车公司，其总裁阿尔弗德雷·斯隆创立的现代企业管理制度，肯定也适用于我们这样的跨国企业。我相信在通用可以学到很多东西。”

董浩云点点头，补充道：“其实，我并不怀疑你是一个有理想的人，但我担心你的刻苦精神不够。你必须自己主动去找苦吃，磨炼自己的意志，接受生活的挑战，所以你必须全面锻炼自己，这就要从最底层做起。”

“只有先从基层做起，当好一名普通职员，日后才会明白应该如何对待你的下属，充分考虑并且吸取别人的意见，为将来开创新的事业打下良好基础。”

董建华接受了父亲的建议，到通用汽车公司勤勤恳恳工作了4年。这为他以后进入商界乃至政界打下了坚实的基础。

二十几岁的年轻人，不能一毕业就将人生起点定得很高，只有从低到高，一步一步走下来，才能行得稳站得端。从基层做起没什么可怕的，虽然这个阶段难免会遇到各种各样的难题，还会经常受到批评和指责，但这是成长的必经阶段，也是最能考验人的意志与能力的阶段。

只有经历过风雨的洗礼，秧苗才能长得茁壮。

3.从自身出发选择职业

在选择职业时，我们应该遵循的主要方针是人类的幸福和我们自身的完美。

——马克思

“男怕入错行，女怕嫁错郎。”其实，在今天这个社会里，不管是男是女，都怕入错行。不要说入错行还可以转行，实际情况决非想象的那么容易。

一个年轻人，大学毕业后，被分配到一家大型国有企业，这家企业并不符合他的人生理想，也不是能让他大展拳脚的舞台。尽管他当时很不情愿入职，但仔细一想，这家大型国企还是很稳定的，当时收入还算可以。后来听说有同学辞职，他也曾动过心，但想想也就算了。

最重要的是，他已经习惯了那个工作和周围的环境，所以找别的工作就变得不那么重要了。一做将近十年，他后来也没有换工作的念头了。后来由于国企经营不善，许多人相继下岗，他才不得不重新面对自己的人生选择，可是此时的他又有多少选择的机会呢？

要想在大环境中找到适合自己的工作，首先就要对自己进行全方面的分析，通过自我分析了解自己，认识自己。只有这样，才能正确地对自己的前路作出规划，才能选定符合自己职业生涯发展的工作，才能在正确的岗位上发挥能力。

自我评估是生涯设计的重要步骤之一，自己的特长、学识、兴趣、性格、技能以及协调能力、活动能力、组织管理能力等，必须逐一分析和推敲。

除了要分析内因外，要想获得适合自己的工作岗位，还应留意环境对自己职业生涯发展的影响。每个人都生活在各自的小环境中，每个小环境都不尽相同，人一旦离开了熟悉的环境，就无法生存和发展。因此自我评估要分析环境各方面的因素，包括环境条件特点、发展变化情况、环境与自己的关系、自己在这个环境中的地位、环境对自己的要求，以及环境的有利条件和不利条件等。

对自我与环境都有充分的了解之后，就要根据自己的兴趣爱好和特点来选择职业方向，设计实际可行的发展规划，围绕将来想要从事的职业来完善自己，明确实现目标的有效途径和具体方法。

影响生涯规划的因素有很多，要想让自己的生涯规划取得效果，就要不断地对其进行评估与修订，时时刻刻更新对内外因素的分析和了解，一旦发现威胁实现职业目标的因素，就要想出解决的方案。

刘琴是某著名企业的销售主管，她的个人业绩一直以来都是公司里最好的。可是她带领的团队，业绩却比较差。她的个人业绩虽然提上去了，但整体业绩并没有提上去。正是因为这样，这么多年来，她一直都只是个普通的业务主管，薪水也没有变动，而和她一起进公司的同事，大多都升为了高级经理人员。她为此跳过好几次槽，但结果都不满意，眼看日子一天天过去，她终于意识到问题的严重性。

刘琴的目标就是想成为一名职业经理人，工作也都倾向于团队管理。可是从她的个性和职业气质来说，她并不适合做经理人，也不擅长管理团队。刘琴通过专业人士的指示，修订了自己的发展目标，抛弃了自己原来制定的职位晋升计划，重新设计了一条适合自己发展的职业道路。

最后，刘琴成功转到市场领域，以往的工作经验不仅没有丢失，还推动了她的职业发展。

刘琴的故事告诉我们，只有对自身的能力有一个充分的了解，才能找到自身特长与工作的契合点，工作才更容易把握。现实生活中，一旦选定了职业，就不可能再有很多时间去“摸着石头过河”。所以，我们最好在一开始就对自己进行全面的分析，从自身实际出发，找到最适合自己发挥才能的工作。

4.不要把学历看得太重

有时候学历很高，不一定能把自己沉得下来做事情。

——马云

MBA有一个这样的经典案例：某国际企业引进一条香皂包装生产线，结果发现经常有空盒流过。厂长为此请了一个相关专业的博士后，花了200万元设计出了自动分检系统。一个乡镇企业遇到同样的问题，农民工花90元买了一个大电扇放在生产线旁，有空盒经过便被吹走，同样解决了问题。

高学历的年轻人通常会有一些莫名的优越感，而且拿更高学历、更值钱证书的人，的确比低学历者更容易吸引一些企业的关注。但是事实却证明，并不是学历高就意味着更容易成功。我们经常能看到这样的故事：低学历的人当了老板，高学历的人却在为低学历的人打工。文凭不代表水平，学历代替不了能力，知识不一定能转化为生产力！

不可否认，现代社会，“学历”通常是一家公司判断员工能力时最先考量的一项要素。员工学历的高低，决定了公司整体的知识结构和素质水平。然而，学历只不过是进入企业的一块敲门砖，进了企业，学历就变成了一张一文不值的纸，接下来的道路要靠自己去走。

总有许多人埋怨自己学历太低，丧失了很多找到好工作的机会。其实，机会只垂青时刻追求它的人。这种抱怨有时只不过是一个借口，现代企业挑选人才的最终目的，是为了给自己带来利益，只要你有这个能力，即使你学历不高，也完全有竞争的资格。

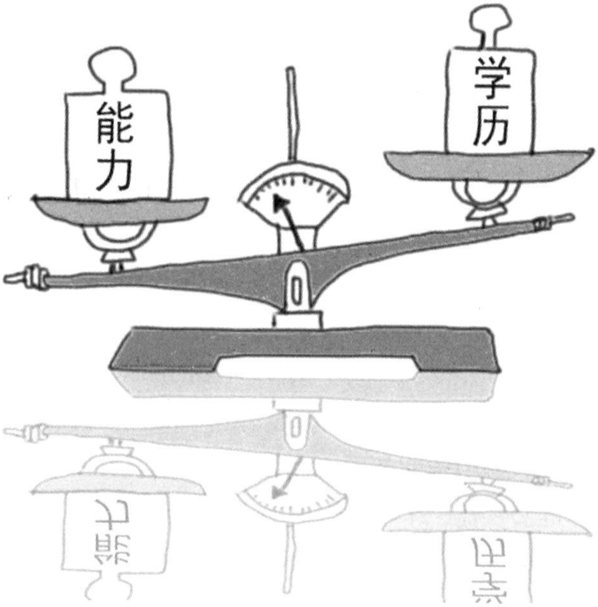

有这样一个故事。

某公司招聘销售部经理助理，应试者如云。经过层层选拔，最后只剩下三名候选者。他们各有所长：或知识渊博，或思维灵敏，或经验丰富，难分伯仲，但名额只有一个。因此销售部经理决定出一道题，选择自己未来的合作者。题目的内容是：你看过《皇帝的新装》吗？谈一下自己的看法。

这三个人中，有一个文学硕士，他觉得这个题目正撞到自己的“枪口”上。于是他写道：这篇故事是安徒生1837年写的，当时他32岁。这篇童话揭露了统治阶级的虚荣、铺张浪费和极端愚蠢，这种现象大概在任何时代，在任何人身上都会重演，因此这篇童话到今天还具有现实意义。

第二个人是哲学硕士，少有职业跟他的学识对口，但凭灵活的思维，他也答得毫不含糊。他踌躇满志地写道：老子早说过，大音希声，大象无形。换句话说就是，此时无声胜有声，此时无形胜有形。我们可以就此推而广之，“天衣无缝”可以说是形容最好的衣服。无缝的衣服，当然是：此时无衣胜有衣。可以看出，安徒生受过中国传统哲学的影响。

第三个人，他有某大学经营管理专业的文凭，但这张文凭只花了他300元和两天时间，实际上他只是小学毕业而已。他略一思考，然后写道：我小时候看过这个童话，是谁写的忘了。以前，我想当那个说真话的孩子，但自从我做了销售后，才明白做童话中的两个裁缝才是我要追求的目标。

如果您需要这样一个裁缝，选择我您不会后悔。

过了三天，前两位应试者的邮箱里收到了婉拒的回信，里边只有一句话：我们要找的只是一个裁缝而已。显然，第三个应试者被选中了。

两名硕士最终输给了一个小学毕业生，听起来不可思议，实际上现在社会中这样的情况却并不少见。很多人辛辛苦苦地读完硕士、博士，毕业后找到的工作却不如本科生和专科生好，薪水也不如他们高。

从某种意义上来讲，高学历者步入社会的起点确实要高于低学历者，因为多年寒窗苦读，让他们学到了更多的理论知识，增长了更多见识。但是，高学历不代表高能力，理论再丰富，也不能代替实践经验。

比如，一个人初中毕业就进入社会工作，他从这时开始社会积累，有了一定的工作经验，比一个本科毕业的人多7到8年的实践经历。如果他有能力，完全可以在这些年里做得很好；一个本科毕业的人，一直在努力学习，不问世事，在实践能力上本身就是欠缺的。如果让他们竞争同一个职位，前者未必会输。

有一个大专生，起初她在网上投了上百份简历，竟无一家公司通知她面试。因为学历这个门槛，她面试成功的几率几乎为零。她明白，那样等于傻傻地告诉招聘公司，我是个碰运气的大专生，你愿意给我一个学习的机会吗?

公司是用人的地方，不是培训中心，更不是游乐场。除非能证明你能够为其做出某种突出的贡献，否则没有谁会给你学习的机会。

于是，她调整了战术。

从报纸上，她得知汇丰银行刚刚获得人民币业务经营许可权，最近几年一定会在国内全力扩张。因此她就测算了几处地点的人流量、消费水平、消费特点等指数，主动为汇丰银行设计了一个建造营业网点的模型，然后寄给汇丰银行人力资源部。果不其然，她收到了汇丰银行的面试通知，并得到了一个实习的机会。

其实，如今的就业市场早已是“海阔凭鱼跃、天高任鸟飞”的领域，我们根本没必要被自己的学历束缚住手脚，甚至失去追求梦想的信心。同样，即使是名牌大学毕业，如果只有一张文凭，却没有相应的能力，那么我们的职场前景同样不容乐观——因为学历代表过去，能力才代表未来。

5. 做什么不重要，重要的是做好

由于你不可能做到你所希望做到的一切，因此，你应当做到你能够做到的一切。

——泰伦底乌斯

我们都知道，找工作难，找一份自己喜欢的工作更是难上加难。现实的压力下，大多数大学毕业生都无法做到先择业再从业，只能考虑先从业再择业。

你有一份工作，但却在一个自己非常不喜欢的岗位上，你感觉很没意思，想换份工作又太难。你越做越不开心，但为了生活，你又不得不继续坚持下去。你时常在想，人难道真的要为工作放弃理想，要为生活做自己不喜欢做的事情吗？人生短短几十年，这样算不算是荒废了时光？你常常有种人在江湖身不由己的感觉，为什么有的人工作那么有意义，而自己的工作却像一种煎熬？

专业和职业不对口，工作和兴趣不对应，是很多年轻人开始工作时遇到的最大困惑。他们在现实条件的限制下，做着自己不喜欢、不满意的工作，慢慢失去信心，甚至失去优秀的工作能力。其实，每份工作都能给我们提供展示自己的平台。即使是目前不喜欢的工作，敷衍也绝对不是良策。在没有任何工作经验的时候，你得做你应该做的事，而不是只做你喜欢做的事。

做自己喜欢的工作是一件很开心的事情，但是找到自己喜欢的工作却不容易。很多时候，我们都不得不去做自己不喜欢的工作。这个时候，与其盲目地跳槽换工作，还不如充满热情地把本职工作做好。做不喜欢的工作，并不意味着你可以荒废时间坐等，相反，你应该抓紧时间学习新技能，为实现理想打好基础。珍惜现有工作的每一秒，你才能成为未来某个理想工作的优秀候选人——机会永远只留给有准备的人。

微软（中国）公司在考察、挑选人才时，总是出一些让人觉得古怪和意想不到的题目。在对人才的评价上，他们也别具一格，并不完全看重成绩或出自什么名校，而是看你的智慧、特点和精神状态。

在一次人才招聘中，时任微软（中国）公司总裁唐骏接待了一位来自清华大学的女生。这个女生进大学时就不喜欢她所学的生物专业，直到毕业时都不喜欢。她对招聘者说："可是，我不喜欢并不代表我不认真学习，只要还呆在生物系，我就要对自己负责，认真地对待每一天，每一门课程……你看看我的成绩单。"

唐骏接过成绩单一看，成绩果然不错，全都是优秀。这使得唐骏大为感慨：一个不喜欢自己专业的人，都能考出这么好的成绩，足以说明：她是聪慧的，更是有原则的。

对待目前不喜欢的工作，是敷衍，还是像对待自己喜欢做的事情一样认真把它做好？不同的选择，反映着人们不同的工作态度和生活原则。

我们的职位可以平凡，但我们工作的态度和方式却不可以平庸。即使是面对一份渺小普通的工作，也要认真地去对待，努力把它做好。每一份工作中都蕴藏着发展的机会，只要我们在每天的工作中时刻思考"怎么样才能做得更好"，今天胜过昨天，明天胜过今天，坚持下去，假以时日，这份力量就能把我们引向成功。

对现状不满，要采取积极的态度去改变现状。把心定下来，先从自己身边的事情做起。做什么不重要，关键是要做好。

珍惜眼前的每一份工作吧！努力把它做好，这是我们应该去做的，也是一定能做到的。

6.做好自己分内的事

真实的生活是，认真做好每一天分内的事情。

——微语录

刚入职场时，工作中难免会有这样那样不尽如人意的地方：工资低、环境差、小人多、不公正等。总而言之，一切都和我们原来的想象相差甚远。但只要方向没有错，这些事我们就大可不必在意。先踏踏实实把分内工作做好，你会发现很多事情都会随之改变。把工作做好了，我们的待遇就会提高，环境就能改善，发展空间也会越来越大。

在美国新闻界，发生过这样一件真实的事。

乔治是某家电视台的记者，他业务精熟，反应灵敏，除了白天采访财经新闻，晚上还要播报7点半的黄金档节目。可不知什么原因，他得罪了自己的顶头上司。

“乔治播报的新闻风格怪异，很难被大众接受，以后改播夜间11点的新闻。”一天，主管突然在会议上宣布。

同事们大吃一惊，乔治也有些意外。他当然明白其中意味，但还是欣然受命。

“谢谢您，先生，我一直都想利用下班后的时间进修，却一直不敢提。”

果然，从那天起，他一下班就去进修，并在10点多赶回台里，准备夜间播报的内容。每篇新闻稿他都详细过目，一丝不苟，丝毫没有因为夜间新闻不重要有任何松懈。

渐渐地，夜间新闻的收视率提高了，观众好评如潮。不断有人打电话到台里，问乔治为什么只播夜间，不播晚间了。最后，一封信直接寄到了台里，惊动了台长。

“为什么乔治播夜间，不播晚间了？”台长不解地问主管。

“因为他想进修，所以拒绝播晚间。”主管狡辩道。

“让他尽快回到晚间7点半的岗位，就说是我的命令。”

乔治只好被主管“请”回黄金档。不久，他获得了“全国最受欢迎的电视主持人”称号。

一招不成，主管又生一计：“虽然乔治学的是财经，可他采访的财经新闻总有弊端，以后改跑其他路线。”

对于学财经的乔治来说，这无异于当众被刮了一耳光。他强压心中的怒火，默默接受了。

又过了一段时间，一天，台长突然打电话给主管：“下周有首长来台里晚宴，请乔治作陪，比较有的谈。”

“乔治已经不跑财经了。”

“不跑也来，他是专家，饭后由他做个专访。”

从此，每逢有重要财经人物到台里，都由乔治作陪，并顺便做专访。渐渐地，观众都有了一个印象：乔治是财经类大牌记者，只有在重要人物出现的时候，他才亲自出马。不重要的人物，都由别人代劳。每位受过乔治采访的人，都以此为荣。要是谁来了没能受到乔治采访，反倒感觉没了面子。

“以后财经新闻一律由乔治跑，别人不要碰。”台长终于下了命令。乔治再次被“请”了回来。

当时，电视台记者兼做益智节目是一种潮流。乔治一连获得了10多家企业的支持，决定开办一个节目。

“不行，我打算让你做一个评论性的节目。”

“好吧。”乔治知道这种节目极不讨好，收入又微薄，但除了接手别无选择。不过一连几集，主管都说内容不过关，要求重做。很长一段时间，乔治只能疲于奔命，但他毫无怨言，只是努力去做好每集节目。

他一点点找到了感觉，节目渐渐有了些知名度，参加者都是当时的名人。

“以后每集脚本都让乔治直接拿给我看。”台长下令给新闻主管，“这是为了把握时间，有什么问题我好直接跟制作人商量。”

事实上，真正原因是台长发现上节目的都是一些重要的官员，每次他都必须亲自到门口迎接。

从此，乔治每周都有机会跟台长见面，并顺便提出一些中肯的意见。他又由一个冷门节目的制作人，慢慢变成了一个热门人物。

一个月后，原来的主管坐了冷板凳，取而代之的是乔治。

人们都称乔治的主持生涯是个奇迹，却忽视了其中的必然性。每次遭受打击，乔治都能重新站起来，那是因为不论主管怎样打压他，他都一如既往，踏踏实实做好自己的本职工作。如果自怨自艾，一蹶不振，或者一气之下拂袖而去，怎么可能雪耻，又怎能等到出头的一天？

二十几岁，我们最大的任务就是在工作中发展自己。做好自己分内的事情，这既是对自己的一种保护，更是成长的必经之路。

7.老板为什么不重视你

成就一番伟业的唯一途径，就是热爱自己的事业。

——乔布斯

在工作中遇到不如意，很多人经常怨天尤人，他们总能找到各种各样的理由，就是不在自身上面找原因。实际上，一个人失败的原因是多方面的，只有全面地反省，深入查找失败的原因，并有针对性地改进，才能起到纠错的作用。

有一个人在一家500强公司上班，工作很好做，但他却很不满意，因为受不到老板的赏识。他愤愤地对朋友说："我们的老板一点也不把我放在眼里，我在他那里工作，一点儿机会都没有。明天我就要对他拍桌子，然后辞职不干了。"

"你对公司的业务完全弄清楚了吗？对于整个公司经营的方方面面都搞懂了吗？"他的朋友反问。

"没有。"

"君子报仇十年不晚，我建议你好好地把公司的运营、管理、业务方面完全搞清楚，甚至如何修理复印机等小故障都要学会，然后辞职不干。"朋友说，"你把你们的公司当做免费学习的地方，等所有东西都学会了，之后再一走了之，这样不是既有收获又出了口气吗？"

听了朋友的建议，他从此便默记偷学，经常自觉地加班。

一年后，朋友问他："你现在学会了许多东西，可以准备拍桌子不干了吧？"

"可是我发现近半年来，老板对我刮目相看，最近更是不断委以重任，又升官，又加薪，我现在是公司的红人了。"

"这是我早就料到的。"他的朋友笑着说，"当初老板不重视你，是因为你的能力不足，又不努力学习。之后你痛下苦功，能力不断提高，老板当然会对你刮目相看。”

作为刚进入职场的年轻人，要想在工作中取得成功，就要适时清理一下内心的“乌云”，经常自查自省，把负面情绪扔进垃圾桶，把主要心思放在工作上。你感到自己没有受到重视，是老板挑剔苛刻，为难下属吗？是同事心胸狭窄，有意排挤吗？不要总从其他人身上找原因，先想想自己是不是一个好员工吧。一个工作优秀的员工，走到哪里都会受到重视。

如何做一名好员工呢？主要有以下几个方面的建议。

第一、要乐于承担责任。

对老板来说，勇于承担责任，是分辨一名员工平庸还是优秀的标尺。公司需要那些乐于承担责任，把公司利益当作是自己利益的人。

在微软的员工之间流传着这样一个故事。

两匹马各拉着一辆车，前面的一匹走得很快，后面的一匹常常停下来。于是，人们就把后面一辆车的货物挪一部分到前面一辆车上去，慢慢地，后面车上的东西全都搬到了前面的车上。

后面的马对前面的马说：“你越是努力，别人越是要折磨你。”

到达终点的时候，主人说：“既然用一匹马能完成的事，还要两匹干什么？不如把另一匹不做事的马宰掉要一张皮呢？”

于是，马主人就把后面的那匹马杀了。

这个寓言故事告诉我们这样一个道理：没有责任感，不忠于自己工作，不把自己当成公司主人的员工，是绝对得不到上司、同事的信任和尊重的。集体与个人的发展休戚相关，在任何情况下，都不要把任务当做负担，要乐于承担责任。

第二、把敬业当成一种习惯，不要抱怨额外的工作。

曾任英国首相的丘吉尔告诫年轻人说，不能爱哪行才干哪行，要干哪行爱哪行。敬业，就是要敬重自己的工作，在任何环境下，都把敬业当成一种习惯。不管做什么工作，只要具有敬业精神，就能做出成绩。

有人认为，只要把本职工作做好，把分内事情做好，就万事大吉了。当接到领导安排的额外工作时，就老大不愿意。不愿做额外工作，不是有气度和有职业精神的表现，也就是不敬业。

其实，机会往往藏在额外的那部分工作中。一方面，额外的工作通常是更为紧急而重要的，尽心尽力完成它，会给你的上司留下好印象。另一方面，除努力做好本职工作以外，经常去做一些分外的事，能帮助我们时刻保持斗志，在工作中不断得到锻炼，对我们的成功大有益处，可以使我们尽快地从工作中成长起来。

三、要自动自发地完成工作任务。

富兰克林说："你要追求工作，别让工作追求你。"有两种人会一事无成，一种是除非别人要他去做，否则绝不主动做事的人；另一种则是即使别人要他做，也做不好事情的人。那些不需要别人催促，就会主动去做应做的事，而且不会半途而废的人，在今后的职业生涯中必将获得成功。

8. 千万不可盲目跳槽

如果你希望成功，就以恒心为良友，以经验为参谋，以谨慎为兄弟吧。

——爱迪生

不少年轻人，在工作不到一年后就选择跳槽，有的甚至工作两三个月就准备重新择业。至于跳槽原因，大多是不满意薪酬待遇，缺乏发展空间，缺乏工作兴趣，难以接受工作环境或企业文化之类。可是大多数人在跳槽之后，反而产生了失落感。如果频繁跳槽，由于缺乏慎重考虑，最终的结果和理想可能会相去甚远。

你身边是不是常常有这样的情况：看到身边一些同事往外跳，而且跳得一个比一个好，特别是原来那些工资待遇不如自己的人，现在摇身一变成了"有钱人"，那些原来很不起眼，甚至连自己都瞧不起的人，换了单位之后，突然大放异彩，俨然成了新公司的宠儿。于是，你开始心理不平衡了，对原本满意的工作也挑剔起来，纠结要不要跳到一个更好的地方去——跳吧，自己好像没什么好地方可去；不跳吧，又不甘心落后于人。

刘洋大学里主修广告专业，刚毕业时，在一家广告公司做文案工作。半年后，一个在猎头公司工作的朋友给她提供了一条信息：在大公司里做老板秘书不仅薪水高，日子舒服，而且发展好，因为很多大公司里的行政部门经理，都是老板秘书出身。她被说得心动了。

后来，在这个朋友的帮助下，刘洋真的进了一家500强企业做某高层的秘书，但是她很快就发现秘书工作不适合自己：每天早上要给老板泡咖啡，感觉不平等；上下班打卡感觉不自由；经常加班，占用了她太多私人时间……这些都跟自己熟悉并喜欢的广告公司不一样。

试用期未满她就赔了违约金，打算重回广告公司，但是这时候她只能从头开始了。

的确，当我们的工作不适合自己的时候，思考后跳一跳，说不定就能跳到理想的彼岸。然而，心浮气躁，到处乱跳，并不一定能越跳越好。刘洋的跳槽就是一个失败的案例。

跳槽意味着机会，也意味着风险。要想跳出更大的职业发展空间，跳出更好的薪酬待遇，需要进行正确的价值判断，准确地给自己定位，明白自己要做什么。

在跳槽之前，不妨先问自己两个问题："我为什么跳槽？""我凭什么跳槽？"最好能把跳槽的理由分析清楚：哪些问题只有通过跳槽才能解决，哪些理由是跳槽也解决不了的。你需要分析自己的兴趣和能力，了解自己的职业优势和劣势，挖掘自己的职业核心竞争力。同时，对将要从事的岗位也应全面深入地加以分析，判断其是否与自己匹配。

具体来说，年轻人在跳槽之前，一定要把下面三点考虑清楚再行动。

第一、是否做过自我分析？

有些人因为工作不好找，便随便与愿意接受自己的用人单位签约。几个月后，却发现工作并不适合自己，于是再仓促跳槽。这样的过程显然对我们的职业生涯没什么帮助。所以跳槽之前就要认真思考，看自己是不是真的喜欢这份工作，有没有能力把它做好，有没有韧性坚持到底。如果你对自己也不了解，不妨找一些职业顾问进行咨询，帮助自己找准方向。这样经过深思熟虑之后，才不会盲目跳槽。

第二、自己是否太浮躁？

有一个年轻人应聘了一份会计工作，结果发现领导给他安排了一些杂务。他既要做出纳的事情，又要做行政上的事情，根本就没有真正接触到财务工作。

几个月下来，他提出辞职，认为招聘单位在“挂羊头卖狗肉”。公司总经理遗憾地表示，其实公司只是想磨炼一下他的耐性，考查他的承受力，顺便让他先熟悉公司的业务情况。公司本本准备半年后让他正式做会计工作，而且认为他是有能力的，但没想到他自己却放弃了这个机会。

要知道，任何岗位都可以锻炼自己，你要让领导相信：就算是别人都不愿做的岗位，你也能打理得井井有条，那么其他岗位你一定也有能力做得出色。

第三、是否仅因人际关系问题而跳槽？

有一个女孩和自己的主管相处得很不愉快，她认为对方处处刁难她，使她不得不离职。

到了新单位后，她和同事的关系仍然处理得不太融洽。所以，她又想到了辞职。

在一年的时间内，她换了三份工作，都是因为人际关系让她不适应。她觉得自己的运气很不好，为什么自己所在的单位人际关系都那么复杂。最终，她决定在家待业，偶尔兼职接一些活，赚一点零用钱。

仅仅因为与同事关系处理不好就跳槽，这种做法是不明智的。人际关系相处的好坏，并不是判断跳槽与否的最重要的衡量指标。这家公司本身是否可以给你带来发展空间，是否能够提升你的职业含金量，才是最需要考虑的。如果你没有处理人际关系的能力，跳到一个新的单位，可能会面临同样的人际关系难题。

不管是哪种原因，盲目跳槽都不是一件好事情。因为跳槽是职业生涯中的大事，关系到自己的职业发展和职业生涯。因为一时头脑发热而盲目做出跳槽的决定，很可能达不到预期效果，还会产生许多连带问题。因为盲目跳槽只会越跳越糟，而且频繁跳槽也会让人对你的能力和责任心产生怀疑，同时还会使自己的自信心受挫。在不断的跳槽过程中，你会变得越来越不自信。

没有哪个老板会喜欢一个频频跳槽的员工，因为这会给老板带来不安全感。老板会认为这样的员工不负责任，利益心太重，而且没有团队协作精神，当然也不愿意把重要的工作托付给你。在一个企业中，没有人会相信一个频繁跳槽的人。总是这山望着那山高，没有给自己一个合适的定位，没有把基石筑好，只想着坐享劳动成果，是无论跳槽多少次也无法实现的痴梦。

为了避免盲目频繁地跳槽，作为二十几岁的年轻人，在最开始的职业选择中，就要对自己有一个清醒的认识，并且要对自己的职业有很好的定位。只要选择了合适的职业，就要不断地努力，哪怕是在这个过程中遇到挫折，也不要轻言放弃。

要珍惜公司给你提供的展示自己的舞台，珍惜发挥自己能力的机会和空间。想要证明自己的能力，并不一定非要换个舞台，只要做得够好，能够有说服力，就没有必要舍近求远。如果不能得到肯定，也不要一味地指责别人，应该冷静地检讨一下自己是否做得足够好，还有哪些方面需要改进和提升。

把握你的工作，认真、慎重地做好每次选择，脚踏实地，一步一步平稳地向前走，这才是对自己负责的态度。

第8章 想创业不能不知道这些

人人都想发财，但是靠给人打工拿薪水发大财，可能性非常小，于是很多人都想到了创业。说起创业，没有经历过的人总以为是件轻松的事，事实上，创业远比打工困难得多。

虽然有很多人创业成功了，但是创业失败的人更多。也许是对创业了解得不够多，也许是没有遇到好时机，也许是没有选对项目……创业失败的原因总是各种各样。如果你想创业，如果你想成功创业，那么前期功课一定要做足。

TIPS：你适合创业吗

大多数人都发现，除了那些管理层的高薪人士，或者专业性极强的特殊工种，想靠工资积累巨大的个人财富，可能性是非常小的。于是，很多人都想到了创业。说起创业，没有经历过的人，以为那是件很轻松的事。事实上，创业远比打工难得多。就像每个人都有不适合的工作一样，也不是所有人都适合创业。

哪几类人不适合创业呢？

一、缺少长远目标和思维高度的人

作为一个真正意义上的创业者，得明确知道自己最终想要什么，达到目标需要经过哪些过程，要具备长远眼光，拥有战略意识。作为普通的就业者，着眼点只是当前这两三年，首先考虑的往往还是安全感，如何保住现有的稳定饭碗，自然不会想得太远，目标也不会太高。很少有就业者能进行换位思考，站到老板的角度去考虑问题，这也造成很多就业者与创业者之间连沟通都存在问题，更不用说转换身份，由就业者变成成功的创业者。

二、按部就班的人

成功的创业者对完成一件工作的定义，是把某件事彻底解决，今天能搞定的，一定不拖到明天。普通的就业者会习惯地把工作按照天数来分解，每天只完成一部分，下班时间一到，就习惯性地想收工回家，剩下的工作明天再做，在公司里多待一分钟都不愿意。

很多人抱怨老板苛刻，加班很频繁，其实这是老板从创业时期就建立起来的工作习惯，事业就是生命，工作就是生活。

所谓条条大路通罗马，完成工作一定不止一种方法，但普通人长期按部就班地工作下来，已经习惯了用单一思维考虑问题，A 事就用 A 类解决办法，B 事就用 B 类解决办法，很少会用超越性的思维，从多角度多方向来寻求解决问题的思路。这种人是完全不适合创业的。

三、不敢承担责任的人

在一个企业或是公司里，我们经常见到这样的现象：出现事故后，老板要追查责任，大家异常统一、步调一致的互相推卸责任，极少有人站出来承认自己工作的不足，反而都强调自己肯定把属于自己那个环节做好了，至于前后衔接出现的问题，和自己一点关系也没有。就业思维深了，遇到问题首先想到的是回避，然后设法推给别人，这样一来，也就愈加不可能从失败和失利中吸取教训了。

其实创业者们的成长，恰恰源自一个个自己勇敢承担的失败，失败能让他们从中总结分析出问题原因，为下一次尝试积累经验。

四、喜欢逞个人英雄主义的人

有些就业者脑海中存在着个人英雄主义，总希望在一些事情上展示一下，在上司面前表表功。为了不被其他同事分摊功劳，有时候甚至会冒着风险，一个人单枪匹马想做点成绩出来（当然成本还是公司的资源）。结果一旦出了漏子，损失还是公司承担。很少有就业者们会从降低成本及风险，或是从提高效率的角度出发，主动联合其他同事，共同完成某项任务，这正是一个成功的创业者必不可少的素质之一。

五、缺乏成本概念的人

作为创业者，会把每一分钱的支出都算作成本，省下来的就是利润。因此，精打细算是许多老板的习惯，这是创业过程中养成的习惯，绝对不是一个“抠”字能概括得了的。就业者们却大方得很，反正公司的资产是老板的，又不是自己的，只要自己工作方便顺手，浪费点又算什么。缺乏成本概念，会使人在创业的时候，还改变不了打工时养成的大手大脚的习惯。

六、缺少职业意识的人

职业意识指的是人们对所从事职业的认同感。职业认同感可以最大限度地激发人的活力和创造力，是敬业的重要前提。如职业运动员、职业演员等，他们具有较强的职业意识，所以能够全身心投入到他们所从事的工作当中去，也因此收获了相应的成就。有些就业者却对所从事的工作缺少职业意识，仅仅满足于机械地完成自己份内的工作，缺少进取心、主动性，这与激烈竞争的环境完全不相宜。

当然，世上万物，决非一成不变。社会学家认为，性格是可以改造的，任何一个人都可以在实践中克服性格缺陷，战胜性格弊端，不断丰富和完善自我。倘若自身存在上述问题，也可以有意识、有针对性地尝试改变。创业不是一件简单的事，但也绝对不是无解的难题。

1.先工作，后创业

我不认为一定要在创业阶段开办自己的公司。为一家公司工作并学习他们如何做事，会令你受益匪浅，打好基础对我们非常重要。

——比尔·盖茨

张明和杜涛是两个很年轻的老板。他俩大学一毕业就选择了合伙创业，刚刚25岁就拥有自己的公司，一度让周围的人赞叹不已。

然而，大家的赞叹并未持续太久。只经营了一年，他们的公司就因为经营不善，不得不关门倒闭了。究其缘由，就是因为他们对所做行业的了解太少，基础太薄弱。

当前大学生自主创业的呼声越来越高，但真正能够成功的却是凤毛麟角，绝大部分都是折戟而归。没有工作经验的大学生创业，成功率非常低。这是为什么呢?

这是因为他们缺乏创业的几个基础：第一，创业者需要知道如何处理人和事的关系，这是必须工作一段时间能练就的本领；第二，创业者需要熟悉一个行业的经营经验和运作模式。比如你想自己开一家酒吧，就应该先到有名的酒吧工作一段时间，看看好的酒吧有哪些经营管理模式，从中吸取经验。

对于想创业的年轻人来说，最好还是先找一份工作养活自己，逐步在工作中锻炼自己的能力和心智，之后再寻找创业的机会。当然，创业一定要选择自己熟悉的领域，要熟悉这个行业的经营经验和运作模式，最好要有相关的专业知识，具备这些，才能保证你在创业的道路上走得更远。否则，即使能够靠某些优势坐到老板的位子上，也很难在市场的舞台上演好这个角色。

某大型招聘网站曾针对毕业生创业问题在网上专门作过一项调查。其中“你认为什么时候是最佳创业时机”一题中，65%的人认为应先在大公司积累经验，30岁以后考虑创业；21%的人认为大学毕业后1～2年就要创业；9%的人认为创业风险太大，还是要慎重；4%的人没有想清楚；还有1%的人无论如何不考虑自主创业。

由此可见，大学生们的创业心态逐步趋于理性。

相比在学校积累创业经验而言，在一家公司工作一段时间，更易于实战学习，是积累经验的更好选择。

与此相类似，美国吉多电脑公司总裁肯·欧森也建议人们：“想当老板，先去为别人工作，学习如何成为团队中的一员。在这之后，你再去学习成为一名领导者，否则就不要去尝试经营事业。三流的商学院从来不训练人该如何成为领导，他们只教你当老板的时候一定要果断，即使你什么也不懂。”

大部分成功的创业者，在创业前都有过为别人工作的经历，这种经历使他们对本行业情况了然于胸，在复杂的人际关系中游刃有余，整合资源的能力大大提高，也积累到了人生第一笔创业资金。这些直接构成了他们创业路上宝贵的粮食。

3721公司创始人周鸿一创业前，一直在方正公司工作。后来他回忆这段经历时这样说：“时机不成熟，就不创业，先给别人打工。把公司让我做的事情做好，提高自己的能力，逐步就知道创业的方向了。我不赞成年轻人刚毕业就创业，我认为他们还是应该在公司里踏踏实实干五六年。虽然是打工，实际上是公司在给你‘缴学费’，你通过不同的平台积累经验，这是任何老板都剥夺不走的。只有积累了这种经验，你的创业能力才更高，才更有把握获得成功。我在方正工作时，从来没有觉得自己是在打工，我一直认为自己是在创业，因为我觉得是在积累自己的能力，积累自己的资源。”

2.募集你的创业资金

财富是猫的尾巴，只要勇往直前，财富就会悄悄跟在后面。

——王志东

俗话说得好："用钱生钱！"资金是创业成功的根基。没有充足的资金，一切都玩不转。因此信心满满、激情飞扬的年轻创业者，一定要先把创业资金募集充足。

有多少资金才算是充足呢？一般来说，新手创业，在筹措资金时，资金量最少要能支付半年内所有的运营开销。显然这个数目不小。那么，怎样募集到这些充足的创业资金呢？

一、自我积累。

初次创业的人，第一笔资金是最难筹措的。如果向他人借贷，创业者既无资信，又无抵押担保，多半难有着落。此时，最靠得住的办法，就是从每月的薪水中节省，积少成多。

也许你会说：我再精打细算，每个月也就存个千儿八百的，等存够创业资金，我早就老了。静态地看，这种聚沙成塔的自我积累，的确太慢了。但是如果我们用动态的、发展的眼光去看，就会发现你的薪水会逐渐增加，如果你养成了精打细算的习惯，那么今后累积资金的速度会更快。

此外，一个人在薪水不高的情况下，还能持之以恒地存下一笔钱，那么在别人眼里会信誉会大增——这有利于你创业时去借贷。同样月薪3000元，同样工作了3年，一个没有一分钱积蓄，一个有3万元积蓄，两个人分别找周围的亲戚朋友借钱创业，谁的信誉更好呢？答案不言而喻。

所以，养成日常储蓄的习惯，不仅是在帮你储备创业资金，同时也在帮你储备信誉。

二、借贷。

对于自有资金不足的人来说，向别人募款也是最普遍的筹措资金方法。简单地说，亲戚、朋友、父母都可以借贷。另外，房屋抵押甚至是信用卡借贷也能派上用场。但是必须谨记的是，一要善用各种渠道去募集充足的资金，以此作为创业的坚强后盾，千万不可只从单一渠道取得资金，以免资金吃紧时找不到救急的办法。

需要提醒的是，千万不要借高利贷，也不要把自己的家庭储蓄全部投入。因为你面对的是一份全新的事业，失败的可能性较高，不值得你这样冒险。特别是辞去原先稳定并有固定收入的工作去创业，如果破釜沉舟，把自己所有的资金都投入，一旦经营不利，会造成家庭经济困难，甚至血本无归，代价未免太惨重。

三、利用政策优惠。

另一个募集资金的途径就是利用政策优惠。在目前国家鼓励创业的氛围中，许多城市和大专院校都出台了扶持创业的政策。特别是针对微型企业创业，很多地方政府的支持力度都很大，或给房给场地，或直接给资金补助，或提供无息贷款。政府的支持和扶持能为你节省资金，在一定程度上解决资金不足的问题。

比如，青岛市高校毕业生创业孵化基地，能够为想要创业并有创业能力的高校毕业生提供免费的创业场所和必要的资金补助。高校毕业生派遣期内自主创业，可申请5万～20万元的小额贷款，并且可以免交房屋权属证明，免除工商注册和税务登记费用，对于入驻青岛创业孵化基地的个人或企业，均享受青岛市各种相应的政策照顾。

四、合伙。

在创业初期，由于资金不足，一个人创业的确有较大的经济压力，如果两个人分担之后，压力就会小很多。如果创业者有适合的合伙人共同创业，既可以取长补短，分担工作上的压力，又可以筹措较多的资金，因此对于自有资金不足的人来说，合伙创业是最理想的一种创业模式。

来自四川农村贫穷家庭的孩子罗宗华，在四川大学旁边的一家西餐厅打工时，认识了来自美国在川大教学的玛丽女士。这位富有爱心的玛丽不但教罗宗华西餐的做法，而且帮助罗宗华进入四川烹饪学校系统学习西餐

在连续亏损两个月后，李刚的小店不得不关门了。他还了外债之后，还赔了一万多元，这对一个下岗职工来说可不是个小数目。李刚十分伤心，爱人当然也十分难过和内疚，后悔当初不该让他做买卖。

李刚失败的主要原因，就是在没有做好市场调查和市场预测的情况下，只因看到项目现在的市场表现力不错就盲目跟风。他选择的项目没有很大的市场潜力，同时市场也正在趋向饱和。

创业是一条充满荆棘的道路，创业需要胆量，但也不能盲目跟风。在创业之前，最好能对自己和周围的环境进行一番仔细考察，从各个方面进行评估，看看自己是否真的适合做这项事业，考虑成熟了再行动。任何事情都要先谋而后动，不能打无准备之仗。不经谋划，最终只会误大事。

创业的要旨，在于事前能深思熟虑，细心谋划，依据自我和环境的实际状况，做出对应的计划。

有人说：创业的成功取决于特定环境。自然环境、行业状况、人力资源、国家政策、整个社会的经济水平等各种因素，都与人们的创业行为有着密切的联系。一个人在准备创业前，一定要做好这方面的调查。

创业不是一件容易的事，在创业过程中，难免要经历很多的挫折、痛苦，但至少我们能够通过前期充分的准备工作，努力把创业失败的可能性降低到最小的程度。

4.选好创业方向很重要

世上最重要的事，不在于我们在何处，而在我们朝着什么方向走。

——奥·温·霍姆斯

自主创业是一系列复杂的过程，必须要有计划。没有计划就没有行动，没有动力，盲目行事往往只能遭受失败。设定创业计划应当把需要与可能有机地结合起来。设定的目标要适中，太高往往难以实现，使人丧失信心，太低又没有什么作用。

只有对自身要有一个准确的了解，这样才可能订出明确的创业计划并设法实现。有了适当的创业目标，并以此目标来主导接下来的行动，就能达到理想的效果。

王立亮，1968 年出生于青岛胶南一个贫困的农村家庭。从小梦想当科学家的他，从小学、初中到高中，学习成绩一直名列前茅。

1991 年，王立亮因家境贫寒，最终与大学失之交臂。那年冬天，王立亮穿上了崭新的军装，成了一名解放军战士。1994 年，王立亮转业进了胶南县一家化工厂当技术员。随着全国性的“下岗”风潮，王立亮在工作不久后被安排下岗，重新回到了农村。

在外人眼里，王立亮的人生之路绕了一个大弯，又回到了原来的地点。然而王立亮不这么认为，3 年的军旅生活，让他掌握了一定的专业知识，更让他练就了军人敏锐、坚强与不屈不挠的性格。王立亮决心凭借自己的双手改变自己的生活，创造自己的生活。

王立亮想到了创业，并首先审视了自己的实力：资金少，做大生意是不可能的，只有做投资少、见效快的小本生意——王立亮首先给自己创业的大方向定了位。

那么，在众多投资少的行当里，哪一种最适合自己呢？王立亮在筛选了众多信息之后，亲自到黄岛经济开发区进行考察。

一天中午，他被开发区排成长龙的车队吸引，仔细一看，才发现是等候洗车的队伍。于是王立亮索性在这里观察了一个多星期，结果发现，开发区内的5家洗车房生意都很好，都有车在排队等候，一天下来，每家都有四五十辆车的业务。

他在心里算了一笔账，十几分钟洗一辆车，每洗一辆车收费10元，一天下来的利润少说也有二三百元。王立亮心中一亮：这个行当不正合适自己吗？

王立亮把洗车场建在了胶南。胶南虽是一个只有几十万人口的县级市，但经济状况很好，却没有专门的洗车场。洗车不需要专业技术，租一个场地，购买一台高压水枪，办好相应的营业手续就可以了。

1996年5月，王立亮投资6000元的洗车场开张了，这是胶南市第一个专业洗车场。王立亮占尽先机，生意出奇地火爆。3个月后，随着业务的增多，王立亮很快扩大了场地，雇佣了工人，并增加了为汽车打蜡等相关的业务，将小小的洗车场办成了专业的汽车美容店。

这样辛苦一年下来，王立亮就有了5万元的积蓄。

王立亮的成功，给了我们一个很深刻的启示：在创业之前，选好投资方向是至关重要的。王立亮的成功始于他正确的选择。正是由于他选择了洗车这个门槛很低的行业，他才有了创业成功的可能。

如果你决定在30岁以前创业的话，你必须对自己有一个详细的了解和分析，以便找到最适合自己的创业方向。

5.做好创业的前期工作

现在很多人看到别人创业，自己也特别想有一番作为，却因为没有做好必要的准备而失败，付出了巨大的代价。

创业是一项庞大的工程，涉及融资、选项、选址、营销等诸多方面难题，因此在创业前进行细致的准备必不可少。

第一、必不可少的创业计划书。

创业不是仅凭热情和梦想就能做起来的，创业前期要制定一份完整的、可执行的创业计划书，这是每位创业者必做的功课。通过调查和查找资料，要规划出项目的短期及长期经营模式，预估出成本、收益、时间阶段安排以及所需条件等。

当然，以上分析必须建立在现实有效的市场调查基础上，不能凭空想象，主观判断。根据计划书的分析，再制定出创业目标，并将创业目标分解成各阶段的分目标，同时订出详细的工作步骤。

第二、周密的资金运作计划。

周密的资金运作计划是保证“有粮吃”的重要步骤。在项目启动时，一定要做好3个月以上或到预测盈利期之前的资金准备。如果项目启动后遇到不可避免的变故，需要适时调整资金运作计划。最好能根据一些必要的财务知识，计划好收入和支出，始终使资金处于流动中，不会出现“资金断链”现象。做好以上准备，那么项目运营初期就能为未来的发展打好基础。

第三、不断强化创业能力与知识。

俗话说，“不打无准备之战”。创业者要想成功，除了扎扎实实地做好充分准备，还要注重不断积累知识。所谓知识，主要包括合理的资金分配，有效的营销之道等。比如如何进货，如何打开产品销路，消费者对产品的需求，都是需要学习的知识。这些知识的获取渠道，可以是其他成功者的经验，也可以是书本理论知识。同时还要学会与各类人士打交道，如工商、税务、质检、银行等，这些部门都与企业的生存发展息息相关，要善于同他们交朋友，建立和谐的人脉关系。

第四、培养一个执行力强、效率高的团队。

无论做什么事情，都是需要由人去完成的。有了计划、能力及知识后，还需要组建一支执行力强、工作效率高的团队。团队是创业项目成功的基础。

如何组建起一支优秀的团队呢？可以从网络和实地两方面入手。从网络上组建团队，优势是不受空间限制，资源信息量较大。80后创业论坛、同城创业论坛等专业的论坛，都可以利用起来。缺点是网络上的信息有真有假，仅凭网上的交流，不能很深入地了解你要找的团队伙伴。实地寻找团队成员，通常是在聚会或朋友介绍下认识的，你可以很容易地了解你的创业伙伴的性格、能力、兴趣爱好等。但受空间限制，很难短时间内组建齐你理想的队伍。

第五、为自己营造一个好的氛围。

由于缺少社会经验和商业经验，大学生创业总是显得“心有余而力不足”。如果能给自己营造一个小的商业氛围，比如加入行业协会，就可以借此了解行业信息，学会借助各种资源结识行业伙伴，建立广泛合作，提升自己的行业竞争力。千方百计给自己营造一个好的商业氛围，这对创业者的起步十分重要。

第六、学会从“走”到“跑”。

创业初期，由于受到资金的限制，或许很多事都需要创业者本人亲自去做，不要因此叫苦不迭。不管任何一个企业，从“走”到“跑”，都是要经历一个过程，只有明确目标，不断行动，才能最终实现目标。

在做事的过程中，要注意分清主次轻重，抓住关键的事情先做。每天解决一件关键的问题，比做十件次要的工作会更有效。当企业站稳脚跟，有了资金以后，就应该建立一个团队。

组建团队之后，创业者应从自己亲历亲为，转变为发挥团队中每一个人的作用，把合适的工作交给合适的人去做。一旦形成了一个高效稳定的团队，企业就会跨上一个新台阶，进入一个相对稳定的发展阶段。

第七、盈利是做企业的最终目标。

做企业的最终目的就是盈利。无论你的点子有多少，不能为企业盈利，就不具备商业价值。无论是制定可行性报告、工作计划还是活动方案，都应该明确如何去盈利。企业盈利的主要模式，在于找准你的用户，了解最终使用客户是谁，他们有什么需求和想法，并尽量使之得到满足。

第八、在失败中学会成长。

从创业成功案例中不难发现，创业者往往都有“见了南墙挖洞也要过去”的信心。从小就知道“失败是成功之母”，又有多少人真正体会到其中的力量呢?

如果创业失败了，你应该怎样面对失败?充分的准备和不断地学习，能够在很大程度上降低失败的概率。即使遇到瓶颈，也要调整方案，换个方式和方法继续经营，永远不要停止前进的脚步。

经历一个“死而复生”的过程，你就能在未来的发展中脚步更加坚定。永远要记住一点：信心是企业迈向成功的阶梯。

6.创业不能只有满腔热血

每当你看到一个伟大的企业，必定有人作出过远大的决策。

——彼得·德鲁克

常有一些创业者说自己打算创业，准备开一家小店，想做一家礼品公司，想创立一个网站等。提及创业的动机，很多人的回答却冲动而幼稚：厌烦给人打工的生活；不想一直领一份不高的薪水；看到别人创业成功眼红了；或者盲目崇拜企业家的生活方式，自主经营、大权在握、富甲一方……

当继续问："你准备把这个生意作为自己的事业吗"，"你打算用几年时间去做，是否规划好了资金的周转链"，"你的商业模式是什么，规划和步骤有哪些"等问题时，他们的回答却是"这些我还没想"，或者无言以对。

其实有些创业者只是源于一时的冲动，因为有一个想法，一点建议，一时的激情，于是热血沸腾。不过这些只是说说而已，并没有打算真正开始创业。就算真的开始了，这样单纯幼稚的想法，也只能为创业失败埋下伏笔——缺乏对持续创业的理解，缺乏对竞争的理解，缺乏对生意发展的规划，缺乏对做大生意系统的认识，而这些都是创业者必须了解和学习的内容。要成为那1%的成功者，需要的不仅仅是激情，更需要经营的智慧和系统的经营理论。

实际上，创业之前的系统思考是非常必要的。创业之前，你要问自己这样几个问题：你对自己的目标有没有系统的思考？有没有和自己的人生规划结合起来？有没有做好创业的准备？这些系统的思考，会让你重新审视自己内心对创业的看法，也可以让你看清到创业的动机是否正确、成熟，思路是否清楚。

创业是勇于尝试的年轻人实现梦想的一种途径和方式，但除了有创新的想法和激情，要想创业成功，还必须提高自己管理财富、设计商业模式、建设团队、交流与谈判能力等综合素质。

今天的市场已经非常成熟了，对创业的条件要求也越来越高。即使你看好一个产业，或者进入了所谓的蓝海领域，只要生意不错，就会有大批的人迅速跟进。因此，在今天的商业环境下，比拼的不是创业者的眼光和捕捉机会的能力，更多的是在考验创业者做强企业的持续经营能力，这对于创业者的综合素质要求越来越高。在商业的空间越来越少的情况下，成功创业不再仅仅是金钱和资源的游戏。即使你有钱有资源，如果不会创业不懂管理，也会输得倾家荡产。

一个企业能够成长起来，必然是从远大决策开始的。很多人抱着一腔创业的热情，不惜拿出所有积蓄孤注一掷，最后却亏得一塌糊涂。创业不能仅靠匹夫之勇，更要靠脑力和心力。

就像打仗一样，如果你会拼刺刀，敢往前冲，充其量可以当个开路先锋，但很有可能有去无回。如果你不是用蛮力往前冲，而是懂得战略战术，知道什么时候该冲，什么时候该等，那你就不至于用自己的血肉之躯去下赌注。这就是“蛮力”和“脑力”的区别。

如果你对创业只是一时心血来潮，那就放弃创业吧。创业的路上铺满了荆棘，任何人都不可能预知这条路上究竟会发生什么样的意外。当你接二连三地经受挫折的时候，你还能继续走下去吗？

7. 要有点冒险精神

你若失去了财产——你只失去了一点；你若失去了荣誉——你就丢掉了许多；你若失去了勇敢——你就把一切都丢掉了。

——歌德

管理大师杰克·韦尔奇说过："胆识是经商的第一关键。"创业是一种极具冒险性的活动，胆识是创业者必备的要素。在英语中，"entrepreneur（创业者）"这个词源于法语，本身就含有"甘冒风险"的意思。这个词意就已经阐释了一个道理：想创业，就要冒一定的风险。

确定你自己的创业理想后，就要敢于去尝试，不能瞻前顾后，畏首畏尾，那样是不可能做成事业的。许多人在创业时缺乏胆识，在风险面前像老鼠一样胆小，因惧怕失败而迟迟不肯动身，以至于离自己的理想越来越远。只有那些敢于寻找新的蛋糕的人，才会一直拥有美味的蛋糕。所以，聪明的创业者从来都是敢作敢为，想到就要尝试的人。

做任何一件事，都不可能有100%的把握。即使在我们的日常生活中，也时常存在各种各样的风险。风险可能会导致失败，但如果你能化险为夷，那么你获得的回报将远远比不冒风险获得取的多得多。

有勇气的人不怕风险，而愿冒风险的人往往有机会得到更好的回报。世界上总要有一个走在前面的人，否则就不会有那么多伟人、科学家、企业家等杰出的人才。成功的人并不一定比你"会"做，重要的是他比你"敢"做。只有具备敢想敢拼的勇气，事业才有可能成功，人生才能精彩。

创业是需要勇气的。有勇气，就是愿意比别人冒更多更大的风险。在竞争日益激烈的今天，很多人可能更看重智慧和谋略。其实，在最关键的时刻，敢于冒险的精神往往会起到决定性的作用。尤其是在财富领域，敢于冒险的作用更加突出。

在一个职业经理人聚会上，大家聊到了这样一个话题：为什么职业经理人很少成为老板？就此问题大家各抒己见。其中有一个人这样说道：职业经理人都是有智慧有谋略的人，但老板往往是敢于冒险的人。这句话简直是一针见血。

的确如此，职业经理人因为有智慧有谋略，做事通常想得特别通透，难免畏手畏脚。他们当中的很多人很优秀，但难以达到卓越。不敢冒风险，就没有成功的机会，这也是很正常的事情。

在各行各业中，有成就的老板基本上都是胆大的人。没有敢于冒险的精神，就无法获得超凡的成就。那些事业有成的人，都是勇于承担多数人望而却步的事业风险的。有人说："天下财富遍地流，看你敢求不敢求。"这句话就指出了敢于冒险的重要性。

总之，世界上没有免费的午餐，也没有天上掉下来的馅饼。不行动就不可能赚钱，不敢行动就赚不了大钱。试看天下财富英雄，都是有胆识有行动的。比尔·盖茨放弃哈佛大学学业，白手起家创办微软公司，具有何等的魄力！美国最年轻的亿万富翁迈克·戴尔，在大学读书时就组装电脑销售，感到不过瘾便开办电脑公司，是何等令人钦佩！他们之所以有今天的业绩，就在于当初敢于冒险，敢于行动。

现在，谈论财富人越来越多，但许多人说得多，做得少。要知道，"说是做的仆人，做是说的主人"。经济学家谈论起财富头头是道，但他们当中真正获得财富的人却很少；股评家评论起股票来滔滔不绝，但他们中间却没有几个通过炒股赚了大钱。德国行动主义哲学家费希特说过："行动，行动，这是我们的最终目的。"要想致富，就要赶快行动，先迈出一小步，然后再迈出一大步。

想创业的你，还在等待什么呢？不要奢求万事俱备，万事不可能有"俱备"的那一天，只要有勇气，没有条件也可以创造条件。至于成败，"谋事在人"。

开创任何新事业，都需要受到一些"除此之外无路可走"的逼迫，这就需要"明知山有虎、偏向虎山行"的冒险精神。因此，想要创业成功的人，鼓足勇气，突破自己，战胜自己，立即行动吧，唯有如此，才能战胜通往财富大道上的一切艰难险阻。

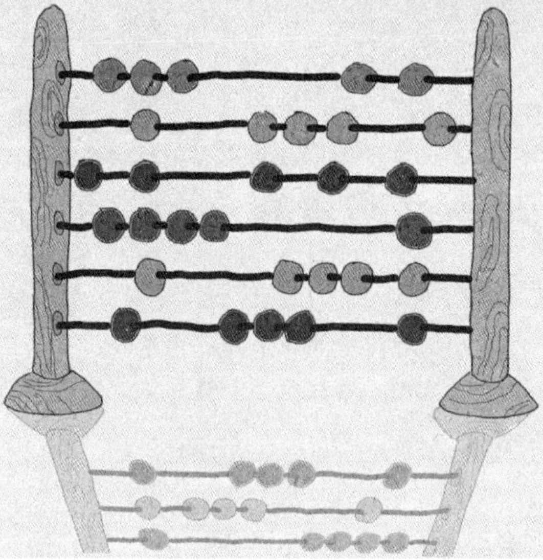

第9章
走近财富从理财开始

“你不理财，财不理你”。一个人没有钱，并不一定是因为这个人不会挣钱，还有可能是因为这个人不懂如何花钱。诚然，如何花钱是一个人的自由，但是事实一再证明，合理地理财，财富就在你身边。注重理财，善于理财，就能走进财富的礼堂；而疏于理财，大手大脚花钱，就是有再多的收入，生活终究会陷入困境。

那么，该如何打理自己的钱财呢？这就是一门值得深入研究的学问了。

1.理财是积累财富的一种方式

一个人一生能积累多少钱，不是取决于他能够赚多少钱，而是取决于他如何投资理财。人生钱不如钱生钱，要知道让钱为你工作，而不是你为钱工作。

——沃伦.巴菲特

俗话常说:“你不理财，财不理你。”如何打理自己的钱财，这一门学问，这门学问就是理财。什么是理财？一般人谈到理财，想到的不是投资，就是赚钱。实际上理财的范围很广，理财是理一生的财，也就是个人一生的资金流向与风险管理。

“理财”一词，最早出现于20世纪90年代初期。随着我国股票债券市场的发展，投资产品日趋丰富和市民总体收入逐年上升，“理财”概念逐渐走俏。个人理财品种大致可以分为个人资产品种和个人负债品种。共同基金、股票、债券、存款和人寿保险等，属于个人资产品种；个人住房抵押贷款、个人消费信贷，则属于个人负债品种。

英国作家约翰生曾说过这样的名言：“金钱和时间是人生两种最沉重的负担，最不快乐的就是那些拥有这两种东西太多，却不知怎样使用的人。”

有这样一个关于理财的故事。

一个财主把财产分成三份，分别托付给三位仆人，要他们善加管理。

第一位仆人用这些钱作了各种投资；第二位仆人则买回原料制成商品出售；第三位仆人为安全起见，把钱埋在树下。

一年后，财主召回三位仆人，检视他们管理财产的成果，前两位仆人管理的财富均增长一倍，第三位则原物奉还。

其实这样的故事，现实生活中也会出现。作为年轻一代的我们，已经不再是规规矩矩的理财消费者了。近些年新兴的“月光族”便是一个很好的例子。

“月光族”是相对于努力攒钱的储蓄族而言的。他们的口号是：挣多少花多少。“月光族”一般都是年轻一代，他们与父辈勤俭节约的财富观念不同，喜欢追逐新潮，消费娱乐，只要吃得开心，穿得漂亮，想买就买，根本不在乎钱财。诚然，手中的钱如何花费是自己的事情，然而正如卢梭所说：节约与勤勉是人类两个名医。历史一再证明，合理地处理财富，财富才能长久地伴随着你。

理财专家研究大量的富豪，从他们的成功经验中得出这样一个结论：1/3的有钱人是天生的，1/3靠创业积累财富，1/3靠理财致富。生于富豪家庭的人毕竟是少数，而创业成功的比率也只有7%。因此，理财应该被看作是创富的一个重要途径。

理财，顾名思义就是“打理钱财”，把握财富增长的轨迹。理财方法的正误与理财能力的高低，决定你一生拥有财富的多少。理财得当，财富便可以迅速增加，如果不会理财，或者理财不当，则不仅不能增加财富，而且还有可能使自己过去积聚的财富不断减少。

有的人拼命赚钱，有的人省吃俭用，但最终都成不了有钱人，一个不可忽视的原因，便是缺乏正确的理财方法和较高的理财能力，没有把握住财富增长的轨迹。

财富的增长，很大程度上取决于理财的方法。不少人将富人成功的原因，直接归结于他们生来富有，他们创业成功，他们比别人聪明，他们比别人努力，或是他们比别人幸运。但是家世、创业、聪明、努力与运气，并不能解释所有创富的原因。

在现实生活中，有不少富人，他们没有显赫的家境，头脑不见得比别人聪明，也并没有受过高等教育，但他们却非常有钱，这是为什么呢？他们靠什么富起来的？那是因为他们有较强的理财能力，善于把握财富增长的轨迹。因此，理财的观念应当受到重视，尤其是30岁之前的我们，做好理财是保证今后生活质量的关键所在。

2. 早点学习理财这门课

有支配金钱的能力，就是有钱。

——曹启泰

很多年轻人都没有理财的概念，一方面觉得自己没什么财可理，一方面觉得理财一般都是人上了年纪才开始关注的事。事实上，理财并不是有了钱以后才开始做的事，而是一个纵贯整个人生的钱财规划，是从无到有，从少变多，进而创造并积累财富，乃至享受财富的过程。早点接触理财，可以让一个人早日实现财富自由。

有一位从事投资理财的大师对年轻人说：如果你想二十岁夺得世界冠军，那么从三岁开始就要训练。如果你想在五十岁实现财富自由，那么二十五岁的时候就要储蓄、投资。对于想要早日实现财富自由的人，应该早日学习理财这门课程。

在西方，18岁的年轻人已经开始自立，独立养活自己，不再伸手向父母要钱。他们从年轻时就逐步接触理财，到30岁时，已经是市场主要的竞争对象了。

在我们国家，由于长期以来对理财知识的轻视（古时就有重农轻商的观念），理财启蒙教育还没有普及，很多人从小到大，一切都是父母包办的。在工作以前没有理财的概念，以至于在工作多年以后，都很难养成理财的习惯。直到有一天发现自己没钱买房子，没钱装修，没钱结婚，没钱生孩子的时候，才发现理财的重要性。所以，从现在开始理财刻不容缓。

大多数初入社会的年轻人，对于手中钱财的概念，常停留在学生时期有多少花多少，想买什么就买什么的阶段。大学毕业前，我们消费的是父母辛苦赚来的钱，毕业后，我们得自己挣钱养活自己。工作之后，我们要根据现有的经济实力，在能够承受的基础上，逐步形成合理的消费方式。不论是房屋、家具、汽车、衣着，还是娱乐支出，都要在自己可以承受的范围之内，与自己的收入和经济能力相适应。我们必须考虑，是在收入范围内选择现代的生活方式，还是继续依靠父母支付账单；是享受不必要的高消费，还是理智、耐心地做好理财计划，早日实现真正的财务自由。

在这个物价飞涨的年代，不管是市井小民还是经济专家，都能够感受到强大的通货膨胀压力。在这种情况下，想办法让自己微薄的薪水越滚越多，就成为一件非常重要的事。无论是羡慕旁人优越的家境，还是期待彩票大奖花落自家，都没有学会投资理财，让自己通过理财变得富裕来得实在。

不要认为投资理财有多么困难，理财并不需要繁杂的计算，只要会小学的算术，就能做好自己的资产管理。多赚少花勤投资，十年、二十年后，就可以享受财务自由；少赚多花又不投资，则注定一辈子被金钱牵着鼻子走。

理财越早开始越好。有一位理财大师常说，如果我早 10 年开始理财，我早就成为千万富翁了。时间是最好的致富工具，不要等到年老之后才开始理财。正确的观念是：理财是年轻人的工作，年老后的工作是如何善用财富。

3.投资自己是理财的第一步

知识是取之不尽的源泉，用之不竭的财富。

——萨迪

麦肯锡近期在中国做的有关工资差别的调查结果显示：

英语考得高的人工资高 15% 左右。

党员比非党员工资高 10%。

学生会的领导比非学生会成员工资高 10% 左右。

……

你读懂了么？你可以不炒股票，不炒基金，不炒房产，但是你不能不投资自己。

看了下面两个故事，你就会明白，投资自己永远不会贬值。

刘娜在一家国际广告公司做文案创意工作，通过 5 年的打拼，已经成为年薪 10 万元的白领。虽然这个收入算不上特别高，但是对一个未满 30 岁的年轻女孩来说，已经是很不错的成绩了。

父母每天催着她尽快恋爱结婚，完成终身大事，但刘娜觉得此时自己最需要的是充电。于是她拿出了大部分的积蓄，准备去欧洲探访文化艺术圣地，以充实自己的眼界和境界。

在随后的一年里，刘娜变成了一块大海绵。她去了法国、意大利、荷兰的各大博物馆和艺术馆，每天写随笔，记录下所有的心得。当然，更多的时候，她坐在欧洲的咖啡馆和陌生人聊天，了解不同的生活方式。

一年后，她回到了自己所在的城市，给父母一个大大的拥抱，并重新开始寻找工作。以前的同事们也发出了热烈的呼唤，希望她能重新加入她们的团队。经过这一年的锻炼和提高，刘娜很快找到了一份全新的工作，在一个世界著名的拍卖行做市场推广，薪水翻番。

刘娜清楚地知道，这一切得益于自己对自己的投资——用一年的时间和几年的积蓄为自己增值。

当身边的朋友投资股票、基金时，做培训师的李丽却用十万元报名参加一个在美国华盛顿举行的礼仪培训班。李丽用两个星期的时间和来自世界各地的学员们一起学完了高级商务礼仪课程，并因此结交了很多志同道合的朋友。课堂上的交流不仅丰富了李丽的知识，同时也让她看到高级商务礼仪培训在中国的前景。

回到中国后，李丽马上着手准备自己全新的课程——高级商务礼仪。培训主要针对中国高端市场，比如律师、银行家，还有外企的高官们。她充满信心地向她的客户介绍为什么要接受高级商务礼仪培训，以及全世界商务礼仪的前景。她以自己为例，讲解为什么要投资学习礼仪，这种以身“试”教的推销方法，很快打动了她的客户们。

她的课程得到了高端客户的欢迎，也赢得了经济上的回报。现在李丽自豪地说，投资自己的回报率一定超过百分之百，因为这种投资可以让自己有一个明显的提升，还可以使提升后的自己获得更好的价值回报。

知识是自己的，谁都带不走。在自己的专业领域，无论是学历上还是技能上，给自己一个提升，从任何角度看都是有益的。

教育投资，不光是一张文凭那么简单，也不仅仅是坐在课堂里吸收知识，更重要的是观察世界、体会世界并与世界交流的过程。如果说理财投资有亏损的风险，那么教育投资一定是保赚不赔的。教育投资不仅能提高自己的文化知识和修养，还能够获得技能、眼界、人脉，这是无形却能丰富自己人生的东西。教育投资也许在短期内回报不那么明显，但是从长远来看，这样的投资总归会有数十倍的回报。

4.将理财变成一种生活习惯

若你赚500元花400元的话，它会带给你满足感。相反，如果你赚500元却要去花600元，那么生活就会变得悲惨。

——洛克菲勒

有一个富人，认识了一个穷人，就发了善心。他对穷人说，我送给你一头牛，你拿着它好好去耕地。明年开春了，我再给你带点种子来，你种上粮食，到秋天就不用过这种穷日子了。

穷人白得了一头牛，满心欢喜地开始耕地。耕了一阵子，没有见到生活发生明显的改善，加上牛要吃草，反而觉得生活负担加重了，于是便想把牛卖了，换几只羊，羊生小羊，拿出去卖了，赚钱也会快点儿。

换回的羊白养着，他觉得很亏，于是就杀了一只吃了。杀到第二只，小羊羔还没生出来。这怎么得了，不如把羊卖了，换成鸡，让鸡下蛋，再拿鸡蛋去卖，这样会更快一点。

于是他就把羊换成了鸡。可养鸡也要开销，他仍然觉得吃亏，便照例杀鸡来吃。杀了一只，杀两只，还剩最后一只的时候，蛋还没下来。这回穷人彻底绝望了。算了，把这只鸡也卖了，换一壶酒，三杯下肚，万事不愁。

到了春天，那个富人兴冲冲地拿着种子来到他们家，发现这个穷朋友坐在屋里，一边喝着酒，一边嚼着咸菜。

由于穷人总是吃干花净，得过且过，今朝有酒今朝醉，所以多年之后，他的家里还是四壁净光，跟以前一样穷。

故事里的穷人看似愚蠢可笑，但也揭示了一个道理：不懂得理财，到手的财富总有花光的一天。很多人说理财是有钱人的事儿，我没钱，理什么财！可事实却是：正因为你不会理财，所以你才没有积累下来什么钱。

我们打个比方：投资基金，你从20岁开始每天存1元，一个月存30元，每月拿30元钱去投资，按10%的复利来计算，那么当你65岁的时候，你会有多少钱呢？31万元！这个数字很吓人，但投资就需要这样的长跑。理财就像是一项长跑运动，跑得越远，理财的效果就越显著。

钱少一样可以理财，所有的百万富翁都是从一块钱开始理财的。理财不是一件困难的事，只不过是一种生活方式、生活习惯而已。

二十几岁的年轻人，正处于人生事业刚刚起步的时候，如果能够养成理财的习惯，合理地进行投资，就能为自己未来的生活创造一个源源不断获得收入的渠道，这也是年轻人当下最值得做的事情。

当理财成为一种生活习惯，哪怕自己得到一分钱，也要清楚地知道这一分钱如何使用，怎么赋予它更高的价值；如果你能够坚持不懈地进行投资，哪怕回报计算到每天数目很少，时间也会让你在不知不觉中拥有更多的财富。

TIPS：多关注一些财经新闻

虽说“你不理财，财不理你”，但若是理财出现操作失误，就会变成“你一理财，财就离你”。要想成为理财高手，可不能“两耳不闻窗外事”，否则就会像股市中流传的笑话说的那样悲惨：“杨百万进去，杨白劳出来；想买房子进去，卖了房子出来。”

理财是现代社会人人都必须掌握的一门学问，甚至可以说是一种必备的生存技能。一个人不仅要会赚钱，还必须学会管理钱。如果一个人光会赚钱而不会管理钱，那么这些钱并不是真正属于他的，只是经过他的手而已，很快就会弃他而去。

世界著名拳王泰森，在他当年风光的时候，曾经双拳横扫天下英雄，吸引了全世界的眼球，也成为商家的宠儿。泰森不仅拳打得好，而且还是赚钱的一把好手，曾靠打拳聚敛了巨额财富。可惜的是，他是个典型的只会赚钱不会理财的人，因为缺乏理财知识，结果那些财富很快就弃他而去，最后沦落为不值一文的穷人，只能靠到处走穴以表演为生。

一代拳王泰森的事例，很好地警醒了世人：光会赚钱还不行，必须还要学会理财，让自己的财富保值、增值。掌握必备的理财知识，做好自己的理财计划，可以说是现代人必须掌握的一种生活技能。

要想理好财，不能不关注财经新闻。当今社会，除非你的生活能够远离金钱，否则不管你喜不喜欢，你都要关注财经新闻。不仅要关注国内的，更要关注国际的。全球经济一体化时代，地球越来越小，任何地方发生的经济事件，都可能直接或间接地影响到我们的财富，甚至可以说直接关系到我们钱包的大小。

要想获得财经知识和信息，最有效的方法就是养成每天看新闻和读报的习惯。把看电视剧的时间节省下来看财经新闻，最好每天看一两份报纸的财经版。可能你会觉得这种事太简单了，但做起来却并不容易，枯燥难懂的经济学术语，可能会让你头痛，报纸上密密麻麻的文字，也会让你产生压迫感。

刚翻开报纸财经版块时，你可能一点兴趣都没有。但是你要想到，关注这些内容不但可以让你未来的钱包更丰满，还可以让你和朋友交流时多一份谈资。这么一想，是不是觉得报纸上的内容没有那么枯燥了。坚持看下去，只要坚持一周，你就能似懂非懂了。再坚持一段时间，你就不会觉得看财经报纸很闷了。如果这样坚持1年、2年……10年，你就能变成“财富通”了。当你对经济大势逐渐有了宏观的认识，对产业走向有了自己的感受，这时你的投资理财水平谁敢小觑呢？

除了报纸上的国内、国际财经新闻，网络、电视中的财经新闻也应该一并关注。报纸和网络新闻各有自己的长处。跟报纸相比，上网看新闻不用交费，而且还可以每时每刻得到最新的信息。网络新闻的缺点是真假难辨，泥沙俱下。海量的信息中，有宝贝也有垃圾以及谣言，你要注意独立判断信息的真实性。

5. 不要忽视小钱的作用

假如我只需要付出 40 美分就能买下一项价值 1 美元的生意，好事便近了。

——巴菲特

古时候有一个生意人，他聪明睿智，具有高超的经营本领。

有一天，他在大街上捡到一只老鼠，便决定以它为资本做点买卖。他把老鼠送给一家药铺，得到一枚小钱。

他用这枚小钱买了一点糖浆，又用一只水罐盛满一罐水。看见一群制作花环的花匠从树林里采花回来，他便用勺子盛水给花匠们喝，每勺里搁一点糖浆。花匠们喝后，每人送给他一束鲜花。

他卖掉这些鲜花，第二天又带着糖浆和水罐到花圃去。这天，花匠临走时，又送给他一些鲜花。他用这样的方法，不久便积聚了八个铜币。

后来有一天，风雨交加，御花园里满地都是狂风吹落的枯枝败叶，园丁不知道怎么清除它们。生意人便走到那里，对园丁说："如果这些断枝落叶全归我，我可以把它打扫干净。"

园丁同意道："先生，你都拿去吧。"

生意人用原来积累的八个铜币买了一些糖果，然后走到一群玩耍的儿童中间，把糖果分给他们，让他们帮助自己打扫花园。顷刻之间，孩子们帮他把所有的断枝败叶捡拾一空，堆在御花园门口。

这时，皇家陶工为了烧制餐具，正在寻找柴禾，看到御花园门口这堆柴禾，就从生意人手里买下运走。这天，生意人通过卖柴得到了十六个铜币和水罐等五样餐具。

他现在已经有十六个铜币还有水罐等餐具了，很快他心中又想出一个主意。在离城不远的地方，他设置了一个水缸，供应五百个割草工饮水。这些割草工说道："朋友，你待我们太好了，我们能为你做点什么呢？""等我需要的时候，再请你们帮忙吧！”他四处游荡，结识了一个陆路商人和一个水路商人。

陆路商人告诉他：“明天有个马贩子带五百匹马进城来。”听了陆路商人的话，生意人对割草工们说：“今天请你们每人给我一捆草，而且在我的草没有卖掉之前，你们不要卖自己的草，行吗？”

他们同意道：“行！”随即拿出五百捆草送到他家里。马贩子来后，走遍全城，也找不到饲料，只得出一千个铜币买下这个生意人的五百捆草。

几天后，水路商人告诉他：“有条大船进港了。”他又想出了一个主意。他花了几个铜币，临时雇了一辆备有侍从的车子，冠冕堂皇地来到港口，以他的指环印作抵押，订下全船货物。

之后生意人在附近搭了个帐篷，坐在里边，吩咐侍从道：“当商人们前来求见时，你们要通报三次。”

大约有一百个波罗奈商人听说商船抵达，前来购货，但得到的回答是：“没你们的份儿了，全船货物都包给一个大商人了。”听了这话，商人们就到生意人那里去了。

侍从按照事先的吩咐，通报三次，才让商人们进入帐篷。一百个商人每人给他一千元，以取得船上货物的分享权，然后又每人给他一千元，以取得全部货物的所有权。

由于生意人巧妙经营，在很短的时间内，他以一只老鼠为本钱，变成了远近闻名的富商。

事实上，很多成大事、赚大钱者，并不是一走上社会就取得了辉煌业绩，从伙计到大企业家，从小职员到政治家，从小兵到将军……很少见到一走上社会就真正“做大事，赚大钱”的人。所以年轻人不要好高骛远，不屑去做小事、赚小钱。要知道，连小事也做不好，连小钱也不愿意赚或赚不来的人，很难赢得他人的重视与信任。如果你抱着这种只想“做大事，赚大钱”的心态去投资做生意，那么失败的可能性很大。

富兰克林说：“金钱天生具有扩张的本性。”一枚小小的铜钱，可能就是万贯资产的源头。每个人都不应忽视小钱的力量，特别是那些渴望做出一番事业的年轻人，更不能看轻每一分钱。与其无谓地期待雄厚的原始资本从天而降，还不如从积累小钱开始。

犹太人认为，零与一之间的距离有如天壤之别。从零到一，非常困难，但是一旦打破零，由零成为一，以后由一变为二，由二变为四，由四成长到一百、一千、一万……就轻而易举了。

一个人只要努力工作，想办法赚钱，就能逐渐创造财富，累积财富，由一到一百，由一百到一千，由一千到一万，进而十万、百万、千万、亿万，小钱可以变成大钱。

财富的积累是一个漫长的过程，尤其是在开始的时候。日常生活中很多费用是没有必要支出的，这些金额看似不起眼，但长年累月积累下来，就是一个不小的数目。积少成多，聚沙成塔，无论是赚钱还是省钱，都要从小钱开始。

理财也是一样，并不在于财富的多少，只要有理财的想法和行动，小钱同样可以理出大财。

6.该存的钱一定要存

不要买自己想买的东西，而要买自己需要的东西；不需要的东西，即使花一分钱，也是昂贵的。

——老卡托

“收入就那么一点儿，怎么存钱啊？”

“我不是不想存钱，是没钱可存啊！”

“等我涨工资了再开始存钱吧！”

这样的想法，是否经常在你脑海中回荡？它们是否成了阻碍你存钱的最大障碍？

要想存钱，你必须马上停止这样的想法！因为无节制的消费一旦成为习惯，薪水增加的同时，消费也会随之增加。如果从最初就舍弃了存钱的习惯，未来想改变这种习惯就难上加难！

大部分人都把存钱看作是“痛苦”与“牺牲”，却把花钱看作是“享受”与“快乐”。如果你希望自己能一直高枕无忧，能在未来实现财务自由，那么从现在开始，你就必须改变这种心态。要让自己一想到流失和浪费金钱，心里就不断地难受。存钱是快乐的，是可以让你获得财务独立的妙招。很多富人之所以能成为富人，是因为他们从小就知道固定储蓄的益处，并且一直养成定期储蓄的好习惯。

每次拿到薪水之后，先不要动用，而是存下至少10%的钱。

渐进的方法可以帮助你更为轻松地达到这个目标：例如，第一个月尽量减少1%的开支，把它存在一个新账户里。把这个新的账户叫做财务独立账户，不管什么情况都不要动用，坚持只进不出。第二个月把储蓄率提高到2%，第三个月提高到3%，以此类推。因为储蓄增加的幅度很小，你基本上不用从这里面拿钱出去，久而久之，你就适应了这种理财方式。按这种方法储蓄，一年下来，你就会有一笔不小的结余了。

你还可以把额外的收入，例如奖金、外快等一次性存到这个账户中。需要注意的是，你必须坚持遵守这个原则，千万不要坚持到一半就放弃，那会让你功亏一篑。

致富的第一个原则是：不要让自己的钱轻易流失，哪怕是一分一厘；第二个原则是：当你受到物质诱惑时，要马上想一下第一个原则。

有一位名人说："收入增加多少，开销也就提高多少。哪怕你的工资再高，也一样会被增加的开销吃掉。"

谁都想存钱，可是做起来总是很难。在此，给大家提供一个可以克服购物欲望的技巧：你可以去买你想买的任何东西，但在此之前要求自己先存够买这个东西的钱。比如，从购买某件物品之前的三个月或者五个月开始，每月结余一部分，提前分期存款。这样做，一方面你从某种角度上已经实现了存钱的过程；另一方面，经过几个月的沉淀，你能够更加理智地面对你的购买需求，这样可以避免很多冲动消费的发生。

虽然存钱是一个增长很慢的理财方式，但是只要长期坚持下去，积少成多，到时候说不准就是一笔数目可观的财富了。从现在起，别把那些零散的花销不当回事，赶快养成存钱的良好习惯。让我们行动起来！

7.理财是最好的“开源”方法

穷人是为钱工作，而富人则让钱为他工作。

——《穷爸爸，富爸爸》

人们都相信努力工作能致富，这并没有错——努力工作，所得又足够多的话，确实可以致富。但现实中并非如此绝对，很多人工作之后才发现，“除了工资不涨，什么都在涨”。不用说诸如汽车、房子等奢侈消费品，就是平常想买几件好点的衣服，买几款优质的电子产品，那价钱也让年轻人顿觉“囊中羞涩”。没有投资，你总会觉得“钱不够花”。真正想要实现财务自由，就要让你的钱变成活钱，成为会下蛋的鸡。

时下，炒股、买基金几乎成为“全民运动”，全国上下轰轰烈烈，沸沸扬扬，大有不懂炒股都不好意思开口说话的地步。受社会大环境的影响，许多人也光荣地加入了“证券投资”的行列，或者正在摩拳擦掌，跃跃欲试。

下面先让我们看看张扬是怎样投资的吧。

28岁的张扬可以算是众多白领女性中的投资高手了。她每月的收入有5000多元。对于自己这份收入，她制订了详细的理财计划，其中也离不开一些理财师对她的帮助。现在，她的投资领域相当广泛，股票、债券都有涉足。

几年前，她看到办公室里几位同事炒股赚了钱，于是按捺不住，也拿出1万元去证券公司开了户。那时候，她看到某只股票价格不高，只有9元多，于是就买了1000股。想不到的是，从此之后，该股的价格一路上扬，最终居然使她获得了近三倍的盈利。

尝到了钱生钱的甜头，以后就一发不可收拾了。现在，每天回到家，料理完家务，她都要研究一下自己制作的现金流量账户，以确定下一步的投资策略。她还不时地通过书籍、报纸补充投资理财知识。功夫不负有心人，她的资产也在不断地增长着。

她的理财观念是："理财，是为将来做准备，以后孩子上学以及买房等，都要大笔地花钱。趁着现在年轻，收入高，应该早早地做好财务规划，这样以后就不会有后顾之忧了。"

各位朋友们，开始投资之前，你是不是也希望成为像张扬那样的投资理财高手呢？一起来看看理财专家为我们设计的大众化的投资理财方式吧！

一、储蓄35%。

从流动性来说，活期储蓄最佳。随着自动柜员机和POS（销售终端）机的大量出现，刷卡消费的形式已经非常普遍。储蓄收益虽然不高，但作为保本收益理财产品，普通家庭仍然可以选择。

目前储蓄种类很多，可以根据自己的支出结构进行储蓄投资：随时想用的钱可以存成活期；如果有固定收入，特别是工薪阶层，除生活费外，可以把钱存成零存整取；如有大笔收入且暂时不用，可以存本取息；对于开支无计划但有固定收入的人，可以选择定活两便；对于有计划目标的家庭，应选择3月、半年、1年、2年、3年、5年定期储蓄。

二、国债30%。

由于免征利息税等优惠措施，目前国债的收益率比定期储蓄要高。国债的兑现也不难，只需到银行储蓄网点办理提前支取即可。凭证式国债有一个缺点，就是购买不到半年，提前支取不计息。购买国债超过半年后，如果提前支取，不像储蓄一样按活期计算利息，而是按各个档次分段计算利息。但是提前支取国债要收取0.2%的手续费。

三、保险10%。

投保未出"险情"时如同储蓄，出了"险情"则受益匪浅。虽说保险好处多，但现在它仍不能完全与银行储蓄相比。储蓄可以随时支取，保险则是重在保障，虽然保险具有保值、增值的功能，但只能在发生意外事故后才能给予赔偿。保险不能不投，但也不能过量。

四、股票5%。

股票的流动性很好，基本上可以随时兑现。从收益性来说，股票总体而言收益率较高，但股票市场风云变幻，起伏不定，风险也很大。采取长期投资的策略，少量购买，即使“套牢”，也不会有太大的损失。

五、其他 10%。

投资品种还有很多，如古董、书画艺术品等，它们都有各自的优点与缺点，可以根据自己的爱好，选择自己投资的侧重点。在条件不具备的情况下，不要过分勉强。

财富是流动所得，理财技能也不可能一步登天。应在成功和失败的投资经历中不断总结经验和教训，理智投资，这样，你的财富就会增长起来。

8. 一夜致富是不切实际的幻想

投资股市绝不是为了赚一次钱，而是要持续地赚钱。如果想靠一“搏”发大财，你大可离开股市，去赌场好了。

——彼得·林奇

有一个旅行者，事事都讲求速度，他几乎随时都在计算自己浪费了几分钟的时间。

一天，他口渴了，好不容易找到一口井。喝足了水后，他灵机一动：何不把身上带的干粮一块儿吃了，这样就不用每次吃完干粮后，又得重新找水漱口，浪费时间！

于是，他从行囊里拿出干粮。不料才咬了一口，就有一只不识相的蜜蜂飞来，叮了他一下。他手一痛，就把干粮掉在了井里。他的干粮就这样没有了。

这就是想快速致富的人可能面对的结果。对于想要快速致富的年轻人，专家给出的忠告是：投资理财并不适合你。因为投资理财是个慢工出细活、欲速则不达的事。

利用投资理财积累财富，虽然比我们想象的效益要好一些，但是所需的时间却比想象中来得久。用小钱投资，想在短时间内赚取百万财富是不可能的。试想，一个母亲不经过十月怀胎，能够生下婴儿吗？农民能缩短禾苗成长的时间吗？自然界有自然界的客观规律和自然法则，财富的增长与生命的成长一样，不可能一口吃个胖子。

很多理财高手都有相同的观点：理财是一场马拉松，贯穿于人生的各个阶段，并不是某一时段的特定行为。跟风、盲目理财，隐藏着很大的风险。理财是个长期过程，想通过理财实现财富的增长，拼的是耐力而不是爆发力。

不可否认，有一些人在短时间内赚得了大钱，但是更多的人在一夜之间倾家荡产。“可能侥幸一时，但不可能经常侥幸”。由于其成功存在侥幸成分，赚得的财富也有可能瞬间消失。任何一夜致富的投资机会，必定潜藏着一夜致贫的高风险，这就是为什么靠理财一夜致富者，大多数人的下场是血本无归。

投资者在投资前要做好各方面的调查和准备，在投资中保持平和健康的心态，做到胜不骄、败不馁。每个投资者都必须认识到，凡是投资都会有风险，再高明的投资者，也有失手蚀本的可能。因此在投资之前要先想好，如果出现失误应该怎么应对。冷静面对突发变故，是一个投资者必备的心理素质。

投资理财是一个长期的过程，它不能一下子就让你变成大富翁，但可以让你的财富稳定地增值。

想要掌握理财之道，同样需要时间和耐心。理财不仅仅是买基金、买股票，往简单了说，理财就是怎么把日子过好，说复杂几天几夜也说不完。理财产品有很多，包括储蓄、保险、税务、遗产、现金支配等。理财不是一时心血来潮的贸然选择，也不是一时半会儿的短期行为，它是一种长期的坚持。只要你能够用心掌握一些投资的技巧，坚持正确的理财投资理念，一定会得到不错的回报。

9. 要有正确的财富观念

当你有了1亿美元的时候，你就会明白，钱不过是一种符号，简直毫无意义。

——比尔·盖茨

拥有更多的财富，是许多人的奋斗目标。财富的多寡，也成为衡量一个人才能和价值的尺度。当一个人被列入世界财富排行榜时，会引起多少人的艳慕！但是对于个人来说，一味地追求财富，必然会失去其他很多有价值的东西。

但丁说过："拥有便是损失。"拥有的财富超过了个人所需的限度，那么拥有越多，损失就越多。看了米勒德·富勒的故事，就会明白财富越多，并不代表得到的越多。

同许多人一样，富勒一直在为一个梦想奋斗，那就是从零开始，积累大量的财富和资产。到30岁时，富勒已挣到了百万美元。他雄心勃勃，想成为千万富翁，而且他也有这个本事。他拥有一幢豪宅，一间湖上小木屋，2000英亩土地，以及快艇和豪华汽车。

当他拥有这一切的时候，问题也随之而来：他工作得很辛苦，常感到胸痛，而且因为忙于工作，他疏远了妻子和两个孩子。他的财富在不断增加，他的家庭和健康却岌岌可危。

一天，富勒在办公室突发心脏病，而他的妻子在此之前刚刚宣称要和他离婚。他开始意识到自己对财富的追求，已经损害了他应该珍惜的东西。于是他打电话给妻子，要求见一次面。当他们见面时，两人都泪流满面。他们决定消除破坏家庭生活的东西——他的生意和物质财富。

他们卖掉了所有的资产，包括公司、房子、游艇，然后把所得捐给教堂、学校和慈善机构。他的朋友都认为他疯了，但富勒从没有感到比此时更清醒。

接下来，他们夫妻二人开始投身于一项伟大的事业——为美国和世界其他地方无家可归的贫民修建“人类家园”。他们的想法非常单纯：“每个在晚上困乏的人，至少应该有一个简单体面并且能支付得起费用的地方用来休息。”

曾任美国总统的卡特以及他的夫人也热情地支持他们，穿工装裤来为“人类家园”提供劳动。富勒曾经立下的目标是拥有1000万美元的家产，而现在，他的目标是为1000万人，甚至为更多人建设家园。几年来，“人类家园”已在全世界建造了6万多套房子，为30多万人提供了住房。

富勒曾经为财富所困，几乎成为财富的奴隶，他的妻子、家庭和健康差点儿被财富夺走。而现在，他是财富的主人，他和妻子自愿放弃了财产，去为人类的幸福工作，他自认为现在是世界上最富有的人。

当然，这个故事并不是说拥有财富就不快乐，散尽财富才快乐，而是提醒我们对待财富要有一个正确的态度：“不要追求显赫的财富，而应追求你可以合法获得的财富，理性地使用财富，愉快地支配财富，心怀满足地看着财富运用到应该用到的地方”。这是大师培根给我们对待财富提供的建议。

现在不少人急于发大财，结果不是被骗，就是走上歪门邪道，甚至不惜铤而走险，以身试法，完全成了金钱的奴隶。财富对于这些人如同绞索，越是贪求，绞索就勒得越紧。一个贪官说，每当他听到街上警车鸣笛，就害怕是来抓他的，惶惶不可终日。这样的不义之财再多，又岂有快乐可言？

这里并不是说追求财富就是错的或不道德的，我们厌恶和蔑视的是对个人财富的过分贪求。如果对财富持有正确的态度，那么在追求财富的过程中，我们应当是快乐和满足的。金钱只是一种手段，决非目的。让孩子有学上，让老年有所养，让社会无负担，让资源集中到有效益的项目上，让人生节俭克制不断进取，建设我们美好充实的人生，这才是生活的本质。

不管是个人理财还是经营企业，目的都不只是为了赚钱，而是对社会和家庭有所贡献。在这一过程中，由于做了正确的事情，社会自然会对你有所回报，如亲情和幸福感……

财富本身并无善恶之分，而是取决于如何使用它。为富不仁者以它来作恶，慈悲者以它来行善。我们大可不必“视金钱如粪土”，只要是通过正当渠道获得的财富，又能合理地分配使用，造福社会，那我们就是财富的主人，而不是它的奴隶，我们所拥有的财富就是有益的。

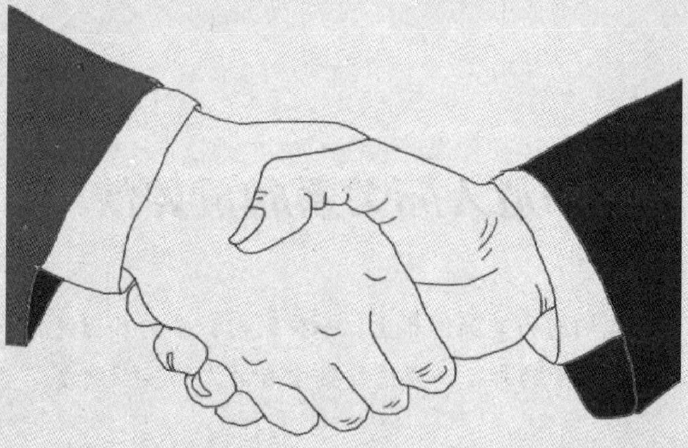

第10章
20岁积累人脉，30岁依靠人脉

有人说“30岁以前靠专业赚钱，30岁以后靠人脉赚钱。”这句话有一定的道理。

对于一个大学刚毕业的人来说，只要凭着勤奋敬业，吃苦耐劳，不计报酬地付出，就能得到重视，并拥有机会做更大的事情；对于工作几年以后的人来说，如果仍能获得尊重，绝不仅仅是因为加班熬夜，陪人喝酒，或者一个人能当两三人用这样简单，而是因为他凭借着自己的能力，将工作中结交的朋友，建成了一个使自己工作起来如鱼得水的交际圈子。

1.要知道人际关系的重要性

我们想的是如何养生，如何聚财，如何加固屋顶，如何备齐衣衫；而聪明人考虑的却是怎样选择最宝贵的东西——朋友。

——爱默生

美国乔治亚州立大学的史坦利教授曾做过一项研究，他的调查对象是2000位美国各行各业的百万富翁。调查结果发现：拥有大规模的人际关系网，是这些百万富翁的共同特点。

在现代社会，人际关系的重要性越来越突显出来。斯坦福研究中心曾经发表一份调查报告，报告中指出：一个人赚的钱，12.5%来自知识，87.5%来自人脉。

人是一种社会性动物，人的成功来自于他所处的人群及其所在的社会。在这个社会中，要拥有良好的人际关系并善于利用这些人际关系，你才有可能提高办事效率，才能为事业开拓宽广的道路。

现任上海一家咨询公司董事长的张海，在谈到自己的成功之路时就说，他有今天这样的成就，是离不开朋友帮助的。

张海，个人资产超过8位数，他的成功不是偶然的。在别人向他请教成功秘诀时，他深有感触地说道："我的事业之所以如此顺利，都是因为有朋友们帮助啊！包括开公司、推荐客户和介绍业务等，各种朋友都会照顾我，有什么生意都会马上想到我。"

在1999年到2000年的时候，上海出现了买房热。那时很多楼盘一推出就被一抢而空，即便排了很久的队，买房的人还是会出现失望而归的情况。

在这种大环境下，张海接受了朋友的建议，看准时机，涉足房地产行业。他不仅可以通过朋友买到多处房产，还能拿到有折扣的价位。

2004年，随着政府宏观调控政策的出台，房地产行业出现了各种限制买房的政策。这时，张海的朋友建议他将手上的房产及时变现，他也因此收益颇丰。

那么，他的朋友为什么总是能想起他、帮助他呢？其实，因为他比很多人更早开始发展自己的人际关系。他直言自己的朋友多达两三千人，而且大部分朋友每年都会见三四次面。在这其中，有三四百人是属于经常联系的。

这下你明白了吧，他为什么会比别人有更多的机会？因为他有更多的朋友，而成功的机会就来自于他的朋友们。

在如今这个讲究双赢、多赢的时代里，一个人孤军奋战是难以成就大事业的，只有通过强大的人际关系网，才能造就传世伟业。因此，搞好人际关系，就成为每一个想要获得成功的人不得不修的一门功课。

想要为自己事业的成功开辟出宽广的大道，首先要保证自己具备相当的社交能力，能够在所处的社会圈子中如鱼得水，游刃有余。这种社交手腕，是使一个人建立起良好的人际关系，获得人心的基础。

仔细想来，就会发现，但凡成功者，都有一个共同之处，那就是他们都有自己的圈子，都有自己的人际关系网。

如果你渴望成功，那么千万别忽略人际关系的力量。拥有良好的人际关系，是你获得成功的一条最简单的捷径。曾经身经百战的投资专家、台湾所罗门美邦财务顾问董事长杜英宗说：“人脉，或者说人际关系，这是一门人生的大学问，很重要。”

2.早日编织自己的人脉网

不论你做什么生意，都是在经营人际关系的生意。

——霍华德·波特

张爱玲说过："出名要趁早。"事实上，一个人若想要一生有所成就，就要早早动身，因为人生没有假设，没有可逆性，因为岁月不待人。同样，搭建人脉关系网也要趁早，越早搭建，你就能越早成功。

20岁的年轻人，你想在十年后成为什么样的人，就应该从现在开始布局。二十几岁是年轻人选择未来道路的关键时期。此时建立起来的人际关系，可以帮你找到理想的定位。你想成为一名出色的顾问，还是想成为一名商人？你的目标总是与你的人际圈子相辅相成。

如果能够早一点规划自己的人脉网络，你会发现自己已经从一开始的

无知变得渊博起来，从经济拮据变得殷实起来，从不善言谈变得侃侃而谈起来……二十几岁是管理人脉最恰当的时期，此时建立起来的人脉网，在未来的人生道路上会显示出重要的价值。

大卫是一位大学三年级的学生，他孤身一人来到离家很远的城市读书。家境一般的他，为了能够多节约一些生活费，即使是假期也很少回家，而是留在学校打工。

再有一年他就要毕业了，学证券专业的他，深知自己只有到纽约去才能有更大的发展空间。但是他家里没有一个人是从事证券行业的，更别说在纽约那样的大都市的证券公司里工作了。

不过大卫并不气馁，他相信能够凭借自己的努力来实现梦想。他想到，自己在这个城市一穷二白，只和同学、老师有联系，除此之外没有任何人际关系。正巧和他关系最好的一个同学来自纽约，并且那位同学有一位远亲在纽约最大的证券交易所任职。

打听到这些后，大卫决定请求同学向他那位远亲引荐他。当然，他也明白，要想进入任何一家证券公司，都要参与公平的竞争，通过正规的招聘渠道才能实现。他之所以想认识一个在证券行业工作的人，是想向他们学习一些实践经验。有可能的话，还可以被推荐到证券公司去实习。

很快，暑假到了。那位同学答应了大卫的请求，把大卫介绍给了自己的远亲，对方也热情地接待了这位年轻人。在以后的日子里，大卫每逢节假日都会为同学的那位远亲送上自己的祝福，当然只是一个简短的邮件或者贺卡，也经常会把自己在专业学习方面的困惑告诉对方，每次收到回复，大卫都受益匪浅。

久而久之，大卫和同学的那位远亲建立起了无话不说的友谊，对方不仅经常把最新的证券行业发展趋势告诉大卫，而且还为他引见了一些重量级的证券从业人员。正是这些帮助，让大卫毕业后顺利申请到了一家知名证券公司的职位。此时，他身边的其他同学却还在辛苦地到处投简历，为争取一个普通的“offer”绞尽脑汁。

经常听人说，千万不要输在起跑线上。在人生的起跑线上，如果有人提前拉你一把，那么你不但起点比别人高，而且跑得自然也要更快。如果这些能拉你一把的人不是一个，而是一群，那么想飞起来也不是没有可能的事，不是吗？

从现在开始拓展人脉，你必须有一个清晰的规划，为日后人脉网的构造定下基调。盲目扩大交际圈，有时反而会给你带来麻烦。只要你能做到积极、主动，有针对性地扩大自己的交际圈，能够积累到够分量、够质量的人脉，那么你的命运就会产生惊天大逆转，成功也会变得唾手可得。

有人说过这样一句话：“有人脉，成功就像坐电梯；没有人脉，成功就像爬楼梯。”如果你现在还在抱怨工资低，抱怨工作环境差，抱怨怀才不遇，那么赶快停止这一切浪费时间的行为吧，不如及早着手打造你的人脉关系网。

3.如何搞好人际关系

友情是由乐于倾听的耳朵、善解人意的内心和伸出的援手组成的。

——泰格尔

人际关系是我们生活中的一个重要组成部分。倘若搞不好人际关系，对我们的工作、生活及心理健康都会带来不良的影响。几乎所有的人都懂得处理好人际关系的重要性，但是，大多数人却不知道怎样才能做到这一点，甚至错误地认为拍马屁、讲奉承话、请客送礼，才能处理好人际关系。其实，处理人际关系的诀窍，在于你拥有开放的人格，被他人欣赏同时，也能真正地去欣赏他人和尊重他人。

如何正确处理人际关系，从内心深处尊重他人呢？首先，必须客观地评价别人，能找到别人的优点。抱着这样的观念，你会发现你的亲人、朋友、同事、上司或下属身上都有令人佩服、值得你尊重的闪光之处。你会发自内心去尊重、欣赏和赞美他们，你会在行为上以他们为榜样，这就达到了处理人际关系的最高境界。换个角度想，若有人对你有发自内心深处的毫不虚假的欣赏和尊重，你肯定会由衷地喜欢他们并与他们真诚相待。

人的弱点之一就是希望别人欣赏、尊重自己，而自己又不愿意去欣赏和尊重别人，总是看到别人的缺点，却很难看到别人的优点。我们必须克服这些人性的弱点。

客观地观察别人和自己，你会惊奇地发现，原来自己还有许多不足，而身边每个人都有值得学习、借鉴的地方。我们不能因为别人有一点缺点，就去否定别人，而应善于发现别人的优点，并去欣赏和尊重他们。世上每一个接触到的人，只要仔细观察，你总可以找出他们身上值得你学习的地方来。

在与人交往时，若能客观地发掘别人的优点，并真诚地尊重和欣赏他

只要我们经营好自己的人际关系，就能把握其中的机遇。

凌航科技董事长许仁旭，是一个靠人脉寻找到适合自己发展机遇的例子。从偏僻的彰化县鹿港小镇只身来到竹科闯天下，他成功了。他没有显赫的学历，更没有可以让自己无忧无虑的家世背景。那么是什么使他获得了成功呢？

问他成功的秘诀在哪里？他说："就是靠朋友。朋友越聚越多，机会也越来越多。很多的机会当初自己没想过，也没看到。这些，都是机缘。"

出身台积电业务人员的许仁旭回忆："凭我这样的学历，要进台积电，或任何一家科技公司做业务，谈何容易？一切都是靠朋友的介绍。"许仁旭在台积电时，负责凌阳接单业务的同时，与凌阳董事长黄洲杰建立了深厚的感情，也给自己创造了更多的机会。现在，他是凌阳集团转投资业务的重要顾问。

"天大的面子，地大的本钱"，说的就是这回事！人脉来了，机遇还会远吗？成功还会遥不可及吗？编织人际关系的同时引来了更多的可能，你不仅认识了别人，别人也了解了你，彼此间形成一种很好的沟通。这种交往会让你喜获丰收，既加深了友谊，又获得了发展的机遇。交际活动是机遇的催产术。善于开发人脉资源，捕捉机遇，成功的彼岸便离我们更近了。

2002年中国百富榜上30位左右的企业家最看重的十大财富品质，"机遇"排在第二位，而在MBA学员眼中，"机遇"则是十大财富品质的首选。因为人脉关系越好，机遇相对就越多。人获得成功机遇的多少，与其交际能力和交际活动范围的大小是成正比的。

你应该把营造好人脉与捕捉成功机遇联系起来，充分发挥自己的交际能力，不断扩大自己的人脉网，发现和抓住难得的发展机遇，进而拥抱成功。

5.能力离不开人脉这张王牌

一个人永远不要靠自己一个人花100%的力量，而要靠100个人花1%的力量。

——比尔·盖茨

很多地方都流行这样的一句话：学历是铜牌，能力是银牌，人脉是金牌。为什么会这样说呢？因为人脉在一个人的事业中起着巨大作用，甚至可以改变和左右一个人的命运。

或许很多人都产生这样的疑问：成功到底靠的是什么？是能力还是人脉，还是两者都有？其实能力和人脉对于事业成功的影响是相辅相成的：有能力却没有人脉的人很难成功，因为没有人知道你有能力，你的能力也无法得到发挥。既有能力，又有人脉的人，才是成功者的候选人，依靠良好的人际关系，一分的耕耘将为他带来数倍的收获。

历代有“天时不如地利，地利不如人和”之说。治理国家要理顺人际关系，所谓“政通人和”；经商贸易要搞好人际关系，所谓“和气生财”。当今社会是一个竞争非常激烈的社会，而且会越来越激烈，随时都要面临着成功与失败。一个人的成功不仅仅取决于他的能力，更在于机遇。而你有多大的关系，你就有多大的机遇，你就能成就多大的事业。

现代社会中，人际关系的重要性是不言而喻的。良好的人际关系将会使你在工作中、职业生涯发展中占据主动地位，左右逢源，尤其刚开始创业的时候，更是如此。如果你拥有一个强大的人际关系网络，那就会比其他竞争者具有更多的资源优势。无论如何，构建好你的人际关系网络，都是你在这个社会生存的重要资本。

汉楚争霸这段历史大家都知道，最后的结局大家也清楚：项羽四面楚歌，刘邦最终称帝。说起这段历史，当然不得不提一下这三个人：项羽、韩信、刘邦。有人评价说：贵族项羽，市井韩信，无赖刘邦。这三个人最后的命运却是：项羽亡，韩信死，刘邦胜。

项羽这个人当然有能力，但性格高傲，人脉极差。后期他身边唯一一个大智之人范增也被弃用，于是，最后空留下一个盖世英雄的名号。

韩信，也是一个有能力之人，性格不错，人脉也不错。但作为开国元勋，他功高盖主，未能收敛其华，最终“飞鸟尽，良弓藏；狡兔死，走狗烹”。

刘邦呢，英勇气魄不如项羽，军事能力不及韩信，谋略不及张良、陈平，治国不及萧何，他的能力确实有限。但由于他懂得笼络人心，于是得到了一批有能力的人辅佐，可以说人脉极强。最终，人脉成了他成功的基石。

这三人的命运颇值得我们深思：在当今这个竞争越来越激烈的时代，一个人要想成功，一定不能只有能力而无人脉。只有苦练本领并积累人脉，才能真正走向成功。

当然我们也必须明白，人脉和能力如果没有得到合理的利用和发挥，也只是一张白纸。没有被及时利用的资源，过期就会作废。没有发挥出价值的能力，又有何用呢？

因此我们说，能力是看家本领，人脉是秘密武器。能力重要，人脉也重要，两者互相倚靠，如同“人”字的一撇一捺，缺一不可。能力强，人脉好，你就会“一分耕耘，十分收获”。仅有能力，要想成功是远远不够的，成功需要能力，更需要人脉的帮助。

安娜是一家投资银行电脑部门的技术主管。一天早上，她开完会刚走进办公室，就收到了部门经理查尔斯的电话。

见面后，查尔斯开门见山地说：“公司决定解雇丹尼尔。”

这让安娜大吃一惊。丹尼尔是她手下一名高级软件工程师，几个月前才从华尔街另外一家投资银行的电脑部门挖过来的。他能干、努力、忠诚，是她的得力助手。她希望为丹尼尔争取留下来的机会：“为什么，他能力强，又很敬业。”

“可是他和公司基础技术设施组的成员之间无法沟通，惹下很多麻烦，引起他们的很大反感，这件事你不知道吗？”

安娜谨慎地回答：“他曾经提过公司应用软件还有改进的余地，他正在和该部门的设计人员沟通，试图说服他们改变程序。”

查尔斯生气地说："他对待同事的态度存在很大问题。今天上午，他和该组的设计师讨论了一次，结果很糟糕。那主管设计师投诉他非常不专业，不仅不合作，傲气十足，还骂人……主管设计师说他无法跟丹尼尔一起工作，要么丹尼尔走人，要么他走人。你当时不在，我和总经理讨论后决定让丹尼尔走人。"

尽管丹尼尔勤奋能干，但是他在工作场合中不注重与人相处的艺术，被公司高层认定为无法合作的员工。安娜无力回天，丹尼尔被解雇成为定局。

很多人都走入过丹尼尔走入的误区。即使是那些以技术为主的企业，也同样看重个人的合作能力、人际交往能力。无法与他人沟通的员工，不仅工作效率低，还会影响其他员工的工作态度，有时候给公司带来的损失，甚至远远高于那些专业能力不如他，却能很好与他人相处的人。

恃才傲物，狂妄自大的人，往往不能很好地与周围的人相处，空有能力，没有人脉，最终连能力也被埋没了。在现在这个竞争的社会，只有能力加上人脉，个人的优势才会被发挥到最大，获得的成就自然也是最大。

6.不可忽视的职场友谊

对人际关系真正的考验，不是朋友落难时我们多么忠诚，而是他们成功时我们多么高兴。

——麦克斯韦尔

在常人看来，在工作中建立的友谊是不够纯洁的。因为同事之间存在着竞争，即便表面一片和平，暗地里也是激流涌动。但这并不是绝对的，无论怎样，多一个朋友总比多一个敌人要好。若能把同事变成朋友，对你只有好处，不会有坏处。

几年前，张婷婷和李晓敏同时应聘到一家银行做职员。由于工作的关系，她们经常接触，时间久了，两人就成了朋友。

如今，虽然她们各自都已成家，而且去了不同的工作单位，但张婷婷和李晓敏还是经常一起聚餐、逛街、泡吧。同时，她们还时常相约到彼此家中走动走动，也会带对方参加一些聚会，把各自的朋友介绍给对方。久而久之，以她们为中心，形成了较大的交际圈。

作为上班族，每天大部分的时间都是与同事一起度过的，如果能把同事变成朋友，那么大家在一起时就会多出许多共同语言，不仅能增加沟通和了解，而且还可以提高工作效率。同时，你还能通过对方认识更多的人，扩大自己的人际关系网。

刘明在房地产开发公司上班，他说由于平时工作繁忙，加上自己周末又是最忙的时候，与朋友聚会的时间非常少，所以他就把同事当作朋友。每当遇到不顺心的事，他会在下班后约上关系好的几个同事去喝茶聊天，郁闷的情绪很快就会烟消云散。遇到高兴的事，他也会约同事找个地方好好地庆祝一番。

上面的几个人因为与同事的关系搞得好，不但工作上得心应手，生活也因此称心如意。社会上还有另一些人，他们不知道同事关系的重要性，努力工作却不见得有好的收获，还把自己弄得身心疲惫。

张伟是一家公司的销售管理人员，凭借自己的智慧和能力，在国内多个城市的市场上打出了一片天地，成为公司炙手可热的人物。踌躇满志的张伟以为销售部经理的职位非他莫属，然而他却出乎意料地没有得到升迁。

本来公司的董事会想要提拔他为销售部经理，但是在提名的时候，遭到人事部门的强烈反对，理由是各个部门对他的负面意见太多，比如不懂人情世故，不善于和同事交往，目中无人等，让这样一个人际关系不好的人进入公司的管理层，是不明智的。最终销售部经理由他人担任。

把自己一手打出来的市场交给别人，这就好像自己辛辛苦苦耕种的粮食被别人收获了一样，张伟非常痛苦和不解，他不明白自己到底什么地方做得不好，公司会这样对待他。很长一段时间他都很迷惑，后来一个同情他的同事化解了他的疑惑：问题的关键是他没有搞好和同事们的关系。

有一次，张伟出去为公司办理业务。在紧要关头却迟迟不见公司的汇票，致使业务活动失败，令他丢尽了颜面，还损失了一大笔单子。实际上，造成这次事故的原因不是公司方面出了问题，而是公司的出纳员有意拖延时间。因为张伟平时对这个出纳员总是不冷不热，根本不把他放在眼里。

还有一次，张伟在外面办事，由于人手不够需要公司派人来协助，却不料派来的人在半路上就被撤了回去。原来是一些公司资格老的人觉得张伟很狂妄自大，目中无人，在工作上不和他们交流，自作主张，所以趁此机会拖张伟的后腿。

张伟的工作业绩十分突出，但是忽视了职场人际关系的重要性。那些他不熟悉、不放在眼里的同事，在关键时刻坏了他的大事，阻碍了他事业的发展。最后，张伟伤心无奈地离开了公司。

不要以为自己工作做得好就够了，职场人际关系对一个人事业发展的影响有时候是很大的。因此千万不要得罪同事，即使是比你职位低的同事。在做好自己份内的工作之余，努力搞好和同事之间的关系尤为重要，好的同事关系常常可以为你的事业带来意想不到的帮助。

7.和优秀的人做朋友

如果要求我说一些对青年有益的话，那么，我就要求你时常与比你优秀的人一起行动。就学问而言，或就人生而言，这是最有益的。学习正当地尊敬他人，这是人生最大的乐趣。

——萨加烈

生活中不难发现，很多人认为，跟不如自己的人交朋友更让人有成就感。但是我们要知道，从比自己差的人身上显然是学不到任何东西的。结交比自己优秀的朋友，不仅能使你更快地成熟起来，而且还能教你一些成功的经验。

安东尼·罗宾是世界上最有名的成功学大师之一。有一次，他的一位朋友问他："我和你都是教人如何走向成功的，为什么我现在一年只能赚100万美元，而你却能赚到5000万美元？显然你的收入是我收入的50倍，当然我也不是嫉妒你比我赚的钱多，而是觉得你比我成功了好几十倍。"

罗宾看了看那位朋友，笑着问："你每天都跟谁走在一起？"那位朋友很骄傲地回答："我每天都跟百万富翁在一起。"罗宾笑了一下说："这就是你的问题，我每天都跟亿万富翁在一起。"

一个人的成功，很大程度上源自于比自己优秀的朋友的帮助。每个人都有朋友，关键在于结交的是什么样的朋友。就像当年的克林顿一样，他一开始只是个吹萨克斯管的乐手，交往的人不外乎乐队里吹黑管、弹大提琴的朋友，如果他一直如此下去，那么一定不会成为美国的总统。关键是，克林顿在十七岁时遇到了肯尼迪总统，并在肯尼迪的影响下进入政坛。

在美国印第安纳州的一个小乡镇，有一位名叫布兰德的年轻人。他有很多的亲人，但是生活都很窘迫。布兰德十六岁时结束了中学学业，离开了生活多年的小镇，来到州里的铁道电信事务所工作，成为一名学徒工。

远离原来穷困的家庭，布兰德的生活并没有好转。但他是个不安于现状的孩子，他积极进取，努力向周围优秀的人学习，并始终坚信自己的未来一定会发生某些改变。结果，在他不断的努力下，二十七岁的布兰德人生出现了重大的转折，他当上了事务所所长。后来，在布兰德的努力下，他成为了印第安纳州铁路局局长。

在总结自己的成功经验时，布兰德认为最重要的，就是要多结交一些比自己优秀的朋友。当他的儿子还在上中学时，他给儿子的忠告是："在学校要和比自己优秀的人交往，有能力的人不管做什么都会成功……"

从比自己优秀的人身上，可以学到很多在其他地方学不到的东西，他们的想法和心态，对你的成功都具有很大的影响力，这些朋友会不断地促使你力争上游。

此外，和优秀的人在一起，并不仅仅是为了获得他们的帮助，同时还可以为你创造良好的人际环境，而这些同样是事业成功的必要条件。不要小看这种人际环境，有些时候甚至它能决定你将来的命运。和那些优秀的人在一起，你就会不知不觉地以他们为榜样，努力提高自己各方面的能力和水平，从而使自己更快地走向成功。

孔子说："勿友不如己者。"意思是说，不要和那些水平比自己差的人交朋友，这样只会让自己的水平降下来，变得自满、疏懒。相反，只有经常和那些优秀人在一起，你才能让自己变得更优秀。

"大树底下好乘凉"。在社会中多结交一些比自己有实力、有地位、有能力、有权势的人，可以使自己学到很多有用的东西，同时也会对自己日后的事业发展起到不可估量的作用。因此，要想事业有成，就应该有意识地多和优秀的人在一起。

也许你会觉得这样说太庸俗，其实，只要换个角度来思考，你就会改变看法，因为把优秀的人作为榜样并不可耻。朋友与书籍一样，优秀的人不仅会是你的益友，也会是你的良师。

伟大的人物才有伟大的朋友，优秀的人才有优秀的朋友，这个道理适用于任何一个领域。也就是说，如果你想成为一个睿智的人，就要去接近有才学的人，和他们成为朋友；如果你想成为一个富有的人，就去接近富商巨贾，和他们成为朋友。结交朋友虽然可能出于偶然，但朋友对个人的影响却是很大的。优秀的朋友往往能使你离成功更近一步。

一个人今天的现状，是其若干年前选择的结果，今天的选择又决定着其今后的人生走向。成功者选择了跟积极的人在一起，失败者选择了跟平庸者在一起，最终他们造就了完全不同的人生。跟对人，很可能使自己的人生就此改变，少走很多弯路，甚至绕开致命的失败。爱情、婚姻如此，家庭、事业也如此。

古人有云："近朱者赤，近墨者黑。"这句话的意思就是身边的人对你影响很大。我们应该深信"近强则强"的道理，努力让自己站到优秀的人群中去。主动去结交优秀的朋友，终有一日，自己也会变得像他们一样优秀。

对于二十几岁、一无所有的年轻人来说，不要怕自己没有钱，不要怕自己不够优秀，不要怕自己没有阅历，重要的是明白自己想要得到什么，想要什么样的人生。所有的人生道路，不是别人给的，而是自己选择的结果。自己选择了跟什么样的人在一起，也就有了什么样的人生。

试着和那些比你优秀的人交往吧！他们能使你吸收到种种对你有益的东西。这样可以提高你自己的理想，激发出你对事业更多的追求来。

8.良好的人际关系是维护起来的

真正的友谊是一种缓慢生长的植物，必须经历并顶得住逆境的冲击，才无愧友谊这个称号。

——华盛顿

在人潮涌动的现代都市，人际交往不仅意味着成功的机会，还代表着更加丰富的人生。而良好的人际网络是长期维护出来的，如果疏于维护，就会让最初的努力白费。

好的人际关系如同渔网，需要经常翻晒修补，这样才能历久弥坚。不能因为彼此已经成了朋友就不再去经营，否则再好的关系，也会因为长期不交往而变得陌生。朋友不是从我们出生时就注定要在我们身边，朋友需要我们用心去寻找，去经营。你的人际关系网也需要精心维护，才能保持最佳状态。

在多数人的印象中，交朋友很浪费时间和金钱。因为要维护朋友间的互动，常常需要定期吃饭聚会，或是唱唱KTV等。还有就是逢年过节、对方生日、升职、结婚生子，总免不了要送个礼物或红包。要维系长期的人际互动就更难了。

由于工作生活节奏不断加快，人们的耐性和持续力都不比从前，可自由支配的时间也十分有限，除非有共同嗜好、兴趣或是习惯，不然几乎都没有保持定期联络的可能性。日子一长，原本牢靠的朋友关系就变得松懈了，友情也逐渐互相淡漠。这对于公司或者个人的未来发展都是极为不利的。

事实上，有时维护人际关系也不一定要付出很大的精力或很多的金钱，更多的时候，只要跟朋友寒暄一番，或者到朋友家里坐一坐，走一走，让彼此之间多些沟通即可，目的在于保持两人的情意不变淡，

喜和领悟。

这两个故事告诉了我们，面对飞速变化的环境，我们只有及时地更新自己的知识系统，站在行业的最前沿，为即将到来的变化做好应对准备，才能占尽先机，在时代的洪流中有一番作为。

1953年，乐天集团的辛格浩会长曾对员工们说："从现在开始，我们就要进入一个充满创意与挑战的时代。如果总以旧方式进行思考，就很难满足现代消费者的需求。因为他们的大脑每天都被各式各样的信息和资讯充斥着，除非有全新的面孔，否则我们很难迎合他们尝鲜的口味。因此希望各位随时让大脑保持在最新的状态，不然我们很快就会落伍。"

这席话是50多年前讲的，至今听来依然振聋发聩。及时更新自己吧！这不仅是时代对我们的要求，更应该成为我们的一种良好的习惯。

TIPS：学习要讲究方法

学习要讲究方法，不讲方法的死读书，就算读一辈子也没有任何价值，更不用谈成功了。

北宋著名的文学家苏轼学识渊博，这与他独特的读书法不无关系。比如，他读《汉书》，每次只注意某一个方面的问题，其他方面的问题略去不管。下一次再读时，又只注意另一个方面的问题。如此读书数遍，则全书几个方面的问题都可以解决。

想想也是，要想一下子把书中各方面的问题都解决，"眉毛胡子一把抓"，势必顾此失彼。苏轼的"究其一点，不及其余"的读书法，确有借鉴意义。

学习的方法有多种，我们可以归结为以下几种。

一、兴趣法

"知之者不如好之者，好之者不如乐之者"，就是说我们越喜欢某一事物，就越喜欢接近和接纳它。兴趣是人们行动的一种动力，只要对某些知识产生了兴趣，就会主动去理解、记忆、消化这些知识，并会在此基础上总结、归纳、推广、运用，做到精益求精，推陈出新，从而推动整个社会向前发展。因此，我们在学习某一知识之前，首先要建立对它的兴趣，以达到掌握的目的。

二、理解法

人都有对事物进行判断的能力，对某一事物或某一知识有自己的理解，就很容易把它变成自己的知识，否则，就需要花很大的额外工夫。比如说理解成语的时候，记住成语背后的典故，成语的含义就会非常清晰；学习某种仪器的操作，只要明白内部的工作原理，那么记忆操作的步骤就会变得简单。学习任何东西，死记硬背的效果都不如理解来得快，来得深刻。

三、联系与联想法

自然界中的一切事物都不是孤立的，而是普遍联系的，正如自然界的食物链：兔吃草，兔又被鹰或狼吃，狼又被虎吃。鹰和虎死后，其尸体又腐败变质，供草吸收其营养成分。在这几种动植物之间，就形成了一个食物链，它们就构成了互相联系的一个整体。如果草绝，则兔就会亡；反之，如果兔多，则草就会被大量食用；当草被食用过多时，兔就不免因缺少食物而亡。自然界的万事万物，是一个普遍联系的整体。知识，正是人类在长期改造自然的过程中发现的，各种知识间也是相互联系的。当我们对某一事物缺乏了解和认识时，我们就可以从与其有联系的事物中来认识它。例如历史课本中的数字枯燥无味，但是，有些事件和这些数字是紧密联系的。因此记数字可以与这些历史事件联系起来，这样就避免了数字之间的相互干扰，同时也增加了学习的趣味性，起到了双重效果。

五、对比法

在学习中，当两个概念或事物的含义相似的时候，我们往往容易搞混淆，这时运用对比法，就能够搞清楚二者之间的明显区别。也就是说，它们相同的地方我们暂时不讲，我们只比较它们之间不同的地方，这些不同的地方，就是某一事物的独特特征。理解了这些独特特征，也就抓住了这一事物的本质，也就能掌握这一事物的有关知识。

六、复习法

人的大脑对知识的识记是有一定规律的。心理学家曾用遗忘曲线做了一个形象的说明，如果在你的遗忘之前去复习、巩固它，那它就能迅速恢复并牢固记忆。孔子所说的“温故而知新”，是非常有道理的。

到时就能用得着，靠得上。在这里奉劝那些忙忙碌碌的人们，忙里偷闲，多抽点儿时间去和朋友们联络联络感情，哪怕是吃个便饭或打个电话，对你来说都是有益的。再好的关系，也是需要长期维护的。大家互相协助，取长补短，经营维护好自己的人际关系，可以为人生的成功与辉煌打好基础。

在某一家公司，一个部门的正副经理都是博士毕业生。年龄相仿，经历差不多，都可谓才华横溢。不同的是，副经理为人和善，善于同员工交流。在日常工作中，对下属恩威并施，分寸得当。在业务上严格要求，从不放松。但同工偶尔出了什么差错，他却总能为下属着想，为下属担担子；出差回来，总是不忘带点小礼物、小玩意儿，给每一个下属一份爱心。

正经理对下属严厉有余，温情不足，有时甚至很不通情达理，缺少人情味。例如一位平时从不误事的下属，因为父亲急病迟到了5分钟，这位经理还是对他进行了严厉的批评，并处以罚款作为警告。

不久，公司内部人事调整，富有人情味的副经理不但工作颇有业绩，而且口碑甚佳，更符合一个高层领导的素质要求，所以被提拔为公司副总经理。而那位部门正经理尽管工作也干得不错，但下属同事普遍反映他缺乏人情味，领导认为他的管理方式不利于团结同事，不利于留住人才，于是取消了原来打算提携他的意图。

好的人际关系对一个人的发展至关重要。如果一个人懂得在平时多做人情，时时处处为他人着想，那么自然能够赢得周围人的支持，人际关系网就这样不知不觉地建立起来了。如果你想要自己的人际关系网一直保持良好的状态，就要细心维护，这样，良好的人际关系才可以随时为你所用。

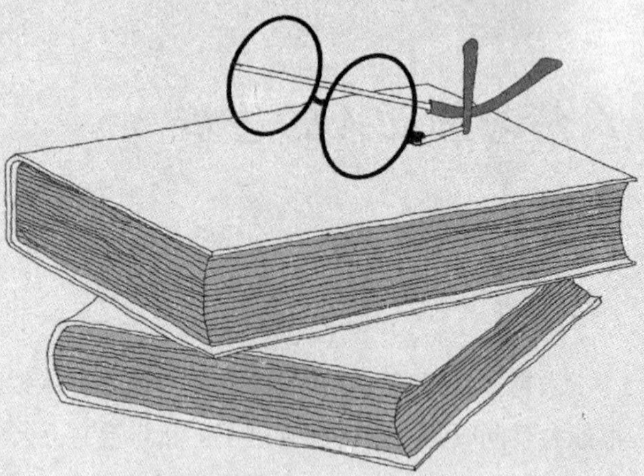

第11章

活到老，学到老

学习是一生的事情，不论你是少年、青年、中年或者老年。如果你意识到了这一点，那么还等什么，赶快行动起来。学习在什么时间开始都不晚，而你一旦停止了学习，就意味着你随时有被别人超越的危险，成为落伍者。

没有一本万利的知识。未来社会的竞争，必将逐渐从人才竞争转向学习能力的竞争。我们每个人，都应该做到在学习中工作，在工作中学习。真正实现自我完善、自我超越。真正实现与时俱进，跟得上时代发展的步伐。

1.学习推动人的进步

业精于勤，荒于嬉；行成于思，毁于随。

——韩愈

人类从无到有，是自然的演变。但是，从猿进化成人开始，人类的学习能力就同时间一起向前推进了。从学会直立行走，到结绳计数，到分工合作，再到学会生火，学会使用语言文字……我们前进的每一步，无一不是从学习中实现的。古往今来，人类社会的每一次进步，都是建立在学习基础上的。

人生像一条奔腾不息的河流，它不会停留在一个地方，也不会停止在某一阶段。人生又像是一座高峰，而学习就是进步的阶梯，我们要在学习中不断完善和超越，最终才能登上人生的峰顶。

宋代学者任末年轻时并没有固定的老师。他背着书箱，不怕路途遥远，不怕艰难险阻，到处寻师求学。他常说："人而不学，则何以成？"意思就是说，人如果不学习，怎么能有所成就呢？

有时，他在树林里搭个小茅屋住下。白天，他削树枝做笔，汲树汁当墨水写作；晚上，他就在星月的辉映下读书。遇到没有月亮的黑夜，他便点燃蒿草之类的东西取光读书。如有心得，他就写在衣服上，以免忘掉。

人们钦佩他的勤学精神，都愿用干净的衣服换取他写满了字的衣服。他在临终前告诫学生们说，好学不倦的人，虽死犹生；不学无术的人，即使活着，也是行尸走肉罢了！

学习是每个人的必修课，是缩小自己与成功者之间差距最快、最好的办法，也是实现理想最行之有效的方法。

在知识经济时代，知识可以改变命运，知识也可以创造财富。我们所应做的，就是加入到学习的行列中，不断巩固知识基础，充实自己，使自己成为知识型的人才。那么，对于已经走出校门的年轻人来说，应当如何坚持学习呢？

读书是学习的主要途径。读书，是在向比自己高明的人学习，是一种“掘金”式的劳动。读书的过程就是和作者对话的过程。书里凝结了专家、学者、精英们的思想精华。通过读书，我们可以方便地获取专家、学者的经验，以此来指导自己的工作。职场人士应该有针对性地选择一些专业书籍和管理书籍，在工作之余阅读，吸收最新最前沿的知识，服务于本职工作，从而实现自己的职业生涯目标。

参加研讨会也是很好的学习途径。通过沟通交流，可以直接地了解他人的观点，交换经验和心得，进而获得启发和动力。交换经验会使人拥有双倍的经验。我们应该经常有针对性地参加一些与本职相关的主题讨论、研讨班，与别人分享经验，交换心得，开阔眼界和思路。

旅行也是使人增长知识与见闻的学习途径。我们常说“读万卷书，行万里路”，人在旅行的过程中，也可以学到很多东西。我们应该偶尔走出去看一看，在旅行中接触不一样的风土人情，体会不一样的社会面貌，从中也能受到不一样的启发。

学无止境，只有不断地学习，拥有丰富的知识，才能在激烈的竞争中脱颖而出。每多学一点知识，眼界就变得更宽，看得更远。犹如登山，一点一滴的积累都是在进步，都会使我们迈上一个新的台阶。

实现人生的既定目标，我们需要战胜的不是别人，而是自己。战胜自己最有效的办法就是学习。学习是为了取得进步，只有一步一步前进，才有可能实现自己的人生目标。工作之中勤于学习，你的能力必定会得到提升，你的业绩也必然会越来越好，这就是学习带来的进步。

当今时代是一个“知识爆炸”的时代，新知识、新技能、新发明、新创造层出不穷。学习是工作和生活的需要，更是陶冶性情的良方，攀登理想的梯阶，提高人生价值的途径。学习能够开阔我们的视野，启迪我们的智慧，让我们站得更高，看得更远。

2.人在求知中会更充实

人不是靠他生下来所拥有的一切，而是靠他从学习中得到的一切来造就自己的。

——歌德

有一个年轻人，由于工作原因，需要经常出差。他长年在各地奔波，有时乘火车，有时坐轮船……但是，无论到什么地方，他总是随时携带一本书籍，以供随时阅读。当人们在车上闲谈或睡觉时，他却在阅读。

后来，他对于历史、文学、科学以及其他很多方面，都相当有见地，成为一个学识渊博的人。阅读不仅促成了他一生的成功，还使他的人生过得很充实。

知识是无价之宝，能使人们获得无限的财富。很多人闲暇时间无事可做，只好看看电视、上上网，非常空虚和无聊。既然如此，我们为什么不把看电视、上网所用的时间花在求知上来充实自己呢？如果我们能时时注意读一些书籍，获取一些有价值的知识，那么必将对我们的事业产生很大的帮助。只要能利用有限的零碎时间去学习，就会有所收获。反之，如果一个人浪费了这些空闲时间，到头来得到的肯定不会是成功。

一些人尽管每天工作都很忙，但还是不忘每天抽出一点时间来学习，或是利用晚上或周末时间去补习学校，或是自己在家看些有价值的书籍。他们的知识储备越多，才能就越丰富，生活也就越充实。

可悲的是，大部分人无意多读书、多思考，无意在报纸、杂志、书本当中尽可能多地汲取各种宝贵的知识。他们情愿把时间耗费在无谓的事情上，让大好的时光就这样白白地流走。这样的人，很难在事业上取得什么突破。

我们应该在自己还年轻的时候，学习尽可能多的知识，不断地充实自己。每天坚持学一点，就不会被时代抛到后面，就可以拥有足够的智慧应对各种挑战，使自己的人生变得圆满。在顷刻之间成就丰功伟绩，显然是不可能的，任何事情都有一个循序渐进的过程，只有持之以恒，每天坚持学一点，最后才能获得成功。

当然，有了知识，并不等于有了与之相应的能力。知识与运用之间还有一个学以致用的过程。学了知识不运用，如同耕地不播种。如果拥有很多的知识，但却不知如何应用，那么所拥有的知识就只是死的知识，不能解决实际问题。我们学习时，不要让自己成为知识的仓库，而要成为知识的熔炉，把所学知识在熔炉中消化、吸收。

没有虚心的学习，也就没有人生的经验和知识的获取。知识是一旦拥有就永不会失去，是人生最大的护身符。我们有多少知识，就有多少力量。求知让我们变得充实，也唯有知识，才驱散我们心中的迷茫和黑暗。

3.选择时代需要的知识

书富如入海，百货皆有。人之精力，不能兼收尽取，但得所欲求者尔。故愿学者每次作一意求之。

——苏轼

一个旅行者在沙漠里跋涉。某一天，他疲惫地走到一个地方，发现这里有许多块奇形怪状、五彩斑斓的石头。他认为这些石头一定有价值，便捡了一些放在旅行包里，但由于石头太重，他最终只携带了几块就离开了。终于有一天，他走出了这片沙漠，当他打开旅行包时，惊喜地发现，原先的那几块石头都变成了金子，看着金子，他懊恼地说："如果当初我能多捡几块，该多好啊！……"

知识就像那些变成金子的石头，在你学习知识的时候，可能会感到很辛苦，也许你会怀疑是否值得刻苦，但终有一天，你能感受到知识的力量与价值，感受到自身的富有与荣耀。

爱因斯坦曾告诉年轻人，懂得越多，感觉到自己未知的东西越多，所以越需要努力探索。

爱因斯坦作为20世纪最伟大的科学家，到了晚年仍在坚持不断地学习。

一位年轻人问他："你的学识已经无人能比，何必还要孜孜不倦地学习呢？"

爱因斯坦并没有直接回答这位年轻人，而是用笔在纸上画了一个大圈和一个小圈，对年轻人说："目前情况下，在物理学这个领域里，可能是我比你懂得略多一些，正如你所知的是这个小圆，我所知的是这个大圆。然而整个物理学知识是无边无际的。对于小圆，它的周长小，即与未知领域的接触面小，它感受到自己的未知少；而大圆与外界接触的这一周长大，所以更感到自己的未知东西多，会更加努力地去探索。”

当今社会，知识有着前所未有的崇高地位，知识的更新速度越来越快，周期亦变得越来越短。人类有 90% 的知识都是在近 30 年内产生的，而知识的半衰期却只有 5 ～ 7 年。人的能力就像电池一样，随着使用时间逐渐消耗。对于每个人来说，都需要不断地进行“充电”。可是，游弋于知识的汪洋大海中，层出不穷的等级考试和资格证书，花样翻新的职业培训和信息资讯，都让我们四顾茫然，望洋兴叹，搞不清自己到底该学什么，又学会了什么。

在有限的生命里，要想得到无穷无尽的知识，既不可能，也无必要。什么是真正有用的知识，什么是不会过时的知识，我们很难提出一个绝对的标准。关键就在于选择。根据自己的需要，能为我所用，能为我所掌握的，这种知识永远不会过时。

我们没有过多的时间去学习那些无用的知识，也没有精力去接受那些鸡肋的信息，与其拼命想走在时代的前面，不如静下心来审视一下自己的选择，也许我们会更清楚自己该干什么，该怎么办。

你要清楚自己的目标，分析自己的长处和短处，还应当明白社会需要什么。所以，在发展自己专长的同时，你还应当放眼社会，有针对性地积累知识，以便适应社会的发展。

无论你从事何种职业，你都要具备符合当下特点的知识技能。因为行业始终是社会中的行业，社会的任何变化都会给它带来巨大的冲击。例如，经济的全球化迫使你需要掌握一门外语，而计算机的普及也要求你懂得起码的基本操作。要想在现代社会生存，你就要拥有现代社会的生存武器。

4.不断更新自己的知识

你们必须向上一代学习，必须掌握人类已经取得的最优秀的成果，然后再由此推陈出新。

——加里宁

从前，有一个书生叫王寿，他到哪里都喜欢背着书，尽管很沉重。

有一次，王寿在弯曲的小路上遇到了徐冯。徐冯看到他，很不理解地说："所有的事情都是靠人来完成的，做事情要顺从时代的潮流而变化。相对而言，书本知识是固定的，它只不过是记录人的言论罢了。而这种言论来源于人对现有事物的理解。随着时代的发展，知识也在不断更新，而你每次只是背着这些呆板的东西有什么用呢？"

时代在发展，社会在变革，任何事物都在不停地发生变化。要适应这种变化，就需要我们不断地学习，不断更新自己所掌握的知识和信息。

如果认为学习是一劳永逸的事，只要掌握了一技之长就可以终生无忧，那么一旦遇到社会环境或工作环境上的变革，你就可能猝不及防。

比如，你曾经是一名非常优秀的拖拉机驾驶高手，驾驶技术无人能比。但是随着社会的发展，拖拉机逐渐退出历史舞台，你所掌握的驾驶技术也就没有了用武之地，你也就不再能适应社会。

20 世纪 90 年代初的时候，打字员是一个吃香的行业，但是随着打字软件的更新换代，现在打字几乎成为了一种最基本的技能，即便是当年最优秀的打字员，也不得不重新寻找新的职业。

我们经常见到报道说，前几年的全国劳动模范居然下岗了，五一劳动奖章获得者也被迫寻找再就业的机会。这样的事例不足为奇。尽管我们不能否认他们曾经拥有的辉煌成就，为社会作出的巨大贡献，但是社会变革的现实是残酷无情的，它不会因为一个人过去的杰出贡献对其手下留情。

想靠学校所学的知识来应付一辈子是不可能的，如果要适应这个世界的变化，就必须拥有终身学习的观念。“活到老，学到老”的观念越来越得到重视，知识陈旧的人注定会被社会所淘汰。一切事物都是变化的，因此必须学习适应变化；一切事情都不是绝对的，因此必须学习应对不稳定因素，学会做决策。如果我们想出类拔萃，那么善于学习是必要的基本素质。换句话说，但凡出色的人，必然是一个善于学习的人。

说到终生学习的态度，有很多名人都是我们学习的榜样。鲁迅先生就给我们树立了一个典范，即使在临终前的一个小时，他还在写文章；华人首富李嘉诚的习惯，就是每天晚上都要看书学习，而且这个习惯已经坚持了几十年。

著名教育学家闵维方教授曾说过，“成功既需要不断地学习，做好素质准备，也要有机遇，但根本还是要学习，没有学习来的知识是不可能抓住机遇的。学习不仅能改变一个人的命运，还关系到一个民族、一个国家的命运。学习的重要性是怎么强调都不过分的。我们的民族想要真正强大起来，就必须成为一个善于学习的民族。一个人只有不断学习的时候，才会知道自己的不足。一个人要想有成就，就必须把他的知识面打开。只有这样，他才有可能获得成功。”

程伟大学毕业后进入一家建筑设计院工作。入院第一年，他就设计了几个非常漂亮的工程。在年度表彰大会上，院长点名表扬了程伟，说他年轻有为、有思想、有潜力，院里非常需要这样的人才。

从此，程伟在众人心目中的位置发生了改变。走在路上，同事们看他的眼神都不一样了。也难怪，这么年轻就受到院长的青睐，将来肯定前途无量。

该院宣传科一连刊登了几版专栏介绍程伟的先进事迹，称他是新时期的标兵、楷模。程伟的工资也一调再调，5个月之内连升3级。

在众人的追捧之下，程伟也飘飘然起来。

以前在设计之初，他总是先到网上大量浏览国际上同类作品的顶尖设计，再结合客户的具体要求寻找灵感。如今，他不再动什么心思，凭他在院里的赫赫名声，只要将以前的设计图纸稍微改头换面，再挂上他的名字，一般的客户都会欣然接受。即使客户有意见，他以专家的身份作出一番阐述，客户也会勉强接受。

就这样，两年过去了。

一次，该院承接了一个大项目。院长非常重视，亲自点将让程伟担任设计小组的组长。程伟走马上任，但这个项目无论从规模还是要求，都并不如他想象的那么简单。程伟一连拿出3个设计方案，都被客户否决了。客户开始怀疑该院的设计水平，院长压力陡增，严令程伟拿出令客户满意的方案。

程伟绞尽脑汁，用了两周时间，总算拿出了一个客户勉强可以接受的新方案。但他觉得这个方案创意陈旧，临交工时，又对方案进行了局部修改。客户对此极为不满，竟断然终止了与该院的合作。

此事在该院引起了轩然大波，各种风言风语传得沸沸扬扬。程伟不得不在全院职工大会上做书面检讨，并被扣发当年奖金。

从高高的巅峰，程伟一下子跌入了深深的谷底。

曾经优秀的程伟，为什么会有今日的结果呢？因为他之前的道路太平坦、太顺利了，使他形成了一种优越的思维定势，忘记了周围的世界正发生着急速的变化。当面临不断变化的客户时，他那早已僵化的思维失去了应有的应变能力。

彼得·德鲁克曾这样告诫年轻人：“从毕业的那一刻起，你所学的知识就开始老化，你的专业知识必须每两年彻底更新一次，所有基础能力在四年之内都必须重新建立。如此不断地更新，并完全运用到工作之中，才能形成真正的竞争力。”

二十几岁时，我们刚刚走出校园，拥有最新的知识储备和思维方式，但绝不能因此就认为自己已经胜券在握。一个人今天优秀，不代表永远优秀。在这个科技高速发展的时代，如果你停留在原地不动，很快就会被淘汰。要想拥有持久的竞争力，我们就必须保持随时更新自我的意识。

台北市有一位20来岁的发型师。虽然他理一次头发的价钱至少是同行的5倍，但他的客户依然络绎不绝。在这些人中，不乏知名歌手、影星和主持人，有人甚至专程从台中赶到台北来请他设计发型。

虽然他的理发店很小，但收入绝不逊色于一个中型企业的老总。

他的成功秘诀除了技艺精湛外，就是不断进修。

几乎所有的专业时尚杂志，他都有订购。每天他都要通过网络了解国外最新的发型设计潮流。

每隔一段时间，他就要自费到欧美一些国家进修。在他去国外进修期间，总有一大批人宁可留着长发，也要等他回来以后再理。据说当年球星贝克汉姆还没有红及台湾时，他就已经在为客人剪“贝克汉姆发型”了。

国内培训界有一位知名的演讲家，虽然已经50多岁了，但每次演讲都是精彩纷呈，掌声不断。因为他所讲的每一句话都紧扣时代的脉搏，甚至许多资讯同学们都是第一次听到。

他非常重视更新自己的思维。每天一起床，就通过各大媒体了解最新的时事。在繁忙的工作间隙，他总是随时拿出身边的书报杂志阅读。只要有专业方面的研讨会，他都尽可能参加，从中学习顶级专业人士的成功之道。不管何时何地，一听到或者看到精彩的案例或者佳句，他都会马上找块纸片记下来，放入资料夹。

即使再忙，他每周也要抽出一两个小时的空闲，坐下来把演讲稿和影像资料整理一番，将新的知识和想法吸收消化，融入自己的演讲中去。哪些例子已经陈旧过时了，就及时换个新的。

除了将资料修整一新，他还要对自己的思辨角度进行一番除旧布新，保证自己的观念与时代同步，甚至领先。即使那些长期听他演讲的同学，对他的演讲也总是百听不腻，因为每次演讲，他都会给听众带来全新的惊

5.在这十年掌握行业所需的知识

读书也像开矿一样，“沙里淘金”。

——赵树理

当今社会流传着一句话：“不学习就意味着被淘汰。”的确，在竞争日益激烈的今天，一份工作你不干，会有更多的人排队等着干。如果你不能熟练掌握自己行业内的知识，那么到最后你就很可能面临失业的结果。换句话说，只有我们在行业内成为不可替代的人物时，我们才会有职业安全感。

30岁之前，我们必须熟练掌握本行业的知识。一个人起点的高低并不重要，重要的是懂得该如何打造自己的核心本领，让自己成为行业内的领头羊。也许我们的天资一般，也许我们的机遇不好，但只要你拥有强大的学习能力，就等于拥有了在当今社会的竞争力，你就会不断地突破自我，成为某一领域的最强者或者创新者。

特别需要注意的是，时代是进步的，今天的知识并不一定能解决明天的问题，所以你需要保持与时代同节奏发展。如果你停止了自己学习的脚步，那么必然会被时代淘汰。

沈建飞毕业于某名牌大学计算机系，由于他学习成绩优异，很快就在一家自来水公司谋得了职位——首席信息主管。这是一种与公司中其他最高层管理人职务相对应而权力较小的职位。

在自来水公司，沈建飞过上了一段安逸惬意的日子。那时计算机的应用并不深入，沈建飞所管的事情，除了简单的监测系统和效率低下的数据库之外，也就是维护电脑和网络。

沈建飞是公司计算机水平最高的人，公司常有一些人请沈建飞帮忙攒机或维护电脑。沈建飞很热心，每次都有求必应，所以他人缘很好，经常被同